Heinrich Freiherr von Malzan

# Reisen in Arabien

Reise nach Südarabien und geographische Forschungen im und über den

südwestlichen Teil Arabiens

Heinrich Freiherr von Malzan

**Reisen in Arabien**
*Reise nach Südarabien und geographische Forschungen im und über den
südwestlichen Teil Arabiens*

ISBN/EAN: 9783741171529

Hergestellt in Europa, USA, Kanada, Australien, Japan

Cover: Foto ©Andreas Hilbeck / pixelio.de

Manufactured and distributed by brebook publishing software
(www.brebook.com)

Heinrich Freiherr von Malzan

**Reisen in Arabien**

# Reise

## nach

# Südarabien

und

## Geographische Forschungen

im und über den

## südwestlichsten Theil Arabiens

von

## Heinrich Freiherrn von Maltzan.

---

### Mit einer Karte.

---

Braunschweig,

Druck und Verlag von Friedrich Vieweg und Sohn.

1873.

# Vorwort.

Fast unglaublich scheint es, daß in unserm, den geographischen Entdeckungen so günstigen Zeitalter, dem wir eine so bedeutende Erweiterung unserer Kenntniß von Afrika, von Centralasien, von Australien und der arktischen Zonen verdanken, und dessen stets reger Forschungstrieb und Unternehmungsgeist uns täglich neue Errungenschaften in sichere Aussicht stellt, gerade ein geschichtlich und culturhistorisch so überaus wichtiges Land, wie Arabien, die Wiege des Islam, noch zum großen Theil terra incognita geblieben ist. Mit Genauigkeit kennen wir von Arabien wenig mehr als die Küsten. Den Grund hievon bildet hauptsächlich die Unzugänglichkeit des Innern für den forschenden und mit dem nöthigen wissenschaftlichen Apparat versehenen Reisenden; denn der Forscher gilt als Spion, der mit Instrumenten Beobachtende gar für einen Zauberer, und schwebt beständig in der größten Lebensgefahr. Daneben die großen, fast unübersteiglichen Hindernisse, welche der religiöse Fanatismus dem Andersgläubigen in Arabien entgegensetzt. Giebt es doch ganze Provinzen, die für »heilig« gelten und die folglich kein Nicht-Mohammedaner betreten darf; und zwar nicht allein das sogenannte heilige Gebiet (Mekka und

Medina), sondern auch andere, wie das streng orthodoxe Hadhramaut, der fanatische Gôf (Dschauf), das unbetretbare Darwassir ꝛc.

Ich hege nun zwar die Ueberzeugung, daß jene Gefahren durch große Opfer (Geschenke und immer wieder Geschenke an die Häuptlinge, damit dürfte man vielleicht selbst den Fanatismus zu entwaffnen hoffen) zum Theil beseitigt werden könnten. Aber leider ist der Kreis der Freunde der Erforschung Arabiens nur klein und »keines Mäcenaten Güte« lächelt diesem Streben. Die wenigen kühnen Reisenden, die in unserm Jahrhundert einen Zipfel des Schleiers, der dies unbekannte Land bedeckt, gehoben haben, mußten dies mit beschränkten Privatmitteln ausführen und hatten nichts zu opfern, als ihre Gesundheit und ihr Leben. Das haben sie denn auch redlich gethan.

In Folge solcher Bestrebungen ist der nördliche und mittlere Theil der großen arabischen Halbinsel in unserer Zeit, namentlich durch Wallin, Sadlier, Palgrave und Guarmani, wenigstens bruchstückweise, aus dem Reiche des Unbekannten gerettet worden. 'Oman und Yemen gehören ebenfalls zu den halberforschten Ländern. Von Yemen hat uns in allerneuester Zeit der muthige Reisende, Joseph Halévy, der unter unsäglichen Entbehrungen und Leiden, als arabischer Jude verkleidet, tief ins Innere vordrang, die bisher fast gänzlich unbekannte Osthälfte enthüllt, wiewohl die erwähnten Uebelstände ihm eine wissenschaftlich-geographische Erforschung natürlich zur Unmöglichkeit machten.

Die genannten Ländertheile sind also, wenn auch leider noch lange nicht genügend, so doch einigermaßen bekannt. Da bleibt aber noch immer eine außerordentliche Masse des gänzlich Unbekannten. Namentlich gehört hierzu der südlichste Theil Arabiens. Hier taucht, wie eine Oase in der Wüste des Unbekannten, das

Reisegebiet unsers Landsmannes, von Wrede, auf. Dies Gebiet ist Habhramaut, dessen (freilich gleichfalls nicht exact-wissenschaftliche) Erforschung wir diesem kühnen Pionier verdanken. Aber rechts und links von diesem Gebiet schwebte noch Alles im Nebel. In der Absicht, zur Verscheuchung dieses Nebels beizutragen, habe ich die Reise unternommen, deren Verlauf und Ergebnisse das vorliegende Buch schildert.

Dieses Buch zerfällt in zwei, wesentlich verschiedene Theile. Der eine ist, wenn man will, vorwiegend touristisch, der andere geographisch. Letzterer, der zweite Theil, enthält die Ergebnisse sowohl meiner eigenen Reisen im tiefsten Süden Arabiens, als der Erkundigungen, welche ich über dieses Ländergebiet eingezogen habe. Diese Erkundigungen sind nicht ohne ein wohlüberlegtes System und nicht ohne eingehende Kritik gemacht worden, wie der Leser aus dem Ersten Capitel des zweiten Theiles dieses Buches (S. 193 u. ff.) ersehen dürfte. Sind diese Erkundigungen und die nach ihnen entworfene Karte auch nur annähernd richtig, so wird durch sie über einen beträchtlichen Theil Arabiens (etwa so groß wie das Königreich Bayern) Licht verbreitet, über ein Land, welches früher für uns tabula rasa war. Der erste Theil des Buches dagegen enthält die Reise nach (nicht in) Südarabien, die Küstenfahrten längst des rothen Meeres, einen Aufenthalt in Dschedda, in Aden, Nachrichten über Handel, Schifffahrt u. s. w.

Während ich hoffe, daß der Freund der Erforschung Arabiens erkennen wird, daß der geographische Theil dieses Werkes demselben einen dauernden Werth sichert, schmeichele ich mir zu gleicher Zeit, daß der Liebhaber touristischer Lectüre im ersten sowohl Unterhaltung als auch manches Wissenswürdige finden werde. Vor allen Dingen aber möchte ich durch dieses Buch an-

regend wirken, damit die kleine Gemeinde der Freunde Arabiens
sich vergrößere, der Forschungstrieb gleichfalls für dieses Land ge-
weckt werde und unter den Forschungseifrigen sich auch Einer oder
der Andere finden möge, der selbst sein Theil zur Entschleierung
dieses umhüllten Landes beitragen wird\*).

Den 1. Juni 1873.

Heinrich von Maltzan.

---

\*) Für den Arabisten die Bemerkung, daß alle Namen nach Aufzeichnungen von
Arabern arabisch geschrieben und von mir nach dem System der Deutschen Morgen-
ländischen Gesellschaft transcribirt wurden, doch stets mit Berücksichtigung der Aussprache. So die Diphtongen ai und au meist als langes e und als langes o, die
kurzen Vocale, wenn schwach, als kurzes e. Dschim ist durchweg „g" geschrieben,
ghain zuweilen „rh", das Schluß-n im Anlaut als einfaches „l", tha einige Male
als „t", ta fast immer „dh" (dhad): Alles der südarabischen dialektischen Aussprache
gemäß. Typographische Schwierigkeiten haben in den letzten zehn Capiteln zuweilen
zur Weglassung der Punkte und Striche unter d, t, u. s. w. genöthigt, doch ist
Sorge getragen, daß in den Itinerarien stets die volle Form genau wiedergegeben
wurde.

# Inhalt.

---

## Zweiter Theil.

# Geographische Forschungen im und über den südwest-
lichen Theil Arabiens.

### Erstes Capitel. Allgemeines.

# Inhalt.

# Erster Theil.

—

# Reise nach Südarabien.

# Aegypten.

## Erstes Capitel.

## Neue Gestalt von Alexandrien und Cairo.

Ueberfahrt. — Europäische und levantinische Elemente. — Wahre und falsche Millionäre. — Das modernste Aegypten. — Paßplackereien. — Hotels. — Alexandrien. — Ein Schauderproceß. — Menschenhandel. — Theater von Cairo. — Neubauten. — Die Hausmanisirung Cairo's. — Eine seltsame Straße. — Expropriirte Städter. — Die Extreme der Cultur. — Das alte Cairo.

Wer die Ueberfahrt von Triest nach Alexandrien im Herbst macht, wird sich gewöhnlich schon auf dem Schiff in ägyptischen Kreisen finden, gebildet aus Europäern, Griechen, Levantinern, die im Nilland wohnen, der Sommerhitze entflohen waren und nun zum Winter zurückkehrten. Das Schiff „Apollo", das mich trug, führte sogar auch ein Stück „ägyptischen Hoflebens" heim. Dies gruppirte sich um einen kleinen Prinzen, zweiten Sohn des Khedive. Es war ein niedliches geschniegeltes Püppchen, mit Pariser Eleganz gekleidet, das kleine Fes kokett auf dem Ohr und einen „Zwicker" im Auge. Als ich das letzte Mal Aegypten besucht hatte, sahen die Prinzen anders aus. Damals wär's auch ohne einen Mamlukentroß nicht abgegangen. Jetzt war von dem keine Rede, sondern zwei französische Mentors und ein Kammerdiener (auch Franzose, wie es denn jetzt für vornehme Moslems der höchste gute Ton ist, Europäer zu Dienern zu haben) begleiteten die jugendliche Hoheit. Diese sprach auch fast immer französisch und verrieth im Gespräch sehr den Kummer, von Paris, aus dem sie der Krieg vertrieben hatte, getrennt zu sein.

Den Hauptstock der Gesellschaft bildeten aber griechische und levantinische Krösusse. Diese Leute reisen oft mit so viel Familiengliedern, daß sie ein Schiff halb füllen. Ein reicher Grieche hatte mit Kind und Kegel 20 Personen, ein anderer auch über ein Dutzend, mehrere an die acht Mitglieder. Sie kamen vom Sommeraufenthalt in östreichischen Bädern, wohin viele reiche Alexandriner jährlich gehen. Geld sparen sie nicht. Ich kannte einen, der bloß für Zimmer in Triest 100 Gulden täglich ausgab. Dabei sind es liebenswürdige Leute, d. h. auf der Reise. Zu Hause gelten sie zu viel, um nicht ein wenig den Krösusstolz zu verrathen. Diese Leute sind meist ganz französirt, schleppen auch immer einen französischen Hauslehrer, Gouvernante und Bonne mit sich. Griechisch sprechen sie nur mit den Dienstboten, sonst stets französisch.

Auch einige in Aegypten seßhafte Europäer mit wahren Millionärmanieren befanden sich unter uns. Ich erkundigte mich nach diesen Herren und Damen und erfuhr allerlei Seltsames. Darin waren alle Befragten einig, daß das Vermögen dieser Personen noch zu machen sei. Aber sie hatten gelernt, daß im Orient derjenige, welcher reich werden will, damit anfangen muß, sich reich zu stellen.

An bescheideneren Existenzen fehlte es auch nicht. Da war der unvermeidliche italienische Doctor, der griechische Advocat, der englische Telegraphist, die böhmischen Musikanten und Harfenmädchen. Auch eine ganze Missionsanstalt hatte sich eingefunden, die predigte und Lieder sang. Nebenbei unreinere Elemente, bestehend aus gewissen Wallachinnen, die, weil sie meist deutsch können, leider im Orient für „Teutsche" gelten.

Fast alle diese Leute kannten Aegypten, d. h. das modernste. Ich kannte das etwas ältere und fand mich in ihren Beschreibungen gar nicht zurecht. Aegypten mußte sich gewaltig verändert haben, wenn es diesen Beschreibungen entsprach. In der That fand ich es so. Die Städte, die ich orientalisch verlassen, fand ich europäisirt wieder. Alexandrien hat sich, wie es heißt, sehr verschönert, d. h. es sieht aus, wie eine europäische Stadt. Das Orientalische war freilich hier nicht werth, conservirt zu werden, denn es war modern, geschmacklos. Anders mit Cairo; doch davon später.

Gar nicht europäisch ist aber die Landung in Alexandrien. Diese ist noch mit allen Paß- und Maulthplackereien verknüpft, wie sie die finstersten Zeiten nicht schlimmer kannten. Unter einer Stunde konnte man nicht durch und ins Hotel, und giebt wenigstens 5 Thlr. aus, für Boot, Dragoman, Wagen, Bestechungen u. s. w.

Auch die Hotels haben sich modernisirt; ebenso ihre Preise. Letztere sind übrigens in Alexandrien durchschnittlich noch 25 Proc. billiger, als in Cairo und dabei ist Alles besser. Dennoch sind auch sie das Doppelte von dem, was sie 1854 waren. Damals zahlte ich Alles einbegriffen täglich 2 Thlr. 20 Gr., jetzt kostet Wohnung und Kost allein 4 Thlr., und Wein, Thee, Lichter schwellen die Rechnung auf 6 Thlr. Dies in den billigeren Hotels. Für ein solches galt das von mir erwählte Hotel Labat. Der Wirth, ehemaliger französischer Koch, wirthschaftete mit Luxus. Alles war trefflich. Freilich sollte ich ihn 6 Monate später im schönsten Bankerott finden. Seine Gläubiger ließen ihn übrigens als Geschäftsführer, und das war human, für ihn und die Reisenden, denn man lebte gut dort.

Wenn man vom heutigen Alexandrien sagt, daß es etwa aussieht, wie eine schlechte Copie von Marseille oder Triest, mit malerisch zerlumpten ägyptischen Bettlern als Staffage, so hat man es beschrieben. Auf dem Schiff war viel von europäischen Vergnügungen die Rede. Ich fand aber, daß diese sich zur Zeit auf ein Café chantant beschränkten, wo ein Lied gegen „les Prussiens" gesungen wurde. Die Kaffeehäuser sind alle gemein. Sehr besucht sind die östreichischen Bierstuben und gesucht deren Personal. Eine Biermamsell hatte vor Kurzem zu einem Schauderproceß Anlaß gegeben. Ein reicher, aber persönlich sehr abschreckender Türke stellte ihr nach. Da aber die Hebe ihm widerstand, so miethete er einige Bravos, ließ sie rauben und gab ihr erst in einem halbtodten Zustand die Freiheit wieder. Jetzt sitzt er auf der Galeere, d. h. was man hier so nennt, denn für Reiche kann im Orient selbst das Zuchthaus erträglich, ja zu einem Schauplatz der Wollust gemacht werden. Mein Diener kannte diesen Türken und besuchte ihn in seiner Einsperrung, wo es nach ihm gar nicht an den Huris des Paradieses fehlte.

Der Menschenhandel mit deutschen, namentlich östreichischen Mädchen wird übrigens auch hier auf empörende Weise getrieben. Alljährlich reisen „ehrwürdige" Matronen, Vorsteherinnen gewisser Anstalten, von hier nach Wien oder Pesth und kündigen an, daß sie Dienstmädchen miethen wollen. Sie kehren dann gewöhnlich mit einem ganzen Serail zurück, und die Mädchen haben oft keine Ahnung ihrer Bestimmung. Mehrere junge Alexandriner erzählten mir merkwürdige Dinge über die Art und Weise, wie diese armen betrogenen Personen zu Fall gebracht werden. Vor zwei Jahren sprang eine, die sich der „Hausregel" nicht fügen wollte, aus dem Fenster und tödtete sich. Es hieß natürlich, sie sei wahnsinnig gewesen. Nach so etwas kräht kein Hahn! Wenn es aber gilt, einen Neger, der

1*

es bei seinem Herrn gut hat, zu befreien, dann rühren sich die europäischen Menschenfreunde.

Auf dem Eisenbahnzug zwischen Alexandrien und Cairo konnte ich
mich in Italien glauben. Wo ich hinsah, erblickte ich Italiener. Es waren die Opern-, Ballet- und Circus-Truppen, die der Khedive für den
Winter verschrieben hatte. Nur die Comödie war durch Franzosen vertreten. Cairo verdankt diesen Fürsten vier Theater, von denen wenigstens
drei jeden Winter spielen. Es ist dies der neueste Versuch, das Land zu
civilisiren. Die Europäer in Cairo freuen sich natürlich über diese Manie,
die nur ihrem Vergnügen steuert. Die Sänger und Sängerinnen, mit denen ich zusammen reiste, schwammen in Seligkeit, denn hier wurden ihnen
Preise gezahlt, wie sie sich's nie geträumt hatten. Man sagte mir, die erste
Sängerin bekomme 200 Pfund Sterling für jedes Auftreten. Alle anderen im Verhältniß. Sie hatten ein Eldorado gefunden. Alles dies zahlt
der Khedive (man sagte einige Millionen jährlich). Durch Billetverkauf
geht wenig ein und selbst dies wird noch oft verschenkt. Es ist es nicht
selten, daß der Vierkönig einem seiner europäischen Günstlinge die Brutto-
einnahme von drei Theaterabenden schenkt, die sie selbst controliren dürfen.
Nur der Circus soll, wie mir der Khedive selbst sagte, einen Theil der
Kosten wieder einbringen. Man sprach viel von einer neuen Oper Verdi's,
„Aida" betitelt. Der Khedive hatte von Verdi das Recht, sie zuerst aufführ-
ren zu lassen, theuer erkauft. Die Aufführung kam aber nicht zu Stande,
da die bestellten Decorationen in dem damals belagerten Paris waren.
Im Winter 1871—1672 holte man das Versäumte nach.

Wie verändert fand ich die alte Chalifenstadt, Cairo! Hier nannte
man es „verschönert". Mir kamen die Veränderungen sowohl unschön
als unzweckmäßig vor. Letzteres weil die großen europäischen „Mieth-
kasten" für Orientalen kaum zu bewohnen sind, deren Gewohnheiten es
zuwiderläuft, mehrere Familien unter einem Dach zu vereinigen. Ganze
orientalische Stadttheile waren verschwunden, und was erhob sich an ihrer
Stelle? Große casernenartige Paläste, Hotels, Ministerien, fünfstöckige
europäische Miethshäuser, so nüchtern und geschmacklos, wie möglich. Das
orientalische Viertel, das früher beim Platz der Esbekiye begann, ist nun
um die ganze Straßenlänge der Muski zurückgedrängt. Diese Muski, sonst
eine orientalische Basarstraße, ist jetzt dicht mit europäischen Läden, Fri-
seurbuden, Wein- und Branntweinkneipen besetzt. Die Esbekiye selbst, ihrer
schönen Bäume beraubt, umgeben neue kolossale Monstrebauten, bei denen

man sich Alles, was Europa Nüchternstes hat, zum Modell genommen zu haben scheint. Die eine Seite ist mit Theaterbauten ausgefüllt. Auf einer andern erhebt sich ein Monstrehotel, halb Zellengefängniß, halb Waarenmagazin. Unter den neuen Palästen des Khedive, seinen Ministerien u. s. w. ist kein einziger Bau, der geschmackvoll wäre.

In den Seitenstraßen, wo die „Europäisirung" erst im Werk ist, sieht es noch schauriger aus. Dort hat die „Hausmanisirung", für welche der Khedive sich in Paris enthusiasmirt hat, den gewohnten Vandalismus bethätigt. Hier ging sie noch rücksichtsloser zu Werk, als anderswo. Man zog auf dem Stadtplan von einem Ende zum andern eine gerade Linie, die eine neue Straße werden sollte. Alles, was auf dieser Linie stand, wurde niedergerissen, die Häuser oft in der Mitte durchschnitten, Gärten, Brunnen, Moscheen, Kunstbauten zerstört. So ist es mit der neuesten Straße, die mitten aus der Stadt nach dem Bahnhofe führt. Diese sehr breite „Straße" glich einstweilen noch einem sandigen Wüstenweg, d. h. was ihren Boden betraf. Umgeben war sie rechts und links von in der Hälfte, im Drittheil, im Viertheil durchschnittenen Häusern, die nun als künstliche Halbruinen sich seltsam und unschön ausnahmen. Da sah man ein halbes tapeziertes Zimmer, eine halbe Küche, einen halben Stall. Viele Zimmer hatten ein noch so bewohntes Ansehen, daß es war, als blicke man in die Geheimnisse dieser gewaltsam aufgedeckten Häuslichkeiten hinein. Natürlich liegt es in der Absicht, hier ganze Reihen europäischer Häuser zu errichten. Aber mit solchen Neubauten geht's, wenn nicht der Khedive selbst sie zahlt, sehr langsam. Europäische Privatleute und vornehme europäisirte Moslems, die baulustig sind, giebt es nicht genug. Die früheren Insassen, meist Moslems aus dem Mittelstand, haben weder Lust noch Geld, europäisch zu bauen, was hier immer sehr kostspielig. Die erhaltene Entschädigung ist ein Spottgeld, kaum 30 Proc. vom Werth und dieses soll oft noch als Steuerquote berechnet werden. Die Leute sind durch diese Gewaltmaßregel aus der Stadt verbannt. Ich war neugierig zu erfahren, was aus ihnen wird? Nicht ohne Mühe gelang mir's. Fragt man ägyptische Beamte, so wollen sie's nicht wissen (denn alle Unterthanen sind ja officiell „glücklich"), und den hiesigen Europäern ist es zu gleichgültig. Ich entdeckte es so zu sagen selbst. Einst stieß ich in der Nähe der Abbassiye, 1 Stunde von Cairo, auf ein neues Hüttendorf, von Nilschlamm und Reisern erbaut. Einzelne Palmhütten waren noch im Bau. Ich sprach mit den Leuten und erfuhr, daß sie ein Theil der exproprierten Städter seien.

Die anderen lebten in ähnlichen Schuppen in anderen Dörfern. So fördert die Regierung zu gleicher Zeit zwei Extreme der Cultur. Sie europäisirt einen Theil der Stadt. Ein großer Theil der Bewohner aber wird gezwungen, zu einer Art von Naturzustand zurückzukehren und aus Städtern besitzlose Landbewohner zu werden, elender als die Fellahs, die wenigstens Bauern oder Pächter sind.

Man fragt sich, welche Geschmacksverirrung sich der Regierung bemächtigt hat? Doch davon rede man ja in Cairo nicht. Alles gilt für „Verschönerung", für „civilisirt" und selbst die hiesigen Europäer loben es. Ihnen und den vornehmen Moslems gilt das ältere Cairo für geschmacklos, barbarisch. Und dennoch wie schön ist es, wie zweckmäßig für dies Klima und die Gewohnheiten der Moslems gebaut! Gehen wir in diesen vom Vandalismus noch unberührten Stadttheil, sehen wir die schönen kunstvollen Moscheen mit ihren luftigen Terrassen und schlanken Minarets, mitunter vom ehrwürdigsten Alter, die Gänge, Bogen, Säulen, und oft in beträchtlicher Höhe gleichsam schwebenden Ballone, die vielen Sebils (öffentliche Trinkbrunnen) mit ihren vergoldeten Gittern, die kunstvoll geschnitzten Fenster und Holzerker an den oberen Stockwerken aller arabischen Privathäuser, die säulenumgebenen Okäle (Fremdenhäuser), so haben wir einen Begriff von dem Verlust, den Cairo durch Zerstörung vieler ähnlichen Bauten schon erlitten hat. Freilich ist im alten Stadttheil Vieles verfallen. Aber mit dem Zehntheil der Kosten jener europäischen Neubauten hätte man Cairo als „arabische" Stadt restauriren und als eine „Perle des Orients" erhalten können, während, wenn das so fortgeht, es bald aussehen wird, wie eine Arbeitervorstadt in einem industriellen Centrum Europas. Waren Neubauten nöthig, so fehlte es wahrhaftig nicht an unbenutztem Boden.

# Aegypten.

## Zweites Capitel.

## Die Cultur, die alle Welt beleckt.

Geschmacklosigkeit moderner Häuser. — Drei Reformperioden. — Aegypten zu Nie-
buhr's Zeit. — Europäerthum. — Der Krösus von Cairo. — Falsche Millionäre. —
Ein Lieferant. — Seltsame Begriffe von Sachkenntniß. — Europäisch erzogene
Aegypter. — Die goldene Jugend. — Offenbach's Terte arabisch. — Regierungs-
schulen. — Unwissenheit. — Die Effendi-Classe. — Arabische Gelehrsamkeit. —
Mangel guter Volksschulen. — Hospital. — Irrenhaus. — Immoralität.

Wie mit der Stadt, so ist's mit dem Innern der Häuser. Auch hier
ist Alles „verschönert" und „civilisirt". Die orientalischen Wandverzierun-
gen von Stuccatur und kunstvoller Schnitzerei werden als barbarisch mit
europäischen Tapeten überkleistert. Falsche Blumensträuße unter Glasgloden
vertreten die Stelle einheimischer Kunstgegenstände. Die einfache orientalische Zimmerausstattung, die der Lebensweise der Leute allein entspricht,
wird verbannt. An Stelle der türkischen und persischen Teppiche mit
ihren harmonisch gedämpften Farben kommen europäische Machwerke mit
den intensisten, schreiendsten Farbentönen, wie Zinnober, künstliches Ultra-
marin, Chromgelb u. s. w., die in Europa für „orientalisch" gelten, während der Orient zur Blüthezeit gar kein einziges, nach unseren Begriffen
„brillantes", d. h. intensives und ungebrochenes Farbenpigment besaß.
Schwerfällige Möbel der schlechtesten Sorte kommen an die Stelle der
Divane, der kleinen Perlmuttertischchen und kunstvoll eingelegten Schreine.
Alles dies ist den Leuten schrecklich unbequem, aber es ist „civilisirt", und
die Parole ist von oben herab gegeben, daß die Aegypter sich civilisiren
müssen.

Schon dreimal wurde diese Parole von oben herab gegeben, unter
Mehemed Ali, unter Said und in neuester Zeit unter Ismail. Eine „Re-

form" wurde auf die andere gepfropft und was ist das Resultat? Nun ja, ein Resultat läßt sich nicht leugnen. Der Fanatismus ist verstummt, wenn auch nicht verschwunden. Lesen wir frühere Berichte aus Aegypten, z. B. Niebuhr's: „Die Europäer, selbst die Consuln, durften nur auf Eseln reiten und mußten absteigen, wenn ein vornehmer Moslem ihnen begegnete. Diesem lief ein Diener mit einem Knüppel voraus, der die Säumigen prügelte. Ein französischer Kaufmann wurde kurz vor unserer Ankunft zum Krüppel geschlagen, weil er nicht schnell genug abstieg. Bei 24 Ge-richtshäusern, bei den Casernen und einzelnen Moscheen durfte ein Euro-päer nicht vorbeireiten. Ins Quartier el Karäfe, in die Nähe von Bâb Naçr, in die von Sitt Zainâb durfte er gar nicht kommen."

Das hat sich freilich gewaltig verändert. Jetzt ist eigentlich der Eu-ropäer der Herr der Straßen Cairos. Selbst des Khedive Vorläufer können nicht wagen, ihn unsanft auf die Seite zu schieben, während sie das Volk prügeln. Letzteres kann auch der Europäer ungestraft wagen und einzelne rohe Naturen treiben viel Mißbrauch damit. Selbst die Mo-scheen können mit Erlaubniß besucht werden, was weder in Tunis noch Marokko möglich ist.

Cairo ist jetzt im Winter wie ein Weltbad geworden und bietet viel-fache Vergnügungen, Theater, Spielbanken, in griechischen Kaffeehäusern ge-halten, Café chantants u. s. w. Wenn der Khedive Bälle giebt, kostet ein Wa-gen oft 100 Francs, und doch finden sich Europäer, die es zahlen. Denn alle diese Freuden sind fast nur für sie. Ihr Hauptspaß sind die Corso-fahrten in der Schubra-Allee. Man ist erstaunt, die Menge eleganter Equipagen, geputzter Herren und Damen zu sehen. Unter letzteren sind auch viele Pariserinnen,. die hier mitunter ganz ähnliche Fortunen machen, wie im Quartier Bréda, und als reiche Damen Cairo verlassen.

Die Europäer spielen in Cairo nicht dieselbe Rolle, wie in Alexan-brien. In letzterer Stadt stehen sie meist auf eignen Füßen, in Cairo sind sie alle, mit wenigen Ausnahmen, vom Khedive abhängig. Großer Reichthum findet sich nur bei sehr wenigen. Der Krösus von Cairo ist, wie ich hörte, deutschen Ursprungs. Dieses Glückskind kam in wenig Jah-ren zu seinem Vermögen und zwar nicht durch Handel, sondern durch eine großartige Pachtung fürstlicher Güter. Der Vorgang ist bezeichnend für ägyptische Verhältnisse. Der Sohn und Erbe Abbas Pascha's fürchtete Confiscation seiner Güter durch Said, den ihm feindlichen Nachfolger sei-nes Vaters. Davor konnte er sich nur schützen, wenn er diese einem Eu-

ropäer verpachtete. Er lebte in Constantinopel und verbrauchte dort jährlich weit mehr als seine Einkünfte. Daher zahlreiche Vorschüsse von Seiten
des Pächters, die sich, als der Prinz starb, auf mehrere Millionen beliefen.
Das Erbe fiel zum Theil dem Staat anheim. Said Pascha weigerte sich
indeß anfangs, die Schulden zu bezahlen und beschuldigte den Gläubiger
des Betrugs. Dieser aber wusch sich glänzend rein. Er besaß nämlich
eine Menge Blanco-Anweisungen, vom Prinzen signirt, die er unausgefüllt
gelassen hatte. Said Pascha sah darin einen Beweis großer Redlichkeit,
zahlte alle Schulden und schenkte dem Mann sein Vertrauen.

Die Mehrzahl der für reich geltenden Europäer Cairo's ist es jedoch
nicht. Sie verdienen viel, aber sie leben sehr kostspielig. Wer nicht ein
glänzend montirtes Haus, zahlreiche Dienerschaft, elegante Wagen und Pferde,
eine Loge in der Oper hat und überhaupt nicht Luxus macht, der gilt nicht
für mehr, als ein kleiner Krämer.

Alles dies kostet hier ungefähr das Vierfache, wie in Europa. Nicht
als ob das Leben selbst theuer wäre. Es ist im Gegentheil billiger, als
in Europa. Aber alles Europäische, jeder Luxusartikel wird mit Gold
aufgewogen. Ein Beweis: man verlangt für zwei möblirte Zimmer oft
150 Thlr. monatlich, und dabei sind sie elend möblirt. Im arabischen
Quartier dagegen bekommt man für 14 Thlr. ein ganzes Haus. Diener
in luxuriösen Häusern verlangen 40 Thlr. Monatslohn. Ein arabischer
Bürger zahlt höchstens 7 Thlr. Aber Luxus, das ist die Parole, und
große Ausgaben geben hier eine Stellung.

„Reich scheinen" ist deshalb eine Bedingung des Erfolges. Dieser
beruht hier meist auf Geldgeschäften mit dem Staat oder der Daïra (dem
Privatbesitz des Khedive) und auf Lieferungen. Letztere erlangt man nicht
etwa durch solide Eigenschaften, sondern durch Beständigkeit im Antichambriren,
eine gewisse liebenswürdige Zudringlichkeit, Viele auch dadurch, daß
sie sich bei Hofe „hänseln" lassen. „Den Hanswurst bei Hof spielen, das
ist auch eine Stellung in Cairo," sagte mir ein langjähriger Besucher
dieses Hofes. Es schmeichelt dem Moslem, daß ein „civilisirter" Europäer
sich dazu hergiebt, Zielscheibe seines Witzes zu sein, der übrigens stets gut
gemeint ist. Einem solchen wendet er auch im gegebenen Falle große
Vortheile zu.

Mitunter kommen allerlei Seltsamkeiten bei solchen Lieferungen vor.
Es genügt nicht, daß der Staat sie verliehen hat. Man muß auch gute
Freunde haben, die sie anbringen. Diese Vorsicht hatte ein großer Butter-

lieferant vergeßen und fand sich dadurch in der unangenehmen Lage, daß ein „Chemiker", der die Butter probiren sollte, diese für gefälscht erklärte. In seiner Herzensangst lief er zu einem Freunde, von dem er wußte, daß er mit dem Chemiker gut stand. Dieser schlug ihm ein Compagniegeschäft vor und präsentirte nun die Butter unter seinem Namen. Und siehe da, die vorher für gefälscht erklärte wurde nun trefflich gefunden und die ägyptischen Soldaten bekamen sie zu essen. Manche dieser Lieferanten machen jährlich nur ein Paar Geschäfte, aber große, die so viel abwerfen, daß sie mit Luxus leben. Aber zu eigentlichem Reichthum bringen sie's nicht.

Merkwürdig einträgliche Geschäfte machen auch die ersten Hotels, besonders seit der Khedive angefangen hat, Europäer dort frei zu halten. Für jeden solchen „Gast" zahlt er 60 Francs (16 Thlr.) täglich. Die Bewirthung ist natürlich luxuriös. Jeder Gast hat das Recht, täglich so und so viel Flaschen feiner Rothweine, Champagner u. s. w. zu trinken, wovon freilich die Damen, jungen Mädchen, denn oft sind ganze Familien zu Gast, wenig Gebrauch machen. Die Wirthe sehen diese Gäste sehr gern. Zur Zeit der Canaleröffnung war in den meisten Hotels von Cairo für selbst zahlende Gäste nicht unterzukommen, da der Khedive sie alle in Beschlag genommen hatte. Es war übrigens leicht eine Einladungskarte zu bekommen. Man erzählte mir von einem deutschen Handwerksburschen, der ganz „abgebrannt" nach Cairo kam und in großer Sorge war, wie leben. Da gab ihm Jemand den Rath, sich eine solche Karte zu verschaffen, was er auch that und 14 Tage herrlich und in Freuden lebte. Er galt natürlich für einen „Schriftsteller".

Es ist bedauernswerth, manche Europäer der bessern Art hier oft viel tiefer gestellt zu sehen, als andere. Der Orient ist eben ein Land, wo glänzende äußere Eigenschaften mehr gelten, als solide. Von Fachkenntnissen namentlich hat man hier die seltsamsten Begriffe. Der Europäer muß Alles verstehen, denkt man, und so ernennt man einen Chemiker zum Vorsteher einer Monrtirungscommission, einen Architekten zum Schullehrer u. s. w. „Hier übt Jedermann eine andere Profession, als die, welche er erlernt hat," sagte mir ein Kenner.

Ganz so geht es mit den Aegyptiern, welche die verschiedenen Vicekönige in Europa studiren ließen. Einer dieser, den ich kannte, kam als geschickter Geometer von Paris zurück, und welches Amt erhielt er hier? Er wurde Vorsteher einer Strumpffabrik für's Militär. Im Ganzen gelten die, welche solide Kenntnisse errungen haben, weniger, als diejenigen,

welche mehr im Aeußern „von der Cultur beleckt" sind, fertig französisch
parliren, sich elegant kleiden und fleißig im Antichambriren sind. Letztere
bilden die „goldene Jugend". Sie finden meist ihre Verwendung bei
Hofe, bei den europäisirten Großen oder im sogenannten „auswärtigen
Amt", welches, da Aegypten als Vasallenstaat strenggenommen keine äußere
Politik treiben darf, blutwenig zu thun hat. Im Jahr der Canaleröffnung hatte man jedoch eine ihrer würdige Beschäftigung gefunden. Damals
war die Pariser Leichtfertigkeit ganz besonders hier im Steigen und man
empfand das Bedürfniß, Offenbach'sche Operetten aufzuführen. Damit
aber ja die wenigen Fellahs, die sich ins Theater verloren, etwas davon
verständen, so ließ man die Texte durch die „goldene Jugend" · ins Arabische übersetzen. Es wurde ein gräßliches Kauderwelsch zu Tage geför-
dert. Diese Literatur fand aber wenig Anklang. Die Aegypter empfan-
den danach kein „tiefgefühltes Bedürfniß".

Es kam mir vor, als stelle man die in England und Deutschland Erzogenen weit den in Paris Gebildeten nach. Von ersteren, meist Ingenieuren, kannte ich mehrere, welche, obgleich durchaus tüchtig und im
Dienst ergraut, es zu nichts brachten. Die in Deutschland Gebildeten
sind größtentheils Aerzte. Auch unter ihnen hatte ich Bekannte, die wahre
Verbannungsposten, wie in Suakin, Dschedda, im Sudan einnahmen. Sie
haben eben nicht den Schliff und der gilt hier Alles.

Die in den ägyptischen Regierungsschulen Erzogenen haben in der
Regel fast nichts gelernt, sich auch nur sehr oberflächlich „europäisirt", obgleich sie natürlich, wie Alles, was nicht Fellah, Mollah oder Krämer ist,
europäisch gekleidet sind. Sie sind sehr zahlreich, denn es giebt eine Menge
Regierungsschulen, eine „école primaire", eine „école des arts et mé-
tiers", eine école de droit" u. s. w. Ich lernte viele der Bürschchen
kennen, die hier ihre Erziehung genossen. Die Schulen sind nämlich zugleich Pensionate. In einigen Zweigen wird der Unterricht englisch, in
anderen französisch ertheilt. Die letztere Sprache war von einigen Wenigen wirklich erlernt worden. Die sogenannten „Engländer" dagegen verstanden kaum ein Paar Worte der Sprache. Die Jungen nannten sich
nämlich untereinander „Engländer" oder „Franzosen". Ich kam einmal
auf einer Eselspartie unter eine ganze Gesellschaft solcher kleiner „Engländer". Um ihre Kenntniß zu prüfen begann ich ein englisches Gespräch.
Die Jungen antworteten aber nur mit „Ja" und „Nein" und zwar ganz
verkehrt, sagten mir aber auf Arabisch, sie hätten alle schon 5 Jahr englisch

getrieben, als ob das ein Troſt ſei, wenn man nichts gelernt hat. Der einzige, der mich verſtand, war der Eſelsjunge, der ſein Engliſch in den Straßen Cairos aufgeſchnappt hatte.

Es kann kaum anders ſein, wenn man bedenkt, daß die Lehrer von Hauſe aus meiſt ganz andere Profeſſionen getrieben haben, als die, welche ſie lehren ſollen. Sie ſind auch der undankbaren Mühe ſatt, denn, ob etwas gelernt wird oder nicht, für ſie hat es keine Folgen. Der einzige wirkliche Gelehrte, der hier war, der Aegyptologe Prof. Brugſch, gab ſich viel Mühe. Da es aber ſeinen Schülern an aller Vorkenntniß fehlte, ſo mußte er anfangen, ihnen Elementarunterricht zu ertheilen und hatte wirklich die himmliſche Geduld, dies zu thun. Die Aegypter ſind übri-gens ſehr fähig und würden, bei gutem Unterricht, viel lernen.

Alle in dieſen Schulen Erzogenen gehörten zur ſogenannten Effendi-Claſſe, die dadurch in Aegypten eine ganz ausnahmsweiſe zahlreiche ge-worden iſt. In der eigentlichen Türkei iſt das anders. Dort iſt „Effendi“ der Titel der Civilbeamten, den ſelbſt höhere noch führen. In Aegypten iſt aber der Titel in den letzten 15 Jahren ſo gemein geworden, daß ein höherer Beamter ſich deſſen ſchämen würde. Man verleiht einem ſolchen deshalb hier den militäriſchen Titel „Bey“. Dadurch werden die Begriffe verändert. In Aegypten iſt „Bey“ ſtets mehr als „Effendi“; in der Türkei giebt es hochgeſtellte „Effendis“, die ganz ebenſoviel, wenn nicht mehr ſind, als manche „Beys“. So führte der Miniſter Fuad Paſcha lange noch den Titel Effendi, als er ſchon Geſandter war. Früher (1850) war dies auch in Cairo ſo. Jetzt iſt aber die Effendi-Claſſe eine ſo zahl-reiche und wenig achtbare, daß der Volksmund ſie „ein Dutzend für einen Pfennig“ getauft hat.

Wenn man es ernſthaft mit der Civiliſirung Aegyptens meinte, ſo ſollte man damit anfangen, wirkliche „Volksſchulen“ zu errichten, wo die Jungen zuerſt ihre eigene Sprache nach rationellen Grundſätzen erlernten, ehe man ihnen franzöſiſche Broden beibringt. Aber mit den arabiſchen Schulen ſieht es ſchlimm aus. Dort herrſcht noch der alte Fanatismus, der verlangt, daß der Knabe erſt den Coran papageimäßig auswendig wiſſe, ehe er etwas anderes lernt. Weiß er dieſen auswendig, wozu immer acht Schuljahre gehören, dann erſt kann er die höhere arabiſche Schule, die in der Azhar-Moſchee iſt, beſuchen. Dieſe hat einige tüch-tige Gelehrte. Aber wie mir ſcheint, wird auch dort die Grammatik ſehr unrationell betrieben. Ich kannte Schüler der Azhar-Moſchee, welche

die Grammatik zwar auswendig gelernt hatten, fragte man sie aber nach
dieser oder jener Form, so waren sie verblüfft. Sie mußten dann anfangen, das ganze Register abzuleiern. Die arabischen Werke über Grammatik sind auch meist so bänderreich und verwickelt, daß es wirklich eine
Wohlthat wäre, wenn man eines unserer kurzen rationellen arabischen
Lehrbücher übersetzen würde.

Auch bei anderen öffentlichen Anstalten geschieht mehr Oberflächliches,
als Zweckmäßiges. Man sprach mir viel von der Trefflichkeit des arabischen Spitals. Ich fand aber, daß sich Alles dort auf einige Parade-
zimmer beschränkte, die unter europäischen Aerzten stehen, und den Fremden gezeigt werden. Daher so viele optimistische Begriffe, welche Schriftsteller verbreiteten, die von Aegypten nur die officielle Seite sahen uud
nicht mit dem Volk umgingen. Geht man aber unter dieses, so kann
man jenen Optimismus nicht theilen. Betrachten wir z. B. die Armen-
anstalt in der Gemá Tulun. Dort liegt in einem halbverfallenen Gebäude Alles durcheinander auf schmutzigen Strohmatten, Arme, Kränkliche,
Halbverrückte u. s. w. Es ist ein Bild des Jammers und des Elends.
Besuchen wir die Irrenanstalt in Bulaq, so sehen wir Schauderhaftes.
Ich fand dort in einem schmutzigen Hof, in dem eine übelriechende Pfütze
stagnirte, einige zwanzig Verrückte, alle nackt, von Schmutz und Ungeziefer
strotzend. Dies waren noch die weniger Gefährlichen. Die Tobsüchtigen
wurden wie wilde Thiere behandelt. Ein Arzt soll gar nicht in diese Anstalt kommen.

In Bezug auf Moralität hat die „Europäisirung" viel geschadet.
Die alten orientalischen Laster sind keineswegs ausgerottet, nur durch allen
Unflath Europas vermehrt. Im europäischen Viertel wimmelt es von
Kneipen, die nur Aushängeschilder für Stätten des Lasters sind. Dort
treiben die „Wallachinnen" ihr Wesen. Für die Vornehmeren fehlt es
nicht an „Hochstaplerinnen". Unter den Moslems ist die Zahl der Leicht-
fertigen Legion geworden. Auch viele freigelassene Circassierinnen haben
sich jetzt diesem einträglichen Gewerbe hingegeben. Sie sind sehr beliebt,
denn sie gelten für Prachtstücke, die man früher nur durch Kauf erwarb,
jetzt aber „miethen" kann. Von jenem Vorurtheil gegen Europäer, das
man noch in Tunis und Dschedda findet, sind diese aufgeklärten Damen
gänzlich frei. Sie kennen nur die Religion des Beutels. Auch giebt es
eine Menge alter Weiber, die sich zu jeder Art von Vermittlungsgeschäft
hergeben, selbst zu sehr heterogenen. Daneben blüht die Sitte der

Chauwals nach wie vor. Ihre Zahl iſt keineswegs, wie About ſagt, auf
drei reducirt. Dieſe Weſen haben wirklich etwas Abſchreckendes. Es ſind
oft große, ſelbſt gar nicht mehr junge Kerle, wie Frauen gekleidet und ge-
ſchminkt, welche die erotiſchen Tänze aufführten, die beim weiblichen Ge-
ſchlecht reizen können, hier aber nur Abſcheu erregen. Man erzählte mir
von einem Hohenprieſter des Laſters, einem Patriarchen der Kuppelei, welcher in einem Kaffeehaus der am Abbaſſije-Weg gelegenen Vorſtadt thront.
Dieſer ſoll für Geld ſelbſt Kinder guter Familien verführen und verkuppeln
und das Unglaubliche in dieſem Fach leiſten.

Eine Schule des Laſters bilden auch die Gefängniſſe, die übrigens
ſchauderhaft ſind, wo aber der, welcher Geld hat, ſich doch Alles verſchaffen
kann. Viele Leute kommen wegen Erbärmlichkeiten, viele ganz unſchuldig
hinein, aber nicht wieder unſchuldig heraus. Vor zwei Jahren wurde ein
Polizeibeamter abgeſetzt, der lange ungeſtraft die Gefängniſſe zu ſchänd-
lichen Zwecken ausgebeutet hatte. Er ließ nämlich Perſonen, die er zu
ſeinen Zwecken auserſehen hatte, die ihm aber widerſtanden, unter irgend
einem Vorwand einſperren, und da das Gefängniß alle Moralität unter-
gräbt, ſo waren ſie bald mürbe.

# Aegypten.

## Drittes Capitel.

## Ein Besuch beim Khedive.

Wenn die persönlichen und Hofansgaben eines Fürsten den Maßstab für seine Wichtigkeit geben, so ist der Khedive der wichtigste der Welt. Seine Ausgaben übersteigen die des ehemaligen französischen Kaiserhofs, die doch in Europa für exorbitant galten. Freilich hat Aegypten in den letzten zehn Jahren seinen ohnehin schon großen Reichthum noch der Art vermehrt, daß selbst jene Ausgaben möglich wären, ohne das Land zu verschulden, wenn Ordnung existirte. Von einer solchen ist aber nicht die Rede und so häuft man Schulden auf Schulden. Nur die Daira, der Privatbesitz des Khedive, der sehr bedeutend ist, soll wenig verschuldet sein und täglich anwachsen. Böse Zungen wollen behaupten, der Fürst verschulde absichtlich das Land und vermehre die Daira, da er trotz jenes Vertrags mit dem Sultan, welcher die Nachfolge seinem Sohne sichert, nicht an diese glaube.

Jedenfalls ist der Khedive, von dem ja zur Zeit der Canaleröffnung so viel die Rede war, geeignet, die Neugierde des Reisenden zu erregen, sei es auch nur, um die übertriebenen Lobhudeleien der Canalbesucher durch eigne Anschauung auf's richtige Maß zurückzuführen. Denn ein solcher Ausbund aller Vortrefflichkeiten, wie ihn seine Gäste schildern, ist er denn doch nicht. Er ist aber auch nicht das Gegentheil davon. Der Khedive ist nicht besser und nicht schlechter, als ein anderer orientalischer Fürst. Daß er mehr für Europäer, unter denen viele Abenteurer, thut, als für sein Volk, und daß dieses Volk ärger wie je ausgesogen wird, ist Thatsache, aber er macht es nur, wie alle modernen orientalischen Fürsten. Natürlich weiß er selbst nicht viel vom Elend seines Volkes. Wer sollte es ihm sagen? Während ich in Cairo war, wurde eine Maßregel ins Werk gesetzt, wodurch viele hundert Beamtenfamilien theils durch Entlassung, theils durch Herabsetzung der Gehalte in schwere Bedrängniß kamen. Ein Bekannter von mir berechnete die Summe, welche dadurch erspart wurde, und ein Paar Tage später wurde bekannt, eine Pariserin habe eben ein Geschenk von ungefähr derselben Werthsumme erhalten. Auf der einen Seite herzzerreißendes Elend, auf der andern sinnlose Verschwendung. Das ist Volk und Fürst im Orient.

Sonderbar ist das Verhältniß zum Oberlehnsherrn, dem Sultan. Alle Paar Monate ein Conflict, den der Khedive durch Bestechung der Minister beilegen muß. Aber kaum ist er beigelegt, so taucht ein neuer auf. Es ist freilich kaum anders möglich. Denn stets kommen Handlungen der ägyptischen Regierung vor, die auf Unabhängigkeitsbestrebung gedeutet werden können. Die Zeitungen haben uns über die meisten dieser Handlungen berichtet. Aber noch nie hat eine von dem gesprochen, was vielleicht in Stambul am meisten böses Blut macht. Ich erfuhr es ganz zufällig und eben auch nur durch meinen Umgang mit den Einheimischen. Der Khedive hat nämlich das Kanzelgebet für den Sultan abgeändert. In der ganzen sunnitischen Welt, selbst da, wo der Sultan nur geistliche Autorität hat, betet man: „Gott erhalte unsern Sultan Abdulaziz.“ So lautete auch in Cairo noch vor wenig Jahren das Gebet. Jetzt hat man den Namen gestrichen und betet nur: „Gott erhalte unsern Sultan.“ Dieser Befehl wurde den Geistlichen durch die Polizei gegeben, so wenig Umstände macht man mit ihnen. Der Wegfall des Namens wird natürlich so gedeutet, daß man das Volk vorbereiten will, für „Sultan Ismail“ zu beten. Hinc illae irae! Dieser Umstand wurmt immer noch in Stambul und läßt sich durch keine Bestechung vertuschen. Umsonst betheuert der Khedive seine Unschuld. Man antwortet ihm: Warum wird das Kanzelgebet nicht wieder hergestellt? Geistliche und Volk sehen diese Aenderung sehr ungern. Ich hörte sie sogar als gottlos bezeichnen. Alle Sunniten hängen eben an der geistlichen Autorität des Sultans, wenn sie auch seine weltliche oft keineswegs lieben.

Den Khedive in der Nähe zu sehen, ist nicht schwer. Er ist sich zu sehr bewußt, daß er persönlich einen guten Eindruck macht, um Audienzen zu vermeiden. Auch ich kam zu einer solchen. Der Hof befand sich im Nilschloß bei Bulaq, einem großen und nach dem, was ich sah, geschmacklosen Palast. Man fuhr bis dicht vor die innere Thür. Dort empfing mich der freundliche kleine Setti-Pascha, der Kammerherr, Ceremonienmeister, das Hoffactotum des Khedive. Er führte mich in ein Vorzimmer, um nun die Freuden des Antichambrirens zu genießen. Sie waren glücklicher Weise nicht von langer Dauer, gaben mir aber doch Zeit zu allerlei Beobachtungen. Dieser Hof besitzt Alles, sogar einen Verbreiter von Zeitungsnachrichten, einem Beamten der „Agence Havas". Dieser, natürlich ein Franzose, verkündete eben im Vorzimmer, wo er sich mit sehr viel Selbstbewußtsein bewegte, einige kühne Unwahrheiten über den gerade schwebenden Krieg. Aber die ägyptischen Minister, die um ihn herum saßen, hatten offenbar den frühern tiefen Respect vor Frankreich verloren und einige ironische Bemerkungen verriethen, daß der Glaube fehle. Man sah, es war auch hier eine Herrschaft im Schwinden. Frankreich hatte in Aegypten lange den Ton angegeben. In Beziehung auf Moden, Sprache, Künste wird es ihn wohl auch behalten. Aber mit dem politischen Prestigium ist's vorbei.

Als ich eingelassen wurde, fand ich den Khedive ganz allein in einem Saal, der à l'Empire mit einer Menge steifer Sessel und gerader Sophas möblirt war. Der Khedive hat mehr den tscherkessischen, als den türkischen Typus, was durch die Abstammung seiner Mutter erklärt wird. Nur seine übergroße Wohlbeleibtheit verräth den Türken. Sonst ist sein Gesicht fast regelmäßig, nicht häßlich, nicht ausdruckslos, seine Hautfarbe licht. Ein hellbrauner, etwas röthlicher, kurzgeschnittener Vollbart umgiebt das Gesicht. So lange er steht, macht er einen guten Eindruck. Dieser wird vermindert, wenn er sich setzt, indem seine Corpulenz ihn dann zwingt, die Beine etwas krumm zu halten.

Er spricht geläufig französisch. Sein Lieblingsgespräch mit Unbekannten ist über die Bodencultur. Er kennt sehr genau die Beschaffenheit, die Producte, den Ertrag seiner Ländereien. Auch mit technischen Verbesserungen hat er sich beschäftigt. Manchmal hält er eine wahre Vorlesung über die Agricultur Aegyptens, und viele Europäer, die sich nie mit diesem Gegenstand befaßten, haben schon von ihm gelernt. Ein Consul sagte mir, daß er seine Hauptkenntniß des Landes dem Khedive verdanke. Er ist übrigens kein Schwätzer, und vermeidet Weitläufigkeiten. Er hat

sogar eine eigene Formel erfunden, um ein Gespräch, das ihn fortreißen
könnte, abzukürzen. Dann unterbricht er sich plötzlich im vollen Redefluß
mit der Formel: „ceci et cela et cetera“, „dies und das und das Uebrige“.
Darin ist in der That der Inbegriff aller Dinge enthalten. Manchem
Redner wäre diese Formel anzuempfehlen!

Unser Gespräch drehte sich unter Anderm auch um die „Verschönerun-
gen“ Cairo's. Hier beging ich aus Unwissenheit einen großen Verstoß.
Ich bedauerte nämlich ganz naiv, daß die schönen großen Bäume des Es-
betiye-Platzes „abgestorben“ seien und daß hier nur noch elendes Buschwerk wachse, das gar keinen Schatten werfe. Ich wußte nicht, daß diese
noch sehr lebenskräftigen Bäume auf Befehl des Khedive ausgerissen und
durch niedliche Bosquets ersetzt worden waren, um ein kleines „square à
l'instar de Paris“ herzustellen. Das „square“ schien ihm offenbar eine
große Errungenschaft. Hatte er doch den Gärtner, der dieses square ohne
Schatten in einem schattenbedürftigen Lande mit Aufopferung schöner
Bäume geschaffen, von keiner geringern Hand bekommen, als von der des
Herrn Haußmann in Person, der damals noch in Paris absolut herrschte.
Wie sollte etwas nicht für Aegypten passen, was sich in Paris so schön ausnahm? Merkwürdig dabei ist, daß diese Bäume von den Franzosen der ersten
Republik gepflanzt worden waren, um nun, da sie emporgewachsen und
den Stolz Cairos bildeten, durch einen Franzosen des zweiten Kaiserreichs nie-
dergerissen zu werden.

Die Familie des Khedive besteht aus vier Söhnen und sehr vielen
Töchtern, wovon eine verheirathet ist. Der Schwiegersohn setzt ganz Cairo
durch seinen übertriebenen Aufwand in Erstaunen. Komisch ist es, welche
Ehren schon fürstlichen Wickelkindern bezeigt werden. So fährt die kleine
Enkelin des Khedive alle Tage in einer Staatscarosse allein mit einer europäischen Bonne spazieren, die steif wie Holz im Wagen sitzt und die kleine
Prinzessin wie auf dem Präsentirteller vor sich hinhält. Einen seltsamen
Contrast zu ihren orientalischen Herren bilden auch die englischen Kutscher
und Jockeys des Hofes und der Großen, deren Livrée europäisch hofmäßig
ist. Es sind meist sehr gemeine rohe Bursche, die ihr Quartier in Bulaq
stets durch betrunkene Excesse in Unruhe versetzen. Und diese Kerle fahren
jetzt die Damen des Harem spazieren, denen sich früher kein Europäer auf
Schweite nähern durfte! Tauben reitet ein junger Eunuche, gewöhnlich der
schönste, den man finden kann.

Der älteste Sohn des Khedive, Taufik Pascha, soll nicht ohne Fähig-

leiden sein. Man rühmt ihm nach, er habe die lächerliche Civilisations-
komödie, wie sie jetzt in Aegypten in Scene gesetzt wird, durch recht treffen Ironie gegeißelt. So soll er einmal seinem Vater gesagt haben:
„Man scheint hier zu glauben, die Civilisation bestehe in Glacéhandschu-
hen und Pariser Moden, statt in Volksbildung." Er ist ein schöner junger
Mann mit feingeschnittenen Zügen, sieht aber etwas blaß und angegriffen
aus. Diese Prinzen werden eben, kaum den Kinderschuhen entwachsen,
schon mit Guar-bid (weißen Sklavinnen) allzureich bedacht. Man scheint
erotische Uebertreibung förmlich zur Bildung eines orientalischen Jünglings
für nöthig zu halten.

Der zweite Sohn, braun von Haut und unregelmäßig von Zügen,
aber im Aeußern sehr geschniegelt, ist seiner geistigen Natur nach passiv,
sehr zu materiellen Genüssen neigend. Der dritte Sohn soll der beste von
allen sein. Vielleicht ist dies auch ein Vorurtheil, das der Hof deshalb
theilt, weil seine Mutter eine Prinzessin war, während die anderen Söhne
von Sklavinnen sind. Er war zur Zeit in England. Der vierte Sohn ist
noch ein Knabe, ein kleiner Fleischklumpen, den man manchmal, von Eunuchen umgeben, spazieren fahren sieht.

Sonst sind von männlichen Gliedern der Fürstenfamilie nur noch zwei
in Aegypten, nämlich der Sohn Said Pascha's, der ziemlich schlecht behandelt wird, und ein Mulatte, Sohn des Gründers der Dynastie und einer
Negerin. Dieser gilt kaum für ebenbürtig und ist ganz auf die Seite geschoben, obwohl er strenggenommen dieselben Rechte hat, wie alle Prinzen.
Mustapha, der Bruder, und Halim, der Vetter des Khedive, die ihm, als
künftige Nebenbuhler seiner Söhne, besonders verhaßt sind (denn nach dem
alten Gesetz gebührt einem von ihnen der Thron), zogen sich wohlweislich
nach Constantinopel zurück, und der Khedive kaufte ihnen ihre Güter ab,
damit sie ja nichts mehr hier zu thun hätten.

Zahlreich sind die weiblichen Mitglieder der Familie. Unter diesen
ist auch die Mutter des Khedive, die noch sehr lebenslustig sein soll.
Man erzählt sich allerlei Intriguen von ihr. Die Wittwe Said Pascha's
soll von großer Schönheit sein. Man sagt, der Khedive habe ihr oft die
Ehe angeboten, aber umsonst. Diese Dame ist sehr reich. Sie wirft
manchmal Geld unter das Volk und zwar werthvolleres, als der Khedive
selbst, der dies auch zweimal jährlich thut.

# Südarabisches in Aegypten.

## Viertes Capitel.

## Eine Colonie von Hadrami in Cairo.

Handel Cairo's mit Arabien. — Die Hadrami. — Vorurtheile gegen sie. — Ein arabischer Krösus. — Einfluß der Europäisirung. — Seltsames Mißverständniß. — Der todte und der lebende Scheich — Ein Moslem als Freimaurer. — Europäische Schurkerei. — Der Scheich der Hadrami. — Das Wirthshaus der Tôaner. — Physiognomien der Südaraber. — Ihre Lebhaftigkeit. — Sonderbarer Empfang. — Man hält mich für Wrede. — 'Abd el Hûd. — Mittheilsamkeit der hiesigen Tôaner. — Bestätigung der Wrede'schen Berichte. — Seltsame Steuereintreibung.

Es ist beachtenswerth, welche Rolle Cairo, obgleich es durch den Suezcanal zu einer vom großen Welthandelsweg unberührten Sackgasse geworden ist, dennoch fortführt, bei Arabern zu spielen, namentlich bei den ächten, d. h. den Bewohnern der arabischen Halbinsel. Für sie gelten Alexandrien und der Suezcanal einstweilen noch nichts. Cairo ist nach wie vor ihr Emporium und eigentlich auch der nördlichste Punkt, wo sich eine Colonie ächter Araber findet. Namentlich ist es Hadramaut (im weitern Sinne) welches seine handelsbeflissenen Söhne hierher sendet. Die Hadrami sind die Phönicier Arabiens, die Handelstalente. Man findet sie überall. Sie wissen Geld auch ohne Capital zu machen. Großer Fleiß, Ausdauer, Speculationstalent machen selbst einen Armen mit der Zeit zum Kaufherrn. In ihrem Vaterland ist Geld nicht zu Hause. Arm kommen sie nach Tschedda, von wo viele nach Cairo gehen. Aber immer haben sie in Tschedda einige Jahre geweilt, ehe sie kommen. Sie halten sich stets zu einander und gruppiren sich um einen ihrer wohlhabenderen Landsleute. Die anderen Araber wollen meist nichts von ihnen wissen. Es besteht gegen sie ein Vorurtheil, etwa wie es in Europa unter christlichen Kaufleuten früher gegen Juden bestand, d. h. sie sind den Leuten zu klug. Nicht als ob sie mehrlich wären. Da man aber sieht, daß sie mit nichts anfangen und wohlhabend werden, so denkt der Cairiner Kaufmann, daß diese Wohlhabenheit aus seiner Tasche stammt, natürlich oft mit Unrecht, denn der Handel erzeugt ja neue Werthe und ist nicht wie eine Spielbank, wo der Eine nur durch den Verlust des Andern reich wird.

Selten kommt es vor, daß ein nicht aus ihrem Lande stammender Kaufmann den Mittelpunkt einer Colonie von Habrami bildet. Dies war aber dennoch der Fall bei meinem Bekannten, Schech 'Abd el Kerim el Kâbeli, der, wie der Name sagt, aus Kabul stammte, aber mit den Habrami durch Verschwägerung verbunden war und jetzt als zu ihnen gehörig angesehen wurde. Er war sehr reich und hatte sein Vermögen in kürzester Zeit gemacht durch eine waghalsige Speculation, wie sie sonst Moslems selten unternehmen. Er hatte nämlich sämmtliche Transportartikel einer großen Karawane in Arabien angekauft und wäre rukirt gewesen, ohne die Baumwollkrisis in Aegypten, die plötzlich alle Preise auf eine früher nicht geahnte Höhe hinaufschnellte. Er brachte seine Waaren nach Cairo, wo er die fabelhaftesten Preise dafür erhielt. So stand er plötzlich als Krösus da.

Ich hatte ihn früher in Dschedda gekannt, als er noch eine bescheidene Existenz führte. Neugierig, zu sehen, welche Veränderung der Reichthum bei ihm erzeugt habe, befahl ich einem der in Cairo unvermeidlichen Eselsjungen, mich zu Schech 'Abd el Kerim zu führen. Dies gab zu einem komischen Mißverständniß Anlaß. Statt in das Waarenhaus, brachte man mich vor eine Heiligencapelle. Nichts vom Mißverständniß ahnend, dachte ich, mein Bekannter sei vielleicht dort im Gebet begriffen, und wartete, bis er herauskommen würde. Nach langem Warten ungeduldig, bat ich einen eben Herauskommenden, er möge dem innen weilenden 'Abd el Kerim sagen, ich erwarte ihn hier. Aber da kam ich schön an. Der Araber sah mich verblüfft an. Dann, wie vom heiligen Zorn über meine gottlose Zumuthung ergriffen, rief er: „Schech 'Abd el Kerim steht nicht aus seinem Grabe auf, um zu einem Christenhund zu kommen." Also mein Bekannter war verstorben? So dachte ich anfangs. Bald aber löste mir ein vorübergehender Habrami das Räthsel, der stehen blieb, um dem Standal, der im Nu Volksmassen um mich gesammelt hatte, zuzuschauen. Er kannte den lebenden Schech 'Abd el Kerim und führte mich zu ihm. Das Mißverständniß rührte daher, weil man in Cairo vorzugsweise Heilige, lebende oder die Grabcapellen Verstorbener, nicht aber Kaufleute „Schéch" nennt, wie in Dschebba und Habramaut. Ich war an die Grabcapelle eines solchen Längstverstorbnen gerathen, der auch Schéch 'Abd el Kerim hieß.

Mein Bekannter war in seinen Manieren noch immer der alte, freundliche, bescheidene Mann. Aber sein Aeußeres war sehr verändert. Er sah jetzt aus wie ein Engländer, nahm sogar im Hause das Fes ab, was der Moslem sonst verabscheuungswürdig findet. Dies erklärte er dadurch, er sei jetzt englischer Unterthan und sogar Frammason (Freimaurer) geworden. Ersteres nahm ihm Niemand übel, denn ein Moslem muß Unterthan einer europäischen Macht werden, wenn er seinen Besitz vor der Raubsucht der einheimischen Behörden (die Regierung erhebt von reichen Unterthanen Zwangsdarlehen, die oft deren ganze Habe ausmachen) schützen will. Das Freimaurerthum aber gilt für eine große Ketzerei. Von einem Freimaurer kann man sich Alles, selbst des gottlosen Hutabnehmens versehen.

'Abd el Kerim, der Millionär, hatte übrigens eine wahre Spelunke zum Bureau. Dort verbrachte er seine Tage und nur die Nächte in einem prachtvollen Haus, wo seine Gattin, eine Circassierin, wohnte. Er war so vorurtheilslos, daß er auf Reisen in Europa diese Gattin mitnahm und sie europäisch kleidete, also auch ohne Gesichtsverhüllung. Dennoch verstand er kein Wort einer europäischen Sprache. Dadurch kam er oft in Gefahr, bestohlen zu werden. So hatte er zur Kriegszeit französische Rente gekauft, aber, mit der ächt arabischen Vertrauensseligkeit, sich von seinem europäischen Agenten keine Quittung geben lassen. Dieser Schurke läugnete nun den Empfang der Summe und der Schéch besaß kein Rechtsmittel gegen ihn. Dadurch verlor er etwa hunderttausend Thaler und noch viel mehr, wenn man den jetzt höhern Preis der Rente veranschlug. Im Handel der Araber geht eben Alles auf Treu und Wort. Betrug ist fast unbekannt. Darum muß jeder Moslem schweres Lehrgeld zahlen, wenn er mit Europäern Geschäfte zu machen beginnt.

'Abd el Kerim bildete den Anziehungspunkt für eine kleine Schmarotzerschaar, klein aber gewählt, die nur aus den angesehensten Habrami bestand. Unter diesen glänzte ein altes spindeldürres Männchen, mit einem spärlichen weißen Ziegenbart, sehr markirten semitischen Zügen und von einer sprudelnden Lebhaftigkeit, die alle meine Erfahrungen überstieg. Er überhaspelte sich förmlich im Gespräch und dieses wollte nie enden, wurde aber in Andacht angehört, denn der Alte war eine locale Größe, nämlich der Schéch aller hier lebenden Südaraber. Er richtete sie, administrirte sie, zog ihre Steuern ein, prügelte fie, Alles theils mit, theils ohne Erlaubniß der Regierung. Ich fragte ihn nach feiner Heimath und erfuhr die in-teressante Thatsache, daß sowohl er wie alle feine hier lebenden Landsleute aus einer und derselben, engbegränzten Landschaft, nämlich aus dem Wâdi Dô'an in Bilâd Beni 'Jça feien, dem Reisegebiet Wrede's, das mich so vielfach intereſſirte.

Man kann sich denken, daß ich die Bekanntschaft mit Schêch Çâlah (so hieß er) cultivirte, um so mehr, als sie mir die Aussicht eröffnete, noch andere Mitglieder der hiesigen Dô'aner-Colonie kennen zu lernen, von denen viele ihre Heimath erst vor Kurzem verlassen hatten. Ich verabredete deshalb eine spätere Zusammenkunft, bei der er mich mitten in den Kreis seiner Schutzbefohlenen einführen sollte. Nach üblicher arabischer Gewohn-heit fand der Schêch sich nun allerdings nicht zur anberaumten Zeit ein. Die Zeit hat keinen Werth für den gläubigen Moslem, und genaue Stun-den einzuhalten ist ihm etwas ganz Unbekanntes. Aber als ich schon dar-auf verzichtet hatte, jemals wieder etwas vom Schêch Çâlah zu hören, er-schien einige Tage später plötzlich fein von ihm abgesandter Neffe, um mich abzuholen und in den versprochenen Kreis einzuführen. Ich fand die Leute in einem Ctâle (Wirthshaus), gleichfalls im Quartier der Gemaliha. Es waren lauter merkwürdig charakteristische und durchaus edle Gestalten, das ächte Blut Arabiens, sehr verschieden ebensowohl vom Aegypter, wie von dem mir so wohlbekannten Maghrebiner. Haben die Aegypter einen grobknochigen Körperbau, breite, runde Gesichter, kurze stumpfe Na-fen, große Augen, dicke Lippen, großen Mund, breiten Brustkorb, starken Bauch, ziemlich große Hände und Füße, röthlich-braune Gesichtsfarbe, so zeichneten sich dagegen diese ächten Araber durch eine ganz auffallende, aber keineswegs unmännliche Zierlichkeit aller ihrer Gliedmaßen, durch längliche, aber im Ganzen eher kleine Gesichter, durch feingebogene Adlernasen, mitt-lere, aber außerordentlich lebhafte und feurige Augen, feine, dünne Lippen, einen kleinen, zierlichen Mund, einen durchaus muskelkräftigen, sehr wohl-gebildeten, aber nicht im Geringsten zur Fettbildung neigenden Körper, kleine, oft auffallend niedliche Hände und Füße, endlich durch eine ins Oliven-braune spielende, sehr schöne Gesichtsfarbe aus. Der Bart war bei Allen sehr spärlich, aber ihr ganzes Wesen war so kräftig, fehnig und energievoll, daß sie trotz dieses Mangels einen sehr männlichen Eindruck machten. Den größten Contrast gegen die Aegypter bildete ihre übersprudelnde Lebhaftig-keit. Beim Sprechen funkelten, ja blitzten gleichsam ihre Augen. Alle

Worte wurden mit seltener Energie hervorgestoßen. Die Unruhe ihres ganzen Wesens, dieser ächt beduinische Zug, gab sich besonders dadurch kund, daß sie keine Viertelstunde ruhig dasitzen konnten, während sonst die Moslems im geduldigen Dasitzen das Unglaubliche leisten.

Mein Empfang war anfangs ein sonderbarer und beruhte auf einem komischen Mißverständniß. Ich hatte nämlich so viel Bekanntschaft mit ihrem Vaterland verrathen, welche ich dem Werke Wrede's verdankte, daß die Dóaner nicht anders glaubten, als ich müsse ihr Land bereist haben, und, da kein Europäer außer Wrede je dort war, ich müsse selbst dieser Wrede sein. Die meisten der Anwesenden waren zu jung, um Wrede, der vor 27 Jahren reiste, gekannt zu haben, und der Schech selbst war damals schon in Aegypten gewesen. Da nun Niemand sie eines Bessern belehrte (denn meine Protestationen wurden einfach nicht geglaubt), so blieben sie dabei, mich 'Abd el Hûd (der angenomne Name Wrede's) zu nennen, und zwar so lange, bis ein anderer von ihren Landsleuten, ein Mann von etwa 50 Jahren, hereintrat, der gleich an der Thür schon rief: „Wo ist dieser 'Abd el Hûd? Ich habe ihn in Habramaut gut gekannt." Als man nun mich bezeichnete, nahm er mich scharf ins Auge, und sagte dann: „Das kann vielleicht ein Sohn von 'Abd el Hûd sein, aber dieser selbst, wenn er noch lebte, müßte ja jetzt im Greisenalter stehen." Dadurch war ich auf einmal in den Augen der Dóaner so zu sagen rehabilitirt, denn da Wrede als Moslem reiste, ohne Moslem zu sein, da er ihr jedem Andersgläubigen streng verschlossenes Land in Folge eines im Grunde heroischen, aber bei diesen Fanatikern als gottesläfterlich verdammten Wagstückes betrat, so waren sie anfangs keineswegs übertrieben freundlich gegen den gesinnt, welchen sie für Wrede hielten.

Jetzt wurden sie alle sehr freundlich. Sie freuten sich sichtlich, daß ich Interesse an ihrem Lande nahm, wunderten sich zwar immer wieder von Neuem, so oft ich eine gewisse Kenntniß desselben verrieth (und dies war mir eine sehr werthvolle Bestätigung der Wahrhaftigkeit Wrede's), waren aber doch zugleich gern bereit, diese meine Kenntniß noch zu vermehren. Gewöhnlich sind die Araber mißtrauisch, wenn man sie über ihr Land ausfragt. Dies war jedoch bei diesen Dóanern gar nicht der Fall. Im Gegentheil, viele derselben forderten mich geradezu auf, die Namen ihrer heimathlichen Ortschaften aufzuschreiben, ja einigemale nahmen sie mir sogar das Notizbuch aus der Hand und schrieben selbst diese Namen ein. Auf diese Weise erfuhr ich wirklich Mancherlei, was sich selbst im Wrede'-

schen Werke nicht findet, z. B. die Namen und auch ziemlich genau die Lage einiger kleinerer Ortschaften, die unser Landsmann nicht erwähnt, aber im Ganzen wurde mir Alles beinahe haarklein bestätigt, was Wrede aussagt. Seine früher mehrmals beanstandete Glaubwürdigkeit*) steht jetzt außer allem Zweifel. Selbst einige abenteuerlich klingende Geschichten und Sittenerzählungen, die sich bei ihm finden, sind nur die getreue Wiedergabe der Wahrheit. So berichtet er von der von Zeit zu Zeit stattfindenden Beschießung der Stadt Chorébe durch deren eigenen Sultan, der auf diese Weise die Steuern zu erpressen pflegt. Die meisten dieser Dóaner waren aus Chorébe selbst, der bedeutendsten Stadt des Wädi Dóan, und bestätigten, daß ihre Vaterstadt fast allmonatlich eine solche Beschießung von Seiten ihres gütigen Landesherrn zu erdulden habe. Ein anderes Mittel, die Steuern einzutreiben, sei gar niemals im Gebrauch gewesen. Man sei an diese Füsilladen, denen immer Menschen zum Opfer fielen, schon so gewöhnt, daß man sie gar nicht mehr beachte, und erst, wenn einige Leichen das Resultat bildeten, ans Steuerzahlen denke. Dieser Sultan ist in allerneuester Zeit vom Regib von Malalla besiegt, gefangen und Chorébe erobert worden. Die Dóaner verglichen ihn scherzweise mit Napoleon III., der damals auch Gefangener war. Sie sangen ein politisches Liedchen zu Ehren des Siegers, das sie ihre „Marseillaise" nannten. Merkwürdiger Weise wußten sie viel von europäischer Politik.

---

*) Man hat in neuester Zeit auch aus dem Umstand, daß Wrede behauptet, den Namen „Abd el Hûd" geführt zu haben, einen Grund zum Zweifel an seiner Glaubwürdigkeit abgeleitet. Dieser Name ist nun freilich sowohl grammatikalisch (denn es müßte „Abd Hûd", ohne Artikel, heißen) als auch dem Sinne nach unrichtig, denn man setzt nur den Namen Gottes dem „Abd" nach. Das beweist jedoch nur, daß Wrede kein geschulter Arabist war. Heut zu Tage sind aber auch die meisten Araber so ungebildet, daß sie sich nicht an diesem Fehler stoßen, denn Viele hörte ich diesen Namen ganz unbefangen wiederholen. Sie dachten aber dabei nicht an den Propheten „Hûd", sondern hielten „el Hûd" für eines jener vielen Prädicate der Gottheit, welche die wenigsten Araber alle gehört haben.

# Reise nach Arabien.

## Fünftes Capitel.

## Von Cairo nach Dschedda.

Es ist möglich, daß dieses Buch auch einmal in die Hände eines Mannes geräth, der eine ähnliche Reise vorhat. Darum will ich vorausschicken, was Alles zu einer solchen nöthig ist. Ein vollständiger Kochapparat, Tischzeug, ein Reisebett, ein Moskitonetz, zwei Reisestühle, vor Allem aber ein Reisetisch, denn ohne Tisch wird sich der schreibselige Europäer bald unglücklich fühlen, und in Arabien ist ein Tisch etwas Unbekanntes. Will man Wein trinken, so nehme man seinen sämmtlichen Bedarf mit, denn am ganzen Rothen Meer (außer Suez) bekommt man nichts als spirituusartigen Branntwein oder ein schändliches Präparat, das „griechischer Wein" betitelt, aber von den Branntweinhändlern in Dschedda oder Massauwa fabricirt und dann mit dem Namen irgend einer griechischen Insel, wie Samos oder Cypern, getauft wird. Meistens heißt er „Commandâri", ist es aber nicht, denn der wirkliche Commandâri ist ein guter, malaga-artiger Wein. Das gefälschte Geträuk ist widerlich süß, sehr stark und erregt oft schon nach dem ersten Glase Uebelkeiten.

Außerdem sehe man sich nach einem guten Diener „für Alles" um. Er muß kochen, Zelt aufschlagen, Bett machen, packen, Zimmer reinigen u. s. w. können. Man nehme nur nicht mehrere, denn unfehlbar wird der eine „Hammer", der andere „Amboß" sein und letzterer dann doch allen Dienst für den andern thun müssen, der schließlich bloß noch „zur Zierde" da sein wird. Ich meine das natürlich für solche, die nicht mit „Staat" reisen wollen. Denn wer letzteres will, der schleppe so viele Faullenzer mit sich, als er Lust hat, erwarte aber auch von ihnen nichts, als daß sie ihm durch ihre glänzende Erscheinung „Ehre" machen. Die Regel ist im Orient, daß wenn man viele Diener hat, diese alle zusammen nicht so viel thun, als ein einziger, der tüchtig ist. Einen tüchtigen Diener findet man in Aegypten fast nur unter den Nubiern (vulgo Berberiner). Sie sind intelligent, rührig, geschickt im Kochen und in allen Hantierungen und dabei respectvoll. Alles dies ist der ächte Aegypter in viel geringerm Grade. Letzterer hat sogar eine große Neigung, unverschämt zu werden, und man muß ihn beständig an seine Stelle verweisen. Der Nubier dagegen zwingt seinen Herrn fast nie zum Tadel. Meine Erfahrung im Orient ist nicht gering. Ich habe es mit Leuten von verschiedensten Confessionen, Stämmen und Hautfarben versucht, aber erst eine „Perle" von einem Diener gefunden, als ich einen Nubier in meinen Dienst nahm. Der Lohn, den die Cairiner Diener vom Europäer beanspruchen, ist nicht gering. Aber man feilsche hierbei nicht. Ein geschickter Diener wird selten für wenig mitgehen und, wenn er es thut, sich durch Betrug entschädigen. Zahlt man aber den Nubier gut, so wird er nicht betrügen (der Aegypter wird es stets), und der hohe Lohn wird schließlich noch als eine kluge Finanzmaßregel erscheinen. In allen Hafenorten des Rothen Meeres findet man freilich für viel geringern Lohn Diener, als in Aegypten, oft für ein wahres Spottgeld. Aber sie sind nur für den brauchbar, der sich auf's „Abrichten" verlegen will. Wem die Geduld fehlt, den Pagenmeister zu spielen, der hüte sich vor ihnen.

Endlich, Wichtigstes von Allem, nehme man recht viel baares Geld mit, und zwar in Maria-Theresia-Thalern. Creditbriefe helfen gar nichts, denn in den meisten Fällen sind die Handelshäuser, an die sie gerichtet sind, so unbedeutend, daß sie nicht zahlen können. Sehr oft wird man finden, daß sie dem Bankerott nahe sind, denn alle diese Häuser sind ephemere Erscheinungen. Reiche Europäer giebt es am Rothen Meere nicht. Ein Banknillet hilft auch nichts. Will man es gewechselt haben, so muß

es eben nach Aegypten zurückgeschickt werden, und dann kommt das Geld
oft erst nach einem Jahre.

Alle diese Vorbereitungen hatte ich als „erfahrener" Reisender in
Cairo getroffen. Nur passirte mir in Suez ein Versehen, welches zeigt,
wie wenig selbst oft die schwererrungene „Erfahrung" nützt und wie wir
wieder und immer wieder Lehrgeld zahlen müssen. Ich ließ mich nämlich
dort bereden, zu meinem trefflichen nubischen Diener, der den majestätischen
Namen Abdulmedschid führte, noch einen zweiten zu nehmen, was ich schon
am folgenden Tage bereute, aber leider waren wir an diesem bereits un-
terwegs nach Dschebba. Der Kerl mußte also einstweilen behalten werden.
Dieses Exemplar von einem „wohlempfohlenen" Diener war ein Araber
aus Suez, Hamed mit Namen, der zwar alle guten Eigenschaften zeigte,
so lange wir noch am Land waren, er also noch entlassen werden konnte,
aber sich als ein Ausbund aller Niederträchtigkeit entpuppte, sowie das
Schiff unter Dampf kam. Mein armer Nubier wurde bald von ihm als
Helote behandelt, mußte Alles allein thun und Monsieur Hamed benutzte
seine Muße dazu, Bekanntschaften mit den frommen Pilgern anzuknüpfen,
die mit uns reisten, und sie mit meinen Vorräthen zu tractiren. Unter
meinen Hühnern brach plötzlich die Cholera aus, denn täglich berichtete mir
Hamed vom natürlichen Tode des einen oder des andern, das er zu seinem Leidwesen „ins Meer werfen mußte", und ich erfuhr erst später durch
Zufall, daß er sie den Pilgern geschenkt und mit ihnen verspeist hatte.
Einer von diesen Pilgern war nämlich naiv genug, sich bei mir für das
Geschenk der „schönen fetten Hühner" zu bedanken. Das Unglaublichste
leistete er bei Ankäufen. In Suez hatte ich mich schon gewundert, daß
man für vier Thaler nur ein wenig Gemüse bekäme. Aber in Yambo
sollte ich noch etwas Schöneres erleben. Ein mitreisender Europäer bat
ihn nämlich, ihm doch von der Stadt ein Paar Kerzen mitzubringen
und gab ihm einen Thaler mit. Dieser Thaler ging ganz auf. Die
Kerzen waren in Yambo theuer und man bekam für einen Thaler
nur zwei Stück. Ebensoviel kostete ein Pfund Hammelfleisch. Ich
selbst kaufte freilich am folgenden Tage in eben diesem Yambo zehn
Pfund für einen Thaler. Aber das von Hamed gekaufte war von
feinerer Qualität! Monsieur Hamed trug doch ein wenig zu dick auf,
um lange behalten zu werden. Um mit ihm abzuschließen, will ich
schnell noch berichten, wie ich mich seiner entledigte. Durch bloßes Weg-
schicken wäre dies in Dschebba gar nicht auszuführen gewesen. Er hätte

sich dann einfach versteckt, bis das Schiff nach Suez abgegangen wäre.
Ich hätte consularische Hülfe, Cawassen und Gott weiß welche Gewaltmittel
noch anwenden müssen, um ihn sicher auf's Schiff zu bringen. Außerdem
ist in dem fanatischen Dschedda jeder Conflict eines Europäers mit einem
Moslem (auf den Stand des letztern kommt es dabei gar nicht an) miß-
lich und muß vermieden werden. Wurde doch einer meiner Bekannten beinahe todtgeschlagen, weil er einen Streit mit seinem Thürhüter hatte. Letzterer war freilich ein Saib. Aber auch Hameb war schrecklich fromm,
fastete streng und verachtete, ja schimpfte beständig den Nubier, weil dieser
vom Privilegium, auf Reisen nicht zu fasten, Gebrauch machte. Die
„frommen" Leute sind stets die gefährlichsten. Nur durch List kommt ich
mich seiner entledigen. Eine treffliche gab mir mein Hausherr an die
Hand.

„Haben Sie nicht einen Koffer in Suez stehen lassen?"

„Gewiß, sogar zwei," antwortete ich.

„Nun, so schicken Sie Hameb dorthin, um ihn zu holen."

Hameb biß wirklich auf diesen Zopf an. Es versteht sich von selbst,
daß ich ihm einen Brief an den norddeutschen Consul mitgab, in dem ich
diesen bat, dem Kerl seine Entlassung aus meinem Dienst anzuzeigen.
Diese List gelang vollkommen und Hameb nahm sie mir nicht einmal übel,
denn als ich ihn später in Suez wiedersah, meinte er, es sei nicht gut,
einem „listigen" Herrn zu dienen, lachte aber dabei.

Jedoch zurück zur Reise. Von Cairo nach Suez fährt man recht
schlecht und recht langsam auf der vicekoniglichen Eisenbahn, deren Wagen
sämmtlich schadhaft, oft halb zerbrochen, staubig und sehr schmutzig sind,
denn auch hier macht sich der orientalische Schlendrian geltend. Der Orien-
tale giebt viel Geld für Neues, gar keines aber für Reparaturen aus, und
so ruinirt er bald Alles. Halbwegs bekommt man für 2 Thaler ein soge-
nanntes Frühstück, allen denen zu empfehlen, die sich gern Zähne ausbei-
ßen. Seit der Canaleröffnung hat man die directe Bahn zwischen Cairo
und Suez aufgegeben, auf der man in 4 Stunden den Weg zurücklegte.
Jetzt muß man eigentlich halbwegs bis Alexandrien zurück fahren, und
Schnellzüge giebt es nur von Alexandrien, nicht von Cairo nach Suez, und
zwar auch nur einen wöchentlich. So währt die Fahrt jetzt über das
Doppelte ihrer frühern Dauer. Das ist auch eine Errungenschaft der
Civilisation und des Suezcanals!

In Suez empfehle ich allen denen, die gern recht schlecht und recht

theuer wohnen und denen zum Diner Kohlsuppe, ausgekochtes Fleisch und
Käse genügt, das französische Hotel, in dem ich die erste Nacht abstieg, weil
das englische überfüllt war.    Wer aber, ehe er überhaupt von Gasthöfen
Abschied nimmt, wie ich es bald thun sollte, noch ein wenig Comfort genießen will, der gehe in letzteres, das freilich auch nicht billig (5½ Thlr.
täglich ohne Wein), aber doch nach hiesigem, für Europäer im Orient gül-
tigen Maßstab verhältnißmäßig preiswürdig ist.

Für Vergnügungen ist vielfach in Suez gesorgt.  Sie sind allerdings
nicht sehr unschuldiger Natur, aber ganz dem europäischen, etwas vaga-
bundenartigen und nicht sehr gewissenhaften Publicum entsprechend, das
sich in diesem verworfenen Neste herumtreibt.   Den Hauptanziehungspunkt
bildet das „Café chantant" eines Griechen, dessen Heldinnen Französin-
nen sind, meist etwas abgelebte aber sehr herausgeputzte Damen, die schon
anderswo viel Glück gehabt oder verscherzt haben mögen.   Jedoch dieses
bildet eigentlich nur das Aushängeschild.    Der wahre Anziehungspunkt befindet sich hinter einem rothen Vorhang, den wir lüften, um in ein Re-
bengemach zu gelangen, wo wir mit — der Spielbank Bekanntschaft
machen.  Diese wird von einem Griechen gehalten, der dadurch gute Geschäfte macht, und, wie man mir sagte, „sehr ehrlich" sein soll.  Alle
Spieler schienen mir freilich zu verlieren.   Aber wo wäre die Spielbank,
wo das nicht geschähe?  Früher, als noch am Canal gebaut wurde und
mehr Europäer hier waren, machte ihm eine zweite Bank Concurrenz.  Ein
edler Wettkampf entspann sich zwischen beiden, sich gegenseitig die Kunden
abzulocken.   Das beliebteste Mittel war sehr drastisch.  Der eine Bank-
inhaber schickt einfach Jemand mit einer Flinte nach der andern „Hölle"
und ließ mitten unter die Spieler feuern, hoffentlich nur mit Pulver.  Der
Erfolg war gewiß.  Die Spieler kamen dann zu ihm und blieben, bis
der andere auch wieder unter sie schießen ließ.  In Cairo fand früher ganz
dasselbe statt, als die Spielbanken noch in den Kiosken bei der Esbekiye
bestanden.   Verwundet scheint dabei Niemand zu werden.  Doch die Spiel-
inhaber sind „anständige" Leute in Vergleich mit jenen anderen Griechen,
deren es auch in Aegypten giebt und deren Dolch für 50 Thlr. Jedem zu
Gebote steht.

Es ist jedoch ein eigenes Ding mit dem, was man im Orient „Griechen" nennt.  Nicht alle so Genannten sind wirklich aus dem classischen Vaterland.  Ich habe manche andere Europäer, die gar nicht „so weit her"
sind, im Verdacht, gelegentlich die „Griechen" zu spielen, denn man nennt

einmal vorzugsweise alle Spitzbuben im Orient so und thut der Nation
sehr Unrecht, unter deren Angehörigen ich viele sehr anständige und ehrliche
Leute gekannt habe. In Suez scheinen diese Kosmopoliten besonders große
Virtuosität zu entwickeln. So hatte vor einigen Jahren eine Bande derselben während längerer Zeit mit Erfolg sich dem viceköniglichen Steueramt
substituirt. Einige von ihnen besuchten nämlich alle neuankommenden Waaren-
schiffe, gaben sich für Steuerbeamte aus, sprachen von schwerer Besteuerung
der oder jener Waaren, die nun das Schiff gerade führte, oder auch gar
von einem absoluten Einfuhrverbot, gaben aber auch gleich dem erschrockenen
Capitän das Mittel an, Alles dies zu umgehen, und zogen mit einer
schönen Bestechungssumme ab. Die Quarantäne lieferte der Bande Anlaß
zu einem ähnlichen Schwindel. Oft, wenn eine solche gar nicht bestand,
kam ein angeblicher Sanitätsbeamter an Bord, drohte der Schiffsmann-
schaft mit Quarantäne und ließ sich endlich für ein Trinkgeld herbei, sie
derselben zu entheben. Auch von Ableitung von Telegraphendrähten durch
dieselbe schöne Gesellschaft hörte ich. Erst nachdem sie schon lange ihr ein-
trägliches Geschäft betrieben, wurde ihr das Handwerk gelegt. .

Wenn man von Suez nach Dschedda reisen will, so muß man sich
der ägyptischen Dampfschiffe, der sogenannten Compagnie „'Azizye", bedienen, eine Gesellschaft, die eigentlich nur aus dem Vicekönig besteht. Ihre
Schiffe waren theils ursprünglich sehr schön und gut, einige freilich auch
abgediente europäische, die irgend ein Verkaufskünstler dem Khedive für
schweres Geld anzuhängen wußte. Alle sind jedoch über die Maßen ver-
nachläßigt, die Cabinen sehen ruinenhaft aus, die Instrumente, Spiegel,
Möbel meist zerbrochen, die Betten so zersetzt, beschmutzt und „bevölkert",
daß es gerathen ist, sich seines eigenen mitgebrachten zu bedienen. Essen
ist selbst für theures Geld nicht zu bekommen. Man muß seinen eigenen
Koch und Proviant mitnehmen. Da die Maschinisten Europäer sind, so
werden die Maschinen leidlich gehalten. Die Maschinisten führen europäische Küche, und solche Reisende, die selbst nicht darauf eingerichtet sind,
können sich manchmal bei ihnen in Kost geben. Doch rechne man hierauf
nicht bestimmt, denn oft reicht ihr Proviant nicht aus. Diese Leute sind
nur durch hohen Lohn hier festzuhalten. Der erste Maschinist bekommt
etwa 25, der zweite 20 Pfund Sterling monatlich, während z. B. der
östreichische Lloyd oft nur 8 zahlt. Alles übrige Personal ist ägyptisch und
von einer rührenden Ignoranz in Bezug auf Nautik. Wäre nicht der
Pilot, so würden die Schiffe noch viel öfter auf den Korallenriffen des

rothen Meeres festsitzen. Auch so geschieht es oft genug. Die Matrosen
dieser „Compagnie" sind eigentlich gar keine Seeleute, sondern Landsolda-
ten, viele von ihnen auch Sträflinge, denn dieser Dienst (ich meine natürlich nicht den auf den Kriegsschiffen) wird als Verbannung und Strafe
angesehen. Obgleich keine Kriegsschiffe, so werden doch diese Dampfer
militärisch befehligt. Es sind gewöhnlich 4 Officiere vorhanden. Der erste
wird vulgo „Commandár" (ein europäisches Wort mit arabischer Endung)
genannt, der zweite heißt der „Unter-Commandár", der dritte Cablan (Capitän), der vierte Molasem (Lieutenant). Von Ancienmität ist beim Avan-
cement nur in so fern die Rede, als der Commandár gewöhnlich der un-
wissendste, altmodischste Stocktürke ist, der je zur See fuhr. Die anderen Officiere
sind entweder Jünglinge, die noch Carriere machen wollen, oder alte degra-
dirte Officiere derselben Compagnie oder der Landarmee, die man zur
Strafe hierher versetzt. So war auf dem Sualin, mit dem ich nach Mas-
saunva fuhr, der vierte Officier ein uralter Greis, der früher Commandár
gewesen, aber begrabirt worden war, weil er niemals anzugeben wußte,
wieviel Mannschaft er habe, wieviel auf der Reise gestorben waren, und
die Sanitätsagenten in Suez Klage über ihn geführt hatten. Auch ein
sogenannter „Arzt" ist auf jedem dieser Schiffe vorhanden, nicht jedoch ein
solcher, der Medicin studirt hätte, wie man deren manchmal unter den
Moslems in Cairo findet. Gewöhnlich hat ein solcher Arzt eine große
Flasche mit Essig, womit er alle Krankheiten heilt. Dr. Sangrado war
ein großer Gelehrter im Vergleich mit ihm. Die meisten Officiere und der
„Arzt" verbringen ihre Zeit im Bett, wenn sie nicht zum Gebet aufstehen,
worin sie sehr pünktlich sind. Für die Schifffahrt sorgt der Pilot.

Das Billetnehmen, in Europa so einfach, ist hier schrecklich complicirt.
Erst muß man dem „Bey", einer Oberbehörde, seine Aufwartung machen.
Dieser prüft den Paß, den Sanitätsschein u. s. w., fragt einen aus und
spricht eine halbe Stunde vom Wetter, vom Krieg, Napoléon oder sonstigen
Dingen. Dann giebt er Ordre, daß man in das „Billetbureau" geführt
werde. Dort sitzen einige 12 Schreiber, die endlich mit Ach und Krach das
Billet zu Stande bringen. Dies wird einem jedoch erst verabfolgt, nachdem man auf dem „Zahlbureau" war. Dort sitzt der Cassirer und dieser
findet gewöhnlich die Münzsorte nicht passend. Er weist einen dann in
das „Wechselbureau", woraus man gräßlich geschunden hervorgeht, um erst
wieder in das „Zahlbureau" und dann nochmals in das „Billetbureau" zu
gehen. Dann eine schließliche Aufwartung beim „Bey", der sich die Miene

giebt, Alles noch einmal zu prüfen, und man ist zu Ende, d. h. wenn man
keine Diener hat. In letzterm Falle aber wird man vor Abend nicht fertig,
denn deren Paß läßt gewöhnlich zu wünschen übrig; man wird zum Gouverneur und von diesem zu einem Dutzend Unterbehörden geschickt, die alle
behaupten, heute keine Zeit zu haben, man solle morgen wieder kommen u. s. w., bis man endlich die Geduld verliert, zum Consul geht und
ihn bittet, diesen gordischen Knoten durchzuhauen. Diese Paßpladereien
sind für die Unterthanen des Vicekönigs unendbar und ein wahrer Ruin.
Ein armer arabischer Diener muß oft den Gehalt eines Monats hingeben,
um nur abreisen zu können. Auch hilft es ihm gar nichts, bereits allen
Anforderungen in Cairo genügt und dort die Versicherung erhalten zu haben, damit sei nun für die Staaten des Vicekönigs Alles abgemacht. Un-
barmherzig wird er in Suez wieder denselben Pladereien unterworfen, sieht
sich einer doppelten Ausgabe und Zeitverlust gegenüber und muß froh sein,
wenn er nicht schließlich unter irgend einem Formfehler-Vorwand nach
Cairo zurückgeschickt wird, wie es meinem armen nubischen Diener Ab-
buldmedschid ging, der einen zweimonatlichen Gehalt zwischen Cairo und
Suez ausgeben mußte, ehe es ihm gelang, polizeigemäß dazustehen.

Alle diese Freuden blühen dem Reisenden nur in Suez, weil dieses
eben auf der Höhe der „Civilisation" steht. Hat er aber einmal diesen
Ort hinter sich, so ist Alles wie abgeschnitten. In keinem einzigen andern
Hafen des Rothen Meeres wird er mehr belästigt, außer allenfalls des Ge-
päcks wegen, aber ein gutangebrachter Bakschisch verfehlt hier seine Wirkung nie.

# Reise nach Arabien.

## Sechstes Capitel

## Ein Pilgerschiff.

Pilgerreise vor dem Ramaḍān. — Türkische Pilger. — Enge Verpackung der Pilger. — Die Metuafin. — Die Lebemänner des Orients. — Der Zemzemi. — Brodneid der Pilgerführer. — Schulmeisterei aller Türken durch knabenhafte Führer. — Das religiöse „Geschäft". — Unwissenheit der Pilger. — Vorurtheilsfreiheit der Metuafin. — Sie wollen deutsche Unterthanen werden. — Belehrungsversuche. — Der alte Belehrer. — Langweilige Predigt. — Gründe für Belehrung zum Islam. — Die Javanesen. — Ihr Schmutz. — Ihr Reichthum. — Wetteifer der Metuafin um die Javanesen. — Todesfälle auf dem Pilgerschiff. — Sonderbare Bestattung. — Ankunft in Yambo. — Unsicherheit der Gegend. — Der hohe türkische Beamte und sein unverschämter Beschützer. — Ein entlarvter Beduine. — Besuch in Yambo. — Der Statthalter. — Der Basar. — Pilgereinkleidung auf der Weiterfahrt. — Die Beichtväter des Islam. — Ihre interessirte Nachsicht. — Ankunft in Dschedda. — Faulheit der Zollbeamten. — Leiden der Pilger.

Wir standen am Vorabend des heiligen Monats Ramaḍān. Die Pilgerfahrt war somit noch über zwei Monate fern. Aber bei vielen Moslems besteht die Sitte, die Reise sehr früh anzutreten, um dies nicht im Fastenmonat thun zu müssen und letztern in Mekka oder in Medina zubringen zu können. Namentlich die entfernter Wohnenden pflegen am Allerfrühesten einzutreffen. So war denn der Heḍāẓ, das Schiff, das mich nach Dschedda tragen sollte, auch dicht mit Pilgern bepackt, die meistentheils „weit her" waren. Die Türken herrschten vor, namentlich die aus Rumili und Bosnien. Dann war Java durch eine kleine, aber ausgesucht schmutzige Colonie vertreten. Diese Leute mußten, da die directen Fahrten von Ostindien nach Dschedda erst nach dem Ramaḍān beginnen, alle den Umweg über Suez nehmen, somit dieselbe Strecke, d. h. die Hälfte des Rothen Meeres zweimal befahren. Endlich fehlte es nicht an Söhnen der heiligen

Stadt selbst, religiösen Fremdenführern, Metuasin genannt, die die „tobte Saison" in Constantinopel zubringen und dort auf recht „fette" Pilger Jagd machen, welche sie dann als menschliche Bädecker nach Mekka begleiten.

Dieses Publicum war an 700 Köpfe stark und nur durch Härings-verpackung unterzubringen gewesen. Kein Fleck des Decks oder des Zwi-schendecks war frei. Ueberall fromme Pilger, die sich mit ihren Matratzen oder Teppichen da installirt hatten und nicht vom Platze wichen. Da aßen, schliefen, beteten sie, rasirten, wuschen sie sich, die meisten glücklicher-weise im Freien. Zweihundert befanden sich freilich im Gepäckraum, und dort war die Atmosphäre natürlich entsprechend verpestet. Die große erste Cajüte dagegen war, außer mir, ganz leer. Alle 36 Kojen standen zu meiner Verfügung. Türken und Araber reisen nämlich stets nur in dritter Classe. Von dieser giebt es übrigens hier verschiedene Kategorien, je nach der Stelle im Schiff, wo man einen Deckplatz bekommt.

Schon am ersten Tage wurde ich mit vielen Pilgern bekannt. Na-mentlich die Metuasin zeigten sich leicht zugänglich, was mich sehr in Er-staunen setzte, denn als ich meine Pilgerfahrt machte, hatte ich sie als sehr fanatisch kennen gelernt. Freilich spielte ich damals selbst den Moslem und dem Pilger gegenüber mußten sie die religiöse Seite heraushängen. Heute lernte ich sie von ihrer weltlichen Seite kennen und diese war, meiner Treu, gar nicht unangenehm. Diese hochgeachteten religiösen Personen, denen die unwissenden Pilger immer mit dem tiefsten Respect, wie Heiligen, entgegenkommen und deren „Geschäft" die Religion ist, sind eigentlich die wahren Lebemänner und Weltleute des Orients. Sie kommen mit so vielen und so vielerlei Menschen in nähere Berührung, sie reisen selbst so viel, um ihre guten Kunden aufzuspüren, daß sich, wie bei den meisten Vielgereisten, Vorurtheile und Einseitigkeiten bei ihnen abschleifen. Der. Fanatismus bleibt nur noch ein Amtskleid, das gelegentlich angezogen werden muß, um den Kunden zu imponiren. Ist das nicht nöthig, so sind sie die liebenswürdigsten Menschen, namentlich die älteren und routinir-teren, denn unter den jungen findet man noch „ungeschliffene Diamanten".

So war auch unter dieser kleinen Schaar ein brauner Jüngling von den Zemzemiha, d. h. den Wächtern des heiligen Brunnen Zemzem. Ihr Beruf ist erblich und sie gehören somit zu einer Art von religiösem Adel, jedoch von untergeordneter Classe. Demgemäß bilden auch sie einen Gegenstand der Verehrung. Diesem Umstand verdankte unser brauner Zemzemi. daß ihn die Metuasin duldeten, obgleich sie, sowie er den

Rücken wandte, fich bitter über ihn beklagten, daß er ihnen ins Handwerk
pfufche, wozu er gar keine Berechtigung habe. Der junge Zemzemi war
nämlich vorigen Sommer auf eigene Faust nach Stambul gereist, hatte
dort den Metuafin zwei reiche alte Türken weggefifcht, die er nun als
Glaubenslehrer und Führer begleitete. Es war fehr komifch anzufehen,
mit welchem Respect die zwei weißbärtigen Greife und ihr zahlreicher Troß
von weißen und schwarzen Sklaven dem halben Knaben zuhörten, wenn er
ihnen die Pflichten der Pilgerfahrt auseinanderfetzte, ihnen vorbetete, das
Coftüm erklärte u. f. w. Er war ihr Oelgöße, wurde gehätfchelt und ge-
füttert und dabei wie ein Heiliger „verehrt". Sein geiftlicher Hochmuth
war denn auch nicht gering. Mich würdigte er keiner Anrede und nahm
es fehr übel, wenn ich zufah, wie er einen alten Türken fchulmeifterte, ihn
fich aus- und anziehen, wafchen oder den Kopf rafiren ließ, gerade wie
wenn er ein Kind gewefen wäre. Meinem ungläubigen Auge gönnte er
nicht den Anblick diefer heiligen Verrichtungen.

Meine Bekannten, die Metuafin, waren das gerade Gegentheil von
diefem jugendlichen Fanatiker. Oft, wenn wir in der köftlichen Abendluft
auf dem Deck beifammen faßen, rauchten, Kaffee tranken und plauderten,
kam es vor, daß irgend ein frommer Pilger fie unterbrach, um fich „geiftlichen Rath" zu holen. Das „Gefchäft" verlangte, daß fie fich ihm wid-
meten. Dies gefchah auch fehr gefchäftsmäßig und wurde rafch abgemacht,
dem Pilger eine Ermahnung gehalten und ihm fchnell etwas vorgebetet,
was diefer oft ganz falfch wiederholte. Ich bemerkte dies, aber die Metuafin
lachten nur dazu, und verficherten mir, es fei zu viel verlangt, wenn fie
den Pilgern das richtige Nachfprechen beibringen follten. Die gute Abficht
müffe das Mangelhafte der Worte entfchuldigen. Einer geftand mir fogar
ganz offen, es fei gar nicht gut für fie, wenn die Pilger das ganz richtig
lernten. Sie könnten fonft leicht ihren Verwandten die Metuafin entbehrlich
machen. Die Pilgergebete find nämlich andere, als die gewöhnlichen, und
nur. den Mekkanern oder fehr erfahrenen und gelehrten Pilgern, die fchon
einmal in Mekka waren, bekannt. Die Ungelehrten lernen fie nie richtig
und bedürfen immer und immer wieder eines geiftlichen Führers. Dies
macht das Amt der Metuafin unentbehrlich und einträglich.

Diefe guten Leute waren anfangs fehr erftaunt über meine Kenntniß
der Gebräuche der Pilgerfahrt. Ich hütete mich natürlich ihnen zu fagen,
daß ich fie mir an Ort und Stelle geholt hatte. Jedoch waren fie weit
entfernt, Verdacht zu fchöpfen, und fanden es ganz erklärlich, als ich fagte,

ich verdanke meine Kenntniß ganz ähnlichen Gesprächen, wie dem, das ich eben mit ihnen führte. Sie sprachen nämlich ganz ungenirt mit mir von allen Heiligthümern und nahmen kein Blatt vor den Mund.

Wie weit ihre Vorurtheilslosigkeit ging, zeigt der Umstand, daß zwei Metuafin mich einmal bei Seite nahmen und mich hoch und theuer baten, ich möchte ihnen doch das Protectorat unsers Consulats verschaffen. Sie wollten nicht mehr türkische Unterthanen sein, lieber die eines europäischen Herrschers. Bei diesen allein sei Gerechtigkeit zu finden. O Schatten des Propheten! drehe dich im Grabe um, wenn deine Heiligen eine solche Sprache führen! Leider mußte ich ihnen gestehen, wir Deutschen seien zwar nicht mehr ganz dieselben politischen Aschenbrödel, wie früher, aber bis nach Mekka reiche doch unser Arm noch nicht. Sie sollten es lieber mit England versuchen, der einzigen Macht, die in Arabien respectirt ist.

In der kurzen Zeit unsers Beisammenseins entspann sich wirklich ein ganz freundschaftliches Verhältniß. Der beste Beweis davon war, daß sie einige unschuldige Bekehrungsversuche anstellen. Der Moslem ist heut zu Tage kein Proselytenmacher. Da er aber seinen Glauben für eine Wohlthat ansieht, so sucht er diese seinen Freunden zu verschaffen. Darum ist ein Bekehrungsversuch vor Allem ein Beweis von Freundschaft. Nebenmotive, wie das, mir als Metuaf zu dienen und dadurch viel zu verdienen, mochten natürlich meine Bekannten auch mitbestimmen.

Zu dem Zweck wurde ein uralter Metuaf, der sonst schweigsam abseits saß, mit ins Gespräch gezogen. Dieser hatte nämlich schon einmal, wie es hieß, einen Christen und zwar einen polnischen General nebst Frau bekehrt und wurde vulgo „der Bekehrer" genannt. Aber damit hatte man das unrichtige Mittel gewählt. Denn dieser alte Stockmoslem begann nun eine so langweilige Predigt, daß sämmtliche Metuafin bald laut schnarchten und ich mir die Miene gab, gleichfalls zu schlummern, bis dies zur Wirklichkeit wurde. Lange tönte der Singsang des Predigers in die Nacht hinein. Kein Mensch hörte ihm zu. Aber sein eigenes gläubiges Gemüth mochte diese Gelegenheit, sich auszusprechen, nach Herzenslust genießen.

Die Gründe, welche mir diese Metuafin für meine Bekehrung empfahlen, waren übrigens keineswegs ascetische, nicht einmal religiöse, sondern, wie sie selbst, durchaus weltmännisch. „Du kannst dann Mekka und Medina sehen, was gewiß interessant ist, auch ganz Arabien bereisen, wo es noch viel Unbekanntes giebt; kannst alle Genüsse der Mohammedaner mit denen der Christen vereinigen, nebenbei auch europäischen Schutz nach

wie vor genießen, denn viele indische Moslems kommen ja auch nach Mekka
und selbst dort schützt sie England. Du verlierst also gar nichts, denn als
Moslem kannst Du in Europa, nicht aber als Christ in Arabien reisen.“
Man sieht, ihre Propaganda war gar nicht ungeschickt. Sie sprachen kein
Wort von den Huris des Paradieses, die man erst in der zukünftigen, son-
dern nur von Dingen, die man in dieser Welt genießt.

Die Javanesen bildeten einen besondern Anziehungspunkt für die
Metuafin. „Diese Leute,“ so sagte man mir, „sehen zwar wie Bettler aus,
sind aber aus Gold gemacht.“ In der That sahen sie schrecklich aus.
Halbnackt und von Schmutz und Ungeziefer bedeckt, lagen Männer und
Frauen durcheinander. Ihr ewiges Kauen von Bethel oder von Tabak,
womit viele abwechselten, und das daraus erfolgende Herumspuden machte
ihre Nähe ganz besonders widerlich. Ihre Frauen waren unverschleiert
und gingen mit den Männern vor Aller Augen ungenirt um, ganz der
moslemischen Sitte zuwider. Als ich die Metuafin darauf aufmerksam
machte, hieß es: „sie sind unwissend.“ Damit war Alles entschuldigt.
Auch legten sie gar nicht das Pilgergewand an. Zur Entschuldigung hieß
es „sie seien Schäfe'i und die hätten das nicht nöthig“, obgleich ich sehr
viele Schäfe'i kannte, die sich regelmäßig einkleideten. An den Javanesen
entschuldigte man Alles. Ihre einzige Speise schien roher Kohl zu sein,
den sie in Suez gekauft hatten und den sie auf sehr unreinliche Art ver-
zehrten. Aber „sie waren reich“, so hieß es und das machte sie sehr interessant. „Sie schleppen ganze Säcke voll Gold mit sich, die sie unter
ihrem Gesäß halten,“ sagte mir ein Metuaf. Allerdings müssen diese
Leute viel Reisegeld mitführen, denn die Hin- und Rückreise kostet jedem
Einzelnen oft an 1000 Thaler, selbst auf dem letzten Platz, und dabei
schleppt mancher eine Familie von acht, zehn oder zwölf Personen
mit sich.

„Das Beste an ihnen ist,“ sagte mir ein Metuaf, „daß keiner ein Ster-
benswörtchen Arabisch kann.“

„Wie werdet Ihr denn mit ihnen fertig?“ fragte ich.

„O, das geht durch Zeichen,“ meinte er lachend und machte dabei
die Pantomime des Geldzählens.

In der That ist es sprichwörtlich, wie diese Leute in Mekka aus-
geplündert werden. Zum Glück haben sie meist ihre Billette zur Rückreise
schon im Voraus gelöst, sonst würde die Mehrzahl in Mekka sitzen bleiben.
Manche richten sich übrigens so ein, daß sie über ein Jahr ausbleiben,

und so zwei Pilgerfahrten mitmachen, und kehren dann mit doppeltem Heiligenschein nach Java zurück.

Da diese Javanesen noch nicht in „festen Händen" waren, so hatten die Mekuasin gewonnenes Spiel. Aber auch hier spielte ihnen der braune Zemzemi, der seiner Hautfarbe wegen (er mußte Negerblut in sich haben) den Javanesen gefiel, den Streich, ihnen einen besonders widerlichen, aber „auf Gold schlafenden" Krösus wegzufischen. Der Junge hatte entschiedenes Glück. Er brachte es sogar dahin, daß der Javanese sich wusch, was allgemein für ein Wunder galt.

Trotz der im Ganzen günstigen hygienischen Bedingungen der Reise, denn die Meisten lebten in freier Luft und die Temperatur war gemäßigt warm (Nachts etwa 18° R.), kamen doch einzelne Todesfälle vor. Kein Wunder, denn manche Pilger verlassen krank, oft todtkrank, ihre Heimath. Seligkeit für sie, wenn sie auf der Wallfahrt sterben! Der erste Fall betraf einen reichen alten Kaufmann aus Yemen, reich, wie man nach seinem Tode entdeckte, denn gekleidet war er wie ein Bettler, lebte auch so. Aber er trug in einem um den Leib geschnallten Ledergürtel 500 Pfund Sterling in Gold, und in einer alten Bretterlade, seinem Reisekoffer, befand sich ein großer Sack voll Thaler. Dies sämmtliche Geld wurde „aufgehoben", d. h. in Tschedda dem Pascha überliefert, der die Verwandten des Verstorbenen zu ermitteln versprach. Diese erfahren natürlich in diesem und ähnlichen Fällen später etwas von der Sache, aber alle ihre Reclamationen bleiben umsonst. Was in die Hände eines Pascha geräth, ist unwiederbringlich verloren. So starb auch während meines Aufenthalts in Tschedda eine alte Tscherkessin, die man für eine ganz arme Frau gehalten hatte. Aber sie war einst die Sklavin eines reichen Mannes gewesen und hatte viel Schmuck versteckt. Nach ihrem Tode fand man bei ihr in alten Lumpen etwa 100 Gewichtpfund Goldsachen, die natürlich auch wieder die Beute des Pascha wurden. Von einem Fiscus ist nur auf dem Papier die Rede. Der wirkliche Fiscus ist der Pascha, wenn's aufs Einnehmen ankommt.

Am zweiten Morgen starb ein kleiner Knabe, der zu viel unreifes Obst gegessen hatte. Unreifes Obst, das ist die Passion aller Türken und Araber. Beide Leichen wurden sogleich eingesetzt, die Körper in Leintücher gewickelt, das Fâtiha von allen Pilgern gebetet; eine regelmäßige Beerdigungsprocession fand statt bis an den Schiffstiel, wo einige Matrosen die Leichen auf einer Strickleiter hinab bis an die Meeresfläche trugen,

nicht warfen. Dort ließ man sie weiter schwimmen, um bald die Beute
der vielen Haifische zu werden. Eine Beschwerung durch Steine, Kugeln ꝛc.
fand nicht statt.

Am dritten Nachmittag landeten wir in Jambo, der Hafenstadt Me-
dinas. Hier stiegen etwa 200 Pilger aus, die den Ramaḍân in letzter
Stadt zubringen wollten. Bei Weitem die Meisten blieben jedoch, da die
eigentliche Medinafahrt später ist. Unter den Aussteigenden befand sich
auch ein hochgestellter türkischer Effendi, der eine wichtige Regierungsstelle
in Medina bekleidete. Aber welch' eine erbärmliche Rolle spielen diese
Beamten in der zweitheiligen Stadt des Islam, die noch viel weniger dem
Sultan unterworfen ist, als Mekka. Ueberall sonst sind die Beamten die
Tyrannen, in Medina sind sie die Diener. Sonst treiben sie Steuern ein
und erpressen Geld für ihren eigenen Beutel, hier aber sind sie die Zahl-
meister der Summen, die der Sultan den Beduinen geben muß, damit sie
die Karawanen ungestört und ihm selbst den Schein seiner Oberhoheit
lassen.

Ein solcher höherer Beamter, der viel Geld mit sich führt, kann sogar
nicht einmal von Jambo nach Medina reisen, ohne vorher mit den Beduinen pactirt zu haben. So war es auch hier. Man hatte eigens
einen Häuptlingssohn nach Stambul kommen lassen, um das Passagegeld
des Effendi zu stipuliren und diesem auf der Reise als Schutz zu dienen.
Der Häuptlingssohn war ein sogenannter halbcivilisirter Araber, der gewöhnlich in Medina lebte, wo sein Vater als Delegirter seines Stammes
die Passagegelder der Reisenden einzutreiben hatte. Er kleidete sich städtisch,
seine Physiognomie hatte auch nichts vom Beduinischen. Er war fett, was
bei den eigentlichen Nomaden Niemand ist. Dieser übrigens sehr rohe
junge Beduine, der wie mir schien nur zu viel in Städten gelebt hatte und
städtische Lasterhaftigkeit mit beduinischem Trotz vereinigte, war das höchst
unwillkommene Anhängsel an den Effendi. Letzterer, ein sehr feiner alter
Herr, durchaus der Typus eines höhern Civilbeamten, der mit großem
Staat reiste, drei Tscherkessinnen, viel Sklaven und Diener mit sich führte
und von allen Pilgern sehr respectirt wurde, mußte sich von dem Beduinen
eine höchst burschilose Behandlung gefallen lassen. Gewöhnlich essen vornehme Leute auf der Reise allein. Aber der Effendi mußte den Beduinen
mit sich essen lassen, wobei dieser die unanständigsten Manieren entwickelte.
Dabei gab der Kerl noch zu verstehen, daß er eigentlich dem Effendi eine
Ehre erweise, einem bloßen „Schreiber", wie er den Civilbeamten nannte.

Civilbeamten werden von den kriegerischen Beduinen natürlich sehr tief gestellt. War es schon so auf dem Dampfschiff, wie mochte es erst in der
Wüste werden, wo der Beduine auf seinem Grund und Boden war. Auch
sah ich später den Effendi mit sehr saurem Gesicht seine Kameelreise an-
treten, während sein „Beschützer" die ganze Gesellschaft commandirte und
als „Verpackung" behandelte. Uebrigens war dieser Mensch in keinem einzigen Stück mehr ein unverfälschter Beduine. Einem solchen liebt immer
etwas Alterliches an, hier aber war das „Ritterliche" in Unverschämtheit
und unerträgliche Selbstüberhebung ausgeartet, die, je jünger der sie zur
Schau Tragende ist, desto mehr verletzen muß.

Jambo ist sehr im Verruf; wie mir scheint, übertriebener Weise.
Man rieth mir allgemein davon ab, ans Land zu steigen. Ein Europäer
könne dort gar nicht mit Sicherheit herumgehen, hieß es. Ich schickte jedoch
zum Mohâfiz (Statthalter) und ließ anfragen. Die Antwort war eine
Einladung. Der Mohâfiz ist ein türkischer Beamter, dessen Macht sich übrigens
nicht über die Stadtmauern hinaus erstreckt und auch innerhalb dieser oft
problematisch ist. Da er aber eine albanesische Leibwache hat, so kann er
einen Fremden wenigstens in den Bazarstraßen der Stadt schützen.

Ich wurde im Regierungshaus sehr gut empfangen. Neben dem
Mohâfiz saßen einige Häuptlinge der Gehaina-Beduinen, die zwischen
Jambo und Medina (auch in Jambo en Nachl) wohnen. Sie waren
gleichfalls des Effendi wegen da und sollen ihn später schrecklich aus-
geplündert haben. Es waren sehr stattliche Gestalten in reichen Costümen.
Welch ein Unterschied, dieses reiche Costüm gegen die sprichwörtliche Ein-
fachheit der meisten Nomaden! Aber dergleichen findet man nur in der
Gegend von Mekka und Medina, denn in keinen anderen Städten wird
ein solcher Costümluxus getrieben, wie in den heiligen. In Mekka gilt es
für höchst unanständig, mit denselben Kleidern herumzugehen, die man auf
der Reise trug, und seien letztere noch so werthvoll. Dieser Luxus hat auch
die Beduinen angesteckt, natürlich nur die Häuptlinge und ihre Sippschaft,
die allein Geld haben.

Der Mohâfiz ließ mich darauf von seinen Albanesen in Jambo her-
umführen. Die Stadt ist wie ein einziger großer Laden, wo man Alles
haben kann, was zur Landreise nach Medina nöthig ist. Ich sah eine
ganze lange Straße, wo ein Laden sich an den andern drängte, in denen
nur Kameelstricke, Sättel, Traglörbe, Stöcke, Trinkgefäße, verkauft wurden.
Einige Läden boten eine seltsame Waare. Es waren dies Muscheln von

recht hübscher Form, durchlöchert und an einem Lederriemchen hängend.
Sie sind die unfehlbaren Talismane gegen den bösen Blick für Kameele.
Kein Kameel in Hegâz, das nicht seine Muschel hätte. An Brod, den
bekannten dünnen runden Teigen, Hammelfleisch, gepreßten Baçra-Datteln,
und verdorrten steinharten Higâzi-Datteln, die nur sehr starke Zähne
anbeißen können, sowie an vortrefflichen Fischen war Ueberfluß. Hühner
und Eier waren selten und theuer. Kaffeehäuser gab es in Menge.
Wechslertische befanden sich in jeder Straße. Das schändliche ägyptische
Bronzegeld hat hier keinen Curs. Da das türkische Kupfer noch gesuchter
ist, als Silber, so sieht man fast nur letzteres, die hübschen silbernen Piaster
von Stambul, als kleine, und die Maria-Theresia-Thaler (hier 26 türkische Piaster werth) als große Münze.

Trotz dieser Lebhaftigkeit hat der Basar jedoch ein sehr unscheinbares
Ansehen, da durchaus keine Luxussachen, sondern eben nur die allernoth-
wendigsten Reiseutensilien verkauft werden.

In einem Kaffeehaus wurde ich auf sehr gefällige Weise angebettelt.
Ein Knabe und ein Mädchen stellten sich vor mich, sprachen einen Gruß
und reichten mir dann die Hand, verlangten aber gar nichts. Erst die
Albanesen mußten mir sagen, daß, da ich ihren Handschlag angenommen,
ich nun verpflichtet sei, sie zu beschenken. Sie waren übrigens Fremde,
junge Pilger, die sich in moslemischen Ländern immer leichter durchbetteln,
als alle. Die Leute von Jambo sind zu stolz, um zu betteln.

Von jener Rohheit der Bewohner von Jambo, welche frühere Reisende
(wie Rüppel, Burkhardt) schildern und die ich zum Theil selbst im Jahre
1860, zur Zeit meiner Pilgerfahrt, noch sah, fiel mir diesmal nichts auf.
Ich sah nicht einmal die berüchtigten Knüttel, ohne deren einen kein Jam-
bauwi früher herumging. Es schien mir vielmehr, als habe mit der Zeit
der Handelsgeist auch hier, wie überall, versöhnend und die Rauhheiten ab-
glättend gewirkt. Die Leute leben ja von den Fremden. Warum sollten
sie nicht endlich jene geselligeren Manieren gelernt haben, welche jeder ge-
sittete Handelsverkehr mit sich bringt? Mir schien es wenigstens, als habe
man in dieser Richtung Fortschritte gemacht.

Sonst ist die „Stadt" Jambo durchaus nicht verändert, sondern im
Wesentlichen paßt auf sie noch die Beschreibung, die ich in meiner „Wallfahrt nach Mekka" entworfen habe.

Die Nacht war kühl auf der Rhede von Jambo, sehr verschieden von
der auf dem offenen Meer. Wir standen eben hier schon unter dem Ein-

fluß der nordarabischen Landtemperatur und ihren gewaltig wechselnden Extremen. Mancher arme Pilger fror entfetzlich in seinem dünnen Anzug und freute sich, den südlicheren Regionen zu nahen.

Zwischen Jambo und Dschedda war das wichtigste Geschäft die Einkleidung der Pilger. Diese findet auf der Höhe von Rabegh statt. Das Waschen der vielen keineswegs sehr reinen Haggag machte freilich das Ded für einen halben Tag unbewohnbar, so daß ich mich in die schwüle Cajüte zurückziehen mußte. Als ich wieder herauskam, war eine gewaltige Metamorphose vor sich gegangen. Sämmtliche Haggag (Pilger) hatten sich in schneeweiße Tücher gehüllt, eines als Lendentuch, eines als Ueberwurf, (der bekannte Ihram), Kopf und Füße waren nackt, alle waren gewaschen, rasirt und sahen ganz reinlich aus. Dies am ersten Tage. Schon am zweiten hatten manche Ihrams die Farbe der Kohlen des Dampfschiffes entlehnt. Jetzt nahm das Beten kein Ende mehr, so daß es sogar dem Metuafin langweilig wurde.

Den Türken war die Pilgertracht mitunter sehr läftig, ja gesundheitsgefährlich, da sie meist an das Tragen vieler und dicker Kleider gewöhnt sind. Manche waren so gewissenhaft, auch des Nachts sich mit keinem Mantel zu bedecken, was vielfache Erkältungen zur Folge hatte. Auch Sonnenstiche kamen vor. Doch was sind solche Leiden für den gläubigen Moslem, dem das Paradies winkt, wenn er auf der Wallfahrt stirbt?

Ich sah übrigens, wie manche weniger bigotte Pilger sich allerlei Verstöße erlaubten. Freilich consultirten sie immer vorher die Metuafin, die so zu sagen jetzt Beichtväter geworden waren. Aber es waren sehr nachsichtige Beichtväter, die immer eine Entschuldigung für den Verstoß fanden, den sich ihr Beichtkind erlauben wollte. Namentlich in einem Punkt wich die Mehrzahl der Türken von der strengen Regel ab. Sie trugen nämlich fast alle sehr breite lederne Geldgürtel, die zugleich den Dienst von Schatzbeuteln und Leibbinden versahen und fast den ganzen Bauch deckten, sowohl hygienisch wie finanziell empfehlenswerth, aber eigentlich durchaus regelwidrig. Jedoch die Metuafin erlaubten es, empfahlen nur, den Ihram über das Leder zu ziehen, so daß man dieses nicht sähe.

„Die Leute," sagte mir ein Metuaf, „müssen freilich für diesen Verstoß ein jeder ein Schaf opfern," und machte dabei eine leckere Miene, denn dadurch bot sich ihm die Aussicht auf eine unendliche Reihe unentgeldlicher Schmäufe.

Wahrhaft komisch war ein junger Alexandriner, der alle Augenblick zu meinem besten Bekannten unter den Metuafin kam, ganz offen mit der Anrede:

„Ich möchte mir gern einen Verstoß erlauben. Darf ich das?"

Gewöhnlich handelte es sich dann um ein Paar Strümpfe, Schuhe, einen Sonnenschirm oder sonstige dem frommen Hâgg verbotene Gegenstände, die der verweichlichte Städter ungern entbehrt. Aber der Metuaf war milde, wie Honig, und gab fast immer die Erlaubniß zu dem „Verstoß". In Folge dieser vielen „Verstöße" sah der Alexandriner zuletzt gar nicht mehr aus, wie ein eingekleideter Pilger.

In Dschedda erwarten den frommen Pilger allerlei officielle Plagen, worunter die des Zollamts sich besonders unangenehm fühlbar machen. Was ich selbst einst, auf meiner Wallfahrt, dadurch gelitten, habe ich anderwärts beschrieben. Aber jetzt ward ich Zeuge davon, daß für die Dampfschiffpassagiere diese Torturen noch complicirter sind. Die Dampfschiffe müssen nämlich des seichten Uferwassers wegen so weit von der Stadt halten, daß man oft anderthalb, selbst zwei Stunden braucht, um von ihnen nach Dschedda zu kommen. Fährt ein Pilger des Nachmittags ans Land, so riskirt er in den meisten Fällen, das Zollhaus überfüllt oder schon geschlossen zu finden, und doch kann er nicht wieder an Bord, wie bei einem Segelschiff, da die Dampfschiffgesellschaft dies nicht gestattet. In die Stadt kann er aber auch nicht, sondern muß draußen im Freien, zwischen Meeresstrand und Stadtthor, übernachten. So ging es unserer sämmtlichen Gesellschaft, die obgleich schon um 3 Uhr Nachmittags beim Zollamt angekommen, dennoch von den faulen Beamten auf morgen verwiesen wurde. Diese moslemischen Stoiker fügten sich freilich ohne Murren in ihr Schicksal und ließen sich auf dem Korallenstrande für die nächsten 16 Stunden wohnlich nieder. Mir war indeß dieser Stoicismus nicht eigen. Zum Glück hatte ich auf dem Schiff einen Triestiner, einen der wenigen in Dschedda lebenden Europäer, kennen gelernt, der die Beamten kannte, und mir vorschlug, mich sogleich durch das Zollamt und in sein gastliches Haus zu befördern. Ich nahm diesen Vorschlag mit Dank an, und während Herr Rolph, mein neuer Bekannter, mit den Beamten, die in vollem Diwan, einige zwanzig Köpfe stark, sehr pomphaft dasaßen und trotz der vielen Geschäfte, denen sie sich eigentlich hätten widmen sollen, „dolce far niente" trieben, Kaffee trank und unsere Zollangelegenheit besprach, führte ich auf seinen Wunsch seine Frau durch die Straßen von Dschedda nach ihrer am andern Ende der Stadt gelegenen Wohnung.

Eine europäische Dame ist in Dschebba immer noch eine großes Aufsehen erregende Erscheinung. Madame Rolph, obgleich seit einigen Jahren hier wohnhaft, geht doch fast nie aus, und außer ihr gab es zur Zeit nur noch eine andere Dame, die Frau des französischen Consuls. Deshalb wurden wir ganz gehörig angestarrt, als wir mitten am Nachmittag durch den vielbelebten Basar schritten. Aber der Fanatismus hat doch auch hier schon etwas nachgelassen, und es blieb bei gemurmelten Verwünschungen und kam nicht zu offener Beschimpfung, worauf man sich auch gefaßt halten mußte. So gelangten wir ohne Unfall in das schöne Haus meines freundlichen Wirthes, wo sich orientalische Zimmereinrichtung mit europäischem Comfort in höchst harmonischer Weise gepaart fand.

# Hegdz

## Siebentes Capitel

## Dschedda.

Vortheilhafte Veränderung der Stadt. — Die Choleracommission. — Das Hütten-
gewirre. — Die Prostitution und ihre Viertel. — Die Hüttendörfer. — Steinhäuser. —
Schöne Bauart. — Recht arabische Hauseintheilung. — Einwohnerzahl — Ihre
Bestandtheile. — Die Döaner aus Habramaul. — Die Handelsgenies Arabiens. —
Fanatismus und Mißtrauen gegen Reisende — Eigenthümliche Namen. — Die grie-
chische Colonie. — Ein Hotel in Dschedda. — Branntweineinfuhr und Weinverbot. —
Die Consulate. — Der Pascha von Dschedda. — Ein grober alter Türke. — Lächer-
liche Lobhudelei. — Der „Beschützer der Armen". — Wassermangel in Dschedda. —
Sogenannte Regenzeit. — Wohlthätige Stiftungen — Speculationen der Wasser-
verkäufer. — Die zerstörte Wasserleitung.

Dschedda ist nicht mehr, was es vor zehn Jahren war, ein schmutziges,
ekelhaftes Pandämonium, durch dessen von Hüttenwerk, mit elender und
lasterhafter Bewohnerschaft, unzugänglich gemachte Straßen man sich wie
durch ein Labyrinth mühsam durchwinden mußte. Eine gewaltige Veränderung ist vorgegangen und hat der Stadt eine im Orient sonst selten zu
findende ordentliche und reinliche Physiognomie verliehen. Das ist eine
Wohlthat, die es jener fürchterlichen Geißel, der berüchtigten Pilgercholera
von 1864 bis 1865, verdankt. Diese hatte zum ersten Mal dem erstaunten
Europa enthüllt, welch eine Giftquelle sich in dem Schmutz von Mella,
Mena und Dschedda zur Pilgerzeit entwickelt, und die internationalen Sa-
nitätscommissionen ins Leben gerufen. Ob im „heiligen Gebiet", dem
Weichbild von Mella, das nur Moslems besuchen, die immer, wenn kein
Europäer ihnen auf die Finger sieht, Alles nur halb thun, wirklich etwas
Wesentliches für Reinlichkeit geschehen, ist zweifelhaft. Da kein Europäer

dorthin kann, so wird diese Giftquelle wohl so bald nicht mit Stumpf und Stiel auszurotten sein. Aber Dschedda ist Jedem zugänglich. Hier waren sogar eine Zeit lang europäische Agenten anwesend. Der Ehrgeiz der einheimischen Behörden wurde dadurch angespornt. Um den Europäern zu zeigen, daß man sie eigentlich gar nicht nöthig habe, thaten sie nun fast Alles allein.

Das ganze elelhafte Hüttengewirre wurde hinweggefegt, die Bewohner in verschiedenen Hüttendörfern in ziemlicher Entfernung von der Stadt angesiedelt. Die hier überaus stark vertretene Prostitution, jener Heerd physischer und moralischer Seuche, erhielt ihr Hauptquartier in einem derselben, etwa 20 Minuten von der Stadt entfernten, angewiesen. Dicht vor den Thoren ließ man nur den unentbehrlichen großen Pilgerbasar auf der Mekkastraße bestehen, aber man baute ihn neu, und zwar recht gefällig; er steht jetzt reinlich und luftig aus.

Der hygienische Vortheil, den die Entfernung der Hüttendörfer mit sich bringt, macht sich in jeder Beziehung fühlbar. Nicht der geringste ist der, daß nun die meisten Pilger kürzere Zeit in Dschedda bleiben, während sie früher in den Straßenhütten wohlfeile Herberge und lüsterne Verlockungen fanden, die sie oft festhielten. Aber nach den entfernten Hüttendörfern geht kein Mensch. Nur das Prostitutionsviertel (das einen unnennbaren Namen führt) wird besucht, aber doch sehr viel schwächer als damals, da es noch in der Stadt war. In dieser Beziehung günstig ist der Umstand, daß wegen des Thorschlusses der nächtliche Besuch sehr erschwert ist, und die Erfahrung hat gezeigt, daß diese Pandämonia hauptsächlich auf das Nachtleben angewiesen sind. Dieses Viertel fristet denn auch jetzt nur dürftig sein Dasein. Die glänzenden Tage seiner Insassen sind vorbei.

So besteht denn Dschedda jetzt fast nur aus Steinhäusern von dem hier überall häufigen Korallenfels. Diese Häuser sind hoch, meist drei- oder vierstöckig und von gefälliger Bauart. Ihre Glanzseite bilden die kunstvoll geschnitzten großen Holzfenster, die alle erkerartig hervorspringen und in deren Nischen die Diwane angebracht sind. So viel Fenster, so viel Diwane.' Alle diese Fenster sind, der Sonne wegen, schließbar und zwar durch gitterartig geschnitzte Holzläden. Luxuriöse Leute haben doppelte Läden, von innen und von außen. Glasfenster sind gänzlich unbekannt und selbst die Consuln entbehren sie, obgleich der nächtliche jähe Temperaturwechsel sie doch manchmal wünschenswerth erscheinen läßt.

Im Innern sind die Häuser gleichfalls sehr geschmackvoll. Alle haben im Erdgeschoß eine geräumige, gegen den Hof zu offene Empfangshalle, oft reich mit Stuck und Schnißwerk verziert. Die oberen Stockwerke sind in sogenannte Meßles (Medschles) eingetheilt, jedes aus einem Saal und drei oder vier Zimmern bestehend und besonders verschließbar, auch meist mit einer eignen, ausschließlich zu ihm führenden Seitentreppe.

Seit Entfernung der Hüttenbewohner dürfte Dscheddas Einwohnerzahl siebzehn- bis achtzehntausend kaum erreichen. Vielleicht ist auch dies noch zu hoch gegriffen. Eine Zählung findet natürlich nicht statt. Die flottirende Bevölkerung ist aber desto größer, am größten natürlich in den Monaten vor und nach der Wallfahrt, doch auch zu anderen Zeiten bringt der Handel hier stets ein lebhaftes Treiben mit sich.

Eingeborene angestammte Dscheddauwi giebt es sehr wenig. Ein Drittel der Bevölkerung stammt aus Yemen, ein anderes Drittel aus Hegâz, d. h. den wenigen Städten, die diese Provinz hat (denn Beduinen giebt es nicht in Dschedda), aus Aegypten, Syrien, der Türkei und der Rest besteht aus indischen Moslems und Arabern aus Habramaut. Leßtere beiden Classen repräsentiren den Großhandelsstand, den wichtigsten der Stadt. Namentlich die Habrami spielen eine bedeutende Rolle. Sie sind übrigens nicht aus der eigentlich im engern Sinne diesen Namen führenden Landschaft, sondern, soviel ich erfuhr (und ich lernte sehr viele kennen) ausnahmslos aus dem Wâdi Dô'an im Bilâd beni 'Isâ, ebenso wie die südarabische Colonie in Cairo. In ihrem Lande nennen sie sich gar nicht Habrami, sondern behalten diesen Namen den Bewohnern der Wâdi Kesr, 'Amb und Rachiya vor. Aber in Centralarabien versteht man unter Habramaut stets einen sehr weiten Begriff, und die hier lebenden Dô'aner sind so gewohnt, sich Habrami nennen zu hören, daß sie oft selbst diesen Ausdruck von sich gebrauchen, jedoch niemals unter einander, sondern nur Fremden gegenüber.

Sie sind die Handelsgenies Arabiens, und das ist um so merkwürdiger, als es in ihrem Vaterland gar keinen Großhandel giebt. Der Wâdi Dô'an ist ein an Naturproducten, die jedoch im Lande bleiben, zwar reiches, aber an baarem Geld sehr armes Gebiet. Hundert Thaler bilden dort schon ein Vermögen. Darum kommen auch alle Dô'aner, die für eine Zeit lang auswandern, so zu sagen als Bettler nach Dschedda, werden aber dort reich. Es ist sprichwörtlich, daß ein Dô'aner bei seiner Ankunft nichts sein nennt, als das Fnila (Lendentuch), womit er einen Theil seines zu drei Viertheilen nackten Körpers bedckt, und daß er nach 10 oder 20 Jahren als Hausbesißer, Schiffseigenthümer und nach hiesigen Begriffen

als sehr reicher Mann dasteht. Sie sind eben ein durchaus genügsames
Volk, das jede Entbehrung erträgt und keinen, selbst nicht den niedrigsten
Dienst verschmäht. So findet man zum Beispiel im Hause der reichen
Dô'aner in Dschedda, daß sämmtliche Diener, ja oft Lastträger die nächsten
Verwandten des reichen Kaufmanns sind, die ihm aus der Heimath nach-
geschickt wurden, damit er für sie sorge. Dies thut er, aber er läßt sie
nicht müßig gehen, sondern tüchtig arbeiten. Dafür wendet er ihnen aber
Vortheile zu und erleichtert ihr späteres Etablissement. Doch ist beim
Reichwerden der Dô'aner nur sehr selten gewagte Speculation, die manch-
mal schneller zum Ziele führt, im Spiel. Nein, dieser Reichthum ist ein
langsam und mühevoll, aber auf sicherm Grund errichtetes Gebäude.

Ist ein Dô'aner reich geworden, so ist sein einziger Ehrgeiz ein
schönes Haus. Aber er zieht sich selten vom Handel zurück. Diejenigen,
die in ihr Vaterland zurückkehren, sind fast nie reich, sondern haben sich
gewöhnlich nur ein mäßiges Sümmchen erspart, auch meist nur kurze Zeit
im Ausland geweilt. Ein Dô'aner Krösus weiß, daß die Zustände in
seiner Heimath zu unsicher für ihn und seine Habe sind. Er behält seine
Heimath im Herzen, aber er sucht sie nicht auf. Uebrigens lebt er ja auch
in Dschedda ganz in heimischen Kreisen und geht fast nur mit seinen Landsleuten um. Von Allem, was in seiner Heimath vorgeht, ist er stets genau
unterrichtet und verliert nie ein reges Interesse an ihr.

Die Dô'aner in Dschedda haben noch ungeschmälert den heimischen
Fanatismus bewahrt. Während ich mit ihren Landsleuten in Cairo ganz
unbefangen von ihrer Heimath reden konnte, gab hier schon die einfachste
Nachfrage danach Anstoß. Herr Rolph, der, wie die meisten Europäer,
nichts von jener geheiligten Unzugänglichkeit des Bilâd beni 'Isa wußte,
beging einmal den Verstoß, geradezu zu erzählen, ich hätte ein Buch darüber herausgegeben und beabsichtige selbst, dorthin zu gehen. Das gab
lange Gesichter! Für mich war dies freilich gleichgültig, denn ich hatte bald
gemerkt, daß aus den Dô'anern von Dschedda auch nicht ein Sterbens-
wörtchen herauszubringen war. Aber ich bedauerte es meines Gastfreundes
wegen. Denn seine ganz unschuldige Bemerkung wurde wie eine schwere
Beleidigung, ja Lästerung des Heiligen aufgefaßt, und ihm war ein gutes
Einvernehmen mit den Leuten erwünscht, da er Geschäfte mit ihnen hatte.
Ich suchte nun zu beschwichtigen und gab vor, mein Freund habe mich
falsch verstanden. Aber man glaubte mir nicht. Die Gesichter wurden

immer länger! Eiſige Kälte brachte das Geſpräch zum Stoden und wir ſauben es gerathen, aufzubrechen.

Ich bat nun Herrn Rolph, bei allen den „Bâ", die wir noch zu beſuchen hätten, lieber nur vom Kaffee, jenem unerſchöpflichen Handels-
geſprächsgegenſtand, zu reden, aber ja nicht mehr von der Heimath dieſer
„Bâ", ſo nannten wir ſcherzhaft die Dô aner, weil alle ihre Familiennamen (Konia) mit Bâ (für ebnâ) anfangen. Unſere weiteren Beſuche
bei den verſchiedenen Bâharûn, Bâyageba, Bâſubân u. ſ. w. gingen denn
auch ganz gut ab, waren aber etwas langweilig, da inzwiſchen der Ra-
mabân angefangen hatte und dieſe ſtrengen Moslems ſelbſt am Abend
nur ernſte Geſpräche führten oder, was ſie uns gegenüber am liebſten
thaten, bewieſen, daß „Schweigen Gold iſt".

Durch Frau Rolph, welche viel in arabiſche Familien kam, erfahr ich
von einer Induſtrie, von der ich bisher keine Ahnung hatte, da ihre Producte eben nicht auf den Markt gelangen. Es ſind dies wunderſchöne
Stickereien in Gold, Silber und Seide, auf Betten- und Möbelſtoffen,
welche die Bürgerfrauen, ſelbſt die reichen, arbeiten. Dieſe Frauen ſind
außerordentlich fleißig, nähen und ſticken den ganzen Tag. Keine, ſelbſt
die reichſte, verſchmäht übrigens den Lohn ihrer Arbeit, jede nimmt auch
Beſtellungen an. Frau Rolph erkundigte ſich einmal bei einer reichen Araberin, wo ſie arbeiten laſſen könne, und dieſe wies ſie ohne Weiteres an
ihre eigenen Töchter, die ſich auch dafür zahlen ließen. Die Arbeitspreiſe
ſind freilich mäßig. Sonſt beſtellen nur Moslems dieſe Arbeiten, wofür
ſie oft Gelegenheit haben. Es iſt nämlich Sitte, die Hochzeitsgemächer
(oft ein ganzes Megles) mit in Silber und Gold geſtickten Kiſſen, Betten
und Diwanen zu zieren. Dieſe bleiben nur drei Monate im Gebrauch des
jungen Paares, dann kommen Möbel mit Seidenſtickerei.

Die Bürgerfrauen ſind ſehr geſellig und halten oft „Frauenkränzchen"
ab. Sie nennen ſich unter einander „Schêcha", d. h. Aelteſte, was natürlich nur eine Rangesbezeichnung iſt, denn eine Anſpielung aufs Alter
nehmen ſie ſehr übel. Bei dieſen „Kränzchen" ſtrebt Eine die Andere an
Koſtbarkeit der Kleider und des Schmudes zu übertreffen. Das Rivali-
ſiren nimmt übrigens ſchon auf der Straße ſeinen Anfang. Jede ſucht
durch ihr ſtattliches Gefolge und die Zahl der Laternenträger ſich auszu-
zeichnen. Eine Dame, die für vornehm gelten will, muß wenigſtens zwei
Laternenträger haben und mit was für Laternen! Großen Käfigen, in
denen ein Adler Platz hätte. Nur Glaslaternen und Wachslichter gelten

für standesgemäß. Ist die Dame recht vornehm, so müssen in jeder Laterne drei Kerzen brennen. Papier- oder ägyptische durchsichtige Zeuglaternen, sowie Oellampen gelten für sehr gemein. Dadurch würde eine Dame bei den Besucherinnen des „Kränzchens" ihre sociale „Stellung" einbüßen. Frau Rolph erzählte mir, als sie das erste Mal ein Kränzchen besuchte, habe sie noch gar nichts von diesen Standesregeln gewußt und sei mit einem einzigen Laternenträger gekommen. Ihr Unglück wollte noch dazu, daß in der Laterne auch nur ein Oellicht brannte. Beim Hingang hatte sie Niemand gesehen. Als sie aber nachher mit einigen Damen zugleich fortging, machte das geringe Gefolge und der schwache Laternenglanz einen so schlimmen Eindruck, daß Alle die Nase rümpften und sie über die Achsel ansahen. Ihre „Stellung" war ernstlich bedroht, aber ihr Mann meinte: „Nun wart', wir wollen die „Stellung" im Sturm wieder erobern und sie soll sogar höher werden, als die irgend einer Frau in Dschebba."

So gab er ihr denn das nächste Mal vier Laternenträger, in jeder Laterne drei Wachslichter, mit. Dies erregte in Dschebba ein solches Aufsehen, daß man sich zuraunte, die Frau des Großscherifs sei angekommen. Den Damen des Kränzchens imponirte es dergestalt, daß die so reichlich Beleuchtete von nun an für die erste „Schecha" galt. Eine Europäerin, die solche Gesellschaften in Dschebba besucht, kleidet sich dann auch meist orientalisch oder verschleiert sich wenigstens auf der Straße ganz wie eine Araberin. Nöthig ist es nicht, man sieht aber das Gegentheil sehr ungern.

Von wirklichen und angeblichen Europäern leben in Dschebba, die zwei Consuln, einen französischen Kaufmann und Herrn Rolph abgerechnet, nur Levantiner und Griechen und zwar Menschen der untersten Stände und von etwas zweifelhafter Moralität. Diese sind:

Zwei griechische Bäcker mit einem Backofen.

Neun griechische Händler, die zusammen drei Läden mit Spirituosen und Lebensmitteln besitzen.

Zwei griechische Viehhändler und Branntweinverkäufer.

Zwei levantinische Tabackshändler en gros und en détail.

Ein levantinischer Apotheker.

Außerdem lebt noch ein Malteser hier, der Gerant des „Hotel Gasparoli", eines vom verstorbenen Gasparoli, einem Italiener, gegründeten Gasthofes, der mühsam sein Dasein fristet und hauptsächlich von den Türken der geistigen Getränke wegen besucht wird. Natürlich ist das Etablissement beschrieben. Ich hörte jedoch nichts Schlechtes von ihm und hatte es jedenfalls für einen großen Fortschritt, daß überhaupt ein Gasthaus in Dschedda existirt.

Wie man sieht, handeln die meisten dieser Leute mit Spirituosen und Branntwein. Dies ist überhaupt die Specialität der Griechen am Rothen Meer. Das Seltsamste bei der Sache ist, daß die Einfuhr aller geistigen Getränke in Dschedda, weil es im weitern Sinne zum „heiligen Gebiet" gehört, streng verboten ist. Da aber die türkischen Beamten und die Garnison den Schnaps nicht entbehren können, so sieht man durch die Finger und läßt so viel einschmuggeln, als es den Griechen beliebt. Gegen Wein dagegen hält man das Gesetz in seiner vollen Strenge aufrecht, denn dieser ist den Türken, die nur des Rausches wegen trinken, zu schwach. Es ist übrigens ein fürchterlich hitziges Getränk, welches diese Griechen feilbieten. Ich konnte die eine Sorte von dem von den Türken getrunkenen Branntwein ganz gut als Spiritus für die Theemaschine verwenden.

Es gab zur Zeit meiner diesmaligen Anwesenheit in Dschedda (Ende 1870) dort nur zwei Vertretungen europäischer Mächte, nämlich von England und Frankreich. Letzteres hat nur einen Viceconsul (mit 10,000 Francs Gehalt), der zugleich Arzt und Sanitätsagent der internationalen Commission ist. Sein Kanzler und erster Dragoman war früher ein Levantiner, ein gewisser Nicola, der seines Wohlstandes wegen hier eine größere Rolle spielte, als der Consul selbst. In neuester Zeit hat man jedoch dieses Amt einem Franzosen, einem sehr gebildeten Manne, der aber nur algierisches Arabisch spricht, übertragen. Nicola spielt aber nach wie vor die erste Rolle unter den französischen Schutzbefohlenen, zu denen hier auch sämmtliche Griechen gehören. Die französischen Consuln im Orient haben nämlich von jeher ihre Protection mit großer Leichtigkeit anderen Europäern gewährt, während die englischen dies fast nie thun. Außerdem hat der französische Consul sämmtliche Algierer, deren zur Pilgerzeit stets viele kommen, unter seinem Schutz. Der englische Consul (mit 600 Pfd. St. Gehalt und etwa 200 Pfd. St. Casualien) besitzt jedoch eine noch viel ausgedehntere Clientel, indem alle die zahlreichen Indier und auch viele andere Ostasiaten seinem Schutz empfohlen sind. Er war zur Zeit schon über ein Jahr abwesend und das Consulat in Händen eines armenischen Dragomans, eines sehr zuverlässigen und klugen Mannes. Außerdem lebt hier noch ein persischer Consul, der den Titel „Bey" führt und ein regelmäßiges consularisches Bureau mit Dragoman, Secretär u. s. w. hat.

Die Verwaltung ist in Händen des Paschas von Dschedda, der wieder

unter dem von Hegâs steht. Ersterer war zur Zeit Nuri (für Nûr ed
Din) Pascha. Er ist ein alter Arnaute und Stockmoslem, der nur türkisch
und schlecht arabisch spricht, obgleich er schon seit 20 Jahren hier lebt. Die
Sitte besteht, daß fast alle Europäer sowie die Honoratioren unter den
Moslems ihn oft besuchen und sogar den Abend bei ihm zubringen, eine
etwas negative Unterhaltung. Man sitzt in einem großen von Diwans
umgebenen Kiosk, auf allen Seiten dem Winde offen, in dessen Mitte eine
Laterne steht, trinkt Kaffee, führt langweilige Gespräche und hört, wenn
der Pascha guter Laune ist, den Klängen einer Spieluhr zu, die einige
italienische Gassenhauer ableiert. Der Pascha hat übrigens die bei modernen Türken sonst selten gewordene Eigenschaft, grob zu sein. Ist ein
Europäer nicht sehr gut an ihn empfohlen, so kann er sich gefaßt machen,
daß der Pascha bei seinem Besuch kaum Notiz von ihm nimmt. Macht
man ihm gar incognito Visite, wie es zwei hochgestellte Italiener (der eine
ist jetzt Marineminister) vor zwei Jahren thaten, so thut er, als existire
man gar nicht, erwidert keinen Gruß und läßt sogar nicht einmal den
üblichen Kaffee, dieses Minimum officieller Höflichkeit, reichen.

Ich wurde etwas besser empfangen, da ich ein officielles Empfehlungs-
schreiben brachte. Aber von eigentlicher Höflichkeit war nicht die Rede.
Eines Abends fand ich jedoch den Pascha in sehr rosiger Laune. Ich entdeckte bald deren Grund. Vor ihm lag ein Stoß von Zeitungen, alle
Exemplare einer und derselben Nummer eines in Alexandrien erscheinenden
Journals, worin ein Grieche sein, des Paschas, Lob gesungen hatte. Und
weswegen wurde er belobt? Wegen einer Sache, von der Jedermann in
Dschedda wußte, daß sie sich ganz anders verhielt, als es das Blatt schilderte,
nämlich die Entdeckung mehrerer alter Cisternen, deren Wasser Nuri Pascha,
wie das Blatt sagte, den Spitälern und den Armen unentgeldlich zuwende.
Obgleich nun jeder der Anwesenden wußte, daß Alles, was der Artikel
sagte, nichts als lügnerische Lobhudelei war, so hörte man doch mit Geduld die Vorlesung und Uebersetzung ins Arabische an, gab sich die Miene,
es zu glauben, und machte dem Pascha Complimente.

Auf der Straße brach man nachher freilich in ein homerisches Gelächter über eine solche, selbst im Orient fast beispiellose Comödie aus.
Beim Nachhausegehen nahm mich ein alter Araber, dessen Lippen soeben
noch vom Lobe des Paschas übergeflossen waren, bei Seite und
sagte mir:

„Willst Du die Armen sehn, für die der Pascha sorgt, so komme morgen mit mir."

Da sah ich allerdings ein ganz anderes Bild, als es der Artikel schilderte.  Eine Menge Unglücklicher, in Eisen geschlossen, mußte die Aufgrabung einer der neuentdeckten Cisternen bewerkstelligen.  Ich dachte natürlich, es seien schwere Verbrecher, aber mein Begleiter belehrte mich eines Andern:

„Alle diese Menschen," sagte er, „haben nur Kleinigkeiten verbrochen oder sind mit den Steuern im Rückstande.  Aber der Pascha benutzt ihre Haft, um sie zum Frohnden zu zwingen und so unentgeltlich Arbeiter zu haben, die er nicht einmal ernährt.  So hat er allerdings schon einige Cisternen ausgraben lassen.  Was wir aber gestern gehört haben, ist Lüge, denn von allen diesen Cisternen hat noch keine einen Tropfen Wasser geliefert, da es seit ihrer Aufgrabung noch gar nicht regnete.  Uebrigens sind diese Cisternen für die nächste Regensaison schon verpachtet und werden den Beutel des Pascha, nicht aber den lechzenden Mund der Armen füllen.  Das ist die Weise, wie er für die Armen sorgt.  Er schließt sie in Eisen und läßt sie frohnden und diesen Gefangenen giebt er nicht einmal Wasser, denn sie müssen sich Essen und Trinken von den Ihrigen kommen lassen."

Man wundere sich nicht, daß auf das Wasser hier ein so großer Werth gelegt wird, denn in Dschedda ist's damit schlechter bestellt, als vielleicht in irgend einer andern Stadt.  Es ist lediglich auf die Cisternen angewiesen, deren es allerdings viele hat.  Fast unter jedem Hause sind deren und vor der Stadt in der Nähe des Evagrabes findet sich ein ganzes System derselben.  Aber was helfen noch so viele Cisternen in einem fast regenlosen Klima?

Man kann in Dschedda kaum von einer eigentlichen Regenzeit sprechen.  Das, was man hier die Regensaison nennt, das heißt die Monate November und December, verdient nicht jenen Namen.  Es ist zwar die Zeit, in der allein es regnet, aber dieser Regen kehrt in ihr keineswegs regelmäßig wieder.  Oft bleibt er Jahre lang aus.  Im Durchschnitt kaum kann man annehmen, daß auf drei Jahre eine wirkliche Regenzeit kommt.  Im November 1870, als ich in Dschedda weilte, hatten wir zwar täglich Gewitter, der Himmel war sehr oft umwölkt, der Straßenboden durch den gefallenen Regen sogar in Koth verwandelt, aber troß alledem war die Menge des gefallenen Regens eine so außerordentlich geringe, daß mir die

Araber sagten, „wir bekommen höchstens den Straßenkoth, nicht aber
Wasser in unsere Cisternen." Der December steht gewöhnlich, was die
Menge des in ihm fallenden Regens betrifft, weit hinter dem November
zurück. Als ich Anfangs December Dschedda verließ, waren die meisten
Leute schon resignirt, dies Jahr als ein Mißjahr für die Cisternen anzu-
sehen. Im November war fast nichts in diese gekommen, und im December erwartete man jetzt auch nichts mehr.

Uebrigens kann man selbst in günstigen Jahren kaum mehr als eine
mittlere Füllung der Cisternen erwarten. Ein Uebersteigen dieses Maßes
pflegt nur bei Wolkenbrüchen einzutreten. Solche kommen allerdings vor,
jedoch im Durchschnitt nur etwa alle 10 oder 15 Jahre einmal. Die
mittlere Füllung versieht aber die Stadt genügend nur für 7 bis 8 Monate. Im Sommer ist ihr Inhalt zum größten Theil erschöpft. Das
Wenige, was dann übrig bleibt, wird außerordentlich theuer verkauft. Der
Vertreter des englischen Consuls, der schon viele Jahre in Dschedda lebt,
versicherte mir, daß man im Sommer für den täglichen Wasserbedarf des
Consuls oft 5 Franken ausgebe. So viel kostet nämlich dann die Kameellast, und die Armen würden bei solchen unerschwinglichen Wasserpreisen
verschmachten, beständen nicht hier, wie in jeder mohammedanischen Stadt,
fromme Stiftungen, damit die Leute umsonst trinken können. Hier geht
die Wohlthätigkeit sogar noch weiter, als in anderen Städten, wo man sich
begnügt, öffentliche Sebils (Trinkbrunnen) zu errichten; die hiesigen Stiftungen schicken vielmehr ihre Wasserträger in den Straßen herum, welche
die Durstigen umsonst trinken lassen. Man nennt diese dann auch „Se-
bil", gleichsam „wandelnde Trinkbrunnen". Indeß haben diese Stiftungen
nicht immer einen großen Vorrath, können auch nicht für den Hausbedarf
sorgen, und deshalb wäre es gut gewesen, wenn man die neuentdeckten Cisternen nicht bloß auf dem Papier jenes Journals den Armen zugewandt
hätte.

Leider ist das Wasser hier ein Gegenstand unerlaubter Speculation
und fast monopolisirt von den Cisternenbesitzern, die mit der Behörde im
Bunde stehen und diese oft zu den gemeinschädlichsten Maßregeln bestimmen. So verweigerte man vor Kurzem einem Hadrami die Erlaubniß,
destillirtes Meerwasser, das er mit vielen Kosten herstellte, zu verkaufen,
weil man ein Sinken der Preise fürchtete. Auch sieht man es sehr ungern,
wenn Jemand neue Cisternen errichtet.

Versiegen alle Cisternen, was auch oft genug vorkommt, so ist die

Stadt auf die Beduinen angewiesen, welche aus dem Gebirge Wasser in
Schläuchen bringen. Es wäre freilich ein Leichtes, eine Wasserleitung vom
Gebirge herzuführen, und in der Thal hatte man vor einigen Jahren eine
solche hergestellt. Diese war natürlich den Beduinen ein Dorn im Auge,
weil sie ihnen einen Verdienst entzog, und so zerstörten sie dieselbe. Niemand konnte sie hindern, denn die Macht des Paschas reicht nicht über
die Stadtmauern hinaus.

# Ḥeǵâẑ.

---

## Achtes Capitel.

## Der wahre Herr von Ḥeǵâẑ.

---

Irrthümer in Bezug auf die türkische Macht in Ḥeǵâẑ. — Wahre Stellung der türkischen Beamten. — Der Großscherif. — Sein politischer Einfluß. — Sein Reichthum. — Sein Beamtenstab. — Ohnmacht des Paschas in einem Erbschaftsconflict. — Ausflug eines Franzosen nach Tâyef. — Durch den Großscherif aus Gefahr errettet. — Schattenautorität des Sultans. — Der „Diener der heiligen Städte". — Vorurtheilslosigkeit des Großscherifs. — Sein Verhalten gegen Europäer. — Sein edles Benehmen.

Glaubt man unseren geographischen Handbüchern oder den officiellen Berichten europäischer Gesandten in Constantinopel, so ist der Herr von Ḥeǵâẑ seine Majestät Abdulaziz Chan, der Herrliche, der Siegreiche (wie's auf den Münzen steht). Der Fremde, der nach Ḥeǵâẑ reist, verschafft sich deshalb Empfehlungsbriefe an die Vertreter und Beamten des Sultans. Diese existiren nun allerdings. Ihre Person ist keine Fabel, wohl aber ihre Macht. Auch ich besaß solche Briefe. Sie hätten aber eben so gut an die hier ruhende Mutter Eva gerichtet sein können. Die Würdenträger nahmen zwar die Briefe, verehrten das Siegel des Sultans, versprachen, Alles für mich zu thun — und thaten gar nichts, um mein Verlangen, ins Innere nach den Städten zu reisen, welche nicht im Hedûb el Ḥarâm (dem heiligen Gebiet) liegen und die der Europäer besuchen darf, zu unterstützen. Ein Anderer würde sich geärgert haben. Ich erkannte jedoch bald, daß diese Herren hier ebenso wenig zu Hause und ebenso ohnmächtig seien, wie ich selbst.

Dschedda allein ist unterworfen und hat einen Pascha, der es despotisch beherrscht. Dieser ist der Untergebene eines andern, der den pomphaften Titel „General-Gouverneur von Hegâz" führt und abwechselnd in Mekka und Tâyef residirt. Aber dieser Pascha ist lediglich eine officielle Größe, was in Hegâz eine „Null" bedeutet. Er hat einen vollständigen Beamtenstab, aber alle diese Beamten sind wo möglich noch viel mehr „Null", als er. Der wahre Gouverneur ist Niemand anders, als der Großscherif von Mekka. Dieser ist officiell mit gar keiner politischen Macht bekannt. Um ihm zu schmeicheln, hat ihm zwar die Pforte allerlei hohe Titel, wie Pascha ersten Ranges, hohe Orden ac., gegeben, aber nach juristischen Begriffen ist er eigentlich ein Privatmann. Er besitzt freilich eine geistliche Autorität, als Oberhaupt des theokratischen Adels der Mekkaner Scherife, der ächten und unzweifelhaften Nachkommen des Propheten. In Mekka glaubt man nämlich wenig an die Aechtheit der anderen nicht hier lebenden Scherife. Jedoch auch dieser religiöse Rang existirt mehr wider, als mit Willen der Pforte. Sie erkennt ihn nur an, weil sie muß.

Dieser mit einem religiösen Rang bekleidete Privatmann ist aber in Wirklichkeit Alles in Allem, höchste Justiz-, Finanz- und Administrativbehörde in Hegâz, nebenbei der Schiedsrichter in den Rechtshändeln eines großen Theils von Arabien, ja selbst von Ostafrika, außerdem der reichste, ja fast der allbesitzende Grundherr von Mekka, Tâyef, Dschedda ac. Seine schiedsrichterliche Autorität reicht viel weiter, als die des Sultans. So hätte zum Beispiel Italien nie die Bai von Ahsab in Ostafrika erworben, wenn nicht der Großscherif den Verläufer brieflich günstig gestimmt hätte. Zu keinem andern Zweck, als um diese Vermittlung zu erlangen, hatten sich Professor Sapeto und Admiral Acton (jetzt Marineminister) eine Zeit lang incognito in Dschedda aufgehalten.

Sogar die Pforte mußte sich, als sie vor einigen Jahren mit mehreren südarabischen Fürsten, wie dem Sultan von Bir 'Alî und dem Négib von Makalla, diplomatische Verhandlungen anknüpfte, Einführungs- und Empfehlungsbriefe vom Großscherif für ihre Agenten verschaffen — demüthigend genug für den „Beherrscher aller Gläubigen!"

Mekka ist eben ein heiliges Land und die Bewohner von Hegâz, meist sehr unbändige, freiheitsliebende Menschen, beugen sich nur vor einem hochverehrten religiösen Erbrang, durch directe Abstammung vom heiligsten aller Moslems begründet, weil sie eben gläubige Moslems sind. Eine bloß weltliche Autorität verspotten sie, besonders die türkische, die sich hier im letzten Jahrhundert stets ohnmächtig gezeigt hat.

Der Großscherif hat nebenbei die zahlreichste directe und indirecte Clientel. Die directe besteht aus den Beamten und Verwaltern sowohl seines ausgedehnten Besitzstandes, wie der vielen frommen Stiftungen, deren Erbvorstand er ist; die indirecte aus sämmtlichen mohammedanischen Geistlichen, deren Zahl Legion ist, und deren keiner sich trauen würde, einem Wink des Großscherifs nicht wie einem Befehle zu gehorchen. So sind in jeder Stadt von Hegâz mehr Beamte des Großscherifs als des Sultans. Officiell haben diese gar keine Autorität, aber wie sich die Sachen in der Praxis gestalten, so vermögen sie in Justiz- und Verwaltungs-angelegenheiten viel mehr, als die officiellen Beamten. Man sieht, es be-stehen also in Hegâz zwei Regierungen, jede mit einem vollständigen Beamtenstab, die eine, die officielle, welche aber ein Kinderspott ist, die an-dere, welche juristisch keinerlei Autorität hat, aber in Wirklichkeit alle recht-lichen Befugnisse ausübt.

Die Consuln werden durch diesen Dualismus oft in Verlegenheit ge-setzt. Sie sind nur bei den türkischen Behörden beglaubigt, aber von diesen können sie nichts erlangen, nichts hoffen. Zum Großscherif dagegen haben sie durchaus keine amtliche Beziehung. Aber sie merken bald, daß sie ohne ihn gar nichts erreichen können. Sie müssen also zu dem Aus-weg greifen, alle wichtigeren Angelegenheiten so zu sagen auf dem Privat-wege abzumachen, da ja der Großscherif, der ihnen allein zum Recht ver-hilft, amtlich für sie nichts ist, als ein Privatmann.

Diese seltsamen Widersprüche, die Ohnmacht der officiellen Behörde, die factische Autorität des Großscherifs, wurden u. a. recht deutlich durch einen Fall an den Tag gelegt, welcher sich vor Kurzem ereignete. Beim Tod eines reichen indischen Kaufmannes, der in Dschebba gelebt hatte, war es dem Câdi (dem religiösen Richter) eingefallen, dessen Erbschaft ganz so zu behandeln, als ob der Verstorbene ein Dschebbaner, d. h. tür-kischer Unterthan, gewesen wäre, und folglich die Siegel auf dessen Nachlaß zu legen. Dies konnte der englische Consul, unter dessen Schutz alle Ost-indier stehen, nicht dulden. In einer weniger fanatischen Provinz der Türkei hätte es gar keine Schwierigkeit gemacht, diese Siegel, die den Ver-trägen zuwider aufgelegt waren, ablösen zu lassen. Aber in dem fana-tischen Hegâz konnte Niemand so etwas wagen; denn ein Câdi ist eine religiöse Respectsperson, dessen Würde von allen Orthodoxen heilig gehalten

wird, und das gewaltsame Erbrechen seines Siegels hätte vielleicht ernstliche Unruhen hervorrufen können. Wenigstens schienen die beiden Paschas
dies zu glauben. Sie geriethen in Todesangst, als der englische Consul
ihnen zumuthete, durch ihre Polizeisoldaten die Siegel lösen zu lassen.
Nach vielem Hin- und Hergeschreibe erklärten endlich die Paschas: die
Sache sei ganz unmöglich, das Siegel eines Câdi heilig und das Verlangen des englischen Consuls gegen die Religion des Islam gerichtet. Um
ihre Schwäche zu maskiren, hatten sie sich selbst auf die Seite des Fanatismus geschlagen, vielleicht auch nebenbei in der Hoffnung, sich dadurch
Freunde in dem fanatischen Hegâz zu machen. Der Consul konnte sich
dabei natürlich nicht beruhigen. Seine Pflicht gebot ihm, die Sache an
den Gesandten in Constantinopel zu berichten, und er stand im Begriff,
dies zu thun. Da gab ihm jedoch ein Kenner des Landes den Rath,
vorher die Angelegenheit dem Großscherif mitzutheilen und um dessen
Rath zu bitten. Diese Mittheilung wirkte Wunder. Der Großscherif
schickte ganz einfach seinen Gutsverwalter hin, und dieser löste die Siegel.
Er, als höchste religiöse Respectsperson, konnte sich das erlauben; der Pascha
hätte es nicht vermocht. Ihm allein konnte ein solcher Bruch der Satzungen
hingehen, da selbst der Câdi gewissermaßen sein Untergebener ist; denn
auch die Câdi's, wie fast alle geistlichen Beamten, sehen im Großscherif ihr,
wenn auch nicht officielles, so doch factisches Oberhaupt. Jeden andern
hätte dieser Schritt unpopulär gemacht. Nicht so den Scherif. Im Gegentheil, man rechnete es ihm noch hoch an, daß er dadurch den Conflict,
welchen die Klage beim Gesandten hervorrufen mußte, vermieden habe.
Beim Pascha aber würde man, hätte er dasselbe gewagt, dies ganz anders
beurtheilt, und sein Benehmen einer Lauheit im Glauben und strafbarer
Nachgiebigkeit gegen die Europäer zugeschrieben haben. Die Türken, welche
bekanntlich eine sogenannte Reform, die europäisch sein soll, und hier zu
Lande wirklich für europäisch gilt, angenommen haben, stehen bei den fanatischen Bewohnern des Hegâz ohnehin nur zu sehr im Verdacht, schlechte
Moslems und Freunde der Europäer — was sie, nebenbei gesagt, durchaus nicht sind — zu sein, und müssen deshalb streng alles vermeiden,
was auf Lauheit in der Orthodoxie oder Bevorzugung der Ungläubigen
schließen lassen könnte.

Einen noch größern Triumph feierte der Einfluß des Großscherifs
vor einigen Jahren bei Gelegenheit der Reise eines französischen höhern
Seeofficiers nach Tâyef. Hier hatte der Scherif die Genugthuung, daß

der Pascha, die eigene Ohnmacht bekennend, flehentlich seine Hülfe anrufen
mußte, um ihn aus einer Verlegenheit zu befreien, aus welcher er sich ohne
ihn nicht hätte retten können. Jener Franzose war mit türkischem Ferman
und Escorte nach Tâyef, der Sommerresidenz von Pascha und Scherif,
gereist, um diese beiden Würdenträger zu besuchen. Da er Hegâz nicht
kannte, so beging er einen ersten Verstoß, indem er dem Pascha viel mehr
Aufmerksamkeit schenkte, als dem Scherif. Hatte er dadurch schon alle
Araber gegen sich eingenommen, so erregte ein zweiter, gröberer Verstoß, der aber ächt französisch war, noch viel ernstlichere Mißstimmung,
und führte zu den bedrohlichsten Vorfällen. Der Seeofficier befand sich
nämlich zufällig am 15. August, dem sogenannten Napoleonstag, in Tâyef
und beging die Ungeschicklichkeit, in dieser fanatischen Stadt, in welcher nie
ein europäisches Banner erblickt worden war, zur Feier jenes Tages die
französische Flagge aufzupflanzen. Nun muß man die fast abergläubische
Furcht, welche alle Araber schon seit Jahren vor europäischer, namentlich
französischer Besitzergreifung haben, und das Mißtrauen kennen, mit dem
sie jedes europäische Kriegsschiff in ihre Häfen einlaufen sehen, um zu begreifen, daß alle obwaltenden Umstände, die Landung des Franzosen auf
einem Kriegsschiff in Dschebba, seine Reise nach dem fast nie von Europäern besuchten Tâyef und nun vollends das Aufpflanzen der französischen
Flagge im Herzen von Hegâz allgemeine Ueberraschung, Mißtrauen und
Entrüstung hervorrufen mußten, die bald ein bedrohliches Zusammenrollen
bewaffneter Volkshaufen (alle ächten Araber sind bewaffnet) zur Folge
hatten. Im Nu war eine der zwar ziemlich starken, aber in diesem Fall
ohnmächtigen Escorte weit überlegene bewaffnete Schaar um das Haus
des Franzosen versammelt, drohte dieses zu stürmen und dem verhaßten
Fremden den Garaus zu machen. Der Pascha verlor sein ABC in dieser
gefährlichen Angelegenheit. Einestheils wußte er, daß, wenn dem Franzosen
ein Leid geschähe, seine Stelle, ja vielleicht sein Kopf auf dem Spiele
stände. Anderntheils war er überzeugt, daß der geringste Widerstand
von Seiten seiner Truppen, welche die Escorte des Franzosen bildeten,
ihm und ihnen das Leben kosten würde. In dieser seiner Noth blieb ihm
nichts übrig als seinen deus ex machina, den Großscherif, anzurufen,
der zwar, um seine Macht recht deutlich an den Tag zu legen, sich lange
bitten, aber schließlich doch erweichen ließ. Dem Scherif gelang es mit
Leichtigkeit, die wüthenden Gläubigen zu beruhigen, und er genoß also
den doppelten Triumph: den Pascha offen seine Ohnmacht eingestehen,

und den Franzosen, der ihn anfangs nicht mit dem gehörigen Respect behandelt hatte, seinen Irrthum erkennen zu sehen. Niemandem außer dem
Scherif hätte aber so etwas gelingen können.

Er ist in der That der wirkliche Herr des Landes. Der Sultan sieht
zwar seine nominelle Oberhoheit in Mekka anerkannt, aber er erreicht auch
dies nur durch die Geschenke und hohen Gehalte, die er dem Scherif, seiner
Familie und allen religiösen Beamten in Mekka und Medina giebt. In
Wirklichkeit ist seine Autorität in dem heiligen Gebiete mehr geduldet als
anerkannt. Wollte er es versuchen, auch nur einen Piaster Steuer hier
zu erheben, so wäre es um seine Oberherrlichkeit geschehen. Selbst diese
Oberhoheit muß sich officiell in das Gewand der religiösen Demuth kleiden.
Der Sultan führt nämlich nicht etwa den Titel „Herr des heiligen Gebietes", sondern einen solchen, wie er dem „Knecht der Knechte Gottes",
der Päpste, entspricht, nämlich denjenigen: „Diener der heiligen Städte".
Ein Mekkaner, den ich fragte, ob der Sultan Steuergelder aus Mekka be-
ziehe, antwortete mir entrüstet: „Wie soll er Steuern aus einer Stadt beziehen, deren Diener er sich nennt?" Aus einem ähnlichen Grund unter-
läßt es auch wohl der Großherr, zahlreiche Truppen hierher zu schicken
und das Land definitiv zu erobern, was ihm freilich die Beduinen sehr
schwer, wenn nicht unmöglich machen dürften. Er würde durch einen solchen Schritt allen religiösen Nimbus einbüßen, der ihn als Oberhaupt des
Islam umgiebt, und als Entschädigung selbst im glücklichsten Falle sehr
wenig weltlichen Vortheil erzielen; denn Hedjâz ist eine arme Provinz, und
die Bevölkerung vielleicht eine der unlenksamsten des ganzen türkischen
Reichs, zu dem sie nominell gehört. Der Sultan findet es daher zweck-
mäßiger, die Sachen in dem alten Schlendrian fortgehen zu lassen, und
begnügt sich, den Schein seiner Oberhoheit durch eine Anzahl hier sonst
ganz unnützer Beamten und Militärs aufrecht zu erhalten.

Der Großscherif ist durchaus kein fanatischer aller Moslem, sondern
soll sehr vorurtheilslos sein. Auch sieht er Europäer nicht ungern. Als
er in Constantinopel war, soll er sogar sehr frei und vergnügt gelebt
haben. In Hedjâz kann er das nicht. Sein religiöser Rang nöthigt ihn
zu einer gewissen äußerlichen Austerität. Als er das letzte Mal in Dschedda
war, wurde diese auf eine komische Probe gestellt. Er bekam nämlich eine
Visite von einer europäischen Consulsgattin. Dergleichen geht jetzt nun
freilich überall, nur nicht in Hedjâz, wo man noch die alten strengen Begriffe hat, wonach ein Mann nur seine eigenen Frauen sehen darf. Die

Dame setzte ihn also in nicht geringe Verlegenheit. „Er darf sie ja gar nicht ansehen," sagte mir ein Metuaf. Der Scherif blickte deshalb auf den Boden, obgleich die Dame lange blieb und sehr lebhaft war. In Stambul hätte ihn eine solche Visite wahrscheinlich amüsirt. Hier aber mußte er höchst vorsichtig sein und durchaus jeden Ausdruck des Wohlgefallens an diesem Besuch vermeiden, denn das hätte seinem Ansehen sehr geschadet. Sein Gefolge war übrigens außer sich über die Dame und ihre Zudringlichkeit, wie man's nannte. Man beschuldigte sie geradezu, das Herz des Scherifs erobern zu wollen. Sie kam dadurch förmlich in Verruf in Dschedda.

Der Großscherif ist sehr freigiebig mit Geschenken und Einladungen. So schenkt er den Consuln, die doch gar nicht bei ihm beglaubigt sind, oft werthvolle Pferde, während die wirklichen officiellen Größen, an die sie von ihrer Regierung gewiesen sind, ihnen kein Glas Wasser geben. Wenn er in Dschedda ist, giebt er Diners, wozu auch Europäer kommen, eine große Seltenheit bei vornehmen Arabern. Da man hier mit Europäern nicht wählerisch ist und, wie überhaupt im Orient, einen für so gut oder so schlecht wie den andern hält, so kommen auch oft sehr zweifelhafte Individuen zur Ehre der Einladung. Einer derselben, ein Grieche, vergalt sogar die Gastfreundschaft durch Aneignung verschiedener vergoldeter Couverte. Als der Großscherif es erfuhr, benahm er sich sehr nobel. Er sagte: „Wenn der Mann vergoldete Couverte aus meinem Hause davontrug, so nehme man daraus den Beweis, daß ich sie ihm geschenkt habe. In mein Haus kommt kein Dieb, am Wenigsten an meinen Tisch." Kein Wunder, daß die Araber die Europäer verachten, denn ähnliche Dinge sind leider keine Seltenheit!

# Hegâz

## Neuntes Capitel

## Der Ramadân in Arabien.

Wichtigkeit des Ramadân. — Bestimmung seines Anfangs. — Der Bote von Mekka. — Nächtliche Geschäftigkeit. — Lebhaftigkeit des Markts. — Der Sklavenmarkt. — Negersklaven. — Abessinier. — Wohlfeilheit der Sklaven. — Die Tagesqualen der Fastenden. — Ihre Streitsucht. — Gerichtsstillstand. — Der Diwan beim Pascha. — Eine Comödie. — Der gefangene Koch. — Ein witziger Verbrecher. — Beilegung eines komischen Conflicts. — Ein orientalischer Diplomat. — Vergnügungen im Ramadân. — Das Hüttendorf. — Fanatismus leichtfertiger Frauen. — Monotonie des Ramadân in Dschedda.

Wer am Leben der Morgenländer Interesse nimmt, der wird es vorzüglich im Ramadân beobachten. Zu keiner andern Zeit offenbart sich dieses Leben charakteristischer. Der oberflächliche Reisende wird freilich behaupten, daß, wer den Ramadân in einer moslemischen Stadt gesehen, ihn in allen gesehen hat. Wer aber eingehend beobachtet, wird finden, daß, wie in anderen Sittenzügen, so auch in diesem, interessante sociale Unterschiede walten; und diese geben der Sittenschilderung ihre Würze. Jedes Land des Orients hat seine eigene Physiognomie auch hierin. In jedem meiner früheren Reisewerke habe ich darum dem Ramadân (bald in Tunis, bald in Algerien ꝛc.) ein Capitel gewidmet. So will ich es auch hier thun. Es wird aber kürzer werden, als seine Vettern, denn im heiligen Hegâz ist der Ramadân auch zu heilig, um viel Unterhaltungsstoff zu bieten.

Dieser Monat, in welchem dem Moslem das beschwerliche Fasten bevorsteht, wird dennoch von ihm herbeigesehnt; je heiliger man ist, desto

sehnlicher, in dem fanatischen Hegâz also mit verdoppelter Inbrunst. Da
die astronomische Bestimmung nicht genügt, sondern der Neumond von
glaubwürdigen Schohud (Zeugen) gesehen worden sein muß, und er im
Jahre 1870 in Dschebba in die Regenzeit fiel, so war man dort im Un-
klaren, wann die Fasten beginnen. Am Abend des 23. November stand
Neumond im Kalender. Man vernahm aber nicht den Kanonenschuß des
Sonnenuntergangs, welcher den Ramaḍân ankündigt. Alles bereitete sich
vor, den nächsten Tag noch zum Schaʿbân-Monat zu rechnen.

Da plötzlich weckte in später Nachtstunde ein Kanonenschuß die Dschebbaner. Der Mond war in Mekka gesehen worden und ein Reiter hatte
in 5 Stunden den Weg hierher, zu dem Pilger anderthalb Tage brauchen,
zurückgelegt, um die Nachricht zu bringen. Da Mekka Autorität bildet, so
war die Frage entschieden. Es hält freilich schwer, den Moslem zu einer
so schnellen That zu bewegen. Aber der Anfang des Ramaḍân ist eine
so wichtige Sache, Wohl und Wehe scheint so ganz von ihm abzuhängen,
daß selbst ein mohammedanischer Bote fähig wird, in 6 Stunden von
Mekka zu kommen. Dieser Bote wird stets reich belohnt, und ist für den
ganzen Monat der Gast des Gouverneurs.

Nun war aber ganz Dschebba in Verlegenheit gesetzt. Viele hatten
ihre Einläufe auf morgen verschoben. Das Schlimmste war, daß es den
Meisten am Frühmahl fehlte, was im Ramaḍân vor der Morgendämme-
rung genossen wird. Daher entstand mitten in der Nacht ein geschäftiges
Treiben und Hin- und Herlaufen. Jeder suchte von seinem Nachbar zu
borgen, da die Läden geschlossen waren. Viel kam nicht dabei heraus,
denn die Moslems sind schlechte Vorrathssammler, und so begannen die
meisten den Tag wirklich nüchtern. Das war ein hartes Fasten, die vollen
12 Stunden ohne Morgenprovision.

Dadurch kam es, daß am ersten Ramaḍân-Morgen dies Jahr der
Markt noch besonders lebhaft war, während er sonst in diesem Monat sich
erst um Mittag belebt. Die Läden öffneten sich früh; Karavanen durchzogen lärmend die Straßen; überall liefen gravitätische Moslems mit Kör-
ben umher; der Fischmarkt war im vollen Glanz und Leben. Selbst die
halbwilden Beduinen, mit dem krummen Dolch im Gürtel, dem vergoldeten
Kopfwulst und dem blauen Hemd machten einen letzten Ueberfall über
Stadt und Markt: friedlich nach ihrer Auffassung, aber von sehr räube-
rischem Aussehen.

Mich litt es nicht zu Hause. Ich mußte das bunte Leben mit ansehen. Die Belebtheit des Marktes war eine außerordentliche. Nicht nur ganz Dschedda schien hier zusammengeströmt, sondern auch drei Pilgerschiffe waren angekommen und die ganze Stadt mit weißen Ihramträgern in der gewohnten, malerischen Halbnacktheit angefüllt. Ich kannte zwar viele Budenbesitzer. Aber heute sah mich keiner. Sie hatten alle vollauf zu thun.

Nachdem ich die bekannten Läden aufgesucht hatte, gerieth ich an ein mir noch neues Kaufhaus, wo zwar keine Waare, wohl aber eine Menge Schwarzer zu sehen war. Ich erkundigte mich nach der Bestimmung dieses Hauses. Aber Niemand wollte heraus mit der Sprache. Ich hatte den Sklavenmarkt entdeckt, der hier trotz Verträgen und Reformen noch ganz offen gehalten wird. Nur gegen mich, wie überhaupt gegen Europäer war man mißtrauisch. Früher haben nämlich die Consuln diesem Verkehr oft mit Erfolg gesteuert. Aber dieser Eifer ist erkaltet. Auch die Consuln entgehen dem Einfluß des Orients nicht. Die Apathie der Orientalen steckt sie an und lähmt ihre Schwingen. Zudem sehen sie auch bald ein, daß Alles, was sie erreichen, nur elendes Stückwerk ist. Fast jeder neue Consul kommt zwar mit eifrigen Vorsätzen her, bald aber erlahmt er, tröstet sich mit dem „Inschallah" (Wie es Gott gefällt) der Orientalen und läßt die Dinge gehen, wie sie gehen wollen. So ging's auch in Bezug auf das Sklavenwesen in Dschedda; da lange kein Consul mehr Einsprache dagegen erhob, so hat es sich nun wieder aus seinem Versteck herausgewagt und steht jetzt von Neuem in verhältnißmäßiger Blüthe.

Es war ein seltsames Gefühl, das mich erfaßte, als ich diesen Sklavenmarkt betrat. Wirkte einestheils die fürchterliche Häßlichkeit, die dicken Lippen, Plattnasen, der stupide Ausdruck und dabei das blödsinnige Lachen der echten Neger abschreckend auf mich, so konnte ich mich andererseits doch nicht des Mitleids erwehren, wenn ich sah, wie um diese menschliche Waare von einigen rohen Beduinen, die sie in barschester Weise anschrien, belasteten, auszogen, kurz wie ein zu laufendes Thier behandelten, gefeilscht wurde. Besonders erregt wurde jedoch mein Mitleid durch den Anblick der abessinischen Sklaven, die sich von den Negern im Aeußern aufs Vortheilhafteste unterscheiden, ebenso regelmäßige Züge, wie die meisten Europäer, und dabei fast immer einen höchst gewinnenden, sanften, halb schwärmerischen, halb melancholischen Gesichtsausdruck besitzen. Diese Leute als menschliche Waare zu behandeln, kommt uns fast ebenso vor, als wenn man unsere Landsleute verkaufen würde. Bei den echten Negern berührt uns die Sache weniger fühlbar, besonders da diese, wie ihr beständiges

Lachen andeuten dürfte, ihr Loos gar nicht so schwer zu empfinden scheinen. Unter den Abessiniern dagegen sah ich keinen einzigen lächeln. Stumme
Resignation, stille Schwermuth lag auf allen Gesichtern. Solche Menschen
so roh behandelt zu sehen, kam mir empörend vor. Die Araber dagegen
scheinen gar keinen Unterschied zwischen den Abessiniern und den echten
Negern, die doch so tief unter jenen stehen, zu machen. Im Gegentheil,
sie scheinen sogar mehr Sympathie mit Letzteren zu hegen. Der echte
Neger, der so gut wie keine Religion besaß, ehe er Sklave wurde, ist dem
gewöhnlichen Moslem auch deshalb willkommen, weil bei ihm alle Cultus-
begriffe tabula rasa sind, auf der mit Leichtigkeit das dürftige Gebäude
von Aberglauben, die spärliche Dosis religiöser Erkenntniß, die der Araber
dem gewöhnlichen Sklaven zu Theil werden läßt, eingegraben werden kann. Der
Abessinier dagegen war in den meisten Fällen Christ, ehe er in Sklaverei fort-
geschleppt wurde; schon aus diesem Grunde ist er oft dem Moslem verhaßt; dann genügt ihm selten eine so niedere Stufe von Cultusbegriffen,
wie die, mit der die Neger abgefunden werden. Auch dieser Gegensatz der
Confessionen des Sklaven und des künftigen Herrn ist geeignet, tiefes Mitgefühl mit den Abessiniern zu erregen. Wie schwach auch immer ihre
eigene Erkenntniß sein mag, so muß ihnen doch der Fanatismus der Moslems im höchsten Grade drückend erscheinen, der Alles, was man sie in
ihrer Jugend gelehrt, verdammt. Dieses Mitgefühl zu steigern, trägt
gleichfalls die örtliche Nähe ihres Vaterlandes bei. Wenn man bedenkt, daß
dieses Vaterland nur wenige Tagereisen von hier entfernt ist, so wird der
Contrast zwischen der Freiheit, die sie dort genossen und dem jämmerlichen
Stande, welcher hier ihr Loos ist, uns besonders nahe gelegt.

Man hat viel von der guten Behandlung der Sklaven von Seiten
der Moslems gesprochen. Im Ganzen hat es damit auch seine Richtigkeit.
Doch giebt es Ausnahmen. Die Beduinen zum Beispiel behandeln ihre
Sklaven nicht viel besser, als das liebe Vieh. Außerdem können die Herren
oft mit dem besten Willen dem Sklaven kein erträgliches Loos bereiten,
da sie selbst kaum das tägliche Brod haben. Hier hat nämlich Jedermann
Sklaven, Reiche wie Arme. Der Ankauf kostet zwischen 30 und 80 Thaler,
und dafür hat man also umsonst einen Diener, dessen Bekleidung und
Unterhalt auch keine großen Auslagen erfordert. Man giebt ihm ein
Lendentuch und täglich ein Stück trockenes Brod; mehr bekommen die allerwenigsten Sklaven. Die Arbeit, die man von ihnen fordert, ist freilich
auch nicht groß, aber immer noch groß für die mangelhafte Ernährung.

In den Schiffen gar gehören die Sklaven so zu sagen zum Inventar. Oft sah ich in Dschedda Neger, die Tag und Nacht in einem Kahn zubrachten. Ihr Herr war ein armer Bootsmann, der aber trotzdem Sklaven gekauft hatte, weil sie ihm sehr nützlich waren.

Dieser erste Tag war übrigens auch der letzte in diesem Monat, an dem Sklaven verkauft wurden. Wie alle Geschäfte, so ruht auch dieses im heiligen Monat. Der ganze Handel beschränkt sich auf den täglichen Consum. Die Kaufleute und wohlhabenderen Männer bleiben über Tags zu Hause und die Straßen sind hauptsächlich dem zahlreichen bettelarmen Volk überlassen, an dem jede moslemische Stadt Ueberfluß besitzt. Die Kaffeehäuser, die zwar so zu sagen geschlossen sind, bieten diesem Volk dennoch insofern ein Asyl, als vor jedem zahlreiche Bänke auf der Straße stehen und natürlich nicht hineingenommen werden; das wäre eine hier zu Lande ganz unerhörte Vorsicht. Da sitzen sie gelangweilt und im Halbschlaf die Zeit vergühnend. Die gewohnte Cigarette oder Wasserpfeife, die hier selbst der Aermste raucht, entbehren sie schwer. Ihre Laune ist gewöhnlich über Tags eine sehr schlechte. Auch ist es sprichwörtlich geworden, daß der Ramadân ein Monat des Zanks und Streits ist. Fast täglich sieht man Scenen von Raufereien und Prügeleien in diesem heiligen Monat. Ja, man behauptet sogar von manchen Leuten, die der derberen Classe des Volks angehören, daß sie keinen Abend die Fasten brechen, ohne vorher ihr kleines Streitchen, das oft ein großes wird, „genossen“ zu haben. Ein solches gemüthliches „Streitchen“ ist für diese Leute ein nothwendiges Ramadân-Vergnügen, etwa wie rohen Nordeuropäern der „Sonntagsrausch“.

Die vornehmere Classe der hiesigen Bevölkerung läßt sich im Ramadân nicht viel blicken. Bei Tage schlafen diese Herren, stehen höchstens gegen 2 Uhr Nachmittags auf; dann sind noch drei Stunden bis zum Bruch der Fasten und diese werden gemüthlich verdämmert. An Geschäfte denkt Niemand; die ganze Regierung scheint zu schlummern. Es ist förmlich ein Sprichwort: „Im Ramadân giebt's keine Regierung und kein Gericht.“ Sicher ist, daß kein Richter in diesem Monat Recht spricht. Kein Schuldner kann zum Bezahlen angehalten werden; kurz es ist ein wahrer Schlaraffen-Monat. Nur die Präventivgefangenen, welche oft ganz unschuldig in Untersuchungshaft kamen, verwünschen diesen Monat; denn da es in ihm keine Gerichtssitzungen giebt, so bleiben sie ruhig im Gefängniß, gleichviel, ob schuldig oder unschuldig.

Selbst die Europäer können in diesem Monat nicht zu ihrem Recht kommen. Ich kannte einen, welchem zwei Tage vor dem Ramadân eine Summe Geldes gestohlen worden war und dessen, vom Consul unterstützte Klage man nicht einmal anhören wollte, weil „es Ramadân sei". Nach dem heiligen Monat wird natürlich der Dieb das Geld verzehrt und der Europäer das Nachsehen haben. Dies Alles gilt freilich in bevorzugtem Grade nur von hier, vom heiligen Gebiet von Mekka und Medina, wo der alte Islam mit all' seinen guten und schlechten Seiten noch in seiner ungeschwächten Kraft fortbesteht. Dies mag im Ganzen recht viel Nachtheile mit sich bringen; aber, ich weiß nicht, ob ich diesem Wesen nicht am Ende noch den Vorzug vor dem elenden Zwitterzustand von Civilisationscomödie und halber Cultur, die von Europa nur die Laster entlehnt, wie Aegypten uns ein Beispiel liefert, geben soll.

Dieser Monat ist mehr als ein anderer die Zeit der großen Staatsvisiten bei Pascha und Vornehmen. Jeden Abend sitzen diese Persönlichkeiten, rauchend und Kaffee trinkend, in ihrem „Meglis" oder „Divan" und erwarten die Besuche. Nur in den ersten Tagen ist es nicht Sitte, solche zu machen. Dann bleibt gewöhnlich jede Familie für sich. Hier in dem heiligen Gebiet ist man so fromm, diese ersten Abende mit Absingen des Corân zuzubringen. Selbst die Kaufleute thun dies. Eines Abends wollte ich einen besuchen, vernahm aber auf seiner Thürschwelle schon den näselnden Singsang, mit dem der Corân abgeleiert wird, und hütete mich also wohl, die fromme Uebung zu unterbrechen. Sind aber die ersten Abende vorbei, dann gehen die Besuche an. Der erste gilt gewöhnlich dem Pascha. Dort findet man die ersten Beamten, die reicheren Kaufleute, die den Abend in ziemlich langweiligen Gesprächen, oder mit Schweigen, das nach dem arabischen Sprichwort bekanntlich „Gold" ist, zubringen.

Dort war's auch, wo sich in einer Ramadân-Nacht eine Comödie abspielte, in der ich selbst halb Statist, halb Mitspieler wurde. Herr Rolph, bei dem ich wohnte, hatte nämlich plötzlich den Verlust seines Kochs zu beklagen. Wir blieben ohne Essen, aber wo blieb der Koch? Es hieß er sei auf Befehl der französischen Consulin arretirt worden. Sicher war, daß er saß, aber auch, daß sein Vergehen kein schweres. Worin es bestand, erfuhr ich nicht mit Bestimmtheit. Es wird in Dschedda so viel geklatscht, daß man nichts glauben kann. Er solle aber die Consulin „beleidigt" haben, wenn es eine Beleidigung war, daß er ihren Dienst verließ, um den von Herrn Rolph anzunehmen.

Wir konnten dies natürlich nicht dulden. Da es in Dschedda nur
zwei Consuln giebt, so wandten wir uns an den englischen, an welchem ich
empfohlen war, zur Zeit durch einen Vertreter, einen Armenier, repräsentirt, und zogen mit diesem zum Pascha; denn nur er konnte helfen. Er
wollte aber gar nicht dran. „Man muß der Französin das kleine Vergnügen gönnen. Was liegt denn an einem Koch?" meinte er. Uns lag
natürlich daran, denn in Dschedda findet man keinen, sondern muß solche
Diener aus Suez kommen lassen. Sehr generös offerirte zwar der Pascha
seine eigene Küche. Aber Gott weiß was wir dann zu essen bekommen
haben würden! Ich kenne türkische Küche! Nur der Pilaff ist genießbar.
Dieser fehlt aber bei den Vornehmen oft, da er ein plebejisches Gericht
ist. Die Großen ergötzen sich statt dessen an schrecklich fetten Ragouts mit
Knoblauch, Zwiebeln und ranziger Butter, sowie öligen Süßspeisen.

In einer einzigen Ramadânnacht folgten sich die drei Acte dieses
Lustspiels. Im ersten zogen wir erfolglos ab, ließen aber die Drohung
zurück, die Sache nach Stambul zu melden. Der Armenier sagte „Peki"
(sehr wohl), als der Pascha sich weigerte, der Pascha „Peki", als der Armenier drohte. Der Türke sagt immer „Peki", auch wenn die Sache ihm
nicht gefällt. Aber trotzdem bedachte er sich doch. Schnell wurde aus
den Ramadân-Gästen ein Meǧles (Gerichtshof) improvisirt, in welchem auch
zwei griechische Branntweinhändler ihre Stimmen abgaben. Türken haben
eben über Europäer eine so niederträchtige Meinung, daß sie gar keine
Bildungs- oder Moralitätsstufen unter ihnen anerkennen. Als sie noch
nach Willkür schalteten, waren alle Europäer gleicherweise „kelb ibn kelb"
(Hund, Sohn des Hunds). Jetzt, da sie Europäer respectiren müssen, rächen
sie sich dadurch, daß sie auch die anrüchigsten den anständigsten gleich hoch
stellen. Wäre ein Consul beim Meǧles anwesend gewesen, man hätte ihm
keine höhere Ehre erweisen können, als die, welche jetzt den Branntweinhändlern (meistens notorischen Schurken, Bravos u. s. w.) widerfuhr.
Man beschloß den Koch zu citiren. Als dieser kam, schnaubte ihn der
Pascha an:

„Also wegen einem Hund, wie Du bist, muß ich solche Unannehm-
lichkeiten haben? Was machtest Du bei der Consulin?"

„Ich war ihr Koch;" hieß es.

„Warum hast Du sie verlassen?"

„Weil sie mich schlug."

„Das wollen wir nicht hören. Sag' einen andern Grund," brummte der Pascha, der natürlich nichts Beleidigendes über die Consulin gesagt wissen wollte.

„Weil sie einen andern Koch hat und mein alter Herr zurückkam."

„So? Wieviel Diener hat die Consulin?"

„Sie hat einen Koch, einen Küchenjungen, einen Kammerdiener, einen Kawaß, einen Laufburschen, einen Portier u. s. w."

Jetzt glaubte der Pascha einen Anknüpfungspunkt gefunden zu haben, um von der Consulin gütlichen Vergleich zu erbitten. Er ließ ihr höflich sagen, da sie doch so viele Diener habe, könne es ihr ja auf einen mehr nicht ankommen. Sie wisse vielleicht nicht, daß im Hause, wo der Koch jetzt diene, nur wenige Diener seien, er also dort viel unentbehrlicher sei, als in ihrem dienerreichen Haushalt. Der Verbrecher bitte sie übrigens um Verzeihung, und sie möge ihn daher gütigst freigeben. Zugleich ließ er uns melden, wir möchten kommen, um den Koch abzuholen.

Wir fanden uns also im zweiten Act der Comödie ein. Hier ging's sogar possenhaft zu. Die Consulin ließ nämlich berichten, sie verstehe gar nicht, was der Pascha mit den „vielen Dienern" sagen wolle. Sie habe ja nur Einen für Alles und eigentlich gar keinen Koch. Der Pascha schnaubte von Neuem den Koch an:

„Hast Du nicht gesagt, die Consulin habe sechs Diener?"

Der Koch machte ein schlaues Gesicht:

„Nein, Herrlichkeit, das sagte ich nicht, sondern sie habe einen Koch, einen Küchenjungen u. s. w."

„Nun, und sind das nicht sechs Diener?"

„Nein! wenn Ew. Herrlichkeit mich hätten ausreden lassen, so würde ich hinzugesetzt haben, daß der Koch „Smail" heißt . . . ."

„So? und wie heißt der Portier?"

„Auch Smail."

„Und der Küchenjunge?"

„Ebenso."

Der Pascha fluchte fast, als er dies vernahm.

„Wie viel Smails giebt es denn?" fragte er.

„Herrlichkeit! Es giebt nur einen."

„Und dieser eine ist?"

„Zugleich Koch, Küchenjunge, Portier u. s. w."

Am Ramadân-Abend, nach guter Mahlzeit, kann selbst ein sonst grimmiger Pascha Spaß verstehen, und so verstand auch dieser, daß der Koch,

trotz all' seiner Unterwürfigkeit ein Witzbold war, und nahm es nicht übel.
Da er lachte, so nahm die ganze Megles dies für eine Erlaubniß, nun in
homerisches Gelächter auszubrechen.   Der Abend bekam eine sehr lustige
Wendung.

Uns war freilich nicht geholfen.   Denn der Pascha wollte jetzt wieder
den Koch zurückbehalten, da die Consulin ihn nicht freigab.   Er sah einer-
seits die Drohung Englands, andererseits das beleidigte Frankreich; und das
Alles um einen Koch!   Eine Genugthuung wollte er uns jedoch geben.
Diese bestand zuerst darin, daß er über die Consulin schimpfte.   Er nannte
sie eine . . . . . Doch das verschweige ich besser.   Das Schimpfen über
Europäer kommt dem Türken so natürlich, daß wir es dem Pascha nicht
als Verdienst anrechnen konnten, wenn es auch heute uns zu Gefallen geschah.   Morgen mußten wir, werde er der Consulin ganz ähnliche Süßig-
keiten über uns sagen.

Wir beständen also auf einer mehr reellen Genugthuung.   Nach stun-
denlangem Diskutiren wurde er so weit mürbe, daß er versprach, den Koch
nur eine Nacht zurückzubehalten.   Eine Satisfaction müsse Frankreich doch
haben.   Wir konnten auch das nicht zugeben und zogen abermals mit
Drohung und gegenseitigem „Peti" ab.

Der dritte Act der Comödie war der längste und wäre nicht zu einem
befriedigenden Schluß gekommen, ohne Intervention einer dritten Groß-
macht.   Diese Macht war Persien, vertreten durch seinen Consul, den man
schlechtweg den Bey nannte, einen sehr schlauen Diplomaten, der mit töbt-
lichem Türkenhaß die liebenswürdigsten Manieren gegen Türken, ja gegen
die ganze Welt verband.   Dieser allabendliche Ramadön-Gast des Pascha
ersann einen Ausweg zur Versöhnung der Parteien und so wurde wirklich
der Koch frei.   Aber er wurde es nur durch einen Compromiß, der scheinbar jeder Partei, in Wirklichkeit aber keiner Recht gab.   Der Perser schlug
nämlich vor, die Verhandlungen bis zum grauenden Morgen auszudehnen,
was für vornehme Tagsschläfer eben kein Opfer ist.   Dann solle man
den Koch frei geben.   Der Consulin könne man sagen, man habe den
Mann ihr zu Gefallen eine ganze Nacht lang festgehalten, uns aber, man
habe die ganze Nacht hindurch uns zu Liebe Megles gehalten und gefunden, daß wir Recht hätten.   So konnte sich jede Partei den Triumph
zuschreiben.   In Wirklichkeit aber hatte keine vollkommene Genugthuung bekommen.   Das ist orientalische Diplomatie, die sich heutzulage oft mit
solchen Erbärmlichkeiten herumschlagen muß.   Komischerweise war in dieser

Sache nie vom Mann der Consulin die Rede. Er galt für einen Pan-
toffelhelden und wurde als „Null" betrachtet.

Sonst ist der Ramadân hier nicht kurzweilig. Von Vergnügungen,
wie sie in Cairo und Tunis vorkommen, ist keine Rede. Höchstens regt
sich eine einsame Darbuka (thönerne Trommel) oder ein klimpriger Kanun
(eine Art Guitarre) in einem Kaffeehaus, wozu manchmal die Stimme
eines näselnden Sängers sich hören läßt. Ein Karagus (Polichinell) soll
zuweilen zu Stande kommen. Heuer war dies nicht der Fall. Die Tänzerinnen und Tänzerknaben werden hier durch alle Araber aus Jemen mit
langen, weißen Bärten ersetzt, deren vor Alter steife Glieder eben keine
graziösen Bewegungen zur Schau tragen. Aber alle diese Vergnügungen
sind nur im allermäßigsten Grade vorhanden. Selbst in Mekka steht es
damit nicht viel besser.

Nur in dem von gewissen Personen bewohnten Viertel oder Hüttendorf soll es in diesen Nächten lustiger hergehen. Wer aber die dortigen
Freuden genießen will, muß sich für die ganze Nacht aus der Stadt
verbannen, da das Hüttendorf außerhalb der bei Nacht geschlossenen
Thore liegt.

Dieses bei Tag zu besuchen, ist für einen Europäer schon gefährlich,
bei Nacht geradezu unmöglich, denn jenes Gewerbe in Brod zu setzen, wird
von den Moslems so zu sagen als ein „Glaubensmonopol" angesehen.
Wehe dem Christen, der es wagen wollte, einer dieser vom Fanatismus
aller Dscheddaner gleichsam gehüteten Personen eine Erklärung zu machen.
Den Moslems allein ist es gestattet, hier die Ramadân-Vergnügungen, die
immer bei Nacht stattfinden, mitzumachen. Da ich diesmal nicht verkleidet
reiste, so kann ich also nicht als Augenzeuge von jenen Lustbarkeiten berichten. Nach der Aussage meiner arabischen Diener sollen sie aber groß
sein und es dort sehr hoch hergehen. Nach dem freilich, was ich bei einem
Gang, den ich bei Tage durch jenes Viertel machte, von seinen Bewoh-
nerinnen sah, boten sie des Verführerischen sehr wenig und also mögen
ihre Tänze und Gesänge eines Hauptreizes entbehren. Es sind meist sehr
häßliche Negerinnen; hier und da nur sieht man eine Weiße, die aber mit
jenen an abschreckenden Eigenschaften wetteifert. Eine einzige sah ich aus
der Entfernung, die erträglich aussah. Aber diese Dame war eine so
fanatische Jüngerin Mohammed's, daß sie bei meinem Anblick laut auf-
schrie und in Verwünschungen gegen alle Europäer im Allgemeinen und
mich im Besondern ausbrach, dabei sehr energisch mit der Hand fortwinkte.

Es ist mancher seltsame Widerspruch im mohammedanischen Volksleben. So sollen dieselben Frauen, die doch ein selbst nach arabischen Begriffen verbotenes und vom Corän verdammtes Gewerbe ausüben, die strengsten Beobachterinnen der Fasten im Ramadân sein. Man schließe übrigens hieraus nicht auf eine allgemeine Corruption der Bewohner Arabiens. Dschedda, Mekka, Medina sind Fremdenstädte. Nur in solchen kommt die Prostitution vor. Sonst ist sie fast unbekannt.

Natürlich besuchen die verständigeren Moslems jenes Viertel niemals, genießen also keine seiner lärmenden Ramadân-Vergnügungen. Für sie müßte dieser Monat gewiß entschieden langweilig sein, wenn dieses stoische Volk überhaupt die Langeweile kennte. Aber so ist einmal der Moslem. Selbst der Städter aus Stambul oder Cairo, den sein Unstern hierher führt, klagt nicht über die Monotonie von Dschedda, obgleich er zu Hause doch der nach arabischen Begriffen köstlichsten Vergnügungen die Hülle und Fülle besaß.

# Hegâz

## Zehntes Capitel.

## Das Grab der Eva.

Dies kleine Capitel könnte füglich „Unterricht im Betteln" über-
schrieben werden, denn nirgends ward diese edle Kunst wirksamer ausgebildet, als am Grabe der Ur- und Stammmutter des Menschengeschlechts.
Dasselbe befindet sich vor dem Medina-Thore nur ein Paar Schritte vor
der Stadt. Da ich es von früher kannte, so war ich nicht wenig erstaunt,
es in seiner neuen Gestalt wieder zu sehen. Auch hier hat die Sanitäts-
commission wirksam gehaust und das Grab der Stammmutter von jenem
Hüttengewirre befreit, in dem es früher wie ein Schmetterling in seiner
Puppe verhüllt dalag. Aber auch das Grab selbst hat sich verwandelt.
Die Mauer, welche den Umkreis um die heiligen Gebeine beschreibt, sieht
nietnagelneu aus, und die Capelle über dem heiligen Nabel ist neuerbaut.
Früher befand sich hier nur eine ganz kleine Kuppel; jetzt steht diese
unter Dach.

Zu meinem Erstaunen machte man gar keine Schwierigkeit, mich in
die Capelle hineinzulassen, obgleich ich ganz offen als Europäer auftrat.
Aber das hatte seine Gründe.

Man ließ mich zuerst niederknien, um durch ein Loch in der kleinen
Kuppel auf den über dem Nabel errichteten Stein hinabzuschauen, den ich
übrigens, des Dunkels wegen, kaum sehen konnte. Als ich nun aber wieder
aufstehen wollte, fühlte ich mich durch einen Druck auf meine Schultern
festgehalten, und als ich mich umblickte, sah ich die ganze Capelle mit
Figuren in langen Talaren gefüllt, die sämmtlich zur Sippschaft der Grabes-
wächter gehörten und deren Geldansprüche erst befriedigt werden sollten,
ehe man mir erlauben wollte, aufzustehen. Trotzdem gelang es mir, mich
auch ohne vorher gezahlt zu haben, was mir denn doch zu demüthigend
schien, durch einen kräftigen Ruck auf die Füße zu heben.

Um mit den Leuten abzuschließen, gab ich nun sogleich freiwillig ein
Trinkgeld, wollte eben der Bettlerschaar entrinnen und das Grab verlassen.
Diese aber hatte dafür gesorgt, meiner Neugier einen neuen Köder hinzu-
werfen und zu ihren Zwecken auszubeuten. An einer Wand der Capelle
befand sich nämlich eine Nische, die auffallender Weise durch einen rothen
Vorhang verdeckt war. Darauf wurde bedeutungsvoll, als auf eine große
Rarität, hingewiesen. Ich vermuthete natürlich die Nische (die mir, wie
die ganze Capelle überhaupt, gänzlich neu war) berge irgend eine neuent-
deckte oder neuerfundene Reliquie unserer Aeltermutter, und wurde sehr gespannt, das Geheimniß des Vorhangs zu enthüllen. Man machte auch
gar keine Schwierigkeit, mich hinter den Vorhang zu lassen. Dort merkte
ich nun bald, daß das Ganze lediglich eine Attrape war. Die Nische war
ganz einfach die der Cible, der Betkarichtung, wie sich eine solche in jeder
Moschee befindet und folglich völlig leer und ohne irgend welche Merkwürdigkeit. Aber der sonst vor diesen Nischen nicht übliche Vorhang sollte
als Köder für unerfahrene und neugierige Pilger dienen und erfüllte auch
diesen Zweck vollkommen, denn wie ich später hörte, pflegen alle Besucher
des Grabes auf diesen Zopf anzubeißen.

Als ich mich von der halbrunden Nischenseite nun umwandte, um hin-
auszugehen, fand ich jedoch den Ausgang verstellt und zwar durch fünf
sehr ehrwürdige Gestalten. Diese Männer setzten mir jetzt sehr energisch
zu, stellten mir vor, mein erstes Trinkgeld sei nur eine Misère gewesen,
außerdem gehöre dies am heiligen Nabel gespendete Geld dem Grabes-
schatz. Sie, die Wächter des Grabes, müßten aber auch etwas haben. Sie
seien fünf an der Zahl, hätten zahlreiche Familie und nichts zu leben, als
die Trinkgelder.

„Ihr seid fünf," meinte ich, „es scheint mir eher, ihr seid fünfundzwanzig, denn draußen schreien ja noch viel mehr nach Trinkgeld."

„O das sind nur die Diener des Heiligthums," hieß es, „diese werden
sich mit ein Paar Thalern zufriedengeben, wir aber können nicht weniger
als einen Benlu (6½ Thaler) annehmen."

Das war denn doch zu dick aufgetragen. Als nun die Männer von
den Bitten gar zu Drohungen schritten und Miene machten, mich mit Gewalt in der Nische festzuhalten, brach meine Geduld, und ich fiel wie ein
Keil unter sie und bahnte mir meinen Weg durch Rippenstöße aus der
Nische in die Capelle, wo dieser plötzliche Gewalteinbruch einen nicht geringen Standal erregte. Dort war es indessen nicht gut, lange zu weilen,
denn die „Diener des Grabes" schickten sich eben an, das Manöver der
„Wächter" in potenzirter Weise in Scene zu setzen. Eilig verließ ich
deshalb das Heiligthum, nicht ohne manchen frommen Bettler unsanft auf
die Seite geschoben zu haben. So kam ich allerdings fast ungerupft, aber
unter den lauten Verwünschungen der „Wächter und Diener des Evagrabes"
wieder ins Freie. Dorthin wagten sie nicht mir bettelnd zu folgen, da
ihr Präftigium, als religiöse Respectspersonen, die in der Außenwelt stets
würdevoll erscheinen sollen, zu sehr darunter gelitten hätte. Aber sie hatten
dafür gesorgt, daß das Bettelgeschäft auch hier wirksam fortgesetzt werden
sollte, und zwar durch ihre zahlreiche Nachkommenschaft, ein wahres Heer
von kleinen Mädchen (die Knaben waren gerade in der Schule). Diese
kleinen Bettelgenies verfolgten mich, mit ihren hellen Silberstimmchen laut-
schreiend, bis in die Stadt. Von Zeit zu Zeit warf ich ein Kupferstück
recht weit von mir, um sie zu entfernen. Aber das half wenig. Der
Bettlerknäuel verdichtete und vermehrte sich noch von Zeit zu Zeit durch
einige Straßenkinder, und ehe ich das Haus erreichte, hatte ich die halbe
Jugend von Tschedda hinter mir.

Das Komischste bei der Sache war, daß mein nichtsnutziger Diener
Hamed, den ich damals noch nicht fortgeschickt und der mich zum Evagrabe
begleitet hatte, dort zurückgeblieben war und zwar sehr wider seinen Willen.
Als fromm sein wollender Moslem wagte er nicht, die „heiligen" Grabes-
wächter und Diener unsanft von sich zu stoßen und mußte ganz schrecklich
bluten. Ein guter Theil des mir gestohlenen Geldes mochte so dem Evagrabe zu Gute gekommen sein. Hamed kam erst nach einer Stunde mit
trostloser Miene zurück und klagte laut über die Habsucht jener „heiligen"
Personen.

Als ich Abends Herrn Rolph mein kleines Abenteuer erzählte und zugleich auch, daß es mich doch eigentlich im Ganzen nur einen Thaler gekostet habe, staunte dieser. Er versicherte mir, daß selbst ein Dschebbaner, der nur für einigermaßen wohlhabend gelte, dort nicht unter drei Thalern davon käme. Ein Europäer gar müßte in den meisten Fällen das Doppelte zahlen.

Alle Europäer in Dschebba sagten mir übrigens, daß die Größenverhältnisse des Evagrabes sehr wandelbarer Natur seien. Auch mir war das so vorgekommen. Es scheint, daß man bei jeder Restauration je nach Willkür oder vielleicht je nach dem Ueberfluß oder der Spärlichkeit des Baumaterials ein Paar Schuh zugiebt oder wegnimmt, und, da diese Mauer genau den Körperumriß der Aeltermutter beschreiben soll, so verändert Mutter Eva jetzt noch, so viel Tausend Jahre nach ihrem Tode, von Zeit zu Zeit ihre Gestalt. Bald wächst sie, bald wird sie kleiner. Ihre gegenwärtige Länge beträgt nach der Messung, die ein englischer Maschinist anstellte, 360 englische Fuß, ihre Breite aber kaum 18 Fuß. Man sieht, an Körperebenmaß hat Mutter Eva nicht gewonnen. Es ist noch immer dieselbe obeliskähnliche Gestalt. Auch die Verhältnisse der Gliedmaßen untereinander sind nicht besser geworden. Der heilige Nabel befindet sich noch immer nur um ein Drittel der Körperlänge von den Füßen entfernt, so daß der Oberkörper ganz unverhältnißmäßig lang bleibt. Die Palme über dem Haupt scheint nicht gedeihen zu wollen. Im Jahre 1860 hatte ich ein Bäumchen hier gesehen. Jetzt stand ein bloß zweijähriges Pflänzlein da.

Die Gegend, in welcher das Evagrab liegt, ist, wie überhaupt die ganze Landschaft, zwei Stunden in der Runde um Dschebba, fast eine Wüste, ohne Brunnen, ohne Schatten, beinahe ohne alle Pflanzendecke des sandigen Bodens. Die Europäer in Dschebba sind ganz der Spaziergänge beraubt, denn bei Tag verhindert die glühende Sonne, bei Abend der Thorschluß das Ausgehen. Da, wo die Gegend ein wenig mehr landschaftliche Reize gewinnt, beginnt sie unsicher zu werden. Unter solchen Umständen bleibt noch das Evagrab fast das einzige Ziel der Excursionen, so lächerlich dies auch klingen mag, da es sehr nahe ist und die meisten es kennen, ein zweimaliges Sehen sich aber durchaus nicht lohnt. Ich mußte immer lachen, wenn ich von diesem Sonntagsvergnügen hörte.

# Hegâz

## Elftes Capitel

## Der Handel von Dschedda.

Handelsfrage. — Segelschifffahrt von Europa nach Dschedda. — Dampfschifffahrt. — Art der Einfuhr europäischer Waare. — Ihr Ablatz in Dschedda. — Vortheile der einheimischen Handelsweise. — Europäischer Import. — Ostindischer Import. — Aegyptischer Import. — Import der Griechen. — Einheimischer Seehandel. — Mittlere Frequenz des Hafens von Dschedda. — Handelssaison. — Cabotage. — Provenienz einheimischer Waaren in Dschedda. — Export. — Dschedda als Vermittlungshafen. — Kaffeehandel von Hodaida. — Vorzüge der einheimischen Kaufleute. — Hadramt. — Indische Kaufleute. — Ihre Beherrschung des Marktes. — Aneignung des einheimischen Handelsverfahrens durch Europäer. — Vortheilhafte Geschäfte eines Marseiller Hauses. — Die Hauptbedingung des Handelserfolgs in Arabien. — Aussichten für Ablatz deutscher Fabrikate. — Waaren, die der Concurrenz erliegen. — Kaffeepreise im Jahre 1870. — Abgaben von Waaren. — Preise für Waarentransport. — Geldwährungen in Dschedda.

Seit Eröffnung des Suezcanals ist öfters die Frage aufgetaucht, ob nicht jetzt eine Vermehrung des directen Handels zwischen Europa und den Hafenorten des rothen Meeres zu erwarten sei? Bis jetzt hat eine solche nicht stattgefunden, aus Gründen, die im Folgenden besprochen werden sollen.

Es unterliegt übrigens keinem Zweifel, daß der Hafen von Dschedda zur Zeit der wichtigste im rothen Meere ist (Suez natürlich ausgenommen). Dadurch nämlich, daß Hodaida nur wenig direct, sondern meist über Dschedda exportirt, wird dieses zum Kaffee-Emporium und kann sogar mit Aden wetteifern. Der Kaffeehandel ist hier ja Alles.

Die Segelschifffahrt von Europa nach Dschedda kann auf dem Hinweg

fast zu jeder Jahreszeit auf günstige Winde rechnen, da im rothen Meer
von Suez bis zu diesem Breitegrad Nordwinde vorherrschen. Die Rückreise
wird dagegen äußerst langsam von Statten gehen. Dampfschiffe sind freilich immer vorzuziehen, vorausgesetzt natürlich, daß sie ihre Rechnung dabei
finden. Indeß dürfte dies einstweilen noch nicht der Fall sein, denn bei
den Umwegen, welche hier noch die Einfuhr nimmt, wird man mit Ausnahme solcher Frachten, die von der Regierung bestellt sind (wie im vorigen
Jahre Korn aus Odessa), fast nichts hier zu verladen haben. Auf eine
Rückfracht kann man freilich fast immer rechnen; aber auch hier hat man
gegen die sehr lebhafte Concurrenz der Orientalen anzukämpfen, welche die
einheimische Segelschifffahrt nach Suez vorziehen und ihre Waaren in
Aegypten verkaufen, von wo sie erst indirect nach Europa kommen.

Was die Einfuhr europäischer Waaren betrifft, so ist dieselbe durchaus
nicht unbedeutend; sie ist aber bis jetzt nur zum geringsten Theil direct,
sondern wird durch einheimische Häuser in Konstantinopel und Cairo vermittelt. Trotz dieser Verkaufsweise aus dritter Hand bleiben die Preise
sehr mäßig. Die Europäer in Tschedda versicherten mir, sie vermöchten, selbst
wenn sie die Waaren direct bezögen, kaum die Preise so mäßig zu stellen,
wenn sie von ihrem Handel leben und etwas zurücklegen wollten, denn
ohne die Hoffnung dies thun zu können, wird kein Europäer sich hierher
verbannen. Die Einheimischen dagegen sind bei ihrer einfachen Lebensweise im Stande, sich mit geringerm Profit zu begnügen. Hiergegen
könnte der Europäer nur durch großes Capital ankämpfen, das ihm die
Möglichkeit verliehe, durch langes Creditgeben die Käufer zu verpflichten.
Nicht anders erzielen die Einheimischen ihre Handelserfolge. Auf dem
Creditgeben beruht hier mehr als anderswo jede gute Handelsspeculation.
Baares Geld ist außerordentlich selten und wer nur gegen solches, augen-
blicklich gezahlt, verkaufen kann, wird stets die allererbärmlichsten Geschäfte
machen. Einheimische Schuldner sind im Ganzen sehr zuverlässig, viel
mehr als Europäer; und wer warten kann, erhält immer sein Geld mit
Zinsen zurück. Nicht mit Zinsen in baarer Münze (denn im heiligen Hegâz
sind solche verboten), sondern in anderer Weise, indem z. B. sehr oft der
Schuldner irgend eine Waare liefern kann, die sein Gläubiger dann unter
ausnahmsweise günstigen Bedingungen erhält.

Herr Rolph, der die hiesigen commerciellen Verhältnisse genau kennt,
hatte die Güte, mir eine von ihm für das österreichische Handelsministerium
verfaßte Arbeit mitzutheilen, aus der ich folgende Ziffern entnehme:

## Europäischer Import in Dschedda.

### In Durchschnittsjahren:

Etwa 2300 bis 2800 Ballen ordinäre Baumwollstoffe, Greycloths, Musselin, Schaß, Wollenzeuge, Barsati (blauer Baumwollstoff für Beduinenhemden) aus England und der Schweiz, zusammen etwa im Werthe von 2,200,000 Franken.

1500 bis 2000 Ballen Tuch, meist aus England und Frankreich.

Quincaglierieen mittlerer und ordinärer Qualität, etwa 1000 Caßen (eine Kiste von bestimmtem Verhältniß, im Handel wohlbekannt), meist aus Böhmen.

Porcellan (ordinäres), etwa 1800 italienische Pachi. Ueber Triest.

Mehl aus Rußland und Oesterreich, etwa 800 Säcke.

Papier für Bureaux und zum Einwickeln, etwa 150,000 Rieß. (Triest.)

Böhmische Glaswaaren, etwa 450 bis 700 Caßen. (Triest.)

Venetianische Glaswaaren im Werthe von circa 30,000 Franken. (Triest.)

Nägel, 500 Fässer.

Altes Kupfer, für circa 50,000 Franken.

Blei, 2000 bis 3000 Pack.

Eisen in Stangen, 150 bis 200 Tonnen.

Waffen, etwa 200 Caßen.

Victualien, trockene Früchte für circa 20,000 Franken.

Gearbeitete Korallen, für circa 25,000 Franken.

Gearbeiteter Bernstein, für circa 15,000 Franken.

Zündhölzchen aus Oesterreich, 500 Caßen.

Im Ganzen beträgt der Werth des Imports über Triest etwa 2,350,000 Franken.

## Ostindischer Import in Dschedda.

### In Durchschnittsjahren:

Reis, 500,000 bis 600,000 Säcke.

Pfeffer von Singapore, 10,000 Ballen.

Zimmet, 350 bis 500 Caßen.

Gewürznägel, 1500 Caßen.

Thee, 1000 Caßen.

Manufacturen (meist Seide), 800 bis 1000 Ballen.

Holz aus Singapore, 400,000 Bretter.

Indaco (?) 200 Caßen.

### Aegyptischer Import in Dschedda.

Cerealien, Gemüse, Tabak, im Werthe von durchschnittlich 3,122,000 Franken jährlich.

Der Import der Griechen (meist Branntwein, Victualien) entzieht sich jeder Controle, da er zum großen Theil eingeschmuggelt wird. Er ist übrigens nicht unbedeutend.

Der einheimische Seehandel, sowohl der entferntere wie die Cabotage, wird fast ausschließlich durch Sayas (Schiffe mit lateinischen Segeln von circa 20 bis 100 Tonnen Gehalt) betrieben. Von diesen rechnet man jährlich etwa 900 im Hafen von Dschedda. In den Pilgersaisons von 1867 bis 1870 befanden sich auf der Rhede von Dschedda im Mittel 75 größere Segelschiffe (jährlich), meist aus Ostindien, Singapore etc. Alle 8 Tage langte ein Dampfschiff der Compagnie Azizijé (von circa 1200 Tonnen) an. In denselben Jahren fanden sich hier jährlich 4 bis 5 englische Handelsdampfer (von 400 bis 1000 Tonnen).

Der Handel in Dschedda ist am lebhaftesten von October bis Mai. Während dieser Saison könnte (nach Herrn Rolph) jede europäische Dampfergesellschaft hier auf 2000 Tonnen Waaren vierzehntäglich rechnen, welche die einheimischen Häuser zu liefern im Stande wären. Die meisten dieser Waaren sind jedoch nicht aus der Provinz Hêgâz, sondern werden durch die Cabotage von den anderen arabischen Häfen oder aus Ostafrika hierher übergeführt.

Folgende Liste giebt einen ungefähren Begriff der Provenienz einheimischer Waaren in Dschedda.

1. Von Malalla (Südarabien) kommt Tombeki, Perlmutter, Weihrauch (letzterer aus dem Somâli-Lande*), als Product der Boswellia Carterii II. und D. Bhau Dajana).

2. Von Massauwa (Ostafrika) kommt Sesamöl, Kaffee (in letzterer Zeit sehr wenig), Butter, Moschus, Häute, Wachs.

3. Von Hodaida (Yemen): Kaffee (davon sieben verschiedene Arten), Mais, Hirse, Perlmutter, Sesamöl, Häute von Ochsen, Ziegen und Schafen.

---

*) Der arabische Weihrauch aus Mahra (gleichfalls von Boswellia Carterii (I.), aber eine Seitenperle der gleichgenannten afrikanischen) geht ausnahmslos direct nach Ostindien. Er kommt fast nie nach Europa.

4. Von Sualin (Ostafrika): Sesamöl, Butter, Häute, Wachs, Gummi, letzterer vorherrschend.

5. Von Coçer (Aegypten): Weizen, Mais, Hirse, Sesamöl, Linsen, Bohnen.

6. Von Baçra (Mesopotamien): gepreßte Datteln, Weizen, Tombeli, Gewebe und Stoffe für arabische Kleider.

7. Von Gomsube (Jemen): Butter, Honig, Cerealien, Baumwolle, Gummi von den Arten genannt lachmi und ails.

8. Von Abu Schehr (Persischer Golf): Teppiche und persische Stoffe.

9. Von Maskal (Oman): Stoffe, Datteln.

Viele dieser Waaren bleiben im Lande. Für Kaffee und Gummi ist Dschedda der Vermittlungshafen, da Europäer fast nie nach dem großen Kaffeeemporium, Hodaida, selbst gehen. Dies zu thun, hat sich bis jetzt immer als eine sehr schlechte Speculation erwiesen. So wie nämlich ein europäischer Kaufmann in Hodaida landete, stiegen gleich die Kaffeepreise dergestalt, daß an ein Kaufen nicht mehr zu denken war. Ein Franzose, der in Dschedda etablirt war, versuchte es vor zwei Jahren, hielt sich sechs Monate in Hodaida auf in der Hoffnung, die anfängliche, durch sein Kommen verursachte Hausse weichen zu sehen, aber die Araber wollten niemals von ihren hohen Preisen hinabgehen und er ruinirte ganz unnütz seine Gesundheit; denn Hodaida ist seiner Fieber wegen berüchtigt. Natürlich waren ebensowohl die Hadrami als die Indier, die alle untereinander solidarisch sind und große Capitalien vertreten, gegen den Eindringling im Bunde und verhinderten die Kaffeeverkäufer, ihm bessere Bedingungen zu stellen.

Was sollen auch die zwei europäischen Kaufleute (die griechischen Branntweinhändler wird man doch nicht Kaufleute nennen) in Dschedda, welche noch dazu auf sich selbst angewiesen sind und keine Großhandels-häuser in Europa als Rückhalt haben, gegen die wohlorganisirte, einheit-liche Handelsmacht der Einheimischen unternehmen? Die arabischen Groß-händler in Dschedda, etwa 200 an der Zahl, wovon 150 Hadrami, sind immer bereit, sich gegen den Europäer zu verbünden. Die dortigen indischen Kaufleute gar (etwa 250 an der Zahl) stehen einer für den andern ein, unterstützen sich mit Credit, und dieser ihr Credit steht auf sehr festen Füßen; auch haben sie meist Rückhalt an großen Handelshäusern in Ostindien; ja viele, die hier als selbständige Kaufleute erscheinen, sind in der That nur die Mandatäre großer indischer Häuser, was ihnen natürlich noch mehr

Solidität giebt. Da in Dschedda nämlich die Banianen (indische Kaufmannskaste) ihres Heidenthums wegen nicht wohnen dürfen, so vertrauen viele ihr hiesiges Comptoir den Händen eines indischen Moslem an, für dessen Moralität sie genügende Bürgschaft haben.

Die großen Capitalien, über welche diese Kaufleute verfügen, geben ihnen bei geschickter Benutzung einen solchen Vorrang, daß sie den Markt vollkommen beherrschen. Wie beim Verkauf das lange Crebitgeben, so sind beim Kauf in diesem Lande die Darleihen die einzige Bedingung des Erfolgs. Die einheimischen Kaufleute wissen es deßhalb so einzurichten, daß fast alle Producenten oder Verkäufer erster Hand ihnen verschuldet sind. Dadurch haben sie alle diese Leute in der Hand. Kommt nun ein Europäer und will, mit Umgehung des üblichen Handelswegs, direct in Hodaida einlaufen, so genügt ein Wink von ihnen und er findet nun die unannehmbarsten Bedingungen.

Man braucht übrigens durchaus kein Einheimischer zu sein, um dieselben Vortheile zu genießen, denn von religiösen oder nationalen Vorurtheilen ist hier im Handel nicht die Rede. Das Einzige, was dazu gehört, ist, ein großes Capital auf den Markt werfen zu können. Ich habe bis jetzt in Arabien nur einen einzigen Europäer gekannt, der, weil er über großes Capital verfügte, den Einheimischen wirksame Concurrenz machte, einen Spanier, der in Aden lebte und Mandatär eines sehr reichen Hauses in Marseille war. Dieser betrieb das Geschäft ganz auf einheimische Weise. Er hatte oft eine Million Franken an Darleihen außen stehen und war durchaus nicht schwierig im Verlängern der Zahlungsfristen. Denn in diesem Lande ist ein Darleihen nie verloren, obgleich nichts Schriftliches darüber existirt. Es trägt stets im Handel seine guten Zinsen. Der Spanier erzielte ganz ausnahmsweise Erfolge und hat sich jetzt als höchst wohlhabender Mann zurückgezogen, obgleich er nur eine Commission von seinen Geschäften bezog und der Hauptgewinn natürlich dem Marseiller Haus zufiel. Dieses Haus hat seitdem aufgehört zu existiren, da der Chef starb und die Erben jetzt von Renten leben. Darin auch, in diesem vom Europäer stets ersehnten Sichzurückziehen vom Handel, ist er im entschiedenen Nachtheil gegen den einheimischen Kaufmann. Der Hadrami oder Indier betrachtet nicht den Handel als ein Mittel, schnell reich zu werden, um sich dann dem Müßiggang und Wohlleben ergeben zu können, sondern als einen dauernden Beruf für sein und seiner Nachkommenschaft Leben ad infinitum. Nur eine Katastrophe, die ihn ruinirt, kann

ihn vom Handel abbringen. Dadurch gewinnt eben ſein Credit eine ganz
andere Feſtigkeit, als der eines Mannes, der den Handel nur zehn oder
zwanzig Jahre betreibt.

Aus Obigem wird man nun zur Genüge erkannt haben, warum der
europäiſche Handel in Dſchedda bis jetzt nicht blühte und nicht blühen
kann, wenn man ſich nicht entſchließt, die Wege der Einheimiſchen zu
gehen. Es iſt hier nicht wie in den Südſeeinſeln, Auſtralien oder einzelnen Gegenden Amerikas, wo im Handel ſelbſt das kleine Capital Erfolge
erzielt. Der kleine Capitaliſt wird ſich hier ruiniren, der große allein Erfolge erringen.

Was beſonders den Handel mit Deutſchland betrifft, ſo zweifle ich
nicht, daß hier die geblümten oder geſtreiften Baumwoll- und Halbſeide-
ſtoffe der thüringiſchen und ſächſiſchen Fabriken, welche orientaliſche Muſter
ſehr täuſchend nachahmen und die auch meiſt arabiſche Namen, wie Gar-
maſut, Alabſcha, Homſi, Miknas, führen, den Markt ſehr zugänglich fänden.
Dieſe Stoffe werden, indirect (über Konſtantinopel) eingeführt, zum Theil
ſchon hier getragen. In anderen Gegenden des Orients, z. B. an der
ganzen Küſte Nordafrikas, hat ihre Einfuhr in den letzten Jahren ums
Zehnfache zugenommen, ſeit ſie direct ſtattfindet. Hier würde die directe
Einfuhr gewiß gleichen Aufſchwung nach ſich ziehen. Indeſſen müßte man
ſich hier auf ein längeres Creditgeben gefaßt halten, als in Nordafrika,
wo die Unterhändler Juden ſind, die meiſtentheils ſich ſchneller baares Geld
zu verſchaffen wiſſen, als die Bewohner des daran ſo armen Dſchedda.
Ich glaube jedoch, daß derjenigen Fabrik, welche ein langes Ausſtehen
ihrer Gelder nicht ſcheut, hier große Erfolge bevorſtänden.

Mit den engliſchen ordinären Baumwollſtoffen (vulgo American do-
mestics) kann dagegen Niemand concurriren, ſelbſt die Schweizer Häuſer
nicht, die ſie vielleicht billiger, aber viel weniger ſchön herſtellen, und der
Araber läßt ſich durch die Glanzſeite des „apprêt“ gern blenden.

Europäiſche Seidenzeuge werden wohl ſobald nicht in Dſchedda Eingang finden, da hier der Geſchmack ausſchließlich den indiſchen Fabrikaten
zugewandt iſt, die der orientaliſchen Auffaſſung mehr entſprechen. Ueberhaupt muß ſich der europäiſche Fabrikant, der etwa Waaren auf den
Markt von Dſchedda werfen wollte, ſtets vergegenwärtigen, daß er es hier
mit der meiſt ſiegreichen Concurrenz Oſtindiens zu thun hat, und diejenigen
Waaren vermeiden, welche man ſich gewöhnt hat, von dort zu beziehen,
wenn er ſie nicht in einer dem Orient homogenen Weiſe herſtellen kann.

Der Hauptexportartikel, der Kaffee, wird in Dschedda im Maßstab
von 100 arabischen oder 113 ägyptischen Pfunden (40 Okken, circa 50 Kilogr.)
oder noch häufiger in Säcken zu 215 ägyptischen Pfunden verkauft.
100 Pfund Kaffee erster Qualität kosteten Ende 1870 circa 17 Maria-
Theresia-Thaler (etwa 25 Thaler), was für sehr theuer galt. Dieselbe Quantität Java, d. h. noch nicht geschälter Bohnen, galt 9 Maria-Theresia-Thaler
(etwa 12 Thaler).

### Abgaben von Waaren in Dschedda.

Das Zollamt in Dschedda erhebt 8 Proc. des Waarenwerthes vom
Import aus Europa und Ostindien, 4 Proc. vom Export nach diesen
Richtungen. Import sowie Export aus Persien wird mit 1 Proc. besteuert. Die Einnahmen der Duane werden auf eine Million Franken
(jährlich) angeschlagen.

### Preise für Waarentransport.

Die Dampfergesellschaft Azizije nimmt für den Transport einer
Tonne Eisen oder anderer schwerer Waaren von Suez nach Dschedda
20 österr. Gulden (50 Franken), von leichten Waaren 28 österr. Gulden
(70 Franken).

### Geldwährung in Dschedda.

Es giebt zwei Währungen in türkischen Piastern: Tarif und Current
(nicht zu verwechseln mit den ebenso benannten ägyptischen Währungen).
Die Tarifwährung kommt nur in Zollangelegenheiten vor. Von Piastern
Tarif gingen im Jahre 1860 auf 5 Franken 22, auf den Maria-Theresia-
Thaler 22½, auf den Napoleon 90, auf ein Pfund Sterling 110, auf
ein ägyptisches Pfund 120, auf ein türkisches Pfund 100. Von Piastern
Current gingen auf 5 Franken 26, auf den Maria-Theresia-Thaler 26,
auf den Napoleon 105, auf ein Pfund Sterling 135, auf ein ägyptisches
Pfund 140, auf ein türkisches Pfund 120.

Bei Post und Dampfschiffen, die ägyptische Anstalten sind, muß in
ägyptischen Piastern Tarif gezahlt werden. Von diesen gehen auf 5 Franken
19¼, auf den Maria-Theresia-Thaler 20 (in Aegypten selbst 20¼), auf

den Napoleon 77, auf ein Pfund Sterling 97½, auf ein ägyptisches Pfund 100, auf ein türkisches Pfund 87¾. Die beiden ägyptischen Current-Währungen (Bronze und schlechtes Silber) kommen hier nicht vor.

Das ägyptische Bronzegeld wird selbst nicht mit Verlust genommen. Das Verhältniß von Kupfer zu Silber ist hier umgekehrt als in Aegypten das von Bronze zu Silber (denn ächtes Kupfer giebt es in Aegypten nicht). Das türkische Kupfer ist verhältnißmäßig theurer als Silber.

Beim Geldwechseln wird man übrigens in Dschebba die obengenannten Wechselwerthe nicht erhalten, da kleines Geld immer sehr gesucht ist. Will man kleines Silber haben, so muß man auf den Thaler fast immer 1 Piaster, bei dem sehr gesuchten Kupfer gar oft 2 Piaster oder noch mehr zugeben. Gold ist selten und geht nur in Dschebba selbst. Im Innern nimmt man bloß Silber oder das treffliche türkische Kupfer. Am häufigsten sieht man den Rial Abulèr (Maria-Theresia-Thaler), den Rial Cinco (5 Frankenthaler) und als kleine Münze einzelne türkische Piaster, 5-Piasterstücke oder Baschlits sehr selten.

# Ostafrikanische Küste.

## Zwölftes Capitel.

## Suakin.

Verfehlte Reisepläne. — Sprachliche Räthsel. — Lächerliche Auskunftgeber. — Abfahrt von Dschedda. — Das Schiff Suakin. — Der Commandör. — Seine Raubsitz. — Festsitzen. — Ein Dienstbuch. — Die lauten Kepsel. — Streiche eines Italieners. — Der angeführte Arzt. — Nachtheile und Vorzüge einheimischer Schiffe. — Einfahrt in Suakin. — Die falschen Heiligengräber. — Das Land der Schwarzen. — Typus und Physiognomien. — Die Frauen. — Tabackkauen — Arabische Zahnstocher. — Besuch bei Montas Pascha. — Ein gebildeter Moslem. — Laxheit der Vornehmen im Glauben. — Der falsche Telegraph. — Englische Ingenieure. — Der Sanitätsagent. — Europäisches Elend in Suakin. — Gang durch die Stadt. — Gummihandel. — Suakin, das Eldorado der Schwarzen. — Die schwarzen Mädchen. — Ihre moralischen Vorzüge. — Die Haartoilette. — Ramahân-Jubel. — Montas Pascha's Culturpläne.

Mein Kommen nach Dschedda war insofern ein verfehltes, als zwei mir wichtige Reisezwecke, deren Erreichung ich dort gehofft, nicht erfüllt werden konnten. Wegen der Pilgersaison und der Indolenz der Autoritäten war an ein Vordringen in die dem Europäer zugänglichen Theile des Innern nicht zu denken. Die Erfüllung meines andern Reisezwecks, eines linguistischen, nämlich über die Mahra-Sprache, deren Kenntniß einst Fresnel lediglich den nach Dschedda verschlagenen Mahri verdankte, hier Genaueres zu erfahren, mußte gleichfalls aufgegeben und für Aden vorbehalten werden. Herr Rolph gab sich zwar große Mühe, mit Hülfe der einheimischen Schiffs- und Handelsagenten Leute aufzutreiben, welche diese

Sprache redeten, aber dies gewährte uns höchstens einige unterhaltende
Stunden, keine Belehrung, indem wir mit einer Menge seltsamer Käuze
bekannt wurden, von denen die meisten anfangs viel von Mahra zu
wissen behaupteten, aber nach genauer Prüfung nur etwas davon hatten
„läuten hören“. Einer hatte einen Mahri in Bombay gesehen; ein
anderer war am Lande vorbeigesegelt; die meisten verwechselten den Ort
mit einem ganz andern. Ein großer Sprachkenner dictirte mir eine Reihe
von vermeintlichen Mahra-Wörtern, die, wie sich später herausstellte,
abessinisch waren. Großes Vergnügen gewährte uns ein schwarzer Schiffscapitän, den der Agent für einen tiefen Kenner Südarabiens ausgab.
Diesen Ruf hatte er sich durch sein standhaft beliebtes Stillschweigen erworben und verlor ihn auch bei uns nicht, denn wir erfuhren wenigstens
nichts Falsches von ihm. Er besuchte uns alle Tage, aber er öffnete den
Mund nur zum Kaffeetrinken und Rauchen.

So entschloß ich mich denn bald nach Aben aufzubrechen und zwar,
so weit es mit Dampfschiff ging, d. h. bis Massauwa, dieses zu benutzen,
und mich dann aufs gute Glück fürs Weiterkommen zu verlassen. Denn
der einzige Weg, auf dem ich der Dampffahrt bis Aben sicher war, hätte
mich zur Rückkehr nach Suez genöthigt. Die Aziziye-Dampfer gehen alle
vierzehn Tage von Tschedda über Suakin nach Massauwa. Mein Loos
war es, gerade das schlechteste Schiff der Compagnie benutzen zu müssen.
Dies war der Suakin, ein Ungethüm, das in Folge seiner ungeschickten
Bauart selbst in ruhiger See rollte. Es war ursprünglich eines jener
englischen Kohlentransportschiffe, die gewöhnlich mit Segel gehen, und die
Dampfkraft nur zur Aushülfe benutzen. Jetzt hatte irgend ein europäisches
Handelsgenie es dem Vicekönig für viel Geld als „Dampfschiff“ verkauft
und es figurirte als solches in der Compagnie. Flügel hatte es freilich
dadurch nicht bekommen, aber mit großer Kohlenverschwendung war es
möglich, mit ihm 3 bis 4 Seemeilen stündlich zurückzulegen, d. h. die
Hälfte oder ein Drittel vom Lauf anderer Dampfer.

Das Personal auf dem Suakin bestand erstens aus einem alten
Stocktürken, dem Commandär, der, wenn er nicht schlief, was meistens der
Fall, alle seine Untergebenen im polternden Bramarbaston auszuschimpfen
pflegte. Er bildete sich ein, nautische Kenntnisse zu besitzen und das war
sein Unglück. Er glaubte nämlich dem Piloten zuweilen widersprechen zu
müssen. So erklärte er einmal eine von diesem signalisirte Sandbank
für offenes Meer, fuhr darauf zu und blieb sitzen. Das sollte einen

Monat später geschehen. Wahrscheinlich wurde er degradirt, wie es bei dieser Compagnie Sitte ist. Von solchen alten degradirten Seehelden hatten wir auch zwei an Bord, den Cabiän und den Molasem (dritten und vierten Officier). Vielleicht rettete ihn aber auch ein seltsames Schriftstück, das er sich angelegt hatte, eine Art von Dienstbuch, man kann es nicht anders nennen, in welchem er sich von allen Europäern, die mit ihm fuhren, ein Conduitenzeugniß ausstellen ließ. Um ein solches auch von mir zu erhalten, war er sehr freundlich gegen mich. Bei der den Europäern schmeichelnden ägyptischen Regierung konnte ihm sein „Dienstbuch" mehr nützen, als irgend welche Kenntnisse. Hoffentlich war dies der Fall. Ein besserer hätte ihn doch nicht ersetzt. Der zweite Commandär war nämlich ein Jüngling, der sich in der Uniform, die nur er trug (die anderen waren stets im Schlafrock), recht hübsch ausnahm, aber vom Schiffscommando natürlich nicht den entferntesten Begriff besaß. Dieser schien mir besonders wohlgeneigt, wenigstens schloß ich das daraus, daß er mir alle Tage etwas schenkte und zwar — einen sauren Apfel, den ich ohne schwere Beleidigung nicht zurückweisen, noch einem Andern geben durfte. Es blieb nichts übrig, als ihn in einem unbewachten Moment ins Meer zu werfen.

Unter den Maschinisten war ein Triestiner, der sein Verhältniß zu den Moslems von der scherzhaften Seite auffaßte. Seine Erzählungen von dem, was an Bord vorging, waren zum Todtlachen. Seine Hauptvergnügen schien, den alten Officieren, namentlich dem Commandär, Streiche zu spielen. So hatte er ihn einmal im Bade, ein anderes Mal in einem noch geheimern Gemach eingeschlossen, und den Schlüssel ins Meer geworfen, ohne daß seine Thäterschaft entdeckt wurde. Seine Beschreibung der Scenen, welche dann jedesmal erfolgten, war unbezahlbar. Auch der Arzt hatte von ihm zu leiden. Einmal hatte er im Geheim die Essigflasche, aus welcher alle Krankheiten geheilt wurden, ausgegossen und mit Theerwasser gefüllt.

„Glauben Sie," meinte er, „daß der Arzt es gemerkt hätte? Er curirte mit dem Theerwasser gerade so drauf los, wie früher mit dem Essig und die Leute blieben gesunder, als vorher."

Es war Ramadân (Anfang December 1870). Obgleich auf der Reise nicht dazu verpflichtet, so fasteten doch diese bigotten Moslems, Officiere wie Matrosen. Sie waren so zu nichts zu gebrauchen, schliefen den ganzen Tag und überließen das Schiff dem Piloten: das Beste übrigens, was sie thun konnten. Der Suakin glich somit einem Schiff der Todten.

Ich halte das Ded so zu sagen für mich, konnte mein Lager aufschlagen, wo ich wollte, essen, wo es mir beliebte. Die Küche stand bei Tage zu meiner ausschließlichen Verfügung. Da in diesem einstigen Kohlenschiff keine erste Cajüte war und ich doch (in Folge einer Schwindelei der Tschedbauer Billetausgeber) erste Classe bezahlte (was so lange der Sualin existirt nur einmal einer mir vorgemacht hatte), so ließ mir der Commandär die Wahl, welchen Officier ich aus seiner Cabine hinauswerfen wolle. Ich war jedoch nicht so grausam, sondern begnügte mich mit einem leeren Bett, das dem zweiten Commandär sonst als Vorrathskammer seiner sauren Aepfel diente. Ueberhaupt läßt es sich nicht läugnen, daß sich der Europäer, wenn er sich einmal mit Kochheerd (einen tragbaren Kanun muß man immer mit sich führen), Bett, Diener, Proviant eingerichtet hat, auf den moslemischen Schiffen besser und viel ungenirter befindet, als auf europäischen. Alle haben die größten Rücksichten für ihn und lassen ihn, bis aufs Schiffanstecken, so ziemlich Alles thun, was ihm beliebt. Manchmal wird man sogar noch gefragt, wann man abzureisen, ob man irgendwo einen Tag länger zu bleiben wünsche; denn auf die Zeit kommt's den Leuten ja nicht an.

So glitten wir bei völlig ruhiger See, herrlichem Wetter, sehr angenehmer Temperatur (bei Tag selten über 20 Grad R.) sanft dahin und nach drei Tagen (der Sualin war kein Schnellfahrer) kamen wir glücklich in das Labyrinth von Klippen und Untiesen, welches der Stadt Sualin vorliegt. Die Einfahrt ist eine überaus mühsame, d. h. große Vorsicht erheischende, aber für ein Dampfschiff nicht gefährlich. Die schlimmsten Untiefen sind durch kleine kuppelartig gedeckte Steinhaufen bemerklich, so daß man sie bei Tage erkennt. An eine Einfahrt bei Nacht denkt natürlich Niemand. Da diese Kuppeln an moslemische Heiligengräber erinnerten, so war es ein Hauptspaß der Mannschaft, einige fromme Passagiere damit anzuführen. Einzelne bissen wirklich auf diesen Zopf an und fingen an, ihre Gebete abzulesen, bis ein allgemeines Gelächter sie aus ihrem Irrthum riß. Die Einfahrt dauerte bei der Langsamkeit des Sualin über vier Stunden, so daß wir erst um Sonnenuntergang anlangten.

Sualin ist eine ächte Stadt des Sudän, d. h. des Lands der Schwarzen. Die hiesigen Schwarzen sind übrigens keineswegs Neger, sondern Subäthiopier von den angenehmsten Formen und mitunter sehr schönen Physiognomien. Gleich nach unserer Ankunft war das Bord mit den dunklen Kindern des Sudän bedeckt. Sie kamen in eigenthümlichen Kähnen, Hiri genannt, welche aus der Hälfte eines ausgehöhlten Baumstammes bestehen, fast immer unter Wasser gehen und durch seltsame Ruder mit runden Schlagflächen (einer altitalienischen Mandoline nicht unähnlich) gelenkt werden. Einige dieser Schwarzen boten wahrhaft plastische Erscheinungen und waren malerisch in blendend weiße Gewänder gehüllt, die sie sehr geschmackvoll zu drapiren wußten. Was ihrem Aeußern besonders etwas Vortheilhaftes verlieh, war das schöne reiche und volle Haar, sehr verschieden von der Kurzwolle, die das Negerhaupt deckt, halb lockig, halb wollig, bei einzelnen auch in schlankeren Windungen auf den dunklen Nacken fallend. Wir hatten es nun freilich hier mit einigen Parade-Individuen zu thun, die fürs Dampfschiff geschmückt waren. Die Reinlichkeit der Gewande fand ich später am Festlande nicht allgemein. Aber die Schönheit des Menschenschlags ist unläugbar. Die jungen Männer zeichnen sich durch die Schlankheit ihres Wuchses, durch die edle aufrechte Haltung und elastische Schnellkraft ihres Körpers aus. Hier ist nichts von der servilen Haltung und weibischen Verweichlichung des Aegyptiers. Es ist gleichsam der arabische Beduine mit seiner ganzen halbwilden Grazie, ins Schwarze übersetzt. Die Frauen kennzeichnet die harmonische Rundung ihrer Formen, die oft sehr üppige, aber doch nicht unschöne Entwicklung gewisser Körpertheile. Ihre Physiognomien sind runder, als die der Männer, sehen stramm, frisch und gesund aus, ihr ganzes Wesen kündet blühende, natürliche, ja fast herausfordernde Sinnlichkeit. Nur, was das Haar betrifft, haben sie einen Geschmacksirrthum begangen, daß sie es in dünnen fadenartigen Pfropfenzieherformen, übermäßig mit Fett getränkt, tragen. Wie ganz anders nimmt sich der wilde Urwald aus, der das Haupt der Männer bedeckt? Allerdings muß man auch die Männer nicht in dem Anfangsstadium ihrer Haartoilette sehen, in dem sie doch oft Tage lang herumlaufen. Dann ist das Haar von dem aufgestrichenen Hammelfett weiß und alle die verschiedenen mineralischen (grünen, gelben, rothen) Pulver, die sie darauf streuen, vermögen nicht, diese allzufette Haarspeisung schön erscheinen zu lassen.

Alle diese Schwarzen führten gepulverten Kaulabad in kleinen Dosen bei sich, aus denen sie von Zeit zu Zeit eine Prise in den Mund nehmen, ein Verfahren, welches viel reinlicher ist, als das Blätterkauen der Amerikaner und englischen Seeleute, da es einen viel weniger ekelhaften Auswurf zur Folge hat. Man sieht, die Europäer können noch von den Schwarzen lernen.

Alle hatten einen kleinen Kamm oder ein langes Holz im vollen Haar
stecken, mit dem sie dieses von Zeit zu Zeit aufpufften, um ja nicht allzu
geglättet zu erscheinen. Auch führt ein Jeder das bekannte arabische Zahn-
holz, Mesuak genannt (Zweig der Pavetta longifolia), welches mit seinen
feinen, aber doch festen, tausendfachen Fasern zugleich Zahnstocher und eine
viel bessere, weniger die Zahnglasur angreifende Zahnbürste bildet, als unser
Borstenproduct. Sowohl Araber wie Schwarze haben dies fast beständig
im Munde und machen aus dem Zahnputzen eine Unterhaltung. Die blen-
dende Weiße ihrer Zähne ist also mit auch eine Folge der großen Reinlichkeit.

Am nächsten Morgen meldete mir der Commandär, daß Monläß
Pascha, Gouverneur des ägyptischen Ostafrila, mich zu kennen wünsche.
Dieser Pascha, der damals abwechselnd*) hier und in Massauwa residirte, ist ein
großer Europaerfreund. Obgleich er nie in Europa war, auch kein Wort
von dessen Sprachen kennt, so zeigt er doch viel Interesse an europäischer
Wissenschaft, namentlich Geographie. Er besitzt alle von Petermann und
Kiepert herausgegebenen Karten afrilanischer Ländertheile und weiß die
Orte, deren Namen er doch nicht lesen kann, richtig darauf anzudeuten.
Da dies ihm viel Mühe gekostet haben muß, so zeigt es von wahrer Wiß-
begierde und zeichnet ihn vortheilhaft vor den andern Reformtürlen aus
(er ist nämlich Türke), deren Europäisirung doch meistentheils nur Parade ist.

Monläß Pascha wohnt auf der Insel von Suakin, welches aus zwei
Orten, dem insularischen und dem festländischen, bestehl. Sein Palast,
ein großes, larabanseraiähnliches Gebäude, liegt dicht am Hafen und hat
im ersten Stock eine schöne, große, nach dem Meer offene Veranda: den
gewöhnlichen Empfangssaal, von wo man eine entzückende Aussicht genießt.
Hier empfing er auch mich, lud mich ein, den ganzen Tag bei ihm zuzubringen, erzählte mir von Baker, Schweinfurth und andern Reisenden, die
er alle kannte. Er lud mich auch zum Essen ein und hätte wahrscheinlich
mit mir bei Tisch Platz genommen, hätte ich selbst nicht durch eine ganz
unschuldig gemeinte Aeußerung dies verhindert. Bis jetzt war mir nämlich
noch kein anständiger Moslem vorgekommen, der den Ramadân nicht hielt.
Deshalb glaubte ich, als die Rede aufs Essen kam, bemerken zu müssen,
man könne einem Moslem im Ramadân nicht zumuthen, bei Tage Jemand
eine Mahlzeit vorzusetzen. Da ich ihm so das Verdienst des Fastens zuschrieb, so schämte er sich, in meinen Augen als ein schlechter Moslem zu

---

*) Jetzt (1872) ist er Gouverneur Chartums und Munzinger an seine Stelle in
Suakin und Massauwa getreten.

erfcheinen. In der Thal erfuhr ich fpäter, daß fowohl diefer, wie viele
höhere ägyptifche Beamte im Ramadân nicht faften; und der junge Leib-
mamluck des Pafcha, ein Circaffier, der mich nachher in der Stadt herum-
führte, rauchte fogar auf offener Straße eine Cigarre. Hätte er das in
Dfchebba gewagt, Stockprügel und Gefängniß wären fein Loos gewefen.
Selbft in dem franzöfirten Algier kann ein Moslem fo etwas nicht thun,
ohne in den focialen Bann erklärt zu werden. Welch' ein Abftand zwifchen
den beiden Uferländern des rothen Meeres! Uebrigens auch in Oftafrika
wird fich nur der Vornehme und fein Hausftand den Faftenbruch erlauben.
Das Volk ift ebenfo fanatifch, wie in Mekka.

Bei Monlâz Pafcha bekam ich wieder einen Einblick in die lächerliche
Weife, mit der man in Aegypten civilifirte Anftalten ins Leben ruft. Er
bekam den Befuch von zwei englifchen Ingenieuren, die im Auftrag des
Vicekönigs den Telegraph von Sualin nach Berber errichten follten. Ich
war ganz erftaunt, dies zu hören, denn nach den Karten exiftirt auf diefer
Straße der Telegraph fchon feit zwölf Jahren. Als ich danach fragte,
fagte man mir:

„Allerdings, man hat fchon vor vielen Jahren hier den Telegraph
errichtet, aber er hat nie etwas getaugt. In der That ift nie eine einzige
Depefche darauf befördert worden, obgleich man fich in Cairo eine Zeit
lang über den wahren Sachverhalt Täufchungen hingab."

Vom alten Telegraph foll, wie mir die Engländer fagten, keine
Stange mehr exiftiren. Uebrigens waren fie durchaus nicht überzeugt, daß
er jetzt zu Stande käme. Einer fagte mir, die Regierung habe ihnen
größtentheils unbrauchbares Material, das ihr irgend ein europäifcher Ver-
laufskünftler für enorme Preife angehängt hatte, geliefert und fie würden
nicht eher die Arbeit übernehmen, als bis dies vertaufcht fei.

Außer den temporär hier wohnenden Engländern lebt in Sualin nur
ein einziger Europäer, der Sanitätsagent; oder vielmehr der arme Mann
vegetirt nur; denn die hiefige Stelle ift eine der fchlechteften (50 Thaler
monatlich) und davon muß er noch eine zahlreiche Familie daheim ernähren.
Hierher nämlich wird wohl keiner feine Kinder mitnehmen. Sualin ift
zwar nicht entfchieden ungefund, aber die große Hitze (felbft im Winter felten
unter 24 Grad R.) für die europäifche Jugend zu angreifend. Diefer gute Mann,
der noch dazu ein italienifcher Graf fein foll (er felbft wollte es nicht Wort
haben), wohnte in einer wahren Ruine mit einem einzigen gedeckten
Zimmer, ohne Küche, ohne Diener. Wie zum Spott hatte er eine Garbe

von sechs Mann, die Sanitätswächter. Als ich ihm Briefe aus Dschedda überbrachte, klagte er mir sein Loos. Daß das Fleisch sehr zäh, das Brod kaum eßbar, daß Gemüse fehlten, das Alles hatte ich schon durch die Einläufe meines Dieners erfahren. Wie es mit den Unterhaltungen aussah, wollte er mich durch Augenschein kennen lernen lassen. Wir gingen also zusammen nach einer Bude, die er in seinem Galgenhumor sein „Café de Paris" nannte.

Ich muß gestehen, ich habe nie die europäische Misère im Orient abschreckender gesehen. Dieses sogenannte Kaffeehaus war die Bude eines Armeniers und zweier Griechen, die dort in Compagnie aßen, handelten, schliefen, Alles in einem sehr engen Raum, einer Rohrhütte. Der Hauptartikel war natürlich Branntwein und dies auch die „Erfrischung", die man uns anbot. Da dies mit jener wenigstens anscheinenden Herzlichkeit geschah, welche fast immer in fernentlegenen Orten das Zusammenkommen von Europäern kennzeichnet, so konnte ich nicht abschlagen und gab mir Mühe, etwas von dem lebsverbrennenden griechischen Spiritus hinunterzuwürgen. Der „Graf" hatte sich schon an dies Getränk gewöhnt, und ich war erstaunt, ihn sowohl an mehreren Tassen desselben, wie an dem gelind ausgedrückt sehr ungebildeten Gespräch der Händler Geschmack finden zu sehen. Zu welcher traurigen Aushülfe kann ein Ort wie Suakin selbst gebildete Menschen (und das war der „Graf" und tausendmal besser, als manche Krösusse, die in Cairo einherfahren) zu greifen zwingen, wenn sie nicht ganz als Einsiedler leben wollen, und das wird dem lebhaften Italiener schwer.

Wir gingen darauf in den beiden Ortschaften, sowohl auf der Insel wie am Festland, welche ein breiter Canal trennt, herum. Die meisten Wohnungen sind nur Hütten von Rohr oder Zweigen der Dompalme. Auf dem Festland waren ziemlich viele Steinhäuser, doch mehr Waarenmagazine als Wohnungen. Es muß hier übrigens ein bedeutender Handel mit Gummi getrieben werden (Ziffern konnte ich darüber nicht sammeln), denn ich sah wohl hundert zellartige Kegel, durch Palmstrohmatten sehr sorgfältig verdeckt, welche mir als Aufbewahrungsorte dieses Artikels bezeichnet wurden. Die Händler sind Habrami: zwei bis drei selbstständige Kaufleute, die anderen Vertreter Dscheddaner Häuser.

Suakin hat, als Haupthafen des ägyptischen Sudân, immerhin eine gewisse Wichtigkeit und möglicherweise eine glänzendere Zukunft. Munzinger stellt seine Handelsbedeutung sogar höher, als die von Massaua, mit dem es den Export des obern, amharischen Abessiniens theilt. Die

Stadt hat schon in den letzten zehn Jahren bedeutend zugenommen. Schöner ist sie freilich nicht geworden. Gegen Dschedda macht sie einen ganz erbärmlichen Eindruck. Für den Europäer läßt sich dieser Eindruck nur in dem Wort „Misère" zusammenfassen. Für den arabischen Kaufmann ist Sualla eine vortheilhafte Verbannung, die er nach errungenem Handelserfolg mit Dschedda vertauscht. Für die einfachen Kinder des Sudân mit ihren geringen Bedürfnissen ist dagegen Sualin ein Eldorado, wo sie Alles finden, was ihr Herz begehrt: volle Fleischbuden, ihre beliebten dem Europäer freilich ungenießbaren Durrabrode, saure Milch, recht viel hier für ausgezeichnet geltende, nach unseren Begriffen aber ranzige Butter, und vor Allem ganze Budenreihen mit dem beliebten Hammelsfett, das sie sich in die Haare schmieren; daneben Lustbarkeiten aller Art, dralle schwarze Dirnen, die nicht schwer zu erobern sind, Negermusik, Tamburingetrommel und Flötengezwitscher, wozu sie selbst den Gesang liefern. Herz was verlangst Du mehr?

Man folgere übrigens nicht aus dem über die Mädchen Gesagten, daß hier eine eigentliche Prostitution blühe. Dieses häßliche Wort paßt durchaus nicht auf die Zustände unter den sogenannten Naturvölkern. Die geschlechtlichen Verhältnisse sind bei den Schwarzen andere, als bei Kaukasiern und Semiten. Nur die verheirathete Frau hat relative Keuschheitspflichten. Das Mädchen ist, außer bei einzelnen Stämmen, frei. Die Jungfräulichkeit wird geschätzt, aber mehr weil sie den Genuß erhöht, als weil sie für eine Ehre gilt. Ihr Verlust verhindert nicht die Aussicht auf Verheirathung. Alles dies liegt im Blut, in der Race. Die Religion ist dabei fast ohne Einfluß geblieben. Der strenge Mohammedanismus hat nicht vermocht, den erotisch freien Schwarzen des Sudân seine Ketten anzulegen, ebensowenig wie in Abessinien das Christenthum. Die Sudâneserin sinkt aber deshalb keineswegs (einzelne seltene Fälle abgerechnet) leicht zur Prostitution hinab. Die Mädchen, die auf dem Lande bei ihren Eltern wohnen, behalten sogar in den meisten Fällen ihre Jungfräulichkeit bis zur Hochzeit. Anders ist es in der Stadt. Hier sind der Verlockungen zu viele. Schmeichelworte, Geschenke, eine imponirende oder gefallende Männlichkeit verfehlen bei diesen leicht empfänglichen Wesen selten ihre Wirkung. Aber fast nie wird eine Schwarze sich des bloßen Mammons wegen hingeben. Es ist beinahe immer eine Art von Liebesverhältniß im Spiele. Einem solchen pflegen sie auch die Treue so lange zu bewahren, als der Mann dies thut. So hatte z. B. der Triestiner Maschinist

in jedem oftafrikanifchen Hafen eine Geliebte, die er nur alle fechs Wochen
fah, über deren Betragen während feiner Abwefenheit jedoch nur Gutes
verlautete. Diefe Mädchen find außerordentlich anhänglich und fähig für
den Geliebten ins Feuer zu gehen.

Die Haartoilette fpielt bei den Schwarzen von Sualin eine fo wichtige Rolle, daß eine ganze Budenftraße ihren Hülfsmitteln gewidmet ift.
Hier fah ich einige zwölf Läden, in welchen nur die eiförmigen Kugeln
von Hammelfett, der beliebteften Haarfpeifung, verkauft wurden. Daneben
vielleicht ebenfoviel Buden mit den verfchiedenen mineralifchen Haarpulvern
von allen Farben des Regenbogens, welche der Fettunterlage aufgeftreut
werden und für fehr reizend gelten. Hier befand fich auch ein halbes
Dutzend Zelte, einheimifche Frifeurläden, in denen die Geheimniffe der
Haartoilette vollendet werden. Sehr appetitlich ift es nicht, diefem Ver-
fchönerungsvorgang beizuwohnen. Es ift übrigens nur das männliche Ge-
fchlecht, das von diefen Zelten Gebrauch macht. Die Frauen beforgen
ihre noch reichlichere Fettbegießung (denn bei ihnen trieft Alles, während
bei den Männern das Fett ftarrt) zu Haufe.

Nach dem Gang durch die Stadt kehrte ich zu Monlaz Pafcha zurück,
wo inzwifchen der abendliche Ramadân-Jubel begonnen hatte. Schwarze
Mufikanten und Tänzerinnen zeigten ihre Künfte. Der Pafcha felbft war
zu gebildet, um daran Gefchmack zu finden. Dies Schaufpiel follte nur
feine Befucher, die vielen höheren und niederen ägyptifchen Beamten, zer-
ftreuen, damit er felbft weniger von ihrer ungebildeten Converfation leide.
Als ich kam, nahm er mich bei Seite und fagte: „Laffen Sie uns ein
wenig plaudern, damit ich einen Augenblick das Volk vergeffe, unter dem
ich lebe." Nun begann er mit von feinen „Plänen" zu fprechen. Jeder
gebildetere Moslem hat nämlich „Pläne", wie er das Land verbeffere, die
Menfchen humanifire ec.: Alles recht wohl gemeint, aber felten fruchtbar,
da ein Mann keine Cultur fchafft. Ein Plan des Pafchas fchien übrigens
der Erfüllung nahe. Er hatte nämlich einen Theil des Innern mit
Baumwolle*) bepflanzen laffen und hoffte dort einen mit dem Nilthal
rivalifirenden Erfolg. Auch an Ausdehnung und Befeftigung des ägyp-

---

*) Im November 1871 fchrieb man mir, daß Munzinger, jetzt Gouverneur von
Maffarwa, diefen Plan Monláz Pafcha's weiter verfolge und bereits eine Strecke
mit Baumwolle bepflanzt habe. Cotton is the great civilisator of our age, fchrieb
mir ein Engländer aus Aden in Bezug auf Obiges.

lischen Reichs in Ostafrika dachte er viel. Die Erwerbung Absabs durch
Italien machte ihm Kummer. Jetzt dachte er daran, die ägyptische Herr-
schaft bis über Bâb el Mandeb auszudehnen. In der That macht er alle
Jahre Reisen nach Berbera im Somâli-Lande; aber weiter, als bis zu
einem Aufstecken der ägyptischen Fahne ist es noch nicht gekommen. Auch
zu Lande, gegen Bogos*), hätten zu hoffte er Gebietserweiterung. Solche
Leute, wie er, könnten ohne Zweifel der ägyptischen Regierung viel nützen.
Aber sie werden selten verstanden und noch weniger unterstützt.

*) Der Plan, Bogos durch ägyptische Truppen zu besetzen, ist bekanntlich jetzt
(1872) verwirklicht worden.

# Ostafrikanische Küste.

—

## Dreizehntes Capitel.

## Massauwa.

Fahrt von Sualin nach Massauwa. — Des Commandärs Proben der Nautik. — Inselarchipel. — Einfahrt. — Kriegerische Gerüchte. — Angebliche englische Truppenlandung. — Die Baschi-Bozuls. — Der Serdschal. — Die Stralgarnison. — Die Insel Massauwa. — Elende Bauten. — Schwierigkeit des Unterkommens. — Ein deutscher Kaufmann. — Fanatische Hausbesitzer. — Consul Munzinger. — Ein geborener Reisender. — Französisches Consulat. — Munzinger's Führung der englischen Expedition. — Undank der Regierung. — Missionäre. — Die Schweden in Massauwa. — Erfolge der Katholiken. — Ein Gefangener Theodor's. — Merkwürdige Jagdabenteuer eines Deutschen. — Einheimische Bevölkerung. — Abneigung gegen Europäer. — Die Hadrami. — Die Banianen. — Ihre commercielle Stellung. — Der Gouverneur. — Seine Verbesserungen. — Gartencultur. — Wassermangel. — Bautenreform. — Strenge Orthodoxie der Einheimischen. — Das Sitr. — Musk. — Prostitution. — Schlimme gesundheitliche Folgen. — Uebermäßige Haarsalbung der Frauen. — Garnison. — Die Veteranen aus Merico. — Schöne Landschaft. — Türkisches Fort. — Klima. — Fieber. — Meteorologisches.

Unsere Fahrt von Sualin nach Massauwa dauerte fünf Tage und dies wurde als ein Herenstück von Schnelligkeit für den Sualin angesehen, obgleich ein gutes Schiff bloß zwei nöthig hat. Diese ganze Küste ist übersäet mit Klippen und Untiefen, große Vorsicht deshalb von Nöthen. Da man sich auf den Piloten allein verlassen konnte und diesem Ruhe nöthig war, so ging der Commandär darauf ein, jede Nacht zu ankern, wofür ich ihm meinen Dank ausdrückte. Dies kostete ihn wohl Ueberwindung, denn er gab gar zu gern Proben seiner Nautik. Im offenen

7.

Meer war solches gefahrlos. Aber hier, in dem Klippenlabyrinth, mußte
man ihn stets streng hüten, sonst rannte er das Schiff im Handumdrehen
auf eine Korallenbank. Gleich am ersten Tage, während der Pilot zu
Mittag aß, gab er ein Pröbchen seiner Kunst. Ich sah plötzlich zu meinem
Schreck ein Korallenungethüm vor uns, welches freilich einige Seegräser
deckten, und deshalb vom Commandär für „blühendes Meer“ erklärt
wurde. Schnell schickte ich meinen Nubier zum Piloten, der auch gleich
herbeikam und nach einem Streit mit dem Commandär, welcher es natürlich
besser wissen wollte, die Ablenkung des Schiffs durchsetzte. Aehnliche Scenen
ereigneten sich fast täglich und es hielt oft sehr schwer, den Commandär
zur Nachgiebigkeit zu bringen. Die Officiere standen natürlich auf seiner
Seite. Die Mannschaft lachte sich ins Fäustchen über die Irrungen ihres
Chefs. Nur den Passagieren, etwa 20 Moslems, einigen Griechen und
mir, sowie dem Piloten schien daran zu liegen, daß wir nicht aufsaßen.

Die Einfahrt in den Insel-Archipel vor Dahlak, der Massauwa vorliegt, nahm die ganze Kunst des Piloten in Anspruch. Da der Commandär schlief, so ging sie glücklich von Statten. Seltsame Gerüchte liefen
auf dem Schiff über das, was wir in Massauwa finden würden. In
Suakin, in Dschedda, überall war eine unsinnige Fabel verbreitet. Es
hieß nämlich, englische Truppen seien in Massauwa gelandet, und wollten
Theodor's Sohn mit Waffengewalt wieder in Habesch einsetzen. Der Umstand, daß dieser Knabe von den Engländern mitgenommen wurde, beschäftigt immer noch die Gemüther und giebt zu allerlei Mährchen Anlaß.
So wenig ich auch an dieses neueste glaubte, so schien doch der Anblick,
den Küste und Hafen uns bei der Einfahrt boten, es bestätigen zu wollen.
Ein großer englischer Dreimaster ruhte majestätisch im Hafen und auf dem
Land tauchten auf allen Seiten die weißen Spitzen reinlicher Militär-
zelte auf.

An Bord war jetzt nur eine Stimme. Das waren die Zelte englischer
Truppen; dort lag das Kriegsschiff, das sie gebracht hatte. Aber bei der
Ankunft entpuppte sich letzteres als ein friedlicher Kauffahrer, und was die
Truppen betraf, so überschwemmten sie bald unser Bord. Es waren
türkische Baschi-Bozuks, im ägyptischen Dienste, die der Suakin abholen
sollte, um sie nach einem nur dem Pascha bekannten Bestimmungsort zu
bringen. Diese Baschi-Bozuks sind in neuester Zeit eine Verlegenheit für
die ägyptische Regierung geworden. Sie sind ein ganz unbändiges Völkchen,
meist aus zwar recht schönen und männlichen, aber auch sehr rohen Ar-

nanden bestehend. Keine Disciplin, kein Gesetz respectiren sie. Durch ein Nichts zum Zorn gereizt, sind sie gleich mit dem Dolch bei der Hand. Ihr eigner Oberst fürchtet sich vor ihnen. Dieser erzählte mir unter Anderm: Neulich habe ein Arnaut einen Kaffeehausknaben erstochen, bloß weil der von ihm gereichte Kaffee nicht mehr ganz warm gewesen sei. Aber an ein Strafen könne er nicht denken. Ihn und alle Officiere todtzuschlagen und vielleicht noch Massauwa zu plündern und dann anzuzünden, dessen wären sie fähig und brauchten nur die geringste Herausforderung dazu. Sie ständen alle einer für den andern ein und die dem Einen auferlegte Strafe würde als Schimpf für Alle aufgefaßt und von Allen gerächt.

Dieser alte Sendschak (Oberst) war ein trefflicher Mann, in Massauwa allgemein beliebt und respectirt, nur nicht von seinen unbändigen Untergebenen. Er klagte mir sein Loos. Namentlich die vielen Versetzungen waren ihm schrecklich. Noch vor zwei Jahren lag sein Regiment in Alexandrien, wo es den Polizei- und Gensdarmeriedienst versah. Aber da war der Wolf zum Schäfer bestellt worden. Da die Baschi-Bozuks Europäer kaum mehr respectiren, als Fellahs oder die einheimisch ägyptischen Soldaten (letztere werden von ihnen wie Heloten behandelt), so kamen so viele Klagen der Consuln vor, daß man sie versetzte und zwar nach Massauwa, das für eine sehr unangenehme Garnison gilt. Da aber diese Strafgarnison sie nicht gebessert hatte, so war jetzt ihre Versetzung nach einem zwar noch nicht bekannten, aber jedenfalls noch unangenehmern Ort im Werk.

„Wohin wird man uns bringen?" seufzte der alte Oberst. „Wahrscheinlich in eine Gegend am weißen Nil oder nach Kassala, wo die Meisten nach drei Monaten am Fieber sterben."

Der Commandär, die Officiere, die Maschinisten des Suakin zitterten in ihren Schuhen, als sie ihre neuen Passagiere kommen sahen. Und mit denselben oder vielmehr unter deren Joch sollten sie nun fünf Tage bis zur Rückkunft in Suakin bleiben! Es war eine keineswegs tröstliche Aussicht.

Die Insel, auf der Massauwa liegt, ist jetzt zum großen Theil mit Bauten oder Hütten bedeckt. Sie wird im Norden durch den Hafen, im Westen durch seichtere Canäle vom Festland getrennt. Es wäre sehr leicht, auf der seichtesten Stelle einen Stadt und Festland verbindenden Damm zu errichten. Dieser Vorschlag, den Munzinger dem hiesigen Gouverneur gemacht, welchen letzterer aber zurückgewiesen hatte, dürfte möglicherweise

jetzt zur Ausführung kommen*), seit der berühmte Reisende selbst die Gou-
verneurstelle bekleidet. Der Hafen gleicht einer Flußmündung. Von ihm
nimmt sich die Stadt nicht häßlich aus, da man von hier nur die Steinhäuser, worunter der weißangestrichene Palast des Gouverneurs, gut unterscheidet und das Gewirre schmutziger Hütten, das die Mehrzahl der Einwohner beherbergt, kaum gewahrt. Ist man aber in der Stadt, so schwindet
jede Täuschung, und man muß sich sagen, daß auch hier der Eindruck nur
durch das Wort „Elend" wiederzugeben ist. Ein bischen besser ist's als
in Sualin, aber wenig genug.

Eigentlich hat Massauwa nur zwei nach arabischen Begriffen städtische
Häuser, die Kaufleuten aus Hadramaut gehören und genau wie die Häuser
von Tschedda gebaut sind. Das Regierungshaus ist eine unförmige Caserne.
Das katholische Missionshaus, auf einem einsamen östlichen Theil der
Insel, ist nicht häßlich und berühmt durch seine trefflichen Cisternen. Die
anderen Häuser, einige achtzig oder hundert an der Zahl, sind klein, niedrig,
unschön, meist sehr unzweckmäßig gebaut.

Das Schwierigste ist in Massauwa ein Unterkommen zu finden. Zum
Glück war ich an den einzigen europäischen Kaufmann, der hier lebt,
Herrn Hassen, einen Deutsch-Ungarn, empfohlen. Dieser außerordentlich
gefällige Mann führte mich gleich in sein Haus und bot mir dasselbe an.
Aber die Wohnungsnoth ist hier so groß, daß mein freundlicher Wirth
kaum für sich selbst genügenden Platz besaß und ich Bedenken empfand,
seine beschränkte Räumlichkeit durch meine Gegenwart noch unzureichender
zu machen. Seine Wohnung bestand nämlich aus einem einzigen von
Stein erbauten Zimmer, allerdings groß und luftig. Für seine Familie
hatte er ein mit Palmmatten verhängtes Rohrhaus, eine Art Gartenlaube,
angebaut, das erste Bauwerk dieser Art, das mir wirklich hübsch erschien
und mir bewies, was guter Geschmack, Ordnung und Reinlichkeit selbst
aus diesem unscheinbaren architektonischen Element machen können. Luftig
vom Winde durchstrichen (bei der hiesigen steten Hitze die größte Wohlthat),
vor der Sonne durch dicke Matten geschützt, war dieses kleine Rohrgebilde
wirklich allerliebst und angenehm zu bewohnen. Außerdem lag Herrn Hassen's
Wohnung an einem der kühlsten Orte der Insel, auf einem Landvorsprung,
von drei Seiten vom Meer bespült. Wir fischten aus den Fenstern, ja wir
erlegten mit Schrotschüssen eine Menge großer und schmackhafter Fische.

---

\*) Dieser Plan ist jetzt (1872) ausgeführt worden.

In der Stadt standen einige Häuser leer, deren Herren auf dem Lande waren. Man ließ bei ihnen anfragen, da bekannt war, daß sie dieselben gelegentlich vermietheten. Aber ihr moslemischer Fanatismus sträubte sich dagegen, einen Europäer, wenn auch für theures Geld, aufzunehmen. Gleichsam als Entschuldigung führte man mir an, ein hiesiger Moslem habe neulich an einen Europäer ein Haus vermiethet und dieser (ein Missionär) den Mißbrauch soweit getrieben, Gottesdienst darin zu halten. Ungläubiger Gottesdienst in einem moslemischen Hause! Und die Wände waren nicht eingestürzt! Eines solchen Verbrechens schien man auch mich fähig zu halten, und so schwand die Hoffnung auf Miethung.

Herr Hassen versah in Abwesenheit Munzinger's dessen Consulatsgeschäfte. Der berühmte Reisende wohnte zur Zeit in Mokullo, zwei Stunden von hier, kam jedoch an Posttagen in die Stadt. Bei einer solchen Gelegenheit wurde ich mit diesem merkwürdigen und liebenswürdigen Manne bekannt, dessen Freundlichkeit gleich beim ersten Zusammentreffen mit einem ihm bisher Unbekannten soweit ging, mich durch Anerbieten seines Stadthauses aller Wohnungsnoth zu entheben.

Munzinger ist eine außerordentlich glücklich organisirte, gleichsam zum Reisenden geschaffene Natur. Von einer durch klimatische Einflüsse fast unberührten, ausnahmsweise kräftigen Gesundheit, der man anmerkt, daß sie aus dem Alpenlande, Schweiz, stammt, von einem unverwüstlichen Humor, weiß er Hunger, Durst, Hitze, Kälte, das härteste Lager gleichgut zu ertragen. Oft muß er erst von Andern an seine leiblichen Bedürfnisse erinnert werden. Ja zwei seiner Freunde, deren einer in Habesch, der andere in Südarabien mit ihm reisten, versicherten mir, er bringe seine Gefährten manchmal förmlich in Verlegenheit, ihre Bedürfnisse einzugestehen, weil man sich schäme, soweit hinter seiner Bedürfnißlosigkeit zurückzubleiben. Was er seiner Natur bieten kann, beweist, daß er einst bei 8000 Fuß Höhe ohne Decke und im dünnen Sommeranzug, den er bei 30 Grad R. nicht leichter tragen konnte, unter freiem Himmel übernachtete und sich nicht erkältete. Ebensowenig greift ihn die glühende Tropensonne an, der er sich schadlos in einem Lande aussetzt, wo wenig Europäer dem Sonnenstich entgehen. Fieber hat er, glaube ich, nur ein einziges Mal gehabt, nämlich im ungesundesten Theil von Kordofan. Aus jener Zeit stammt sein Widerwillen gegen das Schwitzen. „Nur nicht schwitzen," heißt es bei ihm, und in der That, in einem Schwitzlande, wie Massauwa, schätzt man sich glücklich, wenn man diese Vorschrift befolgen kann. Er

schläft, wie alle Eingeborenen, stets bei offenen Fenstern und Thüren, und
zwar hat man hier fast immer auf allen vier Seiten des Zimmers Fenster.
Eine starke Natur kann dies jedoch allein aushalten. Schwächere werden
das Fensterschließen und selbst das gelegentliche Schwitzen als Wohlthat
empfinden.

Munzinger's Hauptfach ist das linguistische, obwohl er auch anderen
Disciplinen sein Studium gewidmet hat. Aber in ersterm leistet er Vor-
zügliches und kann als Autorität für die modernen Sprachen von Nord-
und Süd-Tigré*), Amhar und Agau gelten. Von letzterm giebt es drei
Zweige, deren einer, bisher so gut wie unbekannt, eben den Forscher be-
schäftigte. Sein Wörterbuch des Massauwa-Dialekts (Nord-Tigré), seine
„ostafrikanischen Studien“, sein „Recht der Bogos“ haben ihm unter den
Orientalisten einen hervorragenden Rang gesichert. Leider halten ihn seine
consularischen Geschäfte vielfach von wissenschaftlichen Arbeiten ab.

Officiell war er zur Zeit zwar nur französischer Consul; da sich aber
außer ihm gar kein Consul hier befand, so wendeten sich alle hieher verschlagenen europäischen Schutzbefohlenen an ihn. Unter diesen ist oft viel
Gesindel (Griechen, Levantiner), die ihm nicht wenig zu schaffen machen.
Es ist bekannt, daß er früher auch das englische Consulat bekleidete und
als Führer der abessinischen Expedition beiwohnte, wofür ihm nur mit
Undank gelohnt wurde. Seiner Thätigkeit bei jener Expedition verdanken
die Engländer einen Theil ihres Erfolgs. Es ist nur eine Stimme darüber
und selbst viele englische Officiere haben mir gesagt, daß ohne Munzinger's
Localkenntnisse der Feldzug sich in die Regensaison verschleppt hätte. Wer
letztere in Abessinien kennt, wird die oft gehörte Behauptung nicht für übertrieben halten, daß, einmal von dem Regen überfallen, der größte Theil
der Armee zu Grunde gegangen wäre. Dafür lohnte man ihm mit einem
Orden, in Massauwa ein ganz werthloser Artikel, während Andere Tausende von Pfunden als Entschädigung erhielten. Viel Schuld an diesen
Vorgängen trägt der Dualismus der Regierung, des englischen home-
government und der colonialen ostindischen Verwaltung. Munzinger's
Verdienste waren der ostindischen Verwaltung vorzugsweise bekannt. Bis

---

*) Die moderne Wissenschaft hat für Süd-Tigré den Ausdruck Tigrinnia ange-
nommen, der jedoch nichts ist, als das amharische Wort dafür. In Tigré selbst
nennt man die Sprache einfach Tigré, das Nord-Tigré dagegen Bedawi (Beduinen-
dialekt).

zum homo-government scheint wenig davon gedrungen zu sein. Erstere hätte letzteres freilich um eine passendere Belohnung für ihn angehen müssen. Bei ihrem schwerfälligen Geschäftsgang wurde dies wahrscheinlich auf die lange Bank verschoben; man vergaß es, und, später daran erinnert, schämte man sich durch nachträgliches Gutmachen seine Versäumniß einzugestehen, zumal da inzwischen die für die Anderen vorgeschlagenen Entschädigungen schon zuerkannt waren. Nur so erklärt sich dieser Verstoß, denn die Engländer sind sonst nicht undankbar. Bestände noch die ostindische Compagnie, die in solchen Dingen nicht das homo-government zu fragen brauchte, Munzinger hätte gewiß Alles erhalten, wozu ihn seine Verdienste berechtigten.

Sonst leben von Europäern in Massauwa noch einige schwedische Missionäre, ein alter französischer Soldat und eine ganze Colonie von griechischen Spirituushändlern und Weinfabrikanten. Letztere haben spelunkenartige Buden, der in Suakin sehr ähnlich.

Die Missionäre hatten hier kein Glück. Früher im Innern, hinter Bogos, bei einem noch heidnischen Volke thätig, wurden sie von dort vertrieben, zwei der Ihrigen sogar zugleich mit dem Engländer Powell gelöbtet. In Massauwa hatten sie nur provisorisch Aufenthalt genommen. An ein Belehren der Hiesigen ist gar nicht zu denken. Um aber auf die vielfach hierher kommenden Abessinier zu wirken, muß man es anders machen, als sie. Ein Missionär, der wirken will, muß den Europäer soviel wie möglich auszuziehen. Er muß viel, ja ausschließlich mit Eingeborenen verkehren, ihre Sprachen kennen, auf ihre Ideen eingehen. Alles das verstanden die guten Schweden nicht. Es waren brave Leute, die es ehrlich meinten, aber hölzerne Naturen.

Ganz anders gehen die katholischen Missionäre zu Werk, die in Massauwa auch eine Station haben, welche ihnen aber nur als Rückhalt dient und gegenwärtig bloß von jungen Dienern, sogenannten Missionszöglingen, bewohnt war. Allerdings finden sie auch das Terrain günstiger. Das monophysitische Dogma, welches die abessinisch-koptische Confession von der katholischen trennt, ist dem Volke, ja vielen Priestern unbekannt. Der Ritus ist kein Hinderniß, denn die katholische Kirche duldet jeden orientalisch-christlichen Ritus. Es handelt sich also fast nur um Anerkennung des Papstes. Dazu finden sich die Laien, ja selbst einzelne Priester gern bereit, und so haben die katholischen Missionäre schon ganze Dörfer, namentlich in der Provinz Kolukussai bekehrt. Was ihnen aber schadet und oft ihre

Erfolge vernichtet, ist ihre Einmischung in Politik. Das können sie nie lassen. Daher auch ihre neuesten Kämpfe mit Kasja, dem Fürsten von Tigré, der sie sogar schließlich alle auswies.

Einen nur zeitweise hier lebenden Europäer, Herrn Rösler, lernte ich bei Herrn Hassen kennen, dessen Landsmann er ist. Dieser noch sehr jung aussehende Mann hatte schon viel durchgemacht. Als zoologischer Sammler war er vor einigen zehn Jahren nach Abessinien gekommen, hatte es in allen Richtungen jagend, sammelnd und ausstopfend durchstreift, bis Theodor's Laune seinen Reisen ein Ende machte. Er blieb zwei bis drei Jahre dessen Gefangener und wurde erst durch die englische Expedition befreit. Wie alle ächten Reisenden verschmähte er es, viel von seinen Erlebnissen zu erzählen. Nur durch Herrn Hassen, der vertraut mit ihm war, erfuhr ich Einiges von den höchst merkwürdigen Jagdabenteuern dieses Mannes. Manche derselben reizten zum Lachen, wie die von ihm erfundene sehr originelle Art des Affenfangs, andere waren tragisch, wie die fürchterlichen von ihm oft mitangesehenen Verheerungen, welche der Leopard bei Menschen und Thieren anrichtet. Die Sitten der Rhinocerosse und Elephanten schien er besonders scharf beobachtet zu haben. Ich schlug ihm vor, seine Abenteuer zu veröffentlichen. „Wozu? man würde mir nicht glauben!" sagte er, „die Welt glaubt oft den größten Lügnern, aber gerade die wahren Abenteuer hält sie meist für Schwindel, wenn sie ungewöhnlich sind." Er hatte nicht Unrecht.

Die einheimische Bevölkerung ist von abessinisch-semitischem Stamm und im Typus ganz der von Tigré ähnlich. Es ist ein schöner Menschenschlag, von edlen regelmäßigen Zügen und ebenmäßigem Körperbau. Die Hautfarbe ist fast schwarz, doch nicht ganz so dunkel, wie die der Sudanesen. Das Haar wächst lang, ist aber wollig, nicht lockig gekräuselt, niemals auch nur annähernd schlicht. Von den Küstenstämmen, vulgo Bedulnen genannt, die alle Mohammedaner sind, wird es nach moslemischer Sitte entweder ganz oder theilweise abrasirt, das Haupt bei der Jugend meist entblößt getragen. Im christlichen Tigré tragen die jungen Männer vielfach ihr Haar verschiedenfällig abgetheilt und über fünf bis acht längliche Wülste (kleine Chignons) gewickelt, was seltsam, aber nicht gerade häßlich aussieht.

Die hiesigen „Bedulnen" sind den Europäern sehr abgeneigt. Ihr moslemischer Fanatismus könnte dies erklären. Aber bei den christlichen Tigré-Völkern ist es nicht besser. Dagegen finden sich die amharischen

Abessinier des Innern mit großer Leichtigkeit in den Umgang mit Europäern und haben entschieden Geschmack daran. Ich halte deßhalb Munzinger's Bemerkung für sehr richtig, daß jene Abneigung im semitischen
Blut liege. Sehen wir nicht Aehnliches auch bei nordsemitischen Christen,
z. B. den syrischen? Natürlich weicht diese Abneigung der Bildung. Unsere
Juden sind ja auch Semiten, aber von Abneigung gegen Kaukasier ist gewiß
bei den gebildeten nicht die Rede. Ebenso fand ich einzelne gebildete Semiten aus Tigré, die jene Abneigung nicht kannten. Die Amharen, obgleich ihre Sprache viel vom Aethiopischen annahm, also semitisirt wurde,
sind nicht Semiten, sondern ursprünglich wohl Agau-Völker, mit den Embu-
nesen, Rubiern, Somäl verwandt, die alle keine angestammte Abneigung
gegen Europäer haben. Der Umgang mit ihnen gestaltet sich so natürlich
homogen, daß mir's oft vorkam, als sei ich unter Landsleuten. Dasselbe
gilt von den Rubiern, die, obgleich Moslems, sich doch viel leichter zum
Europäer finden, als Semiten, selbst wenn sie Christen sind.

Araber leben nur wenige hier, kommen aber oft in gewisser Anzahl
von Jemen, namentlich Hodaida. Ein Paar reiche Kaufleute aus Hadramaut vertreten unter den Moslems den Großhandel. Aber das eigentliche
Handelsreich der Hadrami hat hier schon aufgehört, da die indische Kauf-
mannsklasse, die Banianen, durch mehrere bedeutende Häuser vertreten ist,
gegen welche die Hadrami zurücktreten müssen. Mit dieser können sie nicht
concurriren. Die Hadrami blühen nur da, wo (wie in Mella und Dschedda)
die Banianen, ihres Heidenthums wegen, nicht dauernd wohnen dürfen. Wo
es indessen viele Banianen giebt, da kommen die Hadrami auf keinen grünen
Zweig, so z. B. in Aden, das doch ihrer Heimath viel näher liegt, wo
aber der einzige geschäftstreibende Hadrami ein armer Makler ist, mein
Bekannter, ein gewisser 'Auwad bei Eber, der den Banianen Rache schwört.

Die Banianen repräsentiren in Südarabien und Ostafrika das Capital.
Sie allein haben Geld und erzielen ihre Handelserfolge durch dieselben
Mittel, wie in Dschedda die Hadrami und ostindischen Moslems, d. h. sie
wissen es so einzurichten, daß alle Verkäufer und Producenten ihnen verschuldet sind. Ihr Ruf im Handel ist ein unantastbarer. Ihre Ehrlichkeit
und Zuverlässigkeit sind sprichwörtlich. Will ein Bewohner von Massauwa
verreisen, so vertraut er alle seine Werthe den Banianen an. Nichts
Schriftliches wird darüber ausgestellt, aber eine Veruntreuung ist absolut
beispiellos, ja nach hiesigen Begriffen undenkbar.

Die Geldmacht der Banianen liegt eben darin, daß hier das Indi-

vibuum zurücktritt, daß Alles Association ist. Man hat es nicht mit einzelnen Kaufleuten, man hat es gleichsam mit dem fleischgewordenen Handelsgeist zu thun. Die Vorstände der banianischen Geschäfte in Dschedda
sind nämlich keineswegs die Kaufherren, sondern nur die Beamten großer
ostindischer Häuser, die vielleicht an 50 Orten ihre Comptoire haben und
über viele Millionen verfügen. Deshalb können sie auch jeder localen
Handelskrisis trotzen. Die Zahl dieser in Massauwa lebenden Banianen
dürfte zwanzig nicht übersteigen und dennoch beherrschen sie den Markt
fast ausschließlich. Alle diese Leute, durch deren Hände die ansehnlichsten
Summen gehen und die gewiß auch persönlich sehr guten Verdienst haben,
leben außerordentlich einfach, sind oft fast ärmlich gekleidet, treten bescheiden
auf und scheinen fast die Diener derjenigen, welche sie durch Handelsver-
pflichtungen doch ganz in Händen haben. Jeder kostspielige Genuß scheint
ihnen unbekannt.

Eine größere Anzahl abessinischer Christen lebt gleichfalls hier. Doch
spielen sie keine Rolle. Ihr Handel beschränkt sich auf kleine, unbedeutende Geschäfte. Die flottirende abessinische Bevölkerung ist jedoch desto
bedeutender, da eben Massauwa der einzige Hafen von Tigré ist. Fast alle
ihre Producte gelangen in die Hände der Banianen. Ein Gottesdienst
ihrer Confession besteht nicht. Aber viele besuchen den katholischen, zuweilen nach koptischem Ritus gehaltenen, d. h. wenn sich ein einheimischer
belehrter Priester findet.

Die Verwaltung war in Abwesenheit von Montâz Pascha, des
General-Gouverneurs der Küstenländer, in Händen eines Obersten, der den
Titel „Bey" führt. Es war ein noch ziemlich junger Türke, zwar nicht
von derselben Bildung, wie Montâz Pascha, aber doch auch vom Streben
nach Verbesserungen beseelt. Er schien namentlich die Gartencultur ins
Auge gefaßt zu haben, ein etwas undankbares Bestreben in einem Ort,
wo Wasser so selten und kostbar ist.

Fast alles Trinkwasser in Massauwa wird vom Lande in Schläuchen
gebracht und ist natürlich theuer, wenn auch nicht so, wie in Dschedda.
Nur wenige Cisternen giebt es.

Als ich den „Bey" besuchte, fand ich ihn im Hofe des Regierungs-
hauses, dessen einen Theil er sich zum „Garten" geschaffen hatte. Dieser
„Garten" war sein Stolz und seine Freude. Da saß er in seiner noch
kahlen Laube und überschaute sein grünes Reich, das aus einigen Gurken,
Kürbissen, Melonen und anderen am Boden haftenden Gewächsen bestand,

die mit unendlicher Mühe und ewigem Begießen so weit gebracht worden waren, daß sie einen kleinen grünen Teppich darboten. Es war freilich die einzige grüne Oase in ganz Massauwa. Er sprach mir von einem größeren Garten, den er halbwegs Mokullo auf dem Festland angelegt hatte und den ich natürlich gleichfalls ansehen mußte.

Diese Merkwürdigkeit war eine vergrößerte Auflage des kleinen Gartens. Hier wuchsen auch noch einige Gemüse, sogar Saubohnen, worauf er besonders stolz war.

Ein anderer Herzenswunsch des Bey waren bessere Häuser und Hütten, worin ich vollkommen mit ihm übereinstimmte. Die Rohrhütten waren ihm ein Dorn im Auge. In der That erhalten diese bei der Nachlässigkeit der Einheimischen bald ein so zersetztes und ruinenhaftes Aussehen, daß sie Ekel erregen. Könnte man die Leute dahin bringen, ihre Rohrhäuser so niedlich zu halten, wie Herr Hassen das seinige, so würden sie Massauwa verschönern. Wie sie aber sind, bilden sie einen Schandfleck für den Ort. Auch die Dompalmmatten, womit diese Hütten gedeckt und behangen, aus denen oft die Thüren gemacht sind, sehen meist dergestalt zerrissen und abgenutzt aus, daß man sie für uralt hält. Dennoch ist dies nicht der Fall. Aber die Einheimischen besitzen ein solches Talent, Dinge schnell abzunutzen, daß dauerhafteres Material dazu gehört, um ihrem Hang zum Ruiniren zu trotzen. Alles dies empfand der Oberst und sprach es aus. Er ging ernstlich mit dem Plan um, Häuser von Luftziegeln, oder wenigstens von Lehm mit gehacktem Stroh und kleinen Steinchen vermischt (einer Art pisó), wie in Oberägypten, zu errichten. Das dazu gute Material findet sich jedoch nicht nahe, sondern muß sehr weit hergeholt werden, und so fürchte ich, wird diese Baureform ein frommer Wunsch bleiben.

Der „Bey" schien zwar kein strenger Moslem, aber er machte es doch noch nicht wie der Pascha, daß er den Ramadân brach. Dazu war er noch nicht vornehm genug. Er wäre auch hierin in Massauwa zu vereinzelt gewesen. Denn die hiesigen Moslems sind wie alle Spätbekehrten (der hiesige Islam ist kaum sechs Jahrhunderte alt) ganz schrecklich orthodox. Da sie sich bei Nacht durch Lärm entschädigen, so ist Massauwa in diesem Monat eben nicht angenehm zu bewohnen. In der ersten Nacht glaubte ich ein millionenfaches Fröschegequale zu vernehmen. Es war das „Silr", die heilige Verzückung, hier zwar nicht durch derwischartiges Geheule (was nebenbei gesagt gar nicht strengorthodox ist) vertreten, sondern nur durch das von vielen hundert Stimmen im Tact ausgestoßene Glaubensbekenntniß oder noch häufiger nur das ewig unabänderliche Wort „Allah“, das je öfter wiederholt, desto verdienstlicher wirkt.

Aber nicht nur heilige Laute drangen an mein Ohr. Auch weltliche Musik „versüßte“ diese Nächte. Da jedoch Massauwa Mangel an Instrumenten leidet (die sonst bei Schwarzen so beliebten Trommelconcerte kennt man hier kaum), so mußte Händegeklatsche dies ersetzen. Eine Melodie wurde zwar dazu gesungen, aber das vielhunderthändige Geklatsche übertönte sie siegreich. Es war übrigens so wohl geregelt, daß ein Fanatiker des Tacts hier seine Freude gehabt hätte.

An weniger unschuldigen Vergnügungen leidet gleichfalls Massauwa keinen Mangel. Hier findet sich zwar auch noch die naive, nicht ausschließlich interessirte Liebelei der Subâneserinnen. So kannte ich einen arabischen Piloten, der ganz Entzücken über seine schwarze Geliebte war, die ihm „treu“ blieb, obgleich er sie nur alle drei oder vier Monate sah und ihr kein Geld gab. Aber nebenbei existirt doch auch die eigentliche Prostitution, welche, da sie der ärztlichen Controle entbehrt, desto gesundheitsschädlichere Folgen hat. So klagte mir ein englischer Schiffscapitän, er habe seine Matrosen hier zwar nur einmal ans Land gelassen, aber das habe genügt, um sie sämmtlich krank zu machen. Einer derselben sei sogar bettlägerig und leide Schweres. Die Sorge der griechischen Kneipwirthe ist es, daß solche Seeleute die „Schönen“ nur im Branntweinrausch (und von welchem Branntwein!) besuchen. Sonst würden wohl ihre Riechwerkzeuge vor solchen Berührungen zurückschrecken. Die Personen sind zwar nicht häßlich, oft sogar wirklich schön, aber ihre Fettbegießung ist eine so reichliche, daß ich zweifle, ein nüchterner Europäer könne seinen Widerwillen davor überwinden.

Sogar meinem Nubier, dessen Landsmänninnen sich doch auch „einbuttern“, war dies zu viel. Wenn ich ihn scherzhaft fragte: „Nun, wie steht’s mit Frauenbekanntschaft?“, schüttelte er wie von Ekel erfaßt den Kopf und rief: „Ich will keine, die „kullu dehen“ (ganz Fett) ist.“

Die Garnison von Massauwa bestand zur Zeit (da die Baschi-Bozuks eben abgereißt waren) nur aus einem starken Bataillon Subâneser, schwarze Veteranen, die Reste der einst von Said Pascha an Frankreich „geliehenen“. Sie waren alle in Mexico gewesen, sprachen meist etwas Französisch, schüttelten aber bedenklich das Haupt, wenn befragt, ob sie dorthin zurückzukehren wünschten? Sie hatten zu viele der Ihrigen, wenn auch nicht gerade am gelben Fieber, hinsterben sehen. Sie waren sich

übrigens gar nicht des Menschenhandels bewußt, den man mit ihnen getrieben. Sie gestanden sogar, daß sie es in einiger Beziehung dort besser
gehabt, als hier, wo sie in der letzten Zeit die Heloten der Baschi-Bozuls,
die Alles, was nicht Türke ist, tief verachten, gewesen waren. Sie wurden
jetzt nicht besser bezahlt, als die zu Soldaten ausgehobenen ägyptischen
Fellahs, d. h. so gut wie gar nicht, erhielten nur am Festtag Reis, sonst
bloß Durra, denn die Tage Said Pascha's sind vorbei, der die Truppen
stets sehr gut hielt. Die Baschi-Bozuls so zu behandeln, wie sie oder
die Fellahs, darf Aegypten nicht wagen. Diese erhalten stets guten Sold
und Lebensmittel. Der Unverschämte kommt immer am besten in der
Welt fort.

Merkwürdigkeiten besitzt Massauwa nicht. Die Moscheen sind unbedeutend. Die katholische Capelle ist hübsch, aber so, wie man Tausende in
Europa sucht. Wer eine schöne Aussicht genießen will und auf einen
Flaggenmast nicht zu klettern scheut, der kann dies im sogenannten türkischen Fort. Es ist ein großer, viereckiger, von Mauern umgebener Raum
mit einer kleinen Batterie auf der Ostseite, am Meere, und angebaut
Wachthäusern im Westen. Von einem mitten aus dieser kleinen Wüste
aufragenden Maßbaum ist der Blick auf das Festland ein überraschend
schöner. Die mächtigen Berge (einige 8000 Fuß hoch), auf denen das
abessinische Plateau liegt, das flache Tiefland mit seiner durchsichtig bun-
stigen Atmosphäre, die in der Mittagsgluth zu zittern scheint, das Meer
mit seinen vielen Inseln, die einheimischen Schiffe mit ihren malerischen
lateinischen Segeln: es ist ein Bild, würdig von einem Malerpinsel gefes-
selt zu werden.

Das Klima von Massauwa ist zwar fast zu allen Zeiten sehr heiß,
aber doch nicht entschieden ungesund. Es regnet hier mehr als in Sualin
und Dschedda, meist in den Monaten December, Januar und folgenden.
Ist der Regen reichlich, was jedoch nicht alljährlich vorkommt, so bilden
sich wohl Fiebermiasmen und dann sind die Anfangsmonate des Jahres
ungesund. Jedoch sind diese Fieber selten gefährlich. Die heißen Monate
sind gleichfalls hier, wie am ganzen rothen Meere, und wie auch in Aden,
die gesundesten. Wer die Hitze scheut, für den ist Massauwa gegen Ende
des Jahres am bewohnbarsten. Ich war 3 Wochen im December da und
fand die Wärme im Schatten selten höher als 26° R. Die Abende waren
mild und angenehm, fast immer bei 20° R. Nur nach Regengüssen bemerkte ich am frühen Morgen eine Abkühlung bis zu 16°. Nach Anderen

ſoll zuweilen eine noch größere ſallfinden.  In Munzinger's Hauſe, das
ich bewohnte, ſank die Zimmertemperatur, ſelbſt bei ſtetem Durchzug, nie
unter 25° R.   Bei 18° R. frieren die Leute hier ſchon und nach einem
ſtarken Regenguß hörte ich die Einheimiſchen über bittere Kälte klagen.
Die Sonne iſt zu allen Zeiten ſehr ſtechend und ohne die bekannten eng-
liſch-oſtindiſchen Hüte wird ein Nordländer ſchwerlich dem Sonnenſtich
entgehen.

Sonnenſchirme ſind ſehr rathſam.  Selbſt die Einheimiſchen tragen
ſie, freilich oft mehr zum „Staat".  Die Abeſſinier gar haben ſolche von
ſteifem Leder, die ſie ſelbſt im Schatten, gleichſam als Standeszeichen, über
ſich halten.

Jedenfalls iſt Maſſauwa einer der heißeſten Orte der Welt. Ich
glaube jedoch nicht, daß jener große Unterſchied der mittlern Temperatur
zwiſchen hier und Aden (Maſſauwa 31,0°, Aden 26,8° Celſius), den Hum-
boldt's Tabellen geben, von praktiſcher Bedeutung iſt, obgleich er wahrſcheinlich beobachtet wurde.   Aber in Aden iſt das Obſervatorium auf
einem erhöhten Punkt allen kühlen Winden ausgeſetzt. In Maſſauwa wäre
es ſchwer, einen ſo ausgeſetzten Punkt zu finden. Die Hitze in der Stadt
Aden iſt nicht viel geringer, als in Maſſauwa.  Deshalb laſſen ſich beide
Beobachtungen kaum mit einander vergleichen.

# Oſtafrikaniſche Küſte.

## Vierzehntes Kapitel.

## Handel von Maſſauwa.

Maſſauwa's Hinterländer. — Commerzielle Bedeutung des Platzes. — Uebertriebene Anpreiſung derſelben. — Import in Maſſauwa im erſten Halbjahr 1864. — Provenienz des Imports. — Vertheilung des Imports. — Export. — Abnahme des Exports von Abeſſinien. — Verſchwinden des abeſſiniſchen Kaffees. — Sklavenausfuhr. — Zunahme des Moſchus. — Karawanenbetrieb. — Hafen von Maſſauwa. — Einnahmen des Zollamts. — Preiſe für Waarentransport. — Gewichte. — Maße. — Münze.

Maſſauwa hat durch ſeine Hinterländer eine gewiſſe, freilich oft überſchätzte Wichtigkeit für den Handel. Es iſt das einzige Emporium von Tigré. Mit Suakin theilt es den Handel des Amhariſchen Abeſſiniens, welcher über Metamma*) geht. Es iſt der nächſte Vermittlungshafen zwiſchen Oſtindien und dem innern (ägyptiſchen und unabhängigen) Sudân (Metamma, Kaſſala u. ſ. w.). Die Route über Suakin wäre für oſtindiſche Waaren ein Umweg. Es vermittelt den Austauſch der Producte der Hirtenvölker, die nördlich von Abeſſinien wohnen. Jemen iſt auf Maſſauwa für ſeinen Butterbedarf angewieſen. Es bildet den Markt für die Seeproducte des Archipels von Dahlak (wie Perlen, Perlmutter, Schildpatt u. ſ. w.)

Dennoch darf man ſich nicht der Täuſchung hingeben, als könne Maſſauwa mit Höfen wie Tſchebba, Hodaida, wetteifern. Munzinger, der die

*) Gegenwärtig bietet die Route von Metamma nach Suakin mehr Sicherheit, als die nach Maſſauwa.

Verhältnisse gut kennt, behauptet sogar, daß Sualin als Handelshafen mehr Wichtigkeit habe und daß selbst Lohaiya ihm nicht viel nachstehe. Wie falsch ist also Lejean's Behauptung, Massauwa sei der erste Handelshafen des rothen Meeres. Dies könnte es vielleicht einmal werden, wenn in Abessinien geregelte Zustände herrschten. Aber einstweilen ist dies Land fast todt für den Handel.

### Import.

Herr Munzinger war so freundlich, mir folgende Ziffern über Import und Export zu Massauwa mitzutheilen, die einem von ihm für das französische Ministerium bestimmten Bericht entlehnt sind.

#### Import in Massauwa im ersten Halbjahr von 1861.

1) Ueber Tschedda wurde importirt:

| | | |
|---|---|---|
| Reis 1150 Säcke . . . . . . | Werth 39,106 | Fr. |
| Dakeln 11 Pude . . . . . . | „ 374 | „ |
| Rosinen 1 Ballen . . . . . . | „ 100 | „ |
| Zucker 3 Ballen . . . . . . | „ 510 | „ |
| Tabak 3 Ballen . . . . . . | „ 504 | „ |
| schwarzer Pfeffer *) 39 Ballen . . | „ 3,900 | „ |
| Tib (ein Parfum) 43 . . . . | „ 4,816 | „ |
| Antimon 8 Ballen . . . . . | „ 1,680 | „ |
| Sandelholz 2 Ballen . . . . . | „ 300 | „ |
| Nellenöl 2 Fässer . . . . . . | „ 112 | „ |
| Glasperlen 107 Cassen . . . . | „ 71,904 | „ |
| Glas 40 Cassen . . . . . . | „ 6,720 | „ |
| blaue Seide **) 1 Ballen . . . | „ 3,360 | „ |
| Leinwand 23 Ballen . . . . | „ 45,080 | „ |
| Muselin 1 Ballen . . . . . | „ 350 | „ |
| Rothes Baumwollgarn 10 Ballen | „ 15,400 | „ |
| Papier 2 Cassen . . . . . . | „ 1,120 | „ |

---

*) Der rothe Pfeffer kommt aus dem Innern.

**) Diese, in Schnurform, wird von allen abessinischen Christen um den Hals getragen.

Tassen 2 Cassen . . . . . . . Werth 1,600 Fr.
Kupfer 54 Pade . . . . . . . „ 21,168 „
Zint 17 Pade . . . . . . . . „ 1,700 „
Blech 1 Pad . . . . . . . . „ 180 „

2) Von Hodaida wurde importirt:

Reis 456 Säde . . . . . . . Werth 15,504 Fr.
Dallein 186 Pade . . . . . . „ 6,224 „
Zucker 5 Pade . . . . . . . „ 530 „

3) Ueber Aden wurde importirt:

Reis 1440 Säde . . . . . . Werth 48,960 Fr.
Dallein 150 Pade . . . . . „ 5,100 „
Tabad 347 Ballen . . . . . „ 145,740 „
Zucker 10 Ballen . . . . . „ 1,100 „
Sandelholz 25 Ballen . . . . „ 3,750 „
Nellenöl 10 Fäßchen . . . . „ 560 „
Indische Manufacturen 84 Ballen „ 394,800 „

Der Gesammtwerth dieser importirten Artikel würde also etwa 922,500 Franken betragen haben. Darunter ist der Import über Aden durch fast ½ (etwa 600,000 Fr.), der über Dschedda durch nicht ganz ⅓ (300,000 Fr.,) der über Hodaida nur durch 22,500 Fr. repräsentirt. Die hervorragende Wichtigkeit des ostindischen Imports (denn Aden vermittelt nur) springt also in die Augen.

Da übrigens auf obiger Liste einige Importartikel, wie z. B. Kaffee, Branntwein, fehlen, weil sie wahrscheinlich in dem genannten Halbjahre weniger vorkamen, andere ausnahmsweise schwach vertreten sind, so kann uns dies nur als Uebersicht der Provenienz, nicht als Werthmaaßstab dienen. Munzinger berechnet den Import indischer Manufacturen allein auf durchschnittlich 1½ Million Fr. im Jahr, den von östreich. Glaswaaren auf 300,000, von Kupfer auf 100,000, von englischer Leinwand und anderen Stoffen auf 240,000. Zusammen kann man den Import wohl nicht niedriger als auf drei bis vier Millionen Franken schätzen.

Die Masse dieses Imports vertheilt sich in Massauwa etwa folgendermaßen:

8*

1) In Massauwa bleibt Kaffee, Zucker (in Hülen), Nägel, Zinn, Blech, Oel, Stricke, zusammen für etwa 390,000 Fr. Außerdem etwa folgende Bruchtheile der Gesammteinfuhr: ¹/₁₀ Tabad; ¹/₃ Teppiche, Mehl, Zucker; ¹/₄ Pfeffer, Parfums, Papier; ⁷/₈ Branntwein; ¹/₆ Manufacturen, ¹/₂₀ Glaswaaren; ¹/₁₀ Leinwand, Stoffe; ²/₃ Zint.

2) Die Beduinen und Anseba beziehen vom Import in Massauwa ¹/₃ Tabad; ¹/₄ Pfeffer; ¹/₇ Parfums, Gewürze; ³/₄ Stoffe; ¹/₃ Glaswaaren. Zusammen für etwa 200,000 Franken.

3) Nach Abessinien geht ausschließlich von den obengenannten Waaren: blaues Seidengarn; Baumwolle; rothes Fadengarn; Kupfer; Maroquin-Leder; Schleßgewehre. Außerdem folgende Bruchtheile des Gesammtimports: ²/₃ Zucker; ¹/₂ Pfeffer; ³/₇ Parfums; ⁵/₆ Glaswaaren; ⁹/₁₀ Leinwand, Stoffe; ⁷/₁₂ Manufacturen.

4) Nach dem innern Sudán. (Kassala, Gabaref, Melamma) geht: ¹/₈ Pfeffer; ²/₇ Parfums; ²/₂₀ Glaswaaren; ¹/₂₀ Leinwand, Stoffe; ³/₁₂ Manufacturen.

Im Allgemeinen kann man annehmen, daß vom Import 25 Proc. in Massauwa bleiben, 50 Proc. nach Abessinien, 10 Proc. zu den Beduinen und 15 Proc. nach dem Sudán gehen.

## Export.

Munzinger schlägt den jährlichen Export etwa folgendermaßen an:

1) Nach Tschebba werden exportirt:

| | |
|---|---|
| Häute für . . . . . . . . . . . . | 400,000 Fr. |
| Wachs für . . . . . . . . . . | 100,000 „ |
| Butter für . . . . . . . . . | 140,000 „ |
| Moschus für . . . . . . . . | 60,000 „ |
| Perlmutter für . . . . . . . . | 30,000 „ |

Alle diese Artikel, die Butter ausgenommen, gehen nach Europa.

2) Nach Aden werden exportirt:

| | |
|---|---|
| Elfenbein für . . . . . . . . | 250,000 Fr. |
| Perlen für . . . . . . . . . . | 100,000 „ |
| Goldstaub für . . . . . . . . | 100,000 „ |

Alle diese Artikel gehen nach Ostindien.

3) Nach Yemen wird exportirt:

Butter für . . . . . . . . . . 300,000 Fr.

### Provenienz der exportirten Artikel.

1) Die Dahlak-Inseln liefern alle Meer-Erzeugnisse, wie Perlmutter, Perlen 2c.

2) Samhar (Küstenland) liefert Federn, Senne, Gummi, Ziegenhäute, Ochsen, ¹/₁ der Butter, ebensoviel der Ochsenhäute des Gesammtexports. Zusammen für circa 140,000 Franken.

3) Barka und Anseba liefern Tamarinden, geflochtene Matten, ¹/₄ Honig, ¹/₃ Häute, ²/₃ Butter. Zusammen für circa 400,000 Franken.

4) Der Sudan liefert:

| | |
|---|---|
| ¹/₂ Elfenbein für . . . . . . . . | 125,000 Fr. |
| ¹/₃ Wachs aus Metamma für . . . . | 30,000 „ |
| ¹/₁₀ Goldstaub für . . . . . . . | 10,000 „ |

5) Abessinien liefert:

| | |
|---|---|
| ¹/₂ Elfenbein für . . . . . . . . | 125,000 Fr. |
| ⁹/₁₀ Goldstaub . . . . . . . . . | 90,000 „ |
| ³/₄ Honig . . . . . . . . . . . | 16,000 „ |
| ¹/₂ Kuhhäute . . . . . . . . . . | 175,000 „ |
| ²/₃ Wachs . . . . . . . . . . . | 60,000 „ |
| Moschus . . . . . . . . . . . . | 60,000 „ |
| Verschiedene Pflanzen . . . . . . | 40,000 „ |

Die steten Wirren, welche in Abessinien herrschen, haben dessen Export auf die obigen unbedeutenden Ziffern reducirt. Die meisten Artikel sind jetzt sehr viel schwächer vertreten, als in früheren Jahren. Einige sind sogar beinahe gänzlich aus dem Handel verschwunden, so z. B. der abessinische Kaffee, welcher nach Ansicht mancher Kenner jeden Kaffee der Welt, sogar den arabischen an Güte übertrifft (Abessinien gilt vielfach für die Heimath des Kaffeestrauches). Noch vor 20 Jahren, als ich nach Aegypten kam, trank man dort abessinischen Kaffee. Jetzt wird sogar in Massauwa arabischer importirt! Ein anderer Exportzweig entzieht sich jeder Controle, nämlich der von Sklaven, welcher verheimlicht wird. Munzinger hat es durchgesetzt, daß jetzt in Massauwa keine Sklaven mehr verkauft werden. Dennoch beweisen die Sklavenmärkte in Dschedda, Mekka 2c. die alle mit Abessiniern und Gallas angefüllt sind, daß dieser

Export stattfindet. Der Hauptmarkt ist jetzt Mbéróni, ein Ort 3 Stunden im Innern von Massauwa. Von dort werden die armen Schwarzen gebunden und aneinandergekettet an einsame Küstenorte gebracht, wo sie in kleinen arabischen Booten bei ruhiger See eingeschifft werden können. Auch Eunuchen kommen unter diesen Sklaven vor.

Ein einziger Exportzweig hat in den letzten Jahren zugenommen, nämlich Moschus.

Der Handel von Kassala ist in Händen der Bewohner von Arkiko, derjenige des übrigen Sudâns wird von den Banianen vermittelt. Der Handel von Barka geht über Keren (5 bis 6 Tage von Massauwa), von wo die Beni Amr die Weiterbeförderung übernehmen. Von Barka kommt: Honig, Elfenbein, Häute, Butter. Die Karawanen aus dem Amharischen Habesch kommen nur in einer Jahreszeit, nämlich im September und October, an. Die Schoho beziehen Getreide von Massauwa. Die Habab, Anseba, Bogos, Mensa verkaufen dort Tamarind und Honig, die Beni Amr Palmmatten. Die Küstenstämme verhandeln Gummi, Senne, Straußenfedern, Elfenbein.

### Hafen von Massauwa.

Alle 14 Tage kommt ein Dampfschiff der Compagnie Azizine aus Suakin (Tschedda, Suez), welches nach zwei Tagen zurückkehrt. Größere Segelschiffe äußerst selten, nur wenn vom Vizekönig bestellt, um Kohlen zu liefern. Gewöhnliche Verbindung mit Aden und Dschedda durch Saya's (Schiffe mit lateinischen Segeln von 20 bis 100 Tonnen). Davon kamen im Jahre 1864: aus Tschedda 68, aus Lohaiya 16, aus Hodaiba 19, aus Aden 21, aus Suakin 5.

### Einnahmen des Zollamts.

1) Für Import von Aden, 8 Proc. Steuer . . etwa 160,000 Fr.
2) Import vom Innern, 8 Proc. Steuer . . . „ 40,000 „
3) Export nach Aden, 5 Proc. Steuer . . . . „ 20,000 „
4) Export nach türkischen Häfen, 8 Proc. Steuer . „ 42,000 „

Summe der Einnahmen etwa 262,000 Fr.

Der Import von Dschedda, Suakin, Yemen kommt bereits versteuert an.

Die Steuer auf den Import vom Innern trifft nur einzelne Artikel, wie Butter, Honig, Kaffee, von denen man (sehr willkürlich) annimmt, daß sie alle in Massauwa verzehrt werden. Alle anderen Waaren können frei nach Massauwa importirt werden, zahlen aber, wenn von dort ausgeführt, die Export-Steuer. Aegypten behandelt nämlich Abessinien nicht als Ausland.

### Preise für Waarentransport.

1) Nach Dschedda kostet ein Sad Reis ¹/₁₀ Thaler*), ein Pad Strohmatten ¹/₈ Thaler, ein Pad Häute, Wachs, Butter, Perlmutter, Kaffee 1 Thaler. Andere Waaren von 1 bis 1¹/₂ Thlr. das Gepäckstück, gleichviel ob groß oder klein.

2) Nach Hodaida kostet ein Sad Reis ¹/₁₆ Thlr., ein großer Krug Butter ¹/₂ Thlr., ein Korb Durra ¹/₂ Thlr., andere Waaren ¹/₄ bis ¹/₂ Thlr.

3) nach Aden: wie nach Dschedda.

4) Nach Sualin: ein Pad Tuch, Zeuge, Stoffe 1 Thlr., andere Waaren ⁵/₈ bis ⁷/₈ Thlr.

### Gewichte.

Gewöhnliches Gewicht: Rotl (Pfund) wiegt 17 Maria-Theresien-Thaler. Der Maria-Theresien-Thaler wird so zur Pfundeintheilung, gleichsam zum Doppelloth, der Unze, nur daß 17 statt 16 auf ein Pfund gehen.

| | | |
|---|---|---|
| Die Okka beträgt . . . . . . . . | 2³/₄ | Rotl. |
| Der Cantar beträgt . . . . . . . | 100 | „ |
| Der Cantar-Sabaf beträgt . . . . . | 125 | „ |
| Die Farasla beträgt . . . . . . | 20 | „ |
| Die Mine beträgt . . . . . . . | 3 | „ |
| Der Bahar beträgt . . . . . . . | 360 | „ |

### Maße.

I. Längenmaße; von diesen giebt es drei:

1) das gewöhnliche Drâ oder 50 Centimeter,

2) das sogenannte Eisen-Drâ oder 55 Centimeter,

3) die Mibbel gleich 11 Drâ.

---

*) Oder sind immer Maria-Theresien-Thaler, ursprünglich à 2 Fl. 24 Kr., jetzt aber à 2 Fl. 31 Kr. rheinisch oder 1 Thlr. 8²/₃ Sgr. gerechnet. Der Curs dieser Thaler ist nämlich hier etwa 10 Kr. rheinisch, 2²/₃ Sgr., höher, als ihr Münzwerth.

II. Flüssigkeitsmaße:

Die Roba gleich 2 Flaschen von etwa ¼ Liter.

Acht Roba sind eine Methanna.

Eine Roba Butter muß 2²/₄ Roll wiegen.

III. Getreidemaße:

Die Rubil gleich ¼ türkische Kele.

110 Rubil gleich ein ägyptl. Arbeb.

120 Rubil sind eine Cuffa oder Zambil.

4 Zambil bilden ein Hamal.

Der Hamal ist die einheimische Tonne.

## Münze.

Diese ist die ägyptische, welche bekanntlich drei Währungen von Piaster hat, nämlich Tarif, Current-Silber und Current-Bronze, arabisch Sâch, Scherûl und Chorda. Als ich Aegypten (1871) verließ, standen diese drei Währungen in folgendem Verhältniß zu einander:

| | Tarif. | Current-Silber. | Bronze. |
|---|---|---|---|
| Fünf Franken galten . . . . | 19¼ (Piaster) | 38½ | 44 |
| Ein Maria-Theresien-Thaler gall | 20¼ „ | 42 | 50 |
| Ein Napoleon gall . . . . . | 77⁶/₄₀ „ | 154¹²/₄₀ | 175 |
| Ein Pfund Sterling in Gold . | 97½ „ | 195 | 220 |
| Ein ägyptisches Pfund . . . . | 100 „ | 200 | 230 |
| Ein türkisches Pfund . . . . | 87³/₄ „ | 175½ | 195? |

In Massaua kommt Tarif bei Post, Telegraph, Mauth und Dampfschiffen vor. Current-Silber ist fast unbekannt.

Bronze ist die allgemeine kleine Münze. In dieser Währung, wie überhaupt, haben hier jedoch nur Silberthaler Curs. Gold kommt nicht vor und nur bei öffentlichen Kassen nimmt man von Amtswegen die ägyptischen Pfunde. Der Maria-Theresien-Thaler, der zur Zeit etwas niedriger als in Aegypten, nämlich nur 47½ Piaster Bronze, statt 50, wie in Cairo, stand, ist die allgemeine Silbermünze. In diesen Thalern lassen sich die Kaufleute ihr Geld, Beamte, wenn sie können, ihren Gehalt kommen. Im Innern geht nichts anderes. Das ägyptische Bronze-Geld

wird schon zwei Stunden von Massauwa nicht mehr genommen. Mit
den Maria-Therefien-Thalern muß man sich in Acht nehmen. Es giebt
seit dem abeffinischen Feldzug viele nicht vollwichtige darunter. Die Einheimischen nehmen als Kriterium die Perlen der Krone. Wenn diese
nicht die volle Zahl, wie auf den alten, haben, werden die Thaler für
falsch erklärt.

## Fünfzehntes Capitel.

## Abessinisches in Massauwa.

Zustände in Habesch nach Theodors Fall. — Theodors Größe und Bedeutung. — Sein Wahnsinn. — Die jetzigen Machthaber. — Ihre Ohnmacht und Zersplitterung. — Aba Kaffa. — Mädchenraub. — Ein „Rebell" in Habesch. — Melonen von Hamasien. — Gefangene Fürsten. — Ein abessinischer Gesandter. — Mißbrauch der Gastfreundschaft. — Trunksucht der Abessinier. — Der Täbsch (Honigbier) und seine Bereitung. — Abessinische Frauen. — Ihre Vorzüge. — Ehe zwischen Deutschen und Abessiniern. — Der intentionelle Mörder Munzingers. — Seine Mitschuldigen. — Seine Freilassung. — Ein Verbrecher als Philosoph. — Nothwendigkeit der Bewaffnung in Habesch. — Unsicherheit des Landes. — Ein Franzose am Hofe Kaffa's. — Schimper. — Die Griechen in Adua. —

Ein Paar Ausflüge in der Umgegend von Massauwa nach Orten, die Andere beschrieben haben, hatte ich kaum für werth, hier geschildert zu werden. Lieber will ich des Interessantesten erwähnen, was Massauwa, meiner Ansicht nach, jedem Freund der Völkerbeschreibung bietet, nämlich die vielen Berührungen mit abessinischem Leben und Treiben, die, da sie meist mit den neuesten Zeitverhältnissen zusammenhängen, nicht „abgedroschen" sein können.

Ich setze die Kenntniß der abessinischen Völker voraus. Weniger kann ich dies von ihrer Gruppirung seit Theodors Fall. Dieser für Abessinien „große" Mann hatte die alte Reichseinheit wiederhergestellt, eine neue Aera eröffnet und versucht, Habesch in die Reihen der Culturstaaten einzuführen.

Es war anders bestimmt. Theodors Kampf und Ende erinnert mich an ein spanisches Stiergefecht. Wie dort der Stier erst durch die Chulos genedt, die Piccadores gestochen, die Banderilleros gereizt und durch Alle wüthend gemacht wird, ehe der Espada ihm den Todesstoß versetzt, so schickte auch Europa seine Consuln, Missionäre, Kaufleute, Abenteurer aus, um den königlichen Stier zu necken, zu quälen, zu beschimpfen, zu ärgern, bis er endlich in Wahnsinn gerieth. Dann kam der Hauptverfolger, England, und machte ihm den Garaus. Mancher andere wäre bei solcher Behandlung auch verrückt geworden. Eines Tages kommt ein Europäer, in voller Uniform, aber zugleich auch im Rausch, zu ihm, nennt ihn einen dirty nigger (schmutzigen Neger) und verlangt schließlich noch zehntausend Thaler von ihm. Ein andermal hört er, man habe ein Buch über ihn geschrieben, läßt sich daraus übersetzen und findet, daß ein von ihm stets gut behandelter Europäer die Geheimnisse seines Stammbaums veröffentlicht hat, die größte Beleidigung für ihn, denn dieser ist eben nicht sehr vornehm und er kennt nicht den Demokratenstolz, „Sohn seiner eigenen Werke" zu sein, sondern seine Politik will, daß man ihn für den Enkel Salomons halte. Das sind nur zwei Beispiele unter Hunderten. Daneben die religiösen Nergeleien, das Verdammen der Fasten und anderer von ihm hochgeachteter Glaubensartikel durch die Missionäre. Diese ewigen dogmatischen Streitigkeiten haben vielleicht neben der rücksichtslosen Behandlung von Seiten europäischer Regierungen am meisten dazu beigetragen, Theodor, der ein tiefreligiöses Gemüth hatte, verrückt zu machen. Er war keiner von jenen servilen Fürsten, die vor Europa's Macht kriechen, sondern er wollte als Gleicher mit Gleichen unterhandeln. Er hatte übrigens hohe Meinung von Europäern, glaubte an sie, und diese enttäuschten und beleidigten ihn, indem sie ihn ganz wie einen menschenfressenden Negerfürsten behandelten. Von ihm konnte man sagen:

What a noble mind is here o'erthrown.

„Wie groß die Kraft seines Geistes, wurde erst nach seinem Sturz recht deutlich. Abessinien fiel der Anarchie anheim, aus der nur er vermocht hatte, es herauszureißen. In diesem Lande findet sich jetzt keiner, der auch nur einen Funken von Theodors Geist hätte. Was ist Gobatye von Amhar, der sich durch den viel schwächeren Kassa von Tigré fangen läßt, und was ist Letzterer, der kurz vorher noch vor Gobatye zitterte? Was ist Menelek von Schoa, der als Theodors Gefangener den unterthänigen Sklaven spielte, und was die alte Mestiate, die Gallafürstin? Diese vier

ſind die Haupttheiler der Spolien Theodors. Aber neben ihnen tauchen
noch viele andere kleinere Führer auf, wie Melonen von Hamaſien und
wie jener verwegene Hauptrebell, Aba Kaiſi.

Aba Kaiſi iſt der Typus eines tollkühnen Räuberhauptmanns. Ich
hatte das Vergnügen, im Hauſe des Herrn Haſſen in Maſſauwa ſeinen
Schwager kennen zu lernen. Aba Kaiſi iſt nämlich mit einer Deutſchen
vermählt, d. h. Deutſche nur von Vatersſeite. Ihr Vater iſt der berühmte
Naturforſcher Schimper aus Mannheim, der unter Theodor zugleich mit
dem Deſſauer Zander die wichtigſten Poſten bekleidete und jetzt in Adua
lebt. Die Liebe Aba Kaiſis wäre würdig, in einem Räuberroman zu
figuriren. Wenn ich recht hörte, ſo hatte ſie weder die Einwilligung des
Vaters, noch auch anfangs die der Braut. Aber der „Räuber Jaromir“
iſt immer reizend für Mädchen. Eine „kühne That“ ſcheint ihn in Beſitz
ſeiner Liebe geſetzt zu haben.

Aba Kaiſi verlor zwar (December 1870) eine Schlacht gegen Melonen, aber trotzdem war er als Rebell ungleich größer, als dieſer, denn
Melonen war Rebell gegen Kaſſa und erkannte Gobaſye an; Aba Kaiſi
jedoch war Rebell gegen Kaſſa und Gobaſye zu gleicher Zeit, obgleich dieſe
beide Feinde waren. Er war das Ideal eines Rebellen..

Das Wort „Rebell“ ſteht überhaupt in Habeſch in Ehren. Wenn
man von einem Mann ſagen will, daß er großen Anhang und Einfluß
habe, ſo heißt es, er könne einen guten „Rebellen“ abgeben. So hörte ich
Abeſſinier von Munzinger, der viel Verbindungen in Habeſch hat, behaupten,
wenn er ſich als „Rebell“ aufthun wolle, würde er Erfolg haben. In
dieſem Lande der Anarchie iſt ja der Fürſt (wie Kaſſa, Gobaſye) auch
nichts, als ein zur Herrſchaft gelangter Rebell. Nur, ſeit er Fürſt iſt,
weiß man meiſt ſchon, daß er nicht viel taugt. Vom neuen Rebellen dagegen erwartet man ſich etwas. An ihn knüpfen ſich inſtinctive idealiſche
Hoffnungen und nicht immer mit Unrecht, wie Theodor bewies, der ja urſprüng-
lich auch „Rebell“ war. Darum ſtrömen die kriegsluſtigen, unabhängigen
Männer zu ihm. Er bildet ein Lager, ſetzt ſich. meiſt durch einen kühnen
Handſtreich in den Beſitz einer Provinz und tritt als Fürſt auf.

In vielen Fällen iſt der Rebell ein Dädſchadſch (General) und Statthalter einer Unterprovinz, der das Joch ſeines Lehnsherrn abſchüttelt oder
der Sohn eines ſolchen. So war es mit Melonen. Sein Vater war
Statthalter von Hamaſien, wurde von Kaſſa abgeſetzt und eingeſperrt.
Der neue Gouverneur konnte ſich jedoch nicht halten, da Melonen zu viel

Anhang hatte und die Provinz ſeines Vaters mit Gewalt behielt. Obgleich Hamaſien in Tigró liegt, ſo wählte er doch den ſehr entfernten
Gobaſye zu ſeinem Lehnsherrn. Als ich in Maſſauwa war, trafen grade
ſeine Geſchenke an die dortigen Autoritäten, meiſt Kühe, ein. Es iſt
nämlich üblich, beim Regierungsantritt die Oberhäupter der Nachbarländer
zu beſchenken.

Bei alledem blieb Melonens Vater Gefangener Kaſſa's. Gelegentlich
Gefangener zu ſein, gehört ſo zu ſagen zum Lebenslauf eines Däbſchadſch.
Es haben ſich ſogar beſtimmte Gebräuche in Verbindung mit dieſem Zu-
ſtand gebildet. Wird ein Vornehmer aus dem Gefängniß befreit, ſo muß er
pomphaft auftreten. Nur dann gelangt er wieder zu Anſehen und Anhang;
ſonſt geht er unter. Zu ſolchem Auftreten gehört eine prächtige Kleidung.
Herr Haſſen bekam, während ich ihn beſuchte, einen Brief von einem noch
gefangenen Däbſchadſch, der um einen goldgeſtickten Burnus (in Habeſch
Mantel der Vornehmen) bat, um ihn bei ſeiner Entlaſſung aus dem
Kerker zu tragen. Ohne dieſen hätte er „ſchlechte Figur" gemacht.

Auch ein abeſſiniſcher Geſandter fand ſich öfter bei uns ein, natürlich
ein „Alaka". Dies Wort kann Miniſter, Staatsſecretär u. ſ. w. bedeuten,
aber auch ein leerer Titel, wie etwa unſer „Geheimerath" ſein. Er war
nebenbei „Papas" (Prieſter), auch wie ein koptiſcher Geiſtlicher gekleidet,
aber nicht von ſehr geiſtlichen Manieren. Ohne Rauſch verging ſelten ein
Tag bei ihm. Seine Geſandtſchaft hatte zwar ein Ende, aber an die Heimkehr zu Gobaſye, ſeinem Fürſten, war einſtweilen nicht zu denken, da Kaſſa
ihn nicht durch Tigró gelaſſen hätte. Auf dem Wege von Suakin nach
Metamma hätte er freilich ungehindert reiſen können. Jedoch dieſer ſchlaue
Diplomat hatte grade den einzigen Heimweg gewählt, der eben verſtellt
war, den über Maſſauwa, und zwar wahrſcheinlich, weil ihm der Aufenthalt gefiel und nichts koſtete, denn er und ſein Troß von 10 Mann
lebten auf ägyptiſche Staatskoſten. Der Gouverneur von Maſſauwa
klagte mir zwar über die Unbeſcheidenheit des Geſandten, ſich ſo lange
füttern zu laſſen, aber er meinte zugleich, das könne noch ein Jahr ſo
fortdauern, ohne offiziell beanſtandet zu werden.

Für den Alaka war das Leben in Maſſauwa alſo eitel Gewinn.
Ein abeſſiniſcher Geſandter bekommt weder Gehalt, noch Diäten, ſondern
iſt auf Gaſtfreundſchaft angewieſen. Findet er nun eine ſolche, wie die des
Khedive, ſo iſt das gegen die Aermlichkeit, der er zu Hauſe entgegengeht,
üppiges Wohlleben.

Der Allala mußte, ſo oft er zu uns kam, mit Cognac tractirt werden. Deshalb machte er ſo viele Beſuche. Ueberhaupt iſt das Trinken ein Fehler der Abeſſinier. Wie gut kannte Mohammed die Bewohner dieſer Zonen, daß er ihnen den Wein ganz unterſagte. Denn ein mäßiges Trinken iſt in dieſen Ländern gradezu unbekannt. Für orientaliſche Chriſten wäre ein Weinverbot ebenſo heilſam, wie bei den Moslems.

Im Hauſe des Herrn Haſſen bereitete man das abeſſiniſche landesübliche Getränk, Täbſch genannt, eine Art Honigbier. Die Bereitung iſt ſehr einfach. Man miſcht eine Quantität Honig mit der zehnfachen Menge Waſſer und läßt dies drei Tage beim Feuer oder im Sonnenbrand ſtehen, ehe man die würzenden Kräuter beigiebt. Hat man letztere hineingethan, ſo ſetzt man die Miſchung abermals drei Tage der Hitze aus. Der Täbſch iſt dann ſchon genießbar und ſchmeckt wie leicht ſchäumender Moſt. Je älter er wird, deſto berauſchender, aber auch bitterer. Als Moſt fand ich dies Getränk, wenn richtig gewürzt, ſehr angenehm und ziehe es jedem ordinären Weine und Biere vor. Es iſt wirklich wie ein leichter Champagner, ſprengt auch ganz wie dieſer die Flaſchen. Die Abeſſinier aber trinken den Täbſch lieber alt, weil er nur dann berauſcht. Es kommt übrigens ſehr auf die beigegebenen Kräuter an. Deren ſind vier die üblicheren und jedes giebt dem Täbſch einen andern Geſchmack. Man mengt nämlich nur ſelten zwei Kräuterarten zugleich dem Täbſch bei. Das ordinärſte Kraut heißt Zollo*) und giebt den gewöhnlichen Täbſch, der auch in Maſſauwa öffentlich verkauft wird und ziemlich fade ſchmeckt, etwa wie ſchlechter Apfelwein. Giſcho iſt etwas beſſer als Zollo, aber auch nichts Beſonderes. Die zweitbeſte Würze bietet die Amira, ein Kraut, das auch merkwürdige antiſyphilitiſche Eigenſchaften hat. Es ſoll (ich verbürge das nicht) verjährte Syphilis in Form eines Ausſchlags heraustreiben und dann gelind heilen. Der beſte Täbſch, den ich trank, war mit Amira gewürzt. Für die erſte Qualität, die ich aber nie verſuchen konnte, gilt Mintſcheter, welche den Täbſch roth färbt. Nur von Giſcho nimmt man Blätter, von den drei anderen Arten die Wurzeln.**)

*) Die botaniſchen Namen dieſer Pflanzen konnte ich nicht entdecken, da ich nur die Wurzeln derſelben ſah.

**) Ich habe auch in Deutſchland Täbſch bereitet und er fiel ſehr trinkbar aus. Die Kräuter hatte ich mitgebracht.

Herr Haffen war ganz auf abessinische Weise eingerichtet. Die Küche ist sehr gepfeffert. Er hatte sich aber daran gewöhnt; mir war sie anfangs ungenießbar. Fleischspeisen bilden fast die einzige Kost. Er sowohl wie Munzinger und noch ein anderer hiesiger Europäer, waren mit Abessinierinnen verheirathet. Diese Frauen sind dem Europäer stets sympathisch, von sanften angenehmen Sitten, vielem natürlichem und bescheidenem Anstand. Der Ruf ihrer großen Schönheit scheint mir nicht gerechtfertigt, ebensowenig wie ich entschieden Häßliche sah. Der Reiz liegt mehr in ihrem ganzen Wesen, das sich so gut zum europäischen findet. Dies gilt übrigens mehr von den amharischen, als den Tigré-Frauen. Herrn Haffens Frau war (so wechselvoll sind hier die Schicksale) die Tochter Ubié's, der einst den Fürsten-, ja den Königstitel geführt hatte. Seit ihres Vaters Fall war sie verfolgt, verjagt, mit ihrer Mutter nach Massauwa gekommen. Sie war nicht mehr sehr jung, hatte aber etwas sehr Gewinnendes in ihrem stillen bescheidenen Wesen.

Wie groß die Anziehungskraft abessinischer Frauen, beweist unter Anderm der Umstand, daß ein junger Engländer, einst Theodor's Gefangener, jetzt freiwillig zu seiner schwarzen Frau nach Amhar zurückgekehrt ist. Man hat viel von ihrem lockeren Leben gesprochen. Daß solches oft geführt wird, ist unzweifelhaft, aber lediglich Schuld derjenigen Männer, welche die Frauen nur als Unterhaltung ansehen. Behandelt der Mann sie nicht als Spielball der Lust, sondern als Ehefrau, so wird die Abessinierin sich dieser Stellung stets würdig zeigen. Sie besitzt durchaus natürlichen Tact und Ehrgefühl.

Die Ehen zwischen Deutschen und Abessinierinnen sind oft glücklich und kinderreich. Schimper in Adua hat eine blühende Familie von großen und kleinen Kindern, bis zu dem jüngsten Zwillingspaar, das ihm in seinem (glaube ich) 75. Lebensjahre geboren wurde. Auch der verstorbene Zander hinterließ eine Nachkommenschaft, die jetzt in Massauwa lebt. Frau Zander war eine noch sehr jung aussehende Schwarze, obgleich sie schon eine verheirathete Tochter hatte. Letztere sah merkwürdig aus. Ihre Haut war zwar immer noch dunkel genug, ihr Haar aber schlicht, ein unfehlbares Zeichen europäischen Bluts. Dabei war sie so außerordentlich robust, stramm und für ihre Jugend wohlbeleibt, wie ich es nie bei einer echten Abessinierin sah. Ihr schwarzer Mann war ein Schatten neben ihr. Sie galt für eine Schönheit, wohl mehr nach türkischem Geschmack. Der kleine Zander, der grade Massauwa verließ, um mit der ihm vom Herzog von

Anhalt (ſeines Vaters Landesherrn) verliehenen Unterſtützung europäiſch
erzogen zu werden, trug noch mehr, als ſie, die Spuren deutſcher Abſtammung. Aber auch ſeine Erſcheinung bot mehr Seltſames, als Gefälliges.
Dieſe Miſchlinge mögen klüger ſein, als Abeſſinier; ſchöner ſind ſie nicht.

Frau Munzinger bekam ich nie in der Nähe und unverſchleiert zu
ſehen. Sie war nicht von Amhar, wie Frau Haſſen und Zander, ſondern
aus Bogos, fünf Tage von Maſſauwa. Dort ſcheint die Berührung mit
moslemiſchen Elementen den Frauen größere Zurückgezogenheit aufzuerlegen.
Auch ſie iſt nicht ſehr jung, aber wohlerhalten, und, wie man mir ſagte, von
großer Schönheit. Sie hatte einen Sohn erſter Ehe, der ein faſt grie-
chiſches Profil, in's Schwarze überſetzt, zeigte. Ihre zweite Ehe war noch
kinderlos. Sie ſoll große Fähigkeiten und ſprachliche Kenntniſſe beſitzen.
Oft in unſeren linguiſtiſchen Unterſuchungen wurde an ſie, ungeſehen, ap-
pellirt und ihr Wort gab ſtets den richtigen Beſcheid.

Ich bin überzeugt, daß die Verheirathung mit einer Schwarzen in
dieſem Lande das Richtige iſt. Was eine Weiße leidet, bewies mir eine
unglückliche Miſſionärsgattin, Tochter eines ſchwediſchen Generals, die zwar
mit vieler Aufopferung ihre Verbannung trug, aber ein Bild der Verheerungen des Klimas darbot.

In Munzingers Hauſe machte ich eine andere merkwürdige Bekannt-
ſchaft, weniger erbaulicher Natur, nämlich diejenige ſeines Mörders, oder
vielmehr, da der beabſichtigte Mord ja nicht gelang, die ſeines Verwun-
ders. Dies war ein gewiſſer Johannes Tellar, Schwager des ſeitdem
verſtorbenen Pater Stella, eines italieniſchen Miſſionärs, den die Abeſſinier
„Abuna Johannes" nannten. Zur Ehre der katholiſchen Miſſion muß ich
übrigens ſagen, daß dieſer Pater ein Abtrünniger war. Er und ein
gewiſſer Emmnetu, ebenfalls ein abtrünniger Geiſtlicher (geborner Abeſſinier),
der, je nach Bedürfniß, bald katholiſch, bald wieder ſchismatiſch wurde, ſollen
die That gebraut haben, deren Arm Johannes war. Der Grund war die
Eiferſucht auf Munzingers Stellung in Bogos, deſſen Statthalterſchaft
ihm Naſſa verliehen hatte, während früher hier Stella und Emmnetu un-
umſchränkt herrſchten. Religiöſe Beweggründe waren ganz außer Spiel, da
Munzinger, als Katholik und franzöſiſcher Conſul, ſtets die katholiſchen
Intereſſen verfocht.

Die Sache wurde übrigens vom Conſulat unterſucht, und die Schuld
der drei ermittelt. Stella's Tod befreite die Europäer vom Scandal,
Einen der Ihren verurtheilt zu ſehen. An ſeiner Schuld war wohl nicht

zu zweifeln. Er hatte gerade vorher in Massaua Pulver und Blei laufen lassen, mit Johannes conferirt und war dann nach Barta ins Innere gereist, um für seine Person ein Alibi zu haben. Als er vom Mißlingen erfuhr, wagte er nicht nach Keren zurückzukehren, sondern hielt sich in Scholett. Von dort schrieb er an Munzinger, er möge nicht an seine Schuld glauben. Und er war noch gar nicht angeklagt. Emmnetu und Johannes wurden von Kassa ausgeliefert, blieben erst im ägyptischen, dann im consularischen Gewahrsam. Emmnetu starb im Gefängniß. Johannes lebte noch, war aber krank und befand sich, als ich nach Massaua kam, in Munzinger's Erdgeschoß ganz unbelästigt, ohne Ketten, von dem gefültert, dessen Tod er beabsichtigt hatte. Munzinger war geneigt, ihn freizulassen. Rachegefühle waren ihm fern, und Johannes schien mehr Werkzeug als Urheber. Da traf zum Ueberfluß noch ein seltsamer Bescheid der französischen Regierung ein. Man legte an abessinische Verhältnisse den europäischen Maßstab an und verwies Johannes an das Tribunal seines eigenen Landesherrn, d. h. Kassa's. Nach Tigré sollte er also ausgeliefert werden, wo er natürlich tausend Gelegenheiten zu entschlüpfen hatte. Dieser Spruch klang wie Ironie. Munzinger entließ ihn übrigens sogleich, auf die Auslieferung verzichtend, die doch nur illusorisch gewesen wäre. Der elende Mensch wollte aber gar nicht fort. Er konnte, vom Scorbut zerfressen, nicht gehen, und hatte es im Gefängniß besser, als in der Freiheit, besonders da er mittellos war, denn die 30 Thaler, die man ihm für die Bluttat versprochen, hatte er nie bekommen.

Dieser Bösewicht war ein ganz umgänglicher und gar nicht ungebildeter Mensch. Er kannte die amharische Schriftsprache und vermochte über die beiden Tigré-Dialekte gute Auskunft zu geben. Er philosophirte manchmal über sein Verbrechen. Er unterschied fein zwischen den Motiven des Mords. Ein Mord aus Rache oder Haß schien ihm ein großes Verbrechen. Seine That dagegen behandelte er als ein Geschäft. Er hatte für den Schuß contractirt und mußte ihn leisten. Ein guter Geschäftsmann erfüllt seine Verbindlichkeiten. Hätte er's nicht übernommen, so hätte man den Verdienst einem Andern zugewendet, und er, als Schwager, hatte doch die nächsten Ansprüche. Sich selbst hielt er nur für ein „Opfer der Verhältnisse".

Es ist interessant, von einem Manne, der dem Tod so nah ins Angesicht sah, die Eindrücke zu hören, die er dabei hatte. Munzinger sagte mir, er habe anfangs gar nichts gefühlt, und doch hatte er drei Wunden

bekommen. Erst die Blutung bewog ihn zur Umkehr. Die schlimmste
Verwundung, durch eine in den Darm eingedrungene Kugel verursacht,
merkte er erst nach einer Stunde. Sie war schwer heilbar und, obgleich
eine Operation in Aden ihn sehr erleichterte, so leidet er doch noch von
ihren Folgen.

Das Schießen ist überhaupt in Habesch das tägliche Brod. Nur
Waffen vermögen Respect einzuflößen. Herr Hassen fragte mich einmal,
ob ich ins Innere gehen wolle und wie viel Gewehre ich habe? Ich besaß
nur zwei und Revolver. Dies war durchaus ungenügend. Er selbst, wenn
er reise, nehme 17 bis 18 gute Büchsen mit und lade jede einem hand-
festen Abessinier auf. Wer Verbindungen hat, findet in Massauwa immer leicht
einige zwanzig Kerle, die ohne Lohn, bloß ihrer eigenen Sicherheit wegen,
sich ihm auf der Reise anschließen, denen er Waffen leiht und auf die er
zählen kann, denn ihr eigenes Interesse bestimmt sie, treu zu sein. Je
größer die Gesellschaft, desto sicherer die Reise.

Es ist in dieser Beziehung hier ganz anders, als in Arabien. Dort
muß man sich auf die Freundschaft der Stämme verlassen. Man bewaffnet
sich zwar auch, aber wehe dem, der von seinen Waffen gegen Menschen
Gebrauch machen muß! Er wird unfehlbar der Blutrache unterliegen. In
Habesch, dessen Bewohner nicht in Stämmen zusammenleben und auf die
Traditionen der Blutrache geringeren Nachdruck legen, zieht eine Tödtung
nicht solche furchtbaren Folgen nach sich. Da die Bevölkerung nicht einig
ist, so ist ein Trupp von zwanzig Bewaffneten hier schon eine Macht. In
Arabien dagegen ist es gar nicht gerathen, so zahlreich aufzutreten. Man
erregt nur Mißtrauen und man vermag doch nichts gegen einen Stamm,
denn der geringste kann immer 200 Krieger stellen und diese handeln wie
ein Mann dem Fremden gegenüber. In Arabien herrscht das Stammes-
recht, das Recht der stärkeren Gruppen, in Habesch das der stärkeren Individuen. Faustrecht in beiden Fällen, aber hier ein individuelles, dort
ein collectives Faustrecht.

Man kann sich heut zu Tage nicht mehr auf den Schutz eines abessinischen Fürsten verlassen, wie zu Theodor's Zeit, denn die meisten sind
ohnmächtig. Sogar in Kassa's Hauptstadt muß man sich selbst seiner
Haut wehren, namentlich seit die vielen Griechen da sind. Diese Leute
sind meist das schlimmste Gesindel. Spitzbuben und Bravos, die früher in
Cairo und Alexandrien ihr Unwesen trieben und bei denen ein Mord seinen
Tarif hat.

Ich lernte in Massauwa einen Franzosen kennen, der in Abua seßhaft war. Er war ein sehr geschickter Büchsenmacher und als solchen hatte ihn Kassa kommen lassen, ihm goldne Berge versprochen, zahlte ihn aber nicht. Außer ihm leben von Europäern dort noch Schimper, zwei deutsche Missionäre (stille Leute, die sich mehr auf das Verbreiten von Schriften beschränkten) und ein englischer „Oberst", den Kassa in seinen Dienst genommen hat. Dieser war in England nur Unteroffizier gewesen, hatte aber später im chinesischen Dienste höhere Chargen erlangt und führte jetzt in Abua ein sehr langweiliges Leben. Auch er wurde nicht bezahlt, sondern nur mit Täbsch und Victualien abgefunden. Kassa gewann aber durch das bloße Gerücht, daß ein englischer „Oberst" bei ihm sei, an Prästigium.

Er ist übrigens durchaus nicht im Auftrag der englischen Regierung dort; diese warnt vielmehr alle ihre Unterthanen, nach Abessinien zu gehen und erklärt ihnen, sie müßten dort ganz auf ihren Schutz verzichten. Sie will kein zweites Magdala mehr.

Von Schimper's Leben machte der Franzose eine interessante Beschreibung. Obgleich er aus Europa fast nichts bezieht, so ist er dennoch ganz europäisch eingerichtet, da er es versteht, sich die meisten Utensilien und Möbel selbst zu machen. Trotz seines hohen Alters arbeitet er den ganzen Tag und verweist alle Besuche auf den Abend. Dann soll er aber desto unterhaltender sein. Zu Kassa hat er fast keine Beziehungen. Er hat schon vor vielen Jahren die Kartoffelcultur im Lande eingeführt, und die dankbaren Bauern bringen ihm alljährlich viele Säcke davon, in dem gemüselosen Lande keine geringe Annehmlichkeit. Vor Kurzem hatte ihm Jemand einen schlimmen Streich gespielt, nämlich eine Glocke, die Schimper für sein Geld in Europa bestellt hatte, in Empfang genommen und an Kassa geschenkt. Das war allerdings auch Schimper's Absicht gewesen. Aber nun machte sich ein Anderer mit seinem Geschenk Freunde.

Die große Klage war über die Griechen. Diese haben Abua schon ganz unsicher gemacht. Früher hörte man dort selten von Diebstählen, jetzt sind sie das tägliche Brod. Diese Leute schaden auch dem Handel sehr. Kassa gestattet nämlich Europäern zollfreie Einfuhr. Nun lassen sich die Griechen für Geld herbei, Waaren der Einheimischen am Zollhaus für die ihren auszugeben. Kassa verliert dadurch viel und das Ende wird sein, daß er jene Steuerfreiheit aufhebt und alle Europäer darunter leiden. Jetzt hat Allala Buru, Kassa's Gesandter, aus Aegypten noch eine neue

9*

Labung Griechen (man spricht von hundert!) mitgebracht.  Gott weiß,
welche Zustände diese herbeiführen werden!  Diese Leute kommen alle in der
Meinung her, Abessinien sei ein reiches Land.  Baar Geld ist indeß entsetzlich rar.  Sie haben freilich keine Scrupel es sich auch widerrechtlich zu
verschaffen.  Aber trotzdem ist noch keiner dort reich geworden.  Es ist
eben nichts zu holen.

Eine andere abessinische Bekanntschaft war die eines Eunuchen, der
früher Sklave des Abúna Saláma, des abessinischen Bischofs, gewesen
war.  Er bot eine eigenthümliche Erscheinung.  Die Natur hatte ihn
offenbar zu einem der größten und kräftigsten Männer bestimmt.  Sein
Knochenbau war kolossal.  Aber auf diesem riesigen Körper saß ein Kinder-
gesicht.  Das Eunuchenthum giebt nämlich, so lange der Mensch noch jung
ist, ein fast knabenhaftes Aussehen.  Weibisch war er gar nicht, wie sonst
viele Eunuchen.  Von seinem verstorbenen Herrn sprach er mit großer
Verehrung.  Dann sagte er nie Abuna (unser Vater), sondern Abúni
(mein Vater), was einen ganz andern Sinn giebt.  Das erste ist Titel,
das zweite kindlicher Gefühlsausdruck.  Er hatte Theodor's letzte Wahnsinns-
periode an dessen Hofe erlebt und erzählte mit Schauderhaftes von den
Verstümmelungen, Hinrichtungen, welche dieser unglückliche Fürst in seiner
Tobsucht (man kann es kaum anders nennen) befahl.  Am liebsten aber
hatte sich seinem Gemüth eine andere Scene eingeprägt.  Er war nämlich
Zeuge, wie Theodor den Abúna zu Boden warf und auf ihm herumtrat.
Dies nahm er ihm am meisten übel.  Uebrigens sprach er sonst nicht
schlecht von Theodor.  Ueberhaupt habe ich keinen Abessinier gefunden, der
dies that.  Seine Grausamkeiten waren Thatsachen, die Niemand leugnete,
jedoch man schrieb sie dem Wahnsinn zu.  Sonst aber waren Alle ohne
Ausnahme seines Lobes voll.  Auch Engländer, einst seine Gefangenen, hörte
ich sagen, es sei nicht zu leugnen, daß Theodor für sein Land „ein großer
Mann" gewesen sei.

# Rothes und Arabisches Meer.

## Sechszehntes Capitel.

## Segelfahrt von Massauwa nach Aden.

Der „Westward Ho" war ein schönes großes englisches Segelschiff von 600 Registertonnen, konnte aber über 1000 tragen. Er war in Folge einer ungeschickten Verwaltungsmaßregel der „Compagnie Azizire", die bekanntlich nur aus dem Khedive besteht, nach Massauwa gekommen. Man hatte nämlich Kohlen für das hiesige Depôt bestellt, ohne zu fragen, ob es nicht schon zu viele habe. Der „Westward Ho" führte ihm nun so viele zu, daß bei der schlechten Beschaffenheit des Verwahrungsorts mindestens einem Drittel sicherer Schaden prophezeit werden konnte. Doch das kümmerte weder die ägyptische Regierung, die gewohnt ist, ihr Geld zum Fenster hinauszuwerfen, noch natürlich den „Westward Ho", der nur einen Auftrag erledigte.

Da an Rückfracht in Massauwa nicht zu denken, so ging das Schiff

im Ballast nach Ostindien, sie dort zu holen. Ich fand also eine Gelegenheit nach Aden zu kommen, sicher, wenn auch langsam, denn der Wind
dahin ist im Winter stets conträr. Aber bald wäre sie mir entschlüpft.
Der Capitän wollte nämlich gar nicht recht daran. Es war eine ächte
Theerjacke, die Passagiere bekanntlich nicht liebt. Schließlich meinte er,
wenn er doch einmal so ein Landgewächs mitnehmen solle, so müsse auch
etwas dabei herausschauen. Er verlangte also etwa das Dreifache eines Dampf-
schifftarifs. Munzinger war so gütig, mit ihm zu handeln, und so ging
er endlich von seinen 20 Pfund auf 16 mit, und 10 ohne Kost herab.
Ich zog letzteres vor, da Abdulmedschid kochte, der Proviant, hauptsächlich
aus lebenden Thieren, d. h. Lämmern und Geflügel bestehend, in Massauwa
billig war und ich nicht auf Salzfleisch angewiesen sein wollte. — Die
Kost auf solchen Segelschiffen ist uneßbar. Lieber arabisches Brod und
Datteln, als dieses ewige „Gsellige". Dazu der Schiffszwieback mit dem
ominösen Beigeschmack und dem „muffigen" Geruch.

Ich bewohnte während der 20 Tage dieser langsamen Fahrt eine
schöne große Cajüte, zusammen mit einem Malteser Jüngling, der irgend
etwas, aber nichts Nützliches auf dem Schiffe war. Man nannte ihn
Dragoman. Dies Amt konnte er natürlich nur in Hafenorten verwalten,
denn auf dem Schiffe sprach Alles eine und dieselbe Sprache. Er war ein
Handelsgenie, hatte in Massauwa eine Unzahl unbequemer Waffen gekauft, die
stets umher rollten, mein Leben gefährdend; außerdem auch noch eine Brut-
henne, die er einmal später in Aegypten theuer zu verkaufen hoffte, da
dort nur das künstliche Brutsystem bekannt ist. Ihre 20 Küchlein wurden
natürlich schon in der ersten Nacht von den Ratten gefressen. Denn Ratten hat jedes Segelschiff. Das Umherrollen war überhaupt unsere einzige
Unterhaltung. In unserer Cajüte war nämlich nichts nagelfest. Alles
rollte, Betten, Tische, Stühle, Koffer, sogar ein fürchterlich großes Rumfaß. Dies drohte mir oft den Garaus zu machen. Je stürmischer die
Nacht, desto öfter rolle es auf mich, oder ich sammt meinem Bett rolle
zu ihm und es fiel dann über mich.

Ich bekam hier einen ganz eigenen Blick in die Personalverhältnisse
auf modernen englischen Seglern. Ich war anfangs sehr erstaunt, daß
das Personal vorwiegend aus „Boys" (Schiffsjungen) bestand. Der Capitän erklärte mir dies.

„Unsere Firma," sagte er, „ist sehr für die „Boys", ich aber gar
nicht. Sie wissen nichts, kennen nicht die Namen der Taue, man muß

sie jedesmal instruiren, so oft das Schiff „umgedreht" wird. Aber für die Firma ist es ein gutes Geschäft. Die Matrosen verlangen Gehalt, die „Boys" aber zahlen noch. Ich habe neun Stück hier, die jeder 60 Pfund Sterling Lehrgeld zahlen; ein zehnter sogar, der als erster Classpassagier behandelt wird und am Capitänstisch ißt, hat 140 Pfund gezahlt."

Ich erinnerte den Capitän an die Parlamentsacte, wonach jeder Seemann, selbst der Cajütenjunge Gehalt bekommen muß.

„O was das betrifft," sagte der Capitän, „so sind wir vollkommen in der Regel. Jeder von unseren zehn Boys bekommt seinen Schilling (10 Sgr.) monatlich."

Diesen „Boys" sah man allerdings nicht an, daß sie wohlhabender Leute Kinder waren. Nichts ist schauderhafter, als die Alltagserscheinung eines Kauffahrermatrosen und die der „Boys" war nicht besser. Aber jeder besaß für Festanlässe eine Uniform, worin er wie ein Seecadett in Gala erschien, die indeß nur in den seltenen Fällen hervorkam, wenn der Capitän einen Ausgang gestattete, was er sehr ungern that. Meist kam dann die ganze Gesellschaft, selbst die zwölfjährigen Jungen, elend krank von Branntwein und anderen Genüssen auf's Schiff zurück und war einige Tage nicht zu brauchen.

Noch ärger waren freilich die erwachsenen Matrosen, deren wir jedoch außer dem Zimmermann nur fünf hatten. Von der sprichwörtlichen englischen Rettigkeit, Reinlichkeit, Feinheit, ja oft selbst von der Moralität (manche Matrosen „annectiren" gern) muß man bei gemeinen Seeleuten ganz absehen.

Ein interessantes Exemplar war der „Doctor", so nennt man den Koch auf englischen Schiffen. Er verstand sich gut auf Rumpudbinge, noch besser auf den Rum selbst. Am Rumfaß, das „meine Träume beschützte", hatte er ganz unten ein geheimes Extra-Spundloch angebracht, an dem ich ihn oft in nächtlicher Stille, wenn ich aus dem Schlaf erwachte, saugend fand. Ich verrieth ihn natürlich nicht, freute mich sogar, daß das Ungeheuer von Rumfaß leichter wurde.

Die Officiere hatten dieselben Stufen durchgemacht, sich aber in jeder Beziehung emporgearbeitet, und sogar eine gewisse Bildung errungen. Der Capitän, der, wie er mir selbst sagte, seine Carriere als Küchen- und Cajütenjunge begonnen, setzte mich manchmal durch seine Belesenheit in Erstaunen, die sich nicht auf die Sensationsromane des Tags beschränkte.

Es waren Leute, mit denen sich's gut verkehrte, immer zum Spaß aufgelegt. Namentlich der Malteser mußte oft als Zielscheibe ihres Scherzes dienen.

Wie das Personal, so boten auch die Schiffstheile ihren Contrast dar. Des Capitäns und unsere Seite war reinlich und nett gehalten, der Rest ein Schweinstall im buchstäblichen Sinne, denn der Capitän erzog hier eine kleine Heerde, die er als Spanferkel von England mitgenommen hatte und die bei den Küchenabfällen sehr gedieh, aber natürlich den Schiffsvordertheil unbewohnbar machte.

Eine wichtige Person war der Pilot, ein Araber aus Dschedda, der aber, wie es sich auf der Fahrt herausstellte, die Küsten weniger kannte, als den Mittelweg von Aden nach Suez. Seinen Mangel an Kenntniß ersetzte er durch Angst. Gefahr litt man nicht mit ihm, denn er sah überall Klippen, auch wo keine waren, und warnte vor ihnen. Um sich eine Kennermiene zu geben, stieg er oft auf den Mastbaum und verkündete eine Untiefe oder Klippe, die er zu sehen vorgab. Anfangs biß der Capitän auf diesen Zopf an. Aber der Pilot verrieth sich, indem er doch ein Bischen zu dick auftrug. Einmal behauptete er nämlich, vier Meilen vor uns eine Insel zu sehen, sagte auch ihren Namen. Als man die Karte befragte, fand sich, daß dieser Name einer Sandbank, die allerdings hier vorhanden war, gehörte, die aber fünf Faden unter Wasser lag! Und diese hatte der Pilot „von fern gesehen!" Seitdem war's mit seiner Autorität vorbei.

Der Capitän unterließ deshalb hinfort das nächtliche Ankern, wozu ihn anfangs die Angst des Piloten bewogen hatte und das uns viel Zeit raubte. Von nun an wurde der Pilot zur Cassandra. Jede Nacht prophezeite er Schiffbruch und sein drittes Wort war „wir sind verloren". Als wir heil nach Aden kamen, schien er's ordentlich zu bedauern. Er war ein „Wunder Gottes", der Capitän aber hätte verdient, Schiffbruch zu leiden.

Eine noch pessimistischere Seele war sein Lehrling, übrigens gerade so alt, wie er, d. h. einige fünfzig, der die Geheimnisse des Pilotenthums studierte, aber ein schlechter Schüler, denn er durchfurchte schon seit seiner Jugend das Rothe Meer, ohne es zum Piloten gebracht zu haben. Viele arabische Piloten schleppen ein solches Anhängsel mit sich, um nicht unter „Christenhunden" allein zu sein. Dieser rief bei jeder Windveränderung den großen „Aiderûs", den Heiligen von Aden, an und gelobte so oft ein Schaf zu schlachten, daß er einem Martl hätte auflaufen müssen.

Eigenthümlich waren die Familienverhältnisse des Piloten, die er oft mit Stolz auseinandersetzte. Er hatte an drei verschiedenen Orten Harems, die nichts von einander wußten. Die Zahl seiner Frauen übertraf weit die vier. Doch das war nur für die Hauptstationen. In Nebenhäfen, wie Suakin, Massaawa, besaß er nur „Geliebte", von denen er mit Entzücken sprach. Seine Einnahmen, obgleich sehr hoch für einen Araber, genügten nicht bei diesem Weiberreichthum. In jedem Hafen erwartete ihn ein Heer von Gläubigern, so daß er zwar froh war, anzukommen, um seine Frauen zu sehen, aber mit Freuden sich bald wieder verbarg, um den Gläubigern zu entfliehen. Diese ließen ihn nie fort, ohne sein Lootsengeld, das im Voraus gezahlt wird, empfangen zu haben. So war er stets ohne Geld, aber doch stets guter Laune.

Das Pilotenthum ist hier einträglich. Die Postdampfer haben meist Lootsen im Monatlohn zu acht bis zwölf Pfund Sterling. Bessere Geschäfte machen jedoch die Lootsen, die sich nur für eine Reise verdingen. Unser Pilot bekam 25 Pfund Sterling für die Fahrt von Suez nach Aden. Bis jetzt fand man fast nur Araber für diesen Dienst. In neuester Zeit aber haben auch Engländer sich damit befaßt. Ich kannte einen, der zwischen Suez und Aden fuhr, aber stets nur „für die Tour", nicht auf Zeitlohn, und auf seine 20 Pfund Sterling per Monat bei guter Verpflegung rechnen konnte. Er kannte das Rothe Meer ungleich besser, als die meisten Araber. Daß ein geschickter Capitän mit guten Karten allenfalls einen Lootsen entbehren kann, beweist unser Fall, denn der unserige richtete nur Verwirrung an. Der Capitän wußte das Richtige stets ohne ihn und sehr oft gab der Pilot das Falsche an.

Wir kamen sehr langsam vom Fleck. Im Archipel von Dahlak war es fast windstill. Nachts mußte hier stets geankert werden, oft auch bei Tage, wenn Windstille bei ungünstiger Strömung eintrat. Kam dann ein günstiger Wind, so hatte er sich gewöhnlich schon wieder gelegt, wenn man mit Ankerlichten fertig war, denn dies dauerte oft anderthalb Stunden. Selbst der kleinste Anker nahm bei der Geringzähligkeit des Personals eine Stunde in Anspruch.

Nach vier Tagen waren wir noch nicht über die Insel Dahlak hinausgekommen. Sie ist so flach, daß man sie kaum gewahrt und erinnerte mich an Dscherbe in der kleinen Syrte. Die anderen Inseln, wie Asäler, Hawakil, Omm Saharig sind meist felsig und bieten in Folge einer optischen Täuschung von fern das Bild riesiger Pilze oder Schirme. Die

„Boys" erklärten sie für „Bäume" und viele der Klippen sahen auch wirklich oft täuschend so aus.

Kaum aus dem Archipel heraus, fanden wir den in dieser Jahreszeit beständigen Gegenwind, denn der aus dem Indischen Ocean kommende Nordost-Monsun bricht sich bei Bäb el Mandeb und dringt als Süd bis über die Breite von Massauwa. Er trat so heftig auf, daß wir die höheren Segel nicht aufspannen konnten. Gegen diesen Wind, der gewöhnlich nach Mitternacht am stärksten, oft als wahrer Sturm wüthete, und nur um Sonnenuntergang etwas schwächer wurde, mußten wir nun zehn Tage lang ankreuzen, bis Bäb el Mandeb erreicht wurde. Stets ging's von der afrikanischen Seite auf die arabische und wieder zurück. Anfangs dauerte eine Schwenkung zehn Stunden; morgens sahen wir die weißen Häuser von Hodalda ganz deutlich vor uns, Abends wieder die Berge Ostafrikas. Wir segelten sehr geschwind, oft 7 Meilen in der Stunde, aber wir kamen höchstens 1 Meile wirklich vorwärts.

In der Gegend von Zugur hatten wir eine Ueberraschung. Der Südwind legte sich und ein bisher von uns noch nicht erfahrener Landwind trieb uns günstig weiter. Aber diese Freude dauerte kaum eine Stunde. Dann wieder Windstille und darauf von Neuem die Windsbraut aus Süd. Diese Insel und den Gebel Harnisch konnten wir vier Tage nicht aus dem Gesicht verlieren. Wir kamen ihnen sehr nahe und konnten genau die Pflanzen unterscheiden. Die Inseln sind unbewohnt, aber nicht unbesucht, wie einige arabische Boote, die dort hielten, zeigten.

Alles rieth dem Capitän in Mochâ einzulaufen, um den temporären Umschlag des Monsun abzuwarten, der bevorstehen sollte. Der Südwind wird nämlich oft um die Zeit des Mondwechsels vom Nordwind abgelöst, der dann einige Tage anhält. Aber die alte Theerjacke wollte nicht. Alle Capitäne vermeiden, soviel sie können, die Häfen. Diesmal gab ihm übrigens der Wind Recht, der trotz des Mondwechsels nicht umschlug, sondern noch gerade so heftig gegen uns segte, wie vorher. Ich erfuhr später in Aden, daß beim folgenden Wechsel der Umschlag desto heftiger erfolgt sei, und im sogenannten Hafen von Schêch Sa'id große Verwüstung angerichtet habe.

Je näher wir Bäb el Mandeb kamen, desto heftiger wurde zwar der Wind, aber die Bewegung des Meeres war nicht mehr die frühere, sondern auf diesem beschränkten Raume nur die eines aufgeregten Landsees. Wir athmeten auf und genossen diese letzten Kreuzfahrten sehr. Nun wurde das Schiff jede Stunde, zuletzt jede halbe Stunde „umgedreht". Wohl zwanzig Mal trieb uns unser Kreuzweg in die nächste Nähe von Schéch Sa'id, jener französischen Niederlassung am kleinen Canal von Bâb el Mandeb, der Insel Perim gegenüber. Einige abgetakelte Kauffahrer lagen davor, die als Magazine dienten. Andere Schiffe fehlten. Erstere sollen einen Monat später im sogenannten Hafen*) Schiffbruch leiden und dessen Prästigium gänzlich zerstören. Es ist eben nur ein Monsunhafen; d. h. die Schiffe können bald rechts, bald links vor der schützenden Landspitze dem jedes Mal herrschenden Winde trotzen. Tritt aber der Umschlag plötzlich ein, so sind sie verloren.

Bei Schéch Sa'id sieht der kleine Canal (zwischen Arabien und Perim) recht stattlich aus. Er ist aber nur 5 bis 6 Seemeilen breit, für Kreuz- fahrten zu wenig. Die Insel Perim bietet ein trostloses Bild. Sie hat einen Leuchtthurm und einige Baracken, in denen ein Officier mit 40 Se- poys lebt. Kein Baum, kein genießbares Kraut wächst hier. Die Meer- enge ist viel breiter, als ihr klippenfreier Raum. Die sogenannten „Brü- der", eine Menge Felsen und Inseln, unter denen acht größere, verengen sehr denselben. Es war nicht leicht hinauszulaviren. Wohl sechs Mal setzten wir von der afrikanischen Seite aus an, aber kamen stets nur bis zur Nordspitze von Perim. Dann nochmals zurück bis an die tafelför- migen Berge Oftafrilas. Erst als um 4½ Uhr Nachmittags die hier periodisch wechselnde Strömung uns günstig wurde, fuhren wir von Nord- west nach Südost, in einem Zug (ohne weitere Kreuzung) durch die Meerenge.

In dem nun erreichten Golf von Aden waren die Windverhältnisse ganz andere. Der Südwind schlug in Südost um, mit dem wir anfangs gut vorankamen. Bald aber trat Windstille ein und der „Westward Ho" ruhte nun 24 Stunden wie ein „gemaltes Schiff auf gemaltem Meer". Dann schwacher conträrer Wind, unter dem aufgekreuzt wurde, wieder von Asien nach Afrika und zurück.

Am dritten Tag nach Bâb el Mandeb erreichten wir Râs 'Ara, den südlichsten Punkt Arabiens. Dies Cap ist ganz flach, also kein Vorgebirge, im Innern eine zackige Felsenmasse. Dann das große Gebirge Gebel Charaz und der sattelförmige Gebel Da'u. Hier schienen wir abermals

---

*) Von Schéch Sa'id ist bei Erwähnung des hier wohnenden Stammes, der Hakml, ausführlicher die Rede.

wie festgebannt, denn wohl drei Tage lang sahen wir diesen seltsamen
Basaltberg, dessen Rücken schwarz, dessen Abhänge aber ganz mit vom
Winde aufgepeitschten Meeressand bedeckt sind. Die lange flache Küstenstrecke, welche ihm folgte, behielten wir nicht lange in Sicht. Der Wind
wurde günstig und wir waren bald zwischen Gebel Hasan und Gebel
Schamscham, den zwei Thorpfeilern des Busens von Aden. Ein Theil
vom Gebel Hasan heißt „Eselsohren", nämlich zwei von den zahllosen
Felsspitzen, deren Form an solche erinnert. Aber die „Eselsohren" sind
kein Gebirge, nicht einmal einzelne Berge, wie ich das schon gelesen habe,
sondern eben nur Felsspitzen des Gebel Hasan.

Vor der Einfahrt in die Rhede kam uns ein alter Indier entgegen,
der Pilot des Hafens, der nun die Leitung des Schiffes übernahm. Er
war ein vollkommener Seemann, englisch geschult, und commandirte das
Schiff gerade wie sein eigenes, zur Ueberraschung des Capitäns, der sich
auf einmal sehr klein fühlte und das einem „Native" *) (Eingeborenen)
gegenüber. Um seine Autorität zu behaupten, blieb ihm nichts übrig, als
alle Commandoworte des Indiers noch lauter zu wiederholen. So wurde
der Schein gerettet, daß die Matrosen ihm gehorchten. Unser Pilot war
plötzlich zu einer „Null" geworden.

Wir bekamen gleich sehr viel Besuch und zwar charakteristischen, der
uns recht nahe legte, daß Aden politisch zum englischen Ostindien gehört.
Vor Allen ein Raubvogelgesicht, der nie fehlende Parsi. Sein charak-
teristisches Geschlecht ist unten näher zu schildern. Dieser war Schiffs-
makler, sprach geläufig englisch und fing gleich mit dem Capitän ein Gespräch über Talg an. Unser Capitän biß aber nicht an. Die Preise des
Parsi waren denn doch zu raubvogelartig. Dann kamen die Banianen
(indische Kaufmannskaste), die Kohlen kaufen wollten. Zu meinem Erstaunen erfuhr ich nun, daß der Capitän in Massauwa nur die Hälfte
seiner Fracht gelassen hatte. Die dortigen Autoritäten hatten nämlich
einen Theil der zu liefernden Kohlen wieder an den Capitän (versteht sich
billiger) verkauft. Alle Theile gewannen hierbei, der Capitän, wie die
Autoritäten, die natürlich das Geld einsteckten, und selbst die Regierung,
die schließlich Alles zahlte, verlor nicht, denn die Kohlen wären in Mas-

---

*) Die Engländer nennen oft sehr unlogisch alle Orientalen schlechtweg „Na-
tives", gleichviel wo sie getroffen werden, z. B. einen Indier in Arabien, einen
Araber in Zanzibar u. s. w.

sauwa doch zu Grunde gegangen, da das Depôt zu schlecht war. Solche
Privatgeschäfte machen die Capitäne oft. Nur dadurch haben sie Ersatz
für ihre Plage mit der Instruction der allzuvielen „Boys", welche die hab-
süchtige Firma ihnen aufbürdet, denn ihr Gehalt ist sehr gering. Der
unserige bekam nur 10 Pfund Sterling monatlich.

# Südarabien.

## Siebzehntes Capitel.

## Leben in Aden.

Stadt und Hafen. — Steiler Landweg. — Gasthöfe am Hafen. — Der Parsi. — Ein ehrlicher Photograph. — Unterkommen in der Stadt. — Europäische Kaufleute. — Ein jugendlicher Schuldenmacher. — Häuser in Aden. — Klimatisches. — Krankheiten. — Keuchhusten. — Sonnenstich. — Scorpione. — Heilung des Stichs. — Ausstattung der Häuser. — Wohnung im arabischen Viertel. — Wohlfeilheit des Lebens. — Lebensmittel. — Engländer in Aden. — Lebensweise der Officiere. — Luxus der Vornehmen. — Punkahs. — Englische Kirche. — Der Padre. — Gefälschte Inschriften. — Seltsame Trauung. — Damengesellschaft in Aden.

Die Engländer begreifen unter dem Namen „Aden" nicht die Stadt, sondern die ganze Besitzung. Die Stadt heißt „Camp" (Lager), weil zur Zeit der Besitzergreifung hier ein Lager aufgeschlagen werden mußte, denn die damalige arabische Stadt war so zusammengeschrumpft, daß sie die Truppen nicht beherbergen konnte. Der Hafen heißt „Steamer Point" (Dampfschiffsspitze), gewöhnlich schlechtweg „Point" (Spitze) genannt. Man wird gefragt: „Wohnen Sie im Lager oder bei der Spitze?" Kein Mensch sagt: „Ich wohne in Aden." Der Ausdruck wäre zu unbestimmt. Die Araber dagegen nennen die Stadt „Aden", wie sie von Alters her hieß und wie es auch richtig ist. Ihr Hafen ist nicht in „Point", sondern bei einem Orte, „Mehalla" genannt, wo die Saya's (einheimische Boote) anlegen.

Die Spitze und Mehalla liegen beide auf der Ost-, die Stadt auf der Westseite der Halbinsel. Der Weg von „Point" nach „Camp" ist steil und etwa 6 engl. Meilen lang. Großer Mißbrauch herrscht bezüglich des Fahrgeldes der Landungsbarken und Droschken. Tarife existiren wohl, die Leute fordern aber eigentlich, was sie wollen. Der Tarif ist übrigens an und für sich schon sehr hoch. Die Droschkenfahrt vom Hafen nach der Stadt ist zu 3 Rupien (2 Thlr.) festgesetzt. Sie dauert etwa eine Stunde. Halbwegs kommt man durch ein Felsenthor, das Nachts geschlossen wird. Ohne specielle Erlaubniß vom Gouverneur kann man nach Sonnenuntergang nicht mehr in die Stadt. Kaufleute, die oft spät noch am Hafen zu thun haben, sind so gezwungen, auch dort ein Quartier zu besitzen.

Wer gar nichts zu thun hat, der thut besser in „Point" zu bleiben, wo die Luft kühler ist und ein Hôtel existirt. Dies wird von einem Parsi, der zugleich Kaufmann und Photograph ist, gehalten und ist gar nicht schlecht. Aber die Preise sind so phantastisch, daß man für's halbe Geld Haus halten kann. Nebenan liegt ein kleiner französischer Gasthof, gleichfalls von einem Photographen gehalten. Er ist auch nicht schlecht, aber beschränkt. Wer jedoch, wie ich, mit den Eingeborenen zu thun hat, der kann nur in der Stadt wohnen. In „Point" sieht er keine Araber, sondern könnte sich dort in England wähnen, wäre die Hitze nicht. Aehnlich ist's mit dem Kaufmann. Wer nur mit Seehandel zu thun hat, kann die Wohnung in der Stadt sparen. Wer von Eingeborenen kauft und an sie verkauft, der muß sein Hauptquartier im „Camp", ein Absteigequartier aber in „Point" haben. Ohne zwei Wohnungen wird er's kaum machen können, denn beim Parsi einzukehren ist keine angenehme Aussicht.

Ich nannte seine Preise „phantastisch", d. h. jeder Regel spottend. Man kann zwar auch mit ihm accordiren und dann scheint er billig. Aber er scheint nur so. Der Parsi hat keine Augen für den, der wenig zahlt. Er sieht ihn nicht, er ist ein „Nichts" für ihn, wird nicht bedient und muß jedes Mal eine Stunde lang fluchen, von der Küche zum Wirth und vom Wirth zur Küche laufen, wenn er das accordirte Mittagessen bekommen will. Zahlung findet im Voraus statt und der Parsi ist gedeckt. Wer aber nicht accordirt, bekommt lucullische Mahlzeiten. Die Diener wachsen dann wie Pilze aus der Erde. Er wird bedient wie ein König. Der Parsi macht auch Conversation mit ihm, was er stets nur für Geld thut. Aber die Rechnung kennt dann auch keine Grenzen.

Ich lernte den Parsi mehr in seiner Eigenschaft als Photograph kennen. Der Singular begreift übrigens hier einige zwölf Parsi, die in diesen beiden Geschäften gemeinsam arbeiten, einer wie der andere, physisch wie moralisch, wie ein Thaler dem andern gleich. Ich accordirte mit ihm

für mehrere Aufnahmen von Gegenden, Arabern, Costümen ꝛc. Da ich
aber nicht wußte, daß mit einem Parsi Alles schriftlich und gerichtlich abgemacht werden muß, so verlangte er doch das Vierfache. Ich mußte es
auf einen Proceß ankommen lassen, den ich freilich gewann. Aber von
nun an war der Parsi mein Feind und das war sehr unangenehm, da
er nebenbei einen Allerweltsladen besaß, wo man Alles (Kleider, Wein,
Victualien, Hausgeräth, Bücher, Instrumente) kaufen konnte.

Er rächte sich, indem er mir immer nur Artikel von der schlechtesten
Qualität verkaufte, die ich gleichwohl nehmen mußte, da nur er sie hatte.

Ein Hôtel giebt es in der Stadt Aden nicht. Wer übrigens nur
einigermaßen empfohlen ist, der braucht sich gar keine Sorge für sein Unterkommen zu machen. Die Gastfreundschaft wird dort sehr liberal ausgeübt. Auch mir wurden Einladungen zu Theil. Ich hatte gleich die erste
angenommen. Mein freundlicher Wirth war ein Franzose aus Marseille,
bei dem ich gleich am ersten Abend sämmtliche hier lebende Europäer, die
nicht Engländer waren, kennen lernte. Die hiesige englische Gesellschaft ist
militärisch und nach den in Ostindien geltenden Classenunterschieden geregelt, welche eine Scheidewand zwischen officiellen Personen und Kaufleuten aufrecht halten. Die Folge ist, daß letztere sich besto enger aneinander anschließen. Sie sind nicht zahlreich, etwa ein halbes Dutzend, darunter Franzosen, Oesterreicher aus Triest, Italiener, Schweizer. Ein
Deutscher war nicht dabei. Trotz der Verschiedenheit der Nationalitäten
und trotz des damals schwebenden Krieges harmonirte man sehr gut. Alle
waren Junggesellen, meist erst ein Paar Jahre hier und hofften Aden bald
zu verlassen. Sich eine bleibende Heimath hier zu gründen, daran denkt
kein Europäer.

Für einen unserer Tischgenossen war sogar Aden ein Strafaufenthalt.
Es war dies ein wohlhabender blutjunger Franzose, der noch nirgends
hatte „gut thun" wollen und den sein Vormund, welcher hier ein Comptoir besaß, nach Aden verbannt hatte, in der Hoffnung, daß er weniger
Gelegenheit zum Verschwenden finden werde. Trotzdem hatte es der Jüngling verstanden, auch hier ansehnliche Schulden zu machen. Dabei waren
ihm natürlich die Parsi von großer Hülfe. Diese Menschenfreunde lieferten ihm schrecklich theuren Champagner und liehen ihm selbst baar Geld,
etwa zu 500 Procent. Einmal hatte ihn der Vormund sogar nach Laheg,
einer ganz arabischen Stadt, verbannt. Aber auch dorthin reichte der
Arm der menschenfreundlichen Parsi. Sie wußten, daß der junge Mann

bald mündig wurde. Ich erfuhr wirklich später, daß sie sämmtlich ihr Geld bekommen hätten und doch war wohl nie welches so schlecht verdient. Er amüsirte uns sehr, besonders wenn er uns aus seinem „Reisewerk über Lahej" vorlas. Ein solches hatte er nämlich verfaßt, aber geglaubt, hier Alles von Jagdgräueln und anderen Abenteuern anhäufen zu müssen, welche die gesammte reisende Menschheit je bestanden hat. Er hoffte es zum Druck zu bringen. Es wird jedenfalls Sensation machen. Er besaß übrigens ein schönes Zeichentalent und das kann dem Buche Werth geben.

Herr Tian, mein Gastfreund, hatte ein sehr großes Haus mit weiten luftigen Räumen, in beiden Stockwerken von den hier nie fehlenden Verandas umgeben. Die Wände dieser Verandas sind von hübschem, sehr dichtem Flechtwerk von Rohr und Binsen, welche die Zugluft, nicht aber die Sonne einlassen. Ohne diese luftigen Balkone wäre hier nicht zu leben, sowohl der Hitze, als der Stechmücken wegen, die einem im Zimmer keine Ruhe lassen. Nur Zug kann sie verscheuchen. Wer nicht im Freien schläft, muß ein Muslitonetz haben. Alle anderen vorgeschlagenen Mittel gegen Muslitos helfen nichts, weder die Räucherung mit persischem Insectenpulver, die auf den Umschlägen dieses Artikels empfohlen wird, noch auch die mit ächtem Weihrauch, welche der englische Botaniker Birdwood anräth. Wiederholten Proben mit beiden Rauchwerken verdanke ich diese Erfahrung.

Viele Häuser Adens, namentlich die der Engländer, haben gar keine gemauerten Wände, sondern nur solche von Flechtwerk, so daß man auch im Zimmer stets im Zug ist. Dies können indeß nur starke Naturen aushalten. Das viele Schwitzen macht ein Zurückziehen in weniger luftbewegte Räume doch zuweilen wünschenswerth, besonders da Erkältungen keineswegs selten vorkommen.

Das Klima Adens ist im Winter sehr angenehm, selten über 20° R. im Freien, und 22° R. im Zimmer. Der Nordost, der von November bis Ende April weht, wird oft sehr kühl, und da die Sonne heiß, so ist dies die Periode der Erkältungen. Sanitätisch fand ich ganz Houlton's Bemerkungen bestätigt. Das plötzliche Zurücktreten des Schweißes hat oft Rheumatismus, heftige Katarrhe, Dysenterie und Wechselfieber im Gefolge.

Während meines Aufenthalts herrschten Keuchhusten vor, die sehr ansteckend waren und leicht in chronischen convulsiven Husten ausarteten, der noch lange, oft viele Monate anhielt, nachdem der fieberhafte acute Zustand längst überwunden war. Hauptsächlich kamen sie unter den schwächlichen Ostindiern vor. Ich zog später ins Haus einer Familie, die damit behaftet war, was ich leider erst merkte, als auch ich einen wahrhaft knochenerschütternden Husten bekommen hatte, um ihn sechs Monate zu behalten und noch mit nach Deutschland zu nehmen. Ganz ebenso ging's meinem Nubier. Wir führten kräftige Hustduette auf, befanden uns aber sonst wohl.

Indeß sind alle hiesigen Krankheiten mehr lästig, als gefährlich. Eine starke Natur, die nicht zu Erkältungen neigt, wird ihnen wohl ganz entgehen. Das beste ist immer: kräftige Nahrung, viel Bewegung, laue Bäder im Hause (im Freien gelten sie für gefährlich) und vor Allem ein Vermeiden der Eingeborenen, bei denen oft ansteckende Krankheiten cursiren. Mir war letzteres natürlich nicht möglich.

Die Europäer in Aden sind meist gesund. Ihre Kinder gedeihen hier viel besser als in Ostindien und brauchen nicht nach Europa geschickt zu werden. Nur für ganz kleine Kinder soll hier die Zahnperiode schwer zu überstehen sein.

Die gesundeste Jahreszeit ist der Sommer trotz seiner sehr großen Hitze. Diese wird jedoch von Ende Mai bis Anfang October durch den oft heftig auftretenden Südwestwind wesentlich gemildert. Im Sommer schläft Alles im Freien und ohne Gefahr, da hier keine Miasmen herrschen. Unerträglich heiß sind nur die beiden windstillen Monate Mai und October, welche die Monsunperioden trennen.

Die Gefahr des Sonnenstichs ist im Sommer so groß, daß man die Soldaten von 9 Uhr Morgens bis 5 Uhr Nachmittags in den Casernen halten muß. Die Fälle sind nicht selten, daß ein Mann beim bloßen Versuch, durch einen Hof zu gehen, todt niederfällt. Voriges Jahr versuchten drei englische Seeleute in „Point" um Mittag vom Boot in das einige Schritt entfernte Hôtel zu gehen und jeden erreichte der Tod, noch ehe er halbwegs war. Bei diesem Sonnenbrand helfen auch weder Schirme noch Filzhelme; man muß eben zu Hause bleiben. Natürlich widersteht der Eine der Gefahr besser als der Andere, und ich kannte Engländer, welche sich rühmten, auch in der Sommermittagshitze unbedeckten Hauptes im Freien herumgegangen zu sein. Alles kommt auf Disposition an. Aber wer kennt die Bedingungen derselben? Man sagt Vollblütige litten mehr von der Sonne. Meine Erfahrung lehrt mich, daß dies richtig ist, denn gerade die kräftigsten Menschen sah ich dieser Gefahr am schnellsten unterliegen. Aber nicht alle Schwachblütige sind sicher dagegen. Ich kenne deutliche Beispiele des Gegentheils. Auch das Acclimatisirtsein schützt nicht. Ich kannte alte Ostindier, die dem Sonnenstich erlagen, und junge frisch hergeschneite Engländer, die ihm trotzten.

Eine andere Gefahr, die man jedoch durch Wachsamkeit vermeiden kann, bilden die Scorpione. Diese sind hier besonders groß. Ich hörte jedoch von keinem tödtlichen Stich, wohl aber von schmerzhafter Krankheit. Die Erdgeschosse aller Adener Häuser wimmeln davon. Selbst auf die Terrassen im ersten Stock kommen sie. Ich tödtete auf der meinigen all-abendlich einen oder mehrere. Man heilt die Stiche hier durch kochenden Theer, in die Wunde gleich nach dem Biß gegossen. Dieser soll das Gift zerstören und man hat dann nur die Brandwunde zu curiren. Ich glaube jedoch, daß bloß heißer Theer genügen würde.

Die Einrichtung der wohlhabenden Häuser in Aden ist sehr praktisch und wenn man will luxuriös. Aber es ist ein sehr solider Luxus. Die Möbel, alle aus Ostindien, sind nämlich nicht geleimt, sondern meist aus einem Stück. Ich sah kolossale Eßtische, Platte und Fuß alles aus einem Stück. Diese Möbel sind zwar theuer, erhalten sich aber so gut, daß man sie fast um das Ankaufsgeld wieder losschlägt. Jeder englische Beamte, der hierher versetzt wird, kauft sich ostindische Möbel. Da er selten lange bleibt, so verkauft er sie seinem Nachfolger und meist fast ohne Verlust. Diese Möbel halten Generationen aus. Das Holz ist dabei sehr schön, dunkelbraun oder schwarz, mit einem natürlichen Glanz und weit jedem unserer Hölzer vorzuziehen. Europäische Möbel gehen im hiesigen Klima in kürzester Zeit zu Grunde. Sie entleimen sich, das Holz wird zerfressen, die Hitze verzieht und verdorrt sie, so daß sie beim geringsten Anstoß brechen.

Als ich zum Zweck meiner Erkundigungen täglich viele Araber zu empfangen anfing, nahm ich, aus Rücksicht für meinen Gastfreund, eine eigene Wohnung. Wer hier ungestört leben will, muß ein ganzes Haus miethen, was alle Engländer thun. Ein solches stand jedoch nicht leer und so mußte ich's machen, wie die Araber, und mit einem Stockwerk vorlieb nehmen. Leider findet sich dergleichen nur im einheimischen Viertel und dies ist über die Maßen lärmend. Ich mußte mich an das Klopfen einiger zwölf Tüncher unter mir, ein haarsträubendes Concert, gewöhnen und dieser Lärm erschwerte natürlich sehr meine Conversation mit den Arabern. Da bei der winkeligen Bauart alle Wohnungen so zu sagen ineinander geschachtelt, auch nur durch Bretterwände getrennt sind, so wohnte ich als Zuhörer den Fa-

10*

milienereignissen einiger 50 Nachbarn, ihrer Frauen und Kinder, bei.
Unter diesen herrschten viele Krankheiten, nicht schwere, aber Geräusch ver-
ursachende. Ein ewiges Husten, Stöhnen und gelegentliches Erbrechen
mußte ich täglich mit anhören. Das Unangenehmste im einheimischen
Viertel ist jedoch der Geruch, namentlich der durch die Feuerung mit Ka-
meelmist erzeugte. Obgleich ich eine kleine Terrasse im Freien hatte, so
konnte ich diesem stinkenden Rauch doch nicht entfliehen. Er drang aus
hundert Kanuns (tragbaren Kochherden) zu mir.

Ein großer Uebelstand im einheimischen Viertel ist, daß man die Dachterrasse nicht benutzen kann. Man kommt sonst in die Gefahr, unver-
schleierte Mohammedanerinnen zu sehen, was ein schreckliches Verbrechen ist.
Ich versuchte es einmal. Beinahe hätte ich aber eine Revolution verursacht, denn aus allen Häusern stürzten wüthende Moslems, die mich be-
schuldigten, ihre Harems zu entweihen. Dies ist die Sitte aller arabischen
Städte und, da hier im arabischen Viertel sonst keine Europäer wohnen, so
hat sie sich für dieses erhalten. Es blieb mir also nur meine Terrasse
im ersten Stock, die ummauert, nur oben offen war.

Eine Veranda fehlte und so mußte ich bei Tage mich im Zimmer den
Muskitos aussetzen. Die Nächte auf der Terrasse im ersten Stock waren sehr
willkommen. Dann schliefen die Nachbarn, der Rauch war vorbei, die Temperatur sehr angenehm, etwa 20° R., aber bei bewegter Luft. Billig war
die Wohnung. Sie kostete nur 10 Rupien (6⅔ Thlr.) monatlich. Möblirt hatte ich sie mir selber, denn ich schleppe das Nothdürftige mit mir.
Mein Nubier besorgte Einkäufe und Küche, Alles sehr billig. Meine und
seine Nahrung kostete mich kaum 20 Sgr. täglich und dennoch lebte ich
gut, wenn auch einfach.

Der Markt von Aden steht an Küchenbedarf selbst dem dürftigsten in
Europa nach, aber gegen Dschedda, Suakin, Massauwa bietet er Ueberfluß.
Aden ist der einzige Ort in Arabien, wo man Kartoffeln, einige Gemüse
(Kohl, Rüben, Bamia) sowie Früchte findet (in Dschedda gab es nur hier
und da Bananen). Ein Huhn kostete 8 Silbergroschen (in Massauwa nur
4). Die einheimische Butter (Semen) ist Europäern fast ungenießbar.
Man muß mit Hammelsfett kochen, dies aber von seinem eigenen Koch
flüssig herstellen lassen. Hammelfleisch ist gut und billig, aber sehr fett.
Ochsenfleisch ist nicht immer zu haben. Es ist theurer, aber auch gut.
Ein gutes Dessert für unverwöhnte Menschen bilden die gepreßten Bacra-
datteln. Sie sind auch dem Unterleib zuträglich.

Wein ist en detail nur zu den übertriebensten Preisen zu haben. En gros verkauft nur Herr Tion Bordeaux- und leichte Weine, trefflich und sehr billig. Die Kaufleute dürfen übrigens geistige Getränke nur an Europäer absetzen. Für den Verkauf an Eingeborene existirt nur ein einziger Laden, vom Branntweinpächter, einem Parsi, gehalten, der 6000 Rupien (5340 Thlr.) Pacht zahlt. Dort ist der Versammlungsort alles schlechten Gesindels. Auch die Prostitution hat daselbst ihr Hauptquartier. Sie recrutirt sich nur aus Einheimischen oder Schwarzen. Eine Europäerin darf sie nicht ausüben. Vor zwei Jahren wurde eine leichtfertige Französin hierher verschlagen, aber schnell von der Polizei weiter spedirt.

Die Engländer in Aden sind außer dem Padre (Geistlichen) alle Militärs, welche hier auch die Civilverwaltung und Justiz in Händen haben. Es lag zur Zeit ein durchaus englisches Regiment hier. Die anderen waren Sepoys mit englischen Officieren. Die bei einem Regimente stehenden ledigen Officiere führen wie in England gemeinsam Haushalt, die verheiratheten und die als Beamte fungirenden bewohnen jeder ein Haus für sich, mit vollständiger, oft sehr complicirter Einrichtung. Die Haushaltung, Dienerschaft, Küche ist Alles auf demselben Fuß, wie in Ostindien. Dort, hört man wohl zuweilen, soll das Leben sehr theuer sein. Dies ist aber durchaus nicht wahr. Das Leben, das ein Officier gewöhnlich führt, kommt freilich hoch. Wollte er aber in Europa ebenso leben, das Vierfache würde nicht ausreichen. Für 3000 Thlr. jährlich hat hier ein englischer Officier ein eigenes gut möblirtes Haus, einen vollständigen Haushalt mit trefflicher Küche, mit guten Weinen, Bieren, Cognac, giebt Diners und Gesellschaften, zahlt und ernährt einige acht oder zehn Diener, hat drei oder vier Pferde im Stall stehen, Kühe zur Milchgewinnung resp. Butterbereitung und läßt sich seinen Bedarf an Kleidern, Wäsche, Büchern, sowie an Jagdwaffen aus England kommen: dies die theuersten Posten. Ein guter Haushälter würde sogar in Aden ganz dasselbe für zwei Drittel oder gar die Hälfte jenes Geldes sich zu verschaffen wissen. Doch die englischen Officiere rechnen nicht. „Leben und leben lassen" heißt's da, und ihre ostindischen Diener bestehlen sie so viel sie wollen.

In England aber würden dieselben Annehmlichkeiten mindestens 2000 Pfund kosten. Auch gegen Aegypten ist der Gegensatz auffallend. Für denselben Lohn, den mein Nubier erhielt, konnte ich hier vier Diener bekommen, die freilich alle vier zusammen nicht seine Arbeit verrichtet und obendrein gestohlen hätten. In Cairo giebt es Leute, die 100,000 Fran-

len jährlich ausgeben und nicht die Figur machen, wie ein ostindischer Engländer für den dritten Theil des Geldes.

Da ich Empfehlungsbriefe besaß, kam ich leicht in die englische officielle Gesellschaft. Bei einem Diner im Hause des Politischen Agenten
(diesen Titel führt hier der Gouverneur) konnte ich den Luxus constatiren,
den ein höherer englisch-ostindischer Officier sich erlauben darf. Fast alle
Gerichte bestanden aus vortrefflichen englischen Conserven, die hier (d. h.
die guten) gar nicht zu haben sind. Er importirte seinen eigenen Bedarf
direct aus England. Aber nicht geringer war der Luxus im Hause seines
Assistenten, eines einfachen Hauptmanns, der freilich als temporärer Civil-
beamter hohen Gehalt hatte. Die meisten Engländer, die ein größeres
Haus machen, ebenso die Officierclubs haben ihre Agenten in England,
die ihnen Alles direct liefern. Darum steht es auch mit dem feineren
Detailhandel in Aden verhältnißmäßig schlecht, weil eben diese Herren hier
fast nichts zu kaufen brauchen.

Ein Irrthum ist es auch, daß man in den Tropen weniger Eßlust
verspüre. In Aden wenigstens ist dies nicht der Fall. Man hat hier
immer Appetit und genießt die Diners, die sehr lang und reichlich sind,
gerade so gut wie in Europa. Auch was die Weine betrifft, so fand ich
bei Niemand die Kraft, viel zu vertragen, abgeschwächt. Die englischen
gemeinen Soldaten sieht man wohl manchmal betrunken. Ich vernahm
jedoch, daß sich der Rausch in diesem Klima schneller verflüchtige, und kann
mir das sehr gut durch die beständige Zugluft, in welcher die Engländer
sich gefallen, erklären. In den windstillen Monaten mag das anders sein.

Viel angenehmer, als jene Zugluft, die man hier in allen englischen
Häusern antrifft und die im Winter oft nur zu schnell die durch Bewegung
erhitzte Haut kühlt, ist die regelmäßige Luftbewegung, welche durch die
Punkahs (große hängende Fächer) erzeugt wird. Hier hat man sie nicht
allgemein und meist nur in den ersten Häusern, namentlich bei Diners.
Ihr Einfluß auf die Gesundheit ist sicher wohlthätig. Selbst nach heftiger
Leibesbewegung schadet der Punkah nicht, während das hier beliebtere Ab-
kühlungsmittel, die Zugluft, wenigstens nach Erhitzung nur von starken
Naturen ertragen wird. Einen Punkah über dem Bett zu haben ist eine
große Wohlthat für die Hautempfindung und Gesundheit. Ich kannte
mehrere Damen, die trotz des Klimas blühend aussahen und behaupteten,
sie verdankten ihre Frische hauptsächlich dem nächtlichen Punkahfächeln. In
Aden sind die Punkahjungen (d. h. die, welche den Fächer in Bewegung

erhalten) meist kleine Somâlis und billiger, als die ostindischen. Man setzt sie gewöhnlich auf einen hohen Stuhl mit nur schmaler Fläche und ohne Lehne, so daß sie nicht einschlafen können, ohne herunterzufallen. In Ostindien läßt man oft einen Jungen die ganze Nacht ziehen; hier lösen sie sich ab. Die Jungen drängen sich übrigens zu diesem Dienst, der ihnen sehr zusagt, bedauern nur, daß die meisten Engländer ihnen nicht gestatten, dabei zu singen. Eine Dame sagte mir jedoch, sie höre das Singen gern und schliefe besser dabei.

Die englische Kirche, übrigens ein schönes neues Gebäude in dem in England wieder modern gewordenen gothischen Styl, wird gleichfalls durch Punkahs abgekühlt, auf denen man Kreuze angebracht hat, die auf diesem ostindischen Gegenstand sich komisch genug ausnehmen, ist außerdem aber noch überreichlich der Zugluft ausgesetzt, so daß die Frömmigkeit nicht selten mit Katarrh bezahlt wird, besonders da die Kirche auf einem Berge liegt, man also nur im erhitzten Zustand da ankommt.

Man nennt hier, wie in Ostindien, auch die protestantischen Geistlichen „Padre" (pater), ein Wort, daß man dem portugiesischen Goa entlehnte. Es klingt sehr komisch, wenn man von der Gattin des „Padre" spricht, da man in Europa sich unter „Padre" nur einen katholischen Priester denken kann. Der hiesige „Padre" war ein sehr freundlicher Mann, der mich oft einlud, Gast in seinem luftigen Rohrhaus oben auf dem Berge, übrigens einer wahren Brutstätte von Katarrhen, zu werden. Er interessirte sich sehr für alle Classen von Eingeborenen und hatte eigentlich immer eine kleine Colonie bei sich. Er war es auch, der jene drei merkwürdigen himyarischen Bronzeinschriften aufspürte, die man in London für gefälscht erklärte, obgleich sie dies vielleicht nicht alle drei sind, wenn sie auch allen unseren bisherigen Begriffen von himyarischen Inschriften spotten. Als ich ankam, war er noch Junggeselle und ein ziemlich rauher Naturbursche, dem man gar nicht anmuthete, daß plötzlich eine elegante junge Engländerin mit dem Dampfschiff ankommen werde, um sich ihm antrauen zu lassen. Diese Trauung fand in seltsam beschleunigter Weise statt. Mit der Braut reiste nämlich ein Bischof, der nur zwei Stunden in Aden blieb, und, da dort außer dem Bräutigam kein Geistlicher war, so konnte nur er sie trauen. Nun mußte die ganze Hochzeitsgesellschaft, in Gala, lange Zeit am Hafen auf dem Dampfer warten, der noch dazu zu sehr unbequemer Stunde ankam. Die Kirche war nicht nah und bis man hingelangte, verging viel Zeit. Der Bischof beeilte sich so gut er konnte, das Paar zu

trauen. Dennoch hatte er fast das Schiff versäumt. Alles fand so zu sagen
mit Dampf statt. Das Paar hatte eigentlich erst nach seiner Trauung
Zeit sich zu begrüßen.

Die englische Gesellschaft in Aden zählte übrigens jetzt gerade besonders viel Damen, nämlich achtzehn. Dies galt für eine hohe Zahl. Mehrere Damen sagten mir, in manchen ostindischen Stationen, wo sie gelebt
hätten, habe die Damenzahl nur zwei oder drei betragen und diese seien
noch dazu meist unter einander verzankt gewesen. Hier schien das Verhältniß dagegen ein recht schönes. Eine neue Ankömmlingin war stets
willkommen. Die schöne Braut des „Padre" wurde förmlich mit Freund-
lichketen überschüttet. Der Gemahl galt für unpraktisch. Deshalb be-
mühten sich alle Damen, ihr das Haus auszustatten. Sie wurde wie auf
Händen getragen.

# Südarabien.

## Achtzehntes Capitel

## Adens öffentliche Werke, Gebäude.

Das Interessanteste in Aden sind ohne Zweifel die Cisternen. Die Brunnen und die Wasserleitung von Schêch 'Olmân liefern kein trinkbares Wasser. Aden war also von jeher auf Regenwasser angewiesen. Obgleich in den Tropen, so empfängt Aden seltsamer Weise doch nicht die tropi- schen Regen, wie das Innere des Landes. Es regnet hier nur in einigen Wintermonaten, aber durchaus nicht regelmäßig. In einem Jahr kommen die Regen so reichlich, daß Wasserüberfluß eintritt. Aber oft vergehen drei oder vier Jahre fast ohne Niederschlag. Deshalb bestand hier von jeher das Bedürfniß nach ungewöhnlich großen Wasserbehältern, um ja die ganze Regenfülle eines ausnahmsweisen Jahres aufnehmen und bewahren zu können.

Im Alterthum, als Aden eine blühende Handelsstadt war, besaß es Ueberfluß an Cisternen, und auch alle modernen sind nur die wieder auf- gedeckten alten. Aber vielleicht nicht der vierte Theil der alten ist wieder aufgegraben. Die niederträchtige Wirthschaft der Sultane von Laheg hatte alle Cisternen verfallen lassen. Erst der englischen Regierung blieb es vor- behalten einen Theil dieser großartigen Werke wieder herzustellen. „Werke" ist kaum das Wort, denn die Natur hat hier das Meiste gethan, dem Menschen blieb nur die Nachhülfe.

Die größte der bis jetzt aufgedeckten Cisternenreihen liegt in einer Schlucht südwestlich von der Stadt am Fuß des Gebel Schamscham, oder vielmehr diese Schlucht selbst bildet die Cisternen. Ihr Boden, ihre Wände sind durchweg aus festem Gestein, das nur mit einem Mörtel bedeckt zu werden brauchte, um das Wasser aufbewahren zu können, nachdem Schleusen errichtet worden. Der Mörtel ist noch der alte. Die Schleusen, welche die Schlucht und ihre Seitenschluchten in einige zehn Abtheilungen schieden, ebenso die Treppen, um von einer Abtheilung zur andern zu gelangen (denn die Schlucht ist steil), sind das Werk der Engländer. Aber man fand hier die Reste älterer Mauern. An jeder Cisterne ist das Maß ihrer Aufnahmsfähigkeit in englischen Gallons verzeichnet. Dieses Maß ist sehr ansehnlich und das bedeutendste System (von 10 Cisternen) liefert allein, wenn voll, 8,984,892 Gallons. Von diesen zehn Cisternen sind nur zwei inwendig ausgemauert, die anderen alle natürliche Felsgruben, durch Schleusen geschlossen. Die oberste empfängt den Regenabfluß des Gebel Schamscham. Die nächstfolgenden acht erhalten ihr Wasser je eine von der andern, einzelne außerdem noch von kleineren Seitenschluchten, die zehnte, am tiefsten gelegene, von einem größern Nebenthal, steht aber ebenfalls in Verbindung mit der obern Reihe, so daß sie, im seltenen Fall eines Ueberströmens derselben, auch von ihr Wasser aufnimmt, um es, wenn sie selbst überfließt (was gewiß dann auch bald eintreten wird), in einen gemauerten Canal zu entladen, der ins Meer mündet. Dieser Canal soll in 50 Jahren nur vier Mal geflossen sein. Keine der Cisternen ist gedeckt.

Die Engländer haben die Umgebung dieser Cisternen in einen Garten verwandelt, den einzigen in dem sonst pflanzenlosen Aden. Hier findet man manche interessante Pflanze, wie die Boswellia Carterii und Boswellia Dhau Dajana, die beiden ächten Weihrauchbäume, diese erst in neuester Zeit durch Carter und Birdwood*) bekannt gemachten Species. Sie scheinen hier zu gedeihen, wenn sie auch nicht die Höhe erreichen, wie

*) Man vergleiche die interessante Monographie Birdwood's: The genus Boswellia, description of a new species of Frankincense. London, Taylor and Francis 1870.

in Mahra und im Somálilande, den einzigen Ländern, wo ächter Weihrauch wächst*).

Manchmal werden vom Gouverneur an diesen Cisternen nächtliche Feste gehalten, wo dann glänzende Erleuchtung ihnen und dem Garten einen magischen Schimmer leiht. Einmal soll sogar in der größten Cisterne getanzt worden sein. Als ich sie sah (Anfang 1871), hätte man dies fast in allen thun können, denn nur die höchste und die aus dem Seitenthal gespeiste zehnte hatten Wasser. Aden war zur Zeit zum Theil auf destillirtes Meerwasser angewiesen, das hier massenhaft hergestellt wird. Trotzdem war das Wasser viel billiger, als in Massauwa und Dschebba. Mein zweitägiger Verbrauch kostete 1½ Sgr., Trägerlohn inbegriffen.

Die Festungswerke sind gleichfalls sehenswerth. Ich hörte zwar Urtheile competenter Engländer, welche dieselben gegen einen Seeangriff unzureichend nannten. Die Möglichkeit eines solchen scheint man früher weniger ins Auge gefaßt zu haben. Erst in neuester Zeit hat man diesem Gegenstande größere Aufmerksamkeit gewidmet und eine Vervollständigung der Werke dürfte wohl bald erfolgen.

Gegen See- und Landangriffe der Einheimischen ist übrigens Aden zur Genüge geschützt. Die Festungswerke auf der Landseite sind von imponirender Großartigkeit. Alle Berghöhen sind hier mit Mauern, Schießscharten und hier und da Batterien versehen. Das größte Werk ist jedoch die Isthmusfestung, arabisch Gebel Hadd (Eisenberg). Man denke sich eine Art von Krater, auf drei Seiten von vulcanischen Felsmassen umgeben und durch sie so unzugänglich gemacht, daß man Tunnels brechen mußte, um im Osten zum Hafen, im Westen nach der Stadt zu gelangen; nur auf der vierten, wo die Senkung an den ganz flachen Isthmus stößt, ursprünglich offen. Diese offene Seite wurde durch eine dreifache Reihe von Gräben, Mauern, Batterien ebenso geschlossen, wie es die drei anderen durch die Natur sind. Auf diese Weise wird in der Halbinsel Aden ein völlig isolirbarer Fleck Erde geschaffen, der Abends, wenn die Tunnels geschlossen, Niemandem mehr zugänglich ist. Diese „Insel im Lande" trägt nur ein Casernendorf. Fährt man vom Hafen nach der Stadt, so ist es ein lohnender Umweg durch die zwei langen Tunnels und über das Isth-

---

*) Die sogenannte Bosw. thurifera, auch serrata genannt, und die B. glabra, indische Pflanzen, geben nur ein schlechtes Surrogat für Weihrauch. Noch vor Carter glaubte man aber, ihr Product sei der ächte Weihrauch.

musdorf. Dieser Weg ist auch nicht so steil, wie der gewöhnliche, der über einen Hügel führt, dessen Spitze nur durch ein Felsenthor, keinen größern Tunnel durchbrochen ist.

Sira, einst eine Insel mit einem alten arabischen Schloß, ist jetzt durch einen Damm mit dem Festland verbunden. Es liegt auf der Süd-westseite der Stadt. Zu Wrede's Zeit (1843) scheint hier noch ein An-kerplatz gewesen zu sein, denn er schiffte sich bei Sira ein. Jetzt ankern auf der Westseite keine Schiffe mehr. Auf dieses Inselchen versetzt die ara-bische Tradition das Grab Kains. Dies hängt mit der Sage zusammen, daß Aden „Eden" sei.

Die compacte Masse der Stadt Aden ist fast durchweg von Einhei-mischen, Indiern, Somâlis und Juden bewohnt. Die englischen Casernen und Privathäuser liegen mehr zerstreut um die Stadt herum, meist an luf-tigen Plätzen, oft auf Hügeln. Ein breiter sandiger Platz, der ganz wie ein trockenes Flußbett aussieht, trennt die Stadt der Länge nach in zwei ungleiche Hälften. Dieser Platz ist der große Viehmarkt und Lagerungsort aller Karawanen. Das Leben und Treiben auf ihm bietet die malerischsten Bilder. Hier sieht man die schwarzbraunen Südaraber, mehr auf dem Hals als auf dem Höcker ihrer Kameele sich lustig balancirend, in langen Reihen ankommen. Die natürliche Anmuth, ich möchte sagen Grazie so-wohl der schlanken, sehnigen Reiter, wie der flinken Thiere bieten Erschei-nungen, würdig eines Malerpinsels. Daneben die Somâlis mit ihren wunderschönen, fetten, weißen Schafen, die alle schwarze Köpfe, sonst aber keinen Fleck am Körper haben. Dazwischen die ganz anders aussehenden arabischen Schafe, die gnuartigen Ochsen, hier und da eine lebende Gazelle, deren man stets hier kaufen kann, und vor Allem die schönen Reitkameele, welche gegen ein gewöhnliches Kameel gehalten das sind, was ein englischer Renner gegen einen Karrengaul. Pferde sind selten. Südarabien ist kein Pferdeland.

Westlich vom Platz ist das Viertel der Indier, Araber und der Se-poys, die am westlichsten Ende von Aden in einer kleinen Hüttenstadt ihre Caserne haben; östlich sind die Quartiere der Parsis, Juden, sowie die besseren Läden und einige schönere Häuser, in denen einheimische Beamte und Engländer leben.

Sehenswerth ist kein einziges Haus in Aden. Auch die Moscheen sind klein und unbedeutend. Sie sind alle neu oder doch gründlich restau-rirt. Auf einem freien Platz im Osten ragt noch ein einzelner massiver

Minaret empor, vielleicht das letzte Ueberbleibsel vom alten arabischen
Aden.  Sonst ist hier nichts, was an dieses erinnerte.  Die in Ritter's
Geographie beschriebenen Türkengräber sind nicht mehr zu sehen.

Selbst das Grab des großen Schutzheiligen von Aden, 'Aiderus*),
das im Südost der Stadt, und ganz nahe bei ihr, auf einer leichten An-
höhe liegt, ist in seiner heutigen Gestalt durchaus neu.  Ein frommer ostindischer Moslem, der hier gute Geschäfte machte, hat diesen Neubau ge-
stiftet.  Er sieht freundlich, wie eine schöne kleine Moschee, aus, ist auch
in orientalischem Styl gehalten, aber unbedeutend.  Man kann leicht Zugang zu den Gräbern des 'Aiderus und seiner Nachkommenschaft erhalten.
Sie sind aber durchaus schmucklos, einfache viereckige Sarkophage.  Ihr
ehrwürdiger Hüter, selbst ein Nachkomme des 'Aiderus, dessen Geschlecht
noch hier blüht, schien sehr tolerant.  Er gab mir sogar einen Teller voll
Weihrauchasche, die am Grabe verbrannt war, ein für den gläubigen Sunniten kostbares, leider bei mir schlecht angebrachtes Geschenk.

Viel schwerer ist es, zu einem andern Heiligthum Zugang zu erhalten, nämlich zu dem Todtenhaus**) der Parsi.  Bekanntlich begräbt
diese Secte ihre Todten nicht, sondern setzt sie in einem oben offenen
Todtenhaus der Verwesung in freier Luft und dem Fraß der leichenfres-
senden Raubvögel aus.  Aus hygienischen Rücksichten müssen diese Tod-
tenhäuser natürlich in angemessener Entfernung von menschlichen Wohnungen sein.  Mir schien das Adener denn doch der Stadt ein wenig zu
nahe.  Es liegt auf der Spitze eines vulcanischen Felshügels unweit der
Cisternen und ist in 20 Minuten von Aden zu erreichen.  Daß diese Nähe
noch nicht nachtheilig gewirkt hat, dürfte theils dem steten, heftigen, jedoch
nur selten vom Beinhaus zur Stadt wehenden Wind, theils der Geringzähligkeit der hiesigen Parsigemeinde zuzuschreiben sein.  Diese gestatten
nur im Fall einer officiellen Enquête die Besichtigung.  Captain Miles,
der eine solche abhielt, beschrieb mir die Oertlichkeit.  Das Gebäude ist
rund, oben offen und in der Mitte befindet sich ein tiefes Loch, in
welches man die Gebeine nach der Verwesung wirft.  Um dieses Loch sind
drei Cirkel, jeder mit einem kreisförmigen Gerüste, auf das man die Lei-

---

*) Dieser Name ist keineswegs der gewöhnliche arabische Edris, sondern ein eigen-
artig südarabischer, aus Hadramaut stammender.  Er wird mit 'Ain geschrieben und
ist stets drei-, nach seltener Aussprache selbst viersylbig.

**) Die Engländer nennen es „tower of silence", d. h. Thurm des Schweigens.

chen legt.  Der innere Cirkel dient für Kinder-, der mittlere für Frauen-,
der äußere für Männerleichen.

Die Raubvögel der ganzen Umgegend werden natürlich dadurch angezogen.  Die Folge ist eine keineswegs angenehme.  Alle Felsen der Umgebung des Todtenhauses sind mit den weißen Excrementen dieser Thiere
bedeckt, welche, da es selten regnet, sich ungebührlich anhäufen.  Es wurde
mir erzählt, daß vor etwa zehn Jahren ein englischer Landwirth diesen
edlen, so unzweifelhaft aus verdautem Menschenfleisch gebildeten Guano
ausbeuten wollte, da er demselben ganz ausnahmsweise Vorzüge als Düng-
mittel zuschrieb.  Aber die Parsi hätten Alles, selbst Geld angewandt, um
es zu verhindern.  Man braucht nicht sentimental zu sein, um dies zu begreifen.  Ist doch die Transformation ihrer Verstorbenen in Guano hier
nur zu handgreiflich deutlich.  Unbegreiflich scheint mir aber, daß die klugen,
sonst so wenig bigotten und civilisationsfähigen Parsis einem so barba-
rischen Gebrauch noch nicht entsagt haben.  Welche Krankheiten würden
erzeugt, wolle man in dichtbewohnten Ländern diese Sitte aufrecht halten?
Dichtbewohnt sind aber alle civilisirten Länder.  Folglich paßt der Parsi-
Brauch nicht zur Civilisation und dennoch wollen sie die vorgeschrittensten
von allen Asiaten sein.

Die ostindischen Banianen (Kaufmannskaste) haben einen Saal, der
ihnen als Tempel dient und wo einige ziemlich geschmacklose Götterfiguren
aufgestellt sind.

Die Synagoge ist durchaus einfach, sieht aber an Festabenden bei
der nächtlichen Beleuchtung glänzend aus.  Außer ihr giebt es noch zwei
ganz kleine israelitische Bethäuser.

Eine katholische Kirche befindet sich gleichfalls hier, von italienischen
Missionsmönchen bedient.  Das Gebäude ist durchaus unbedeutend.  Die
Gemeinde ist ziemlich stark, da hier viele ostindische Mischlinge von Portu-
giesen und Indiern leben, die alle katholische Christen sind.  Damit in
Verbindung steht ein Missionspensional, in welchem junge Abessinier aus
Schoa erzogen werden.

---

# Südarabien.

## Neunzehntes Capitel.

## Adens Bewohner.

Geringe Einwanderung den Engländern erwünscht. — Unmöglichkeit die Einwanderer fern zu halten. — Zunahme der Bevölkerung. — Einwohnerliste. — Ostindische Christen. — Ostindische Moslems. — Schiiten. — Araber. — Schâfe'i und Zâidi. — Lodayel und Raze. — Schriftgelehrte. — Der Câdi von Aden. — Ein Astrologe. — Der Dragoman der Regierung. — Seine Wichtigkeit. — Somâli. — Seltsamer Haarputz. — Somâlifrauen. — Vagabundenthum. — Perser. — Der Krösus von Aden. — Ein fanatischer Schiite. — Banianen. — Ihre Liebe zu Thieren. — Ostindische Parias. — Neger. — Zingi und Sudâni. — Parsi. — Handels- und Krämergeist.

Der Umstand, daß Aden Wassermangel leidet, daß in dieser ganzen britischen Besitzung nichts Genießbares wächst und also auch kein Vieh bestehen kann, hat mit die englische Politik in Bezug auf die Einwanderung geleitet. Eine solche ist den Engländern durchaus nicht willkommen. Sie sprechen es offen als Grundsatz aus, daß Aden klein bleiben müsse. Eine große Einwohnerzahl würde im Fall einer Belagerung nur Verlegenheit bereiten. Aden ist ja für alle seine Bedürfnisse auf die Nachbarstaaten angewiesen.

Aber gerade dieser Umstand, der die Engländer bestimmt, die Fremden fern zu halten, bringt es mit sich, daß man ihr Kommen und oft ihr längeres Bleiben nicht hindern kann. Man kann es den Arabern, den Hauptversorgern des Markts, den Somâli, auf deren treffliches Kleinvieh die Fleischconsumenten zum Theil angewiesen sind, den ostindischen Kaufleuten, die gleichfalls zur Verproviantirung beitragen, unmöglich verwehren, sich zeitweise hier niederzulassen, Agenten zu bestallen, Läden zu errichten, in denen ihre Landsleute das ihnen Nothwendige finden. Kein Mitglied dieser Völker würde auf die Dauer Aden zum Ziel seiner Handelsreisen wählen, fände es nicht daselbst eine kleine Colonie seiner Landsleute.

Es zeigt sich also als unausführbar, eine Stadt klein halten zu wollen, die große Bedürfnisse hat. Diese großen Bedürfnisse bestanden aber gleich nach der englischen Besitznahme, denn ein einziger Engländer consumirt mehr an Waarenwerth, als zwanzig Einheimische. Die Vergrößerung der Stadt war dadurch von vornherein bedingt.

Als England Besitz von Aden nahm, war dieses so zu sagen in Agonie begriffen. Seine Bevölkerung war bis auf 600 Seelen zusammengeschmolzen. Kein Wunder, denn der Beherrscher, der Sultan von Lahedsch, bedrückte und sog es auf alle Weise aus. Ja einmal verkaufte dieser Landesvater sogar an seine Erbfeinde, die Fodli von Schughra, für 30,000 Maria-Theresia-Thaler das Recht, Aden, seine einzige Handelsstadt, die „Perle seines Reiches", auszuplündern zu dürfen. Aber kaum brachte die englische Besitznahme Sicherheit und geregelte Zustände, so strömten neue Einwohner der verlassenen Stadt zu. Schon im ersten Jahre nach der Besitzergreifung (1840) war ihre Zahl auf 2900 gestiegen. Seitdem war dieses Steigen beständig. Anfang 1871 schätzte man die Einwohnerzahl auf 29,730. Diese bestand aus folgenden Elementen:

| | |
|---|---:|
| Europäer und ostindische Christen (darunter Garnison) | 2000 |
| Ostindische Mohammedaner (darunter Sepoys) . . . | 4000 |
| Araber . . . . . . . . . . . . . . . . . | 6000 |
| Somäli . . . . . . . . . . . . . . . . . | 5600 |
| Andere Mohammedaner . . . . . . . . . . . . | 100 |
| Banianen und andere heidnische Ostindier (darunter viele Sepoys) . . . . . . . . . . . . . . . | 8000 |
| Parsi . . . . . . . . . . . . . . . . . | 130 |
| Juden . . . . . . . . . . . . . . . . . | 1900 |
| Verschiedene . . . . . . . . . . . . . . . | 2000 |
| | 29,730 |

## Ostindische Christen.

Die ostindischen Christen sind meist sogenannte Portugiesen, aber alle haben mehr indisches, als portugiesisches Blut. Sie sind die Mischlinge der einstigen Herren Ostindiens, der Portugiesen und ihrer indischen Unterthanen. Wie bei allen Mischlingsvölkern, so bietet ihre Hautfarbe und Gesichtsbildung mannichfache Abstufungen, bald große Annäherung an den europäischen Typus, bald große Abweichung davon, meist natürlich das Mittel zwischen diesen beiden Extremen. Sie kleiden und gebärden sich europäisch, haben aber ein gewisses Etwas in ihrem ganzen Wesen, was den Europäer abstößt, einen Mangel an Würde, eine moralische und physische Verkommenheit, die desto mehr in die Augen fällt, als ihr Aeußeres europäisch ist. Sie sind meist (einige anglikanische Proselyten ausgenommen) katholische Christen, übrigens unwissend und bigott. Die meisten sprechen nicht einmal mehr portugiesisch. Da sie mehr Verständniß europäischer Sitten haben, so nehmen sie die Engländer gern als Diener. Namentlich die ersten Dienerstellen in englischen Häusern sind mit ihnen besetzt. Einzelne treten auch bei den Sepoys ein. Familien leben wenig hier, fast nur einzelne junge Männer. Ich sah kein einziges Kind. Zum Handel fehlen ihnen meist die Mittel. Wohlstand herrscht nicht bei ihnen.

## Ostindische Moslems.

Die ostindischen Moslems sind hier in ihrem Element. Für sie ist Arabien die heilige Erde, die viele nur ihres Glaubens wegen aufsuchen. Ich kannte mehrere alte Moslems, die in Indien, wo sie unter Heiden lebten, niemals Gelegenheit gefunden hatten, sich in ihrem Glauben genauer zu unterrichten und nun hier das Versäumte nachholten. Mehrere dieser Leute lernten noch im hohen Alter den Corán lesen. Ihre sociale Stellung ist hier meist mehr als bescheiden. Indische Moslems sind die gewöhnlichen Dienstboten in englischen Häusern. Die Sepoys bestehen fast zur Hälfte aus ihnen. Die anderen sind Kleinhändler, Handwerker, namentlich Schneider, Tüncher, Wäscher ec. Sie haben fast alle arabische Vornamen, die sie in der schriftgemäßen Weise aussprechen, was den ächten Arabern, bei denen diese Namen in Fleisch und Blut übergegangen sind und dialektisch gesprochen werden, sehr komisch klingt. Für „Abd-Allah" sagen sie „Abdullahi", für „Abd el Câder" hört man „Abbul Câdiri" ec.

Nichts muthet den ächten Araber fremdartiger an, als diese affectirte Schriftgemäßheit.

Ein Theil von ihnen besteht aus fanatischen Schi'iten. Sie lassen keine Gelegenheit verstreichen, wenn sie den hier sonst numerisch stärkeren Sunnitismus verspotten können. In dem englischen Aden müssen die Sunniten ihren Zorn verbeißen.

## Araber.

Die hier seßhaften Araber sind nur zum allerkleinsten Theile geborene Adener. Wenn man bedenkt, daß die Stadt 1839 nur 600 Einwohner hatte und daß von diesen die Hälfte Juden waren, erklärt sich dies. Unter den ächten Adenern nimmt die Familie des 'Aiderûs die erste Stelle ein. Andere sind Beamte bei Moscheeen, Schreiber, kleine Handelsleute, Sensalen ec.

Die meisten Araber in Aden sind eingewandert, zum großen Theil aus der Ebene Mehaibân und anderen Orten des Sultanats Laheĝ. Diese sind meist Kleinhändler, Handwerker, einige unregelmäßige Reiter im englischen Dienst oder bewaffnete Diener der Regierung.

Einige Haḍrami leben hier von kleinen Handelsgeschäften. Mein Bekannter, 'Auwâḍ b'el Cher aus Malalla, war der einzige haḍramitische Sensal, die Zuflucht aller östlichen Araber, verdiente aber nicht viel. Mit der Herrlichkeit der Haḍrami ist es hier vorbei. Gegen die Banianen können sie nicht aufkommen.

Ein großes Contingent haben in neuerer Zeit die Hoĝriha geliefert. Dieser Stamm, dessen Gebiet zwei Tagereisen im Nordwest beginnt, ist unter das Joch der Dû Mohammed gerathen, welche zur heterodoxen Secte der Zâibi gehören, während die Hoĝriha Schâfe'i sind. Vor diesen ihren ketzerischen Unterdrückern suchen sie gern Zuflucht in dem freien Aden, wo noch dazu alle Moscheeen dem Schâfe'ismus angehören. Sie ernähren sich dürftig als Tagelöhner und Handlanger.

Die Secte der Zâidi hat übrigens hier auch viele Vertreter. Sie kommen größtentheils aus der Gegend um Rebá', Jerim und Ḍamar. Alle Wasserträger und die meisten Schaḥḥâßin (Lastträger) gehören zu ihnen. Ihre Secte verbietet ihnen nicht, die Moscheeen der Schâfe'i zu besuchen und letztere dulden sie. Die hiesigen Zâidi sind alle vom unwissendsten Schlage und haben keine Idee von den unterscheidenden Dogmen ihrer Secte. Man kann sie fast nur an der Gebetsstellung erkennen, indem sie bei dem Cihâm (dem Aufrechtstehen) nicht, wie die Schâfi'i, die Hände über dem Bauch kreuzen, sondern gerade hinab hängen lassen. Ihr Mundwerk verräth sie zwar auch. Sie lassen's sich gar nicht nehmen, so oft sie können, über den Schâfe'ismus zu schimpfen. Alle Zâibi sind stolz und oft übermüthig, denn sie können darauf pochen, daß ihre Secte in Jemen die verbreitetste und an den meisten Orten die herrschende ist.

Angehörige der Cobâßel (freien Stämme) des Innern leben nicht hier. Selbst das so nahe Dâfi'a liefert keine Einwanderer. Die Verachtung der Cobâßel gegen jede bürgerliche Existenz erklärt dies. Dagegen haben sich in Aden vielfach Raße (Unterthanen) jener freien Stämme, namentlich Bewohner der von ihnen despotisch unterdrückten Handelsstätte des Innern niedergelassen. Unter diesen liefern Bêdâ, im Lande der Reßâß, und Da'leba, südöstlich von Jerim, die meisten Einwanderer: gänzlich friedliche Leute, die den kleineren Detailhandel mit Landesproducten (Tabad, Dalteln, Gischer rc.) betreiben. Einen Mann aus Bêdâ kannte ich, der sogar ein öffentliches Aemtchen, als Marktmesser, bekommen hatte.

Da der tiefste Süden Arabiens meist von Feinden einer civilisirten bürgerlichen Existenz bewohnt wird, so muß man die Schriftgelehrten, deren man doch einige nöthig hat, aus dem mittleren Jemen verschreiben und zwar kommen diese vorzugsweise aus Zebd, Raima, Hodêda, wo es mehr Sunniten giebt, als aus San'a, wo nur Zâibi leben. Ein würdiger Repräsentant dieser Classe ist der Câbi von 'Aben, ein durchaus achtbarer Mann, an dem die türkischen und ägyptischen Rechtsverläufer sich ein Beispiel nehmen sollten. Ich habe noch nie einen Câbi gefunden, der so gewissenhaft alle die verwickelten Regeln der Sunna beobachtete. Sogar die lächerliche Regel, daß ein Câbi persönlich nichts kaufen darf*), befolgte er. Einst, als ich mit ihm spazieren ging, blieben wir vor einem Laden stehen. Ich kaufte etwas und dem Câbi gelüstete nach derselben Waare. Er durfte sie aber nicht selbst kaufen, sondern mußte erst Jemand schicken, was er doch nicht gleich konnte. Es half nichts, daß ich ihm anbot, ihm meinen Ankauf zu schenken. Ein Câbi darf keine Geschenke nehmen. „Wären wir in einem moslemischen Lande, meinte er, so wären Sie strafbar." Denn man darf dem Câbi keine Geschenke bieten. Welch eine Perle von einem Câbi!

---

*) Tornauw, das moslemische Recht. (Leipzig, Thl. 1855.) Seite 195.

Er halte viel zu thun: nicht nur die 18,000 Moslems von Aden zu
richten, ſondern auch noch die Entſcheidung kleiner Rechtsfälle zwiſchen
andersgläubigen Einwohnern. Der ganze Tag verging in Amtsangelegen-
heiten, denn er halte keine Beiſitzer.

Er war übrigens ein großer Gelehrter, In der arabiſchen Literatur
trefflich zu Hauſe, nahm Intereſſe an allen Forſchungen, ſelbſt ſolchen, die
bigotte Moslems verabſcheuen, wie himyariſche (alſo heidniſche) Alterthümer, und ſolchen, welche arabiſche Gelehrte ſonſt gänzlich ihrer unwürdig
halten, wie dialectiſche Studien. Die kufiſchen Inſchriften las er wie
A. B. C., eine Kenntniß, die bei modernen Arabern ſehr ſelten geworden.
In ganz Algerien kannte ich keinen einzigen, der kufiſch leſen konnte. Er
war ein lebendes Lexikon. Ueber jede ſprachliche Frage wußte er Auskunft.

Der gute Cáḍi beſaß natürlich, wie jeder Menſch, auch eine Schwach-
heit, aber die ſeinige war gelehrter Natur. Er war nämlich ein Jünger
der Aſtrologie. Die Coránvorſchrift, in der Nacht aufzuſtehen, um zu beten,
erfüllte er, aber er machte es kurz mit dem Gebet. Schnell kam der Aſtro-
lab hervor und die geliebten Sterne wurden befragt. Anfangs wunderten
ſich die nächtlichen Straßenbummler, deren es in Aden viele giebt, über
die lange weiße Geſtalt mit dem weißen Spitzbart, die auf dem Balkon
des Richterhauſes Stunden lang herumlief und die Sterne mit einem In-
ſtrument zu bedrohen ſchien. Als man aber über Perſon und Zweck aufgeklärt war, wuchs die Verehrung für den Cáḍi ſehr. Ein Sterndeuter
iſt in Arabien immer noch eine geheimnißvolle Macht. „Der Cáḍi weiß
Alles, auch das Verborgene. Die Sterne ſagen's ihm“ hörte ich oft.

Der Cáḍi hatte auch ſeinen Nachäffer. Das war ein gewiſſer „Siîb
'Abd el Béri“, ein ſehr unwiſſender, aber den Gelehrten ſpielender Scherif
ſeines Amts Schreiber bei der Regierung. Der Siîb befragte auch die
Sterne, aber es kam Alles „krumm“ heraus, wie die Araber ſagten. Einmal prophezeite er einer Frau, ſie würde einen Knaben gebären, und ſie
kam mit Zwillingsmädchen (ein einziges Mädchen iſt dem Araber ſchon zu
viel) nieder. Seitdem war's mit ſeinem Ruf vorbei. Der Cáḍi war viel
zu klug, um von den Sternen ſolche Einzelheiten zu verlangen. Er fragte,
ſie nur um Allgemeinheiten und die Antworten waren auch ganz allgemein
gehalten, ſo daß man ſie immer als eingetroffen darthun konnte. Wenn
er zum Beiſpiel die Sterne fragte: „Wird das Reich der Tugend bald
anbrechen?“ und dieſe antworten: „Ja, wenn die Menſchen die Wege des
Laſters verlaſſen“, ſo war das ebenſo wahr, wie hochſittlich.

Eine andere wichtige Persönlichkeit unter den Arabern, ja die amtlich wichtigste war Çálaḥ, der Dragoman. Diesen bescheidenen Titel führte er, wie denn überhaupt die Titel in englischen Colonieen durch ihre Bescheidenheit fast irreführen. So betitelt man hier den Gouverneur „Politischer Agent", die anderen höchsten Beamten einfach „Assistenten"; und in Ostindien heißt oft der Statthalter einer großen Provinz (wie z. B. Sind) nur „Commissär". Çálaḥ war in Wirklichkeit der Stellvertreter des englischen Statthalters bei den Einheimischen, und beherrschte diese wie ein kleiner Fürst. Er war zwar persischer Abstammung, aber ganz arabisirt, auch ein guter Sunnite. Dieser Mann bildete eine wahre Errungenschaft für die englische Verwaltung. Er leitete die oft ziemlich verwickelten Fäden der Beziehungen zu den Nachbarfürsten. Mit allen diesen war er gut Freund, ja, wenn man sie beisammen sah, „ein Herz und eine Seele", aber er war der englischen Regierung treu und wußte stets deren Interessen auf's Klügste zu vertreten. Ich glaube, er war manchmal den Araberfürsten nur allzu überlegen, obgleich es diesen auch gar nicht an Staatsklugheit fehlte. Er ist außerdem einer der liebenswürdigsten Orientalen, die ich je kennen lernte. An meinen Studien nahm er großes Interesse und förderte sie auf jede Weise. In der That wären sie ohne ihn in ein „Nichts" verflossen, denn nur er und seine Amtsdiener hatten die Gabe, mir die Araber „zusammenzutrommeln".

## Somáli.

Nach den Arabern erwähnt die Einwohnerliste die Somáli, Eingewanderte von der afrikanischen Seite des Golfs. Ihr Präsenzstand ist jedoch größer als 5600 Seelen, da sie hauptsächlich hier die flottirende Bevölkerung bilden, und jene Zahl nur die seßhafte nennt. Im Ganzen kann man zur günstigen Jahreszeit, d. h. im Winter, auf 10,000 Somáli rechnen. Im Sommer kommen sie seltener, da dann die Somálihäfen durch den Südwest-Monsun unzugänglich gemacht werden. Sie sind eine der schönsten, wenn nicht die schönste schwarze Race, die es giebt. Weder der Abessinier, noch der Sudánese kann gegen sie aufkommen. Regelmäßiger Bau, edle Gesichtszüge, volles reiches Haar, blendend weiße Zähne, eine Schlankheit des Wuchses und Elasticität des Ganges, wie sie sonst nur der Beduine hat, sind ihre Vorzüge. Ihre Haut ist fast negerschwarz, schwärzer als die der Abessinier und Nubier. Aber in jeder anderen Beziehung

stehen sie hoch über dem Neger. Selbst die Araber erkennen sie gewissermaßen als ebenbürtig an, indem sie sagen, „die Somäli sind Cobâyel (freie
Stämme)“, eine Ehre, die sie sonst keinem fremden, geschwige denn einem
anderen schwarzen Volke erweisen.

Das Erste, was uns an den Somäli auffällt, ist ihre seltsame, aber
gar nicht unschöne Haartoilette. Wie kommen diese schwarzen Jünglinge
zu den langen, bald goldblonden, bald wie lichte Goldbronze glänzenden
Locken? Diese Farbe ist nicht etwa die eines aufgelegten Färbemittels,
sondern vielmehr das Ergebniß einer Entfärbung, indem Kalk in nur un-
vollkommen gelöschtem Zustande dem Haar aufgelegt wird, der nach einigen
Tagen diese „Verschönerung“ zur Folge hat. So lange freilich die Bur-
schen mit dem bekalkten Haupte herumgehen, sehen sie gräßlich aus. Die
Stutzer zeigen sich in diesem Zustand nicht. Aber nachher entpuppt sich
der Adonis desto effectvoller. Dieser lange goldene Lockenmantel, der auf
die Schultern sinkt, sieht wirklich ganz hübsch aus, besonders wenn er im
Tanze, zu dem die Somäli beständig aufgelegt sind, sich in graziöser Un-
ordnung entfesselt.

Die jungen Somäli haben oft ganz außerordentlich feine Züge, die
unstreitig Intelligenz verrathen. Schade, daß der Islam diesem Volke
seinen fortschrittsfeindlichen Stempel aufgedrückt hat. Darum finden wir
auch bei ihm dasselbe, was wir bei den meisten arabischen Städtern beobachten, nämlich, daß die Intelligenz der Kindheit und Jugend nicht zur
Entwicklung kommt, sondern vom religiösen Fanatismus erstickt wird. Der
Erwachsene wird geistig träge. Er vermeint eben, durch den Islam schon
das Höchste erreicht zu haben. Wozu also noch weiteres geistiges Streben?

Die Somälifrauen zeigen ganz dieselben Vorzüge, wie die Männer.
Ihre Gesichter sind jedoch meist etwas rundlicher. Sie neigen überhaupt
mehr zur Wohlbeleibtheit. Ihre Tracht ist höchst graziös. Sie tragen
stets einen eigentlichen Weiberrock (nach europäischen Begriffen), der den
Unterkörper einhüllt, aber so mannichfach gefaltet und gewunden ist, und
dabei doch so natürlich geschmackvoll, daß man glauben könnte, sie hätten
den antiken Faltenwurf studirt. Unterhalb des Rückens ist die Drapirung
vorzüglich stoffreich und faltenvoll. Dieser Faltenbund geräth beim Gehen
in pendelhafte Schwingungen, die für besonders reizend gelten. Viele
dieser Frauen gehören allerdings der leichteren Classe an und bei ihnen
wirkt jener Schwebegang wie ein Aushängeschild.

Wovon alle diese zahlreichen Somäli in Aden leben, ist nicht leicht

zu fagen. Einige führen Schafe ein; andere find Bootsleute, wohl auch
Fischer; noch andere verrichten temporäre, meist leichte Dienste; die einheimische Polizei beschäftigt einen kleinen Theil, da ja das Oberhaupt der
ganzen Adener Polizei selbst ein Somáli ist, ein tüchtiger Beamter, der
einstige Dragoman Burtons auf seiner berühmten Entdeckungsreise nach
Harár, der sich in der großsprecherischen Somáliart zu rühmen pflegt, er
habe Burton auf dieser Reise nicht etwa blos begleitet, sondern er habe
ihn dahin geschleppt, etwa wie man einen verbotnen Gegenstand durch-
schmuggelt, als willenloses Werkzeug in der Hand des Somáli.

Aber, trotz jener Beschäftigungen eines Theils der Adener Somáli,
ist doch ihr Hauptstock unbeschäftigt, lebt ein Vagabundenleben, von der
Hand in den Mund. Ihre Bedürfnisse sind jedoch auch sehr gering. Gewöhnlich sitzen sie in und vor den Kaffeehäusern, in deren Unzahl man
beiläufig gesagt nicht Kaffee, sondern Gischer (Absud der Hülsen) trinkt
von dem eine Tasse eine Bêza (2 Pfennige) kostet. So oft ich dort vorbei
kam, wurde ich von einer Schaar arbeitslustiger Jünglinge überfallen und
ihr Dienst mir angeboten. Aber sie verstehen eben nichts, als Teller zerbrechen.

Sie machen der Adener Justiz viel zu schaffen, namentlich die große
Menge ganz kleiner Somálitnaben, die sich hier herumtreibt, und deren
Aeltern, Gott weiß wo, nur nicht in Aden sind. Den Aeltern durchzu-
brennen, gilt bei den Somáli für ganz in der Ordnung. Alle Tage kann
man im Adener Gerichtshaus Somáli sehen, die wegen „Entwendung und
Landstreicherei" bestraft werden. Sie stehlen selten Werthvolles, aber „ent-
wenden" Kleinigkeiten, um leben zu können. Ihr Mundwerk leistet auch
treffliche Dienste. Ein Somáli wird nie die Antwort schuldig bleiben.
Ihn einzuschüchtern, gelingt selbst dem Richter nicht.

Die Regierung hat öfters versucht, sich der überzähligen Somáli zu
entledigen. Einmal hatte man schon angekündigt, 2000 sollten eingeschifft
und nach Hause transportirt werden. Aber dies Volk ist so solidarisch,
daß dadurch auch die bessere Classe sich getroffen fühlte, und eine gemeinsame Drohung an die Regierung gelangte, sie würden alle auswandern
und den Markt von Aden nicht mehr versorgen. Da sie für diesen nöthig
sind, so gab man nach, obgleich die Somáli wohl schwerlich die Drohung
ausgeführt hätten, da sie ja hier viel gewinnen.

### Andere Mohammedaner.

Diese auf nur 100 Köpfe geschätzte Rubrik der Einwohnerliste begreift Perser, Kabulen, einige wenige Afghanen u. s. w. Davon spielt nur ein einziger Mann eine Rolle, aber eine große, nämlich der Millionär Hasan 'Ali, ein Perser. Er ist der einzige Krösus unter den hiesigen Moslems, was diese nicht wenig demüthigt, denn er ist natürlich ein Schi'ite, der Mehrzahl der Adener ein Gräuel. Er ist ganz plötzlich reich geworden, nämlich durch glückliche Speculationen zur Zeit des abessinischen Feldzugs von 1867. Seit er reich ist, hat sich eine so zahlreiche Sippschaft bei ihm eingefunden, die er füttert, daß man fast jeden wohlgekleideten hiesigen Moslem für einen Vetter von ihm halten kann. Auch die Sunniten kommen viel in sein Haus und schmeicheln ihm. Er ist freigiebig, wohlthätig; am Freitag und Festen speist er viele Hunderte. Seines Glaubens hat er gar kein Hehl und läßt keine Gelegenheit vorbeigehen, den Sunnitismus zu verspotten. Er treibt dies so weit, daß er die Schafe des Opferfestes nach den drei ersten Imamen (Abu Bekr, 'Omar, 'Olman), die vom Sunniten hochverehrt, dem Schi'iten ein Gräuel sind, benennt. Kommt der Opfertag, so ruft er seinen Knechten: „bringt 'Omar (oder Abu Bekr ꝛc.), daß ich ihm den Hals abschneide"; und Abends erzählt er im Freundeskreis: „Heute haben wir 'Omar geschlachtet und morgen essen wir ihn." Wenn das ein orthodoxer Sunnite mit anhört, so freut sich Hasan. In Aden kann er das wagen. Wären aber die Engländer nicht hier, seines Lebens würde keine Stunde sein. Gegen Europäer ist er sehr tolerant und gefällig. Sein Landhaus in Schêch 'Otmân kann so zu sagen als Casino betrachtet werden, denn jeder Europäer steigt dort ab und genießt seine Gastfreundschaft. Oft bleiben Jagdgesellschaften Wochen lang da.

### Banianen.

Diese Angehörigen der ostindischen Kaufmannskaste bilden den commerciell wichtigsten Theil der Adener Bevölkerung. Aller Großhandel, alle Bank- und Wechselgeschäfte sind in ihren Händen. Wie überall, wo Banianen leben, beherrschen sie den Markt durch ihren Associationsgeist und ihre großen Capitalien. Kein Europäer kann gegen sie aufkommen. Sie sind jetzt hier auch die Grundbesitzer geworden. Die Mehrzahl der Adener

Häuser ist ihr Eigenthum. Im Uebrigen gelten von ihnen alle Vorzüge, welche bei Besprechung der Banianen in Massaua erwähnt wurden. Man mag über ihr Heidenthum, über ihren Abscheu vor Fleischgenuß (man kann einen Banianen durch ein vorgehaltenes Stück Fleisch in die Flucht jagen) und manches andere Seltsame spotten, aber jeder fühlende Mensch kann nicht anders, als Sympathie für sie empfinden. Denn welcher fühlende Mensch wäre nicht auch ein Thierfreund? und das sind die Banianen im höchsten Grade. Mir war es immer rührend, wenn ich sah, wie mein Hausherr, ein Baniane, die alten Kühe und Ochsen, die dem Schlächter oder gar dem Schinder übergeben werden sollten, ankaufte und ihnen in seinem Stall bei gutem Futter eine glückliche letzte Lebenszeit bereitete. Pferde giebt es nicht viele in Aden. Aber die wenigen altersschwachen, die vorkamen, wurden von Banianen gekauft, die ihnen das Gnadenbrod gaben. Dabei war nun gar nicht Religion im Spiele, denn das Pferd gilt ihnen nicht für heilig, wie die Kuh, sondern lediglich mitleidsvolle Gesinnung und Herzensgüte.

Der Name „Banianen" wird in Aden mißbräuchlich auch anderen heidnischen Hindus, die nicht zur Kaufmannskaste gehören, beigelegt. Darunter sind viele, die zu einer der Pariaclassen gehören. Eine Classe, die lassische, ist fast ausschließlich mit Grubenausleerung beschäftigt. Die Adener Aborte haben nämlich in den guten Häusern meist keine Canäle, da solche bei dem Wassermangel leicht stocken, sondern der Unrath fällt in Körbe, welche die indischen Parias täglich ausleeren und ihren Inhalt abführen.

### Neger[*].

Unter der „Verschiedene" benannten Rubrik sind die Neger am zahlreichsten vertreten. Sklaven giebt es natürlich in Aden nicht, wohl aber eine Menge Neger, die von englischen Kriegsschiffen aus der Sklaverei befreit wurden. Man nennt sie gewöhnlich scherzhaft „seedy boys". Dies Wort drückt etwa das aus, was vulgo im Deutschen „auf dem Hund" heißt, denn diesen Eindruck machen die armen Neger, wenn sie von den Sklavenschiffen kommen. Hier ist nicht mehr die Rede von schönem schwarzen (subäthiopischem) Menschenschlag, edlen Zügen und Formen. Es ist

---

[*] Die Juden und die arabischen Parias werden in den folgenden Capiteln im Zusammenhang mit ihren Geschlechtsgenossen in ganz Südarabien besprochen.

das unzweifelhafte, plattnäsige, dicklippige, kurzwollige, stupide Negerthum.
Der Araber nennt sie Zingi (Zendji) zum Unterschiede von Sudâni, worunter man, wenigstens in Arabien und Ostafrika*), mehr den edleren
Schwarzen, den Sudäthiopier versteht, der mit dem Neger nur die Hautfarbe und auch diese oft nur annähernd gemein hat.  Der arabische Geograph Yâqût sagt höchst treffend: „Das Land der Zingi ist noch größer,
als das Land der Sudâni." Natürlich; denn beinahe ganz Afrika, im Osten
freilich fast erst südlich von der Linie, im Westen aber zum großen Theil
auch schon nördlich, wird von Negern (Zingi) bewohnt, während die Sudäthiopier nur im Norden, an der Grenze der weißen Racen, gefunden
werden.

Diese „seedy boys" sind eine große Verlegenheit für die englische
Verwaltung.  Die meisten wollen nicht mehr in ihre Heimath zurückkehren,
weil sie auf dem Wege von der Küste bis dahin doch wieder in die Hände
der Sklavenhändler gerathen würden.  Die Regierung muß sie also füttern.
Sie bietet freilich allen Europäern an, sie umsonst in Dienst zu nehmen.
Aber kein Mensch will sie.  Ein Neger, der frisch aus Afrika kommt, ist
vollkommen unbrauchbar.  Er muß erst gezogen werden und dazu haben
die Europäer keine Geduld, besonders da das einzige Ziehmittel, der Stock,
hier verboten ist.  Hier und da nimmt man wohl Knaben, aber sie bringen
es auch zu nichts, da man eben nicht Strenge anwenden kann.  Gewöhnlich
laufen sie davon.  Man kann sie dann durch die englische Polizei ein-
fangen lassen, die dies gern thut.  Aber meist hält man es nicht der Mühe
für werth, da sie eben kleine unnütze Strolche sind.  Sie vermehren dann
die Zahl der vielen Adener Vagabunden.

So kommt es, daß die Neger hier ganz verunglückte Wesen sind.  In
letzter Zeit hat man übrigens eingesehen, daß bereits genug dieser unbrauchbaren Menschen sich hier herumtreiben und so transportiren die Regie-
rungsschiffe jetzt die von ihnen Befreiten nach Ostindien, wo sie übrigens
gleichfalls Niemand will und brauchen kann.

---

*) Anders ist es in Tripolis und im Nordwesten von Afrika.  Dort kennt man
das Wort Zingi gar nicht und begreift unter Sudâni alle Schwarzen, gleichviel ob
Sudäthiopier, ob Neger, wenn sie nur zu den Stämmen gehören, aus welchen sich
gewöhnlich die Sklavenmärkte recrutiren.

### Parſi.

Obgleich ſehr geringzähllig, ſpielen die Parſi in Aden doch eine wichtige Rolle. Sie ſind die Allerweltslieferanten. Ohne ſie würde es den
Europäern faſt an Allem mangeln. Außerdem iſt der Parſi bemerkens-
werth, als derjenige unter allen Aſiaten, der am Leichteſten europäiſche
Sitten und Cultur annimmt. Alle Parſi in Aden ſprechen engliſch, viele
leſen und ſchreiben es. Religiöſe Vorurtheile ſcheinen ſie wenig zu haben.
Ihre einzige tadelnswerthe Bigotterie beſteht darin, daß ſie von ihrer un-
ſinnigen Begräbnißweiſe nicht laſſen wollen, welche, wie ſchon oben geſchil-
dert, das Land mit einem Heerd von Krankheiten bedroht. Sonſt ſind ſie
die „vernünftigſten" aller Orientalen. Sie haben viel Handelsgeiſt. Aber
es iſt mehr ein engherziger, der Geiſt eines Krämers und Wucherers, als
der eines großen Kaufherrn. Deshalb iſt auch all' ihr Handel (hier in
Aden) mehr oder weniger Detailgeſchäft, das ſich nur bei einigen zum größeren Lieferungsgeſchäft aufſchwingt. Der eigentliche Großhandel, wie ihn
die Banianen betreiben, die Bank- und Wechſelgeſchäfte ſind nicht in
Händen der Parſi. Ein Parſi wird nämlich nie mit Darlehen freigiebig
ſein, wie der Baniane: die einzige Bedingung des großen Handels im
Orient. Er will ſein Geld ſtets zu Wucherzinſen anlegen, während der
Baniane oft gar keine Zinſen in Geld nimmt, ſondern ſeinen Vortheil aus
der ſpäter, oft erſt viel ſpäter zu liefernden Waare zieht.

Die Engherzigkeit der Parſi giebt ſich oft auf eine lächerliche Weiſe
kund. Der Parſi iſt zwar freundlich, gefällig, oft kriechend höflich, aber
das Alles nur, wenn unmittelbarer Vortheil bevorſteht. Jemand, der nichts
von ihm kaufen will, exiſtirt für ihn nicht. Oft kommt es nun vor, daß
ein Europäer Auskunft vom Parſi verlangt, da dieſe Leute Alles wiſſen,
was im Haſen und auf dem Markt vorgeht. Solche Auskunft giebt er
aber nur einem Käufer. Ich ſelbſt ſtellte einmal eine Probe an, die folgendes komiſche Reſultat hatte. Ich fragte einen Beſitzer eines jener
Allerweltsläden am Haſen, die zugleich Kaffeehaus ſind, wann das Dampf-
ſchiff abginge? Keine Antwort. Ich fragte ſo oft, bis endlich der Parſi
nicht mehr vorſchützen konnte, mich nicht zu hören. Nie habe ich ein Geſicht geſehen, welches ſchlagender blaſirte Gleichgültigkeit ausdrückte. Mit
der unſchuldigſten Miene von der Welt ſagte mir der Parſi, aber kaum
hörbar, „das wiſſe er nicht." Die Scene änderte ſich aber ſehr, als ich
nun ſagte:

„O ich wollte es nur wissen, weil ich hier ein Paar Flaschen Champagner laufen und einem Freund auf's Schiff schicken will."

„Dazu haben Sie Zeit. Das Schiff geht erst um halb vier," sagte
der Parsi, der auf einmal Alles verstand und Alles wußte.

Uebrigens ist der Parsi feig. Er wird nie wegen einer Ohrfeige
klagen, wie der gemeinste Somäli, ja wie der Neger es thut. Warum auch?
Das Strafgeld bleibt ja der Regierung und ist folglich kein Schmerzens-
geld. Im Gegentheil, er küßt die Hand, die ihn geschlagen, wenn diese
sich zu Ankäufen öffnet.

Ihre Namen enden alle auf „dschi" und nehmen sich englisch (jee)
geschrieben komisch genug aus. Jeder hat zwei so endende Namen. So
liest man die Firmen: „Eduljee Sorabjee", „Cowerjee Bostanjee" ꝛc.

Ihre Tracht ist seltsam, namentlich der Hut, eine Art orientalischer
Bischofsmütze, welche selbst die beibehalten, die sich sonst europäisch kleiden.
Die Kinder werden sehr bunt herausgeputzt. Aber sie haben von Kindern
nichts, als das Alter. Sonst sehen sie gerade so verschmitzt und krämer-
haft aus, wie die Alten. Schöne Kinder habe ich unter ihnen nicht gesehen, sondern nur kleine altkluge Gesichter. Parsifrauen giebt es hier
wenig. Selbst diese sehen übrigens wie die Fleisch gewordene Speculation
aus. Auch die Männer sind meist häßlich, im Alter übermäßig feil. Dabei das Raubvogelgesicht. Doch sieht man hier und da einen schöneren
Parsi. Solche nehmen sich bei ihrer hellen Haut, schwarzem Bart und
Auge ganz wie Südeuropäer aus. Man könnte einzelne derselben für
Italiener halten, wäre die Tracht nicht.

# Südarabien.

## Zwanzigstes Capitel.

## Die Juden.

Falsche Begriffe über Verbreitung der Juden. — Juden in Centralarabien. — Südarabien von Alters her den Juden günstig. — Toleranz der Zâidi. — Intoleranz
der Hadhrami. — Vermischung mit arabischem Blut. — Physiognomisches. — Keine
Sectirer in Südarabien. — Die Synagoge. — Der Oberrabbiner. — Aussprache
des Hebräischen. — Gewerbe der Juden. — Vortheilhafte Ausnahmsstellung der
Juden. — Schutz der Gesetze und der Sitten. — Demüthigungen. — Fanatismus
der Araber. — Hoffnung auf bessere Zustände. — Aufschwung der Adener Judenschaft. — Beginnende Culturerneuerung.

Es ist eine Redensart, die man von Moslems oft hört: „Arabien,
diese heilige Wiege des Islam, sei frei von Ungläubigen." Dann wird
gewöhnlich ein angeblicher Ausspruch des Propheten hinzugefügt: „Arabien
dürfe nur Rechtgläubige beherbergen." Natürlich; denn die meisten Moslems kennen nichts von Arabien, was südlicher liegt, als Mekka. Jemen
ist für die Mehrzahl so gut wie nicht vorhanden, und den tiefsten Süden
kennen selbst die arabischen Geographen (Moqadessi und Hamdâni ausgenommen) nur von Hörensagen. Auf Nord- und Centralarabien paßt
jene Redensart; denn Dschedda, der letzte Punkt, wo die Juden sich lange
gehalten hatten, vertrieb sie vor etwa 80 Jahren, und, daß es in Chaibar
noch Juden gebe, ist nichts, als eine vielverbreitete Fabel. Diese Länder
haben übrigens auch vor Mohammed nur verhältnißmäßig wenige Juden-
gemeinden gehabt. Der Jude liebt civilisirte Länder und das war Central-

arabien nie, sondern hier herrschte stets das Hirten-, Nomaden- und
Räuberleben vor. Die Juden fanden sich also nur in oasenartig verein-
zelten städtischen Mittelpunkten, wie Jathrib, Chaibar ꝛc., und waren nicht,
wie in Jemen, im ganzen Lande zerstreut.

Ganz anders war es in Südarabien. Dies Land war eben schon im
Alterthum civilisirt. Die Nomaden waren bewältigt und regelmäßige
staatliche Einrichtungen, bürgerliche Verhältnisse gegründet worden. Handel
und Wandel blühten und zogen die Juden an. Diese lebten dort ganz ähnlich
wie in Europa, in größeren oder kleineren Gruppen, oft familienweise zerstreut, in manchem Dorf nur ein paar Familien, je nachdem es Erwerb
gab. Das Land war also sicher. Die Gründung des Islam freilich be-
drohte die Juden, namentlich thaten dies dessen orthodoxe Secten. Als
aber die tolerantere Secte der Zâidi in Jemen die Oberhand behielt, kamen
wieder bessere Tage für die Juden. So lange die Imâme herrschten, konnten
sie sich über das ganze Land ausbreiten. Seit deren Fall sind sie zwar
mehr angefeindet, besonders in den von Schâse'i bewohnten Gegenden,
aber an Boden haben sie wenig verloren. Nur das von Schâse'i bewohnte,
bürgerlichen Zuständen abgeneigte Dâfi'a hat sie ausgestoßen. Im eigentlichen Hadramaut waren sie niemals geduldet worden. Der dort herrschende Stamm, die Kinda, früher in Centralarabien ansässig, scheint auch
die härteren Anschauungen aller Centralaraber in Bezug auf Fremde hierher gebracht und durch die Annahme des Islam noch mit Fanatismus
verschwistert und somit verstärkt zu haben. Ueberall aber sonst in Südarabien finden wir nach wie vor Juden durch's ganze Land zerstreut, grade
wie in civilisirten Ländern, nicht allein in compacten Gruppen, wie in
anderen fanatischen Staaten.

Es ist bekannt, daß das Judenthum in Jemen unter Du Nowâs*)
zur staatlichen Herrschaft gelangt und ganze Araberstämme zu ihm überge-
treten waren. Mit der Einführung des Islam fielen diese größtentheils wieder
ab. Ihr Mosaismus war wohl stets nur ein oberflächlicher. Es ist wenigstens unzweifelhaft, daß die heutigen Juden Südarabiens größtentheils rein
israelitischen Ursprungs sind. Vielleicht, daß die Rechabiten, jener nach dem

---

*) D. h. der Inhaber der Ringellocken. Diese Locken sind gewiß die jüdischen
Pais gewesen, welche noch heute bei den Juden Jemens sehr zierlich getragen werden und wohl bei dem „schönen" Dû Nowâs als Zierde gepriesen werden konnten.

Missionär Wolf im Norden Yemens lebende jüdische Beduinenstamm theilweise arabischen Ursprungs sind.    Aber die seßhafte Bevölkerung weist
heut zu Tage keine Spuren arabischer Elemente auf.

Ihre Physiognomie, Hautfarbe, selbst ihr Gliederbau, sind so grundverschieden von dem der übrigen Südaraber, daß an eine innigere Vermischung nicht zu denken ist.    Ich sah Juden aus allen Theilen Südarabiens und alle zeigten denselben Typus.    Die Südaraber sind klein,
die Juden selten unter, oft über Mittelgröße.    Erstere sind mehr gedrungen,
letztere schlank.    Die Hautfarbe der Einen ist dunkel, oft fast schwarz, die
der Anderen stets weiß, oft weißer, als die mancher Südeuropäer.    Die
Züge der Juden sind gedehnt, regelmäßig, die der Südaraber klein, zierlich.
Das Haar der Südaraber ist sehr kraus, das der Juden leichtgelockt, oft
beinahe schlicht, so daß die Pais, die bekannten Hängelocken, welche hier
sehr dünn und fein, aber lang getragen werden, nur wenige lockige Windungen zeigen.    Ein Südaraber würde gar nicht im Stande sein, solche
Pais zu tragen, die das Gesicht einrahmen; sie würden sich bei ihm als
krause Büschel um die Schläfen ballen.    Im Ganzen sind die südarabischen
Juden ein sehr schöner Menschenschlag, der an Schönheit nur den spanischen Juden nachsteht, aber die polnischen weit übertrifft.    Namentlich die
Kinder zeigen oft allerliebste Gesichter.    Die Erwachsenen sehen in Folge
der vielen rauhen Arbeit, die sie verrichten, oft vor der Zeit verwittert aus.
Ihre Züge nehmen dann leicht etwas allzu Gedehntes an, was durch die
langen spitzen Bärte noch vermehrt wird.    Der Bartreichthum der Juden
ist auch wieder ein augenfälliges Unterscheidungs-Merkmal vom südarabischen Typus, der fast bartlos ist.    Nur eines haben die Juden mit den
Südarabern gemein, das ist die Magerkeit.    Hierin unterscheiden sie sich
auffallend von dem Juden der spanischen (sephardischen) Unterabtheilung,
bei denen (namentlich den in Tunis angesiedelten) eine außerordentliche
Neigung zur Wohlbeleibtheit vorhanden ist.    In Südarabien dagegen habe
ich unter Juden nie ein wohlbeleibtes Individuum gesehen; die Männer
und älteren Frauen zeigen sogar oft eine auffallende Magerkeit.

Ich war neugierig zu erfahren, ob es unter der südarabischen Judenschaft auch Karaiten gebe.    Bekanntlich sollen die ersten jüdischen Ansiedler
in Yemen, die Beni Koraila, wie auch der Name anzudeuten scheint, dieser
Secte angehört haben.    Aber alle meine Nachfragen erhielten eine entschieden
verneinende Antwort, wodurch nur bestätigt wird, was schon Niebuhr sagt,
der alle Juden Yemens Talmudisten nennt.    In Aden, wo die ansässige Juden-

schaft nur eine einzige große Synagoge besitzt, bestehen zwar noch zwei
kleine Gotteshäuser, die nicht von den Adener Israeliten, sondern nur von
fremden, aus dem Innern gekommenen besucht werden.   Aber ein Unterschied im Bekenntniß findet doch hier nicht statt, wie mir der Oberrabbiner
von Aden versicherte ; er sagte, die Leute aus dem Innern fühlten sich durch
die Nähe der meist reicheren und civilisirteren Adener gewissermaßen gede-
müthigt, und das sei der einzige Grund, warúm sie sich absonderten.   Nach
Anderen besteht jedoch in der Abendgebetsstunde ein Unterschied, welche bei
den Einen fest auf 6 Uhr fixirt wäre, was jedoch nicht viel auf sich hat,
denn in Aden geht die Sonne fast immer um 6 Uhr Abends unter, da es
nur 12° nördlich von der Linie liegt.   Uebrigens bietet die große Synagoge kaum Platz für die Fremden, denn die Adener Judenschaft zählt an
2000 Köpfe, so daß an jedem Festtag sich immer viele Hunderte dort
einfinden.

Als ich an einem Freitag Abend die Synagoge besuchte, fand ich sie
dicht mit Menschen gefüllt, Alle sehr wohl gekleidet, die Knaben mitunter
prachtvoll und mit silbernen Zierrathen behangen.   Der Boden war mit
schönen Teppichen bedeckt, eine Unzahl Lampen angezündet ; der Schrein,
in welchem die Thora aufbewahrt wird, war kunstvoll geschnitzt und reich
verziert.   Während des Gottesdienstes führte man mich nicht herum, wie
dies in Cairo bei den Karaiten geschehen war, sondern wartete das Ende
ab, um mir die Thora zu zeigen.   Diese war auf langen Lederrollen geschrieben, und ich erfuhr, daß in Südarabien jede Synagoge solche Lederrollen besitze.   Auch außerdem sind eine Menge solcher Rollen vorhanden
und nicht schwer zu erwerben.   Deren sollen noch jetzt beschrieben werden,
aber nur im Innern; in Aden selbst giebt es keine Schreiber, welche diese
Arbeit ausführen.

Am folgenden Sabbath machte ich dem Oberrabbiner einen Besuch.
Dieser führt den Titel „Mêri" (מרי) und das soll überhaupt die Bezeichnung aller höheren Rabbiner Südarabiens sein.   Es ist wohl das
chaldäische Marê (Herr), das auch im Syrischen in der Form „Mar" eine
so große Rolle spielt.   (In San'â soll man nach Wolf Môre aussprechen.)
Sein Name ist Menachem ben Mêscheh, so nämlich wird hier der Name
Môscheh ausgesprochen.   Der Mêri war ein ehrwürdiger Greis, hochbetagt
und schon vom Alter gebückt, nebenbei auch sehr kränklich, so daß er mich
auf dem Ruhebett liegend empfing.   Seine Gelehrsamkeit soll groß sein;
er ist übrigens der einzige hier ansässige Jude, der bedeutende Kenntnisse

besitzt. Die Bücher, deren er sich bediente, waren meist europäische Drucke; er besaß jedoch auch Handschriften auf Leder. Er klagte mir, daß keiner seiner Söhne sich der Gelehrsamkeit gewidmet habe. Aden sei überhaupt ein schlechtes Terrain für diese; man fände hier zu leicht anderweitige und einträglichere Beschäftigungen. Nach seinem Tode müsse man wohl einen Fremden kommen lassen, um einen gelehrten Mêri zu haben. Ich wurde mit trefflichen weißen, fast kernlosen Rosinen (den berühmten aus San'â) und englischem Liqueur tractirt. Das gebrannte Wasser gilt immer für erlaubt, während bloß gegohrene Getränke von Juden zubereitet sein müssen.

Interessant war mir, was mir der Mêri über die landesübliche Aussprache des Hebräischen sagte. Câmez wird wie ô ausgesprochen, ebenso Câmez chaluph, nur kürzer. Zêre ist ê, Segol aber a und von Patach kaum unterschieden. Chôlem lautet auch wie ê, so daß man Mêscheh, Jêsef u. s. w. sagt, doch ist dieses ê nicht ganz so lang, wie Zêre. Das Beth ist hier stets hart, nie aspirirt, wie bb, selbst wenn es ohne Dagesch steht. Das Jâde klingt sehr weich, fast wie englisches z und deutsches schwaches s. Das Doph wird in Aden selbst wie Q, in San'â dagegen soll es wie G (in Goll. gut) ausgesprochen werden. Diese Eigenthümlichkeit ist wohl dem Einfluß des Dialekts von Jemen zuzuschreiben, in welchem das arabische Q auch wie G klingt. Daleth und Thau ohne Dagesch aspirirt, wie bei den spanischen Juden, lauten etwa wie das englische th in the (stark) und their (schwach).

Die Stammestraditionen haben sich in Bezug auf die Leviten und Kohenim treu erhalten und werden in den Zunamen der Betreffenden zur Geltung gebracht. In Aden zählt man zur Zeit 30 Personen vom Geschlecht der Kohenim, dagegen nur 10 Leviim; man legt nämlich den ersteren, obgleich auch vom Stamme Levi, doch im gewöhnlichen Leben niemals den Namen Leviim bei, ja die Unwissenderen halten die Kohenim für einen eigenen Stamm. Alle übrigen Juden nennen sich zum Unterschiede von diesen beiden: „Israeli". Die Leviim besonders genießen fast größeres Ansehen, als die Priestersöhne, was vielleicht daher kommt, weil die Kohenim hier unverhältnißmäßig zahlreich sind.

Die Adener Juden sind zum größten Theil Handwerker, Waffenschmiede, Silberschmiede, Metzger, Maurer, zu jeder Handarbeit geschickt. Nebenbei treiben sie etwas Handel und kleinere Wechselgeschäfte. Der Großhandel und die Bankgeschäfte sind hier nicht in ihren Händen, sondern in denen der Banianen, der oſtindiſchen Kaufmannskaſte. Die größeren Detailläden gehören den Parſi's und die kleineren auch Banianen oder indiſchen Moslems. So ſind denn die Juden hier auf Handarbeit angewieſen. Sie ſind ſehr geſchickt, namentlich im Verfertigen der Waffenzierrathe und kriegeriſchen Utenſilien der Araber, und wiſſen dieſen Dingen mitunter eine ganz elegante Form zu geben. Da die Araber namentlich mit Dolchſcheiben, Pulverhörnern, Kugelbehältern, ſilberbeſchlagenen Bandelieren, Säbelgriffen u. ſ. w. großen Luxus treiben und dieſe Gegenſtände, wenn ſie es nur irgendwie erſchwingen können, von Silber haben wollen, ſo iſt beſonders das Handwerk der Silberſchmiede hier ein verbreitetes und vortheilhaftes. Daſſelbe iſt in ganz Südarabien ausſchließlich in Händen der Juden, indem die Südaraber faſt alle Handwerke im Allgemeinen, beſonders aber jede Kategorie des Schmiedehandwerkes verachten und als freier Beduinen unwürdig anſehen. Da ſie aber koſtbare Waffen nicht entbehren können, ſo ſehen ſie es gern, wenn ſich Juden bei ihnen niederlaſſen, obgleich ihr moslemiſcher Fanatismus dies nicht eingeſteht.

So kommt es denn, daß wir faſt in allen Gegenden Südarabiens namentlich in den Städten, Juden finden. Ja man kann ſo ziemlich den Blüthezuſtand einer Ortſchaft nach der Zahl der ſie bewohnenden Juden abſchätzen. Außer in den beiden oben erwähnten Diſtricten (Yâfi'a und Hadramaut) duldet man ſie principiell, wenn man auch noch ſo ſtreng in Fernhalten aller anderen Nichtmoslems iſt.

Ein ſchlagendes Beiſpiel von dieſer Ausnahmsſtellung der Juden lieferten die neueſten Religionsverfolgungen von Çan'â, wo man vor einigen Jahren alle nichtjüdiſchen Andersgläubigen, namentlich die vielen Hindu's, die dort lebten, zwang, zwiſchen Uebertritt oder Tod zu wählen, und da die Meiſten den letzteren vorzogen, ein fürchterliches Blutbad veranſtaltete. In derſelben Stadt lebt aber eine zahlreiche Judengemeinde, die bei dieſer Gelegenheit ganz unbehelligt gelaſſen wurde. Die Juden ſind eben den Arabern unentbehrlich, namentlich in ihrer oben erwähnten Eigenſchaft als Waffenſchmiede, jedoch auch noch anderer Induſtrieen wegen, wie Baumwollweberei, Tüncherei und der wenigen übrigen Gewerbe, welche bei dieſem bedürfnißloſen Volke überhaupt vorkommen.

Die Juden ſtehen deßhalb überall unter dem Schutz der Obrigkeit und, wo eine ſolche fehlt, unter dem der freien Beduinen-Stämme. In dieſem Land der erblichen Blutrache würde es freilich unmöglich ſein, den

Mörder eines Juden mit dem Tode zu strafen, da der Mord eben meist durch die Blutrache gesühnt wird: ein Recht, das jedoch nur dem Araber, nicht dem Juden zusteht. Die Juden würden also vogelfrei sein, hätte die südarabische Völkersitte hier seit uralter Zeit nicht einen andern Ausweg ergriffen. Dieser ist, daß man es für Schande erklärt, einen Juden zu tödten, was vollkommen den ritterlichen Begriffen von Ehre entspricht, da die Juden unbewaffnet sind, und ein Unbewaffneter im kriegerischen Sinne nicht für einen Mann gilt. Deshalb hört man oft Araber sagen: „die Juden sind wie die Frauen; Eines dieser beiden zu tödten, schändet den Mann." Dies ist freilich nur durch Tradition, nirgends durch bestimmte Gesetze, welche überhaupt in vielen Gebieten von Südarabien fehlen, festgesetzt; aber die Traditionen erweisen sich bei diesen Völkern wirksamer, als die Gesetze, jedenfalls wirksamer, als das des Corâns, welches hier nie so recht Fuß fassen konnte, d. h. was seinen juristischen Theil betrifft.

Sind so Leben und Gut der Juden im Innern von Südarabien gesichert, so ist doch ihre Stellung in jeder andern Beziehung keineswegs eine beneidenswerthe. Sie sind einer Menge von Demüthigungen ausgesetzt. Wie in Marokko, dürfen sie keine Pferde, sondern nur Esel reiten.*) Begegnet ein so berittener Jude einem Araber, so muß er vom Thiere absteigen, es am Halfter führen und zur linken Seite ausweichen, während die Araber dies sonst zur rechten thun. In dem gezwungenen Ausweichen zur Linken liegt ein Schimpf. Bei Begrüßungen, die freilich zwischen einem Araber und Juden seltener vorkommen, streckt jener diesem seine Hand mit weitausgerecktem Arm zum Kusse entgegen, streng die gehörige Distanz beobachtend, um nicht durch die Nähe des verachteten Juden verunreinigt zu werden. Der Araber hütet sich jedoch gewöhnlich vor jeder Berührung mit Juden. Beispiele von einer Familien-Verbindung zwischen Arabern und Juden kommen gar nicht vor und die bloße Nachfrage danach schien meine arabischen Bekannten aus dem Innern zu skandalisiren. Alle diese Araber sprachen sich höchst fanatisch und verächtlich über die Juden aus, denen sie freilich nichts nachsagen konnten, als daß sie eben einem von ihnen verachteten Glauben angehörten. Das genügt aber in den Augen des

---

*) Dies sind dieselben Demüthigungen, denen zu Niebuhr's Zeit in Aegypten alle Richtmoslems, sogar die Consuln europäischer Mächte ausgesetzt waren, weshalb letztere damals lieber zu Fuße gingen, als vom Privilegium, auf Eseln zu reiten, Gebrauch machten.

Arabers, dem dogmatische Sünden schlimmer sind, als die schändlichsten Verbrechen. Daß die gewöhnlichen Araber keinen Begriff von der Religion der Juden haben, versteht sich wohl von selbst. Deshalb sind auch die fabelhaftesten Gerüchte über den jüdischen Ritus bei ihnen verbreitet. Man erzählte mir allerlei Seltsamkeiten über den Gottesdienst. Den Gebrauch, sich die Hände schwarz zu bedecken und Hörner anzulegen (die Philatterien oder Thefillin) faßten sie als eine seltsam thierische Ceremonie auf, wobei gebrüllt und wie wahnsinnig in der Synagoge herumgerannt wurde.

Daß die Juden ihre gedrückte Stellung ertragen, läßt sich eben nur durch die Geduld dieses Volkes und durch die Standhaftigkeit erklären, mit der es auf eine bessere Zukunft hofft.

In der Hoffnung auf eine bessere Zukunft ist überhaupt der Jude beharrlich, und die Thatsachen geben ihm Recht, denn diese Hoffnung beginnt sich zu verwirklichen und hat sich in der That schon auf vielen Punkten verwirklicht. Auch in Südarabien befindet sich ein solcher Punkt, nämlich Aden und seine nächste Umgebung. Wer hätte es den mißhandelten Juden Adens vor 30 Jahren vorausgesagt, daß sie ihren einstigen Herren, den stolzen Arabern, rechtlich ganz gleichgestellt sein würden? Nur wer den Orient genau kennt, kann das Unermeßliche des Umschwungs zum Bessern würdigen, welchen die englische Herrschaft in Aden für die Juden mit sich gebracht hat. Doch nicht in Aden allein, auch schon in einzelnen Staaten der Nachbarschaft, wie in Laheg und Schughra, macht sich der englische Einfluß heilsam geltend und die Sultane vermeiden aus Furcht vor englischen Vorstellungen, die Juden zu bedrücken.

Mit der größeren Freiheit, welche die Juden in Aden und Umgegend genießen, hat sich auch ihr Culturzustand bereits merklich gehoben. Es wohnt diesem Volk eine solche geistige Lebenskraft inne, daß es nur eines geringen Anstoßes von Außen bedarf, um sich auf eine höhere moralische und intellectuelle Stufe zu schwingen. Merkwürdig ist schon jetzt der Unterschied zwischen der jüngeren und der älteren Generation, die noch unter dem früheren Druck erzogen wurde. Die Knaben, haben fast durchgehends eine gewisse Bildung, selbst nach europäischen Begriffen, während die Väter außer ihrem Handwerk nur wenig Nützliches wissen und auch nicht durch die bei anderen Juden des Orients so vielfach vertretene talmudische Gelehrsamkeit glänzen. Das Bedürfniß einer europäischen Ausbildung wird übrigens von den Juden selbst empfunden (ein Araber glaubt eine solche nicht nöthig zu haben) und dieses Streben ist schon allein ein Fortschritt.  So können wir denn ohne Uebertreibung sagen, daß die Juden von Aden und Umgegend sich emporzuarbeiten beginnen.  In einigen Generationen werden sie wahrscheinlich den Europäern nicht viel nachstehen.  Die Rückwirkung wird sich dann auch auf die Juden des Innern bemerkbar machen.

# Südarabien.

## Einundzwanzigstes Capitel.
## Die südarabischen Pariakasten.

Eigenthümlichkeit des südarabischen Pariawesens. — Religion der Parias. - Parias in Centralarabien. — Strenge Standesbegriffe der älteren Südaraber. — Arnaud's Viertheilung der Parias. — Achdâm. — Abgesondertes Wohnen. — Stammesstolz der Beduinen. — Die tiefste Paria-Kaste. — Schumr. — Ihr Gewerbe. — Moscheeverbot. — Kupplerinnen. — Eine Paria Sängerin. — Physiognomisches. — Ein südarabisches Schönheitsregister in Versen. — Dialekt der Parias. — Ihr Ursprung. — Falsche Ansichten. — Unmöglichkeit ihren Ursprung zu bestimmen. — Entstehung der Achdâm-Kaste. — Verschiedene Bezeichnungen für diese Kaste. — Die Ahl Hâdil. — Freiheit von Steuern. — Die Parias sind keine Stämme.

Es ist eine höchst merkwürdige Erscheinung, daß in einem arabischen Lande, in dem sonst der Freiheitssinn und Stammesstolz der Bewohner auf's höchste ausgebildet ist, neben diesen freien Stämmen zwei Menschenclassen existiren, welche, obgleich sich nicht zu anderm Glauben bekennend, dennoch eben so sehr in den Bann gethan sind, als wären sie die ärgsten Ketzer. Ueberall sonst, wo es Parias giebt, sind sie durch das Bekenntniß oder wenigstens durch ein sectenartiges Abweichen von der herrschenden Religion unterschieden. In Südarabien ist dieses nicht der Fall, und diese Thatsache macht die dortigen Parias zu einer Merkwürdigkeit, wie sie selbst Ostindien nicht aufweist. Der Umstand, daß der befreiende und sociale Gleichheit für alle „Rechtgläubigen" predigende Mohammedanismus in Südarabien nicht so weit zur Geltung kam, um jene Kasten zu emanci-

piren, zeigt uns dieses Land in einem ganz andern Lichte als Centralarabien. Es war eben ein uraltes eigenartiges Culturland, das selbst in
seinem Verfall noch dem centralarabischen Element Widerstand leistete, und
wenn es auch im Großen und Ganzen diesem allmählich unterliegen und
seine Eigenheiten mehr oder weniger einbüßen mußte, ihm doch im Beibehalten einzelner tiefgewurzelter Eigenthümlichkeiten trotzte. Zu letzteren gehörte auch das Bestehen der Paria-Kasten. Die Parias glaubten vielleicht
durch Annahme des Islams sich zu emancipiren. Aber sie irrten sich.
Das angestammte Element der Kastenscheidung erwies sich kräftiger als der
befreiende Einfluß des Mohammedanismus. Weit entfernt, sie zur Gleichheit zu führen, gab die südarabische Auffassung des Islam noch Gelegenheit, eine neue Scheidewand zwischen ihnen und der herrschenden Classe
aufzurichten, indem letztere eine dieser Kasten sogar vom Besuch der Moscheen
ausschloß. Ein unerhörtes und eigentlich ganz „unarabisches" Verfahren,
denn nur Heterodoxie soll nach ächt mohammedanischen Begriffen von
diesem Besuch ausschließen, und diese war hier nicht vorhanden. Aber
alle unsere Begriffe von dem was „arabisch" oder „unarabisch" ist, sind
eben ausschließlich aus centralarabischen Quellen entlehnt. Der Geist der
alten südarabischen Cultur fängt erst an sich uns zu offenbaren, seit die
Inschriften der alten Sabäertempel (vulgo himyarische genannt) in größerer
Menge auftauchen und mit vermehrter, wenn auch immer noch sehr mangel-
hafter Deutlichkeit entziffert zu werden beginnen. Dieser südarabische Geist
war ein anderer, als der des freien Beduinenthums, das so recht eigentlich
Centralarabien kennzeichnet.

Letzteres kannte zwar auch und kennt noch heute eine Art von Paria;
doch sind dies herabgekommene Beduinen-Stämme*), die durch eine Katastrophe (Krieg, Raub) ihr Gut verloren haben, aber doch meist noch als
Gruppen stammweise zusammenleben, nicht, wie die südarabischen Parias,
seßhafte Bewohner, die unter sich nur schwache Beziehungen haben und
durch's ganze Land zerstreut sind.

Auch ist es unerhört, daß in Centralarabien Jemand wegen seines
Standes, und sei er auch anrüchig (denn etwas anderes ist die Kaste in
Yemen nicht), vom Besuch der Moscheen ausgeschlossen würde.

---

*) Herrn Professor Sprenger verdanke ich folgende Notiz: Es scheint, daß zu
Mohammed's Zeit die Banû Lihb, südlich von Mekka, Paria waren. In der syrischen
Wüste sind jetzt noch die Beni Flâb (Solaib) der geächtete Stamm. Sie haben nur Esel
und kommen nach Damascus, um Trüffeln zu verkaufen, woran die Wüste sehr reich ist.

Die Cahtäniten (so haben die arabischen Genealogen die Südaraber benannt) hatten viel mehr Aehnlichkeit mit den andern alten ostasiatischen Culturvölkern, den Persern, den Ostindiern. Sie besaßen einen ziemlich complicirten Cultus, religiöse Denkmäler in Bild und Schrift, staatliche Einrichtungen, blühende Städte. Die Rangstufen scheinen mannichfaltig gegliedert gewesen zu sein. Die Inschriften zeigen uns eine Anzahl höherer Titel von Fürsten, von kleineren Häuptlingen; wir können fast auf eine Art Adel schließen. Wo die höheren Rangstufen so genau bezeichnet waren, da können wir auch wohl in den niederen Sphären scharfe Gliederungen voraussetzen, und als höchst wahrscheinlich annehmen, daß die kastenartige Ausnahmsstellung einzelner Volkstheile in Südarabien uralt ist*).

Niebuhr war es, welcher zuerst auf die Parias in Jemen aufmerksam machte. Er verglich sie mit den Zigeunern, und dieser Vergleich ist sehr richtig. Nur wandern letztere mehr als die südarabischen Parias, die oft an die Scholle gebunden sind. Eigentlich bekannt sind sie jedoch erst durch Arnaud, den Entdecker von Mârib, geworden, der ihre Eigenschaft als Parias zuerst in das richtige Licht stellte. Arnaud unterscheidet vier Classen von Parias: die Achdâm, die Barbiere, die Schafûli und die Schumr. Die beiden letzteren Classen nennt er als die verachtetsten, vom Besuch der Moscheeen ausgeschlossen, alle ekelhaften Gewerbe verrichtend. Die beiden ersteren Classen sind weniger in den Bann erklärt, dürfen noch Moscheeen, aber nicht die Häuser der Araber betreten.

In Süd-Jemen ist die Vierzahl der Pariaclassen unbekannt. Ich habe immer nur von zwei Classen reden hören, den Achdâm und den Schumr**). Die Barbiere in Süd-Jemen sind niemals Parias, und der

---

*) Ich entlehne folgende Bemerkung einem Briefe Professor Sprenger's. Richtig sind Ihre Begriffe über das Entstehen solcher Genossenschaften. Es ist natürlich, daß je strenger die aristokratischen Begriffe der Vollblut-Bevölkerung sind, desto öfter Fälle von Ausstoßungen vorkommen müssen, und die Ausgestoßenen werden, wenn nicht schon Parias vorhanden, selbst vollständig eine Genossenschaft bilden müssen.

**) Professor Sprenger schreibt: Die Schumr in Arabien entsprechen ganz dem Tschamâr (Tschamâr) جمار in Indien. Diese sitzen fast bei keinem Dorf Hindustans, leben aber immer in einiger Entfernung davon. Die Achdâm von Arabien sind den Mihtar مهتر, der ostindischen Auskehrer-Kaste, sehr ähnlich, doch ist in Indien eine größere Zersplitterung, denn da sind noch die Dhóbi دوبى, die Wäscher, die Ahîr und andere.

Name Schafuïi ist dort unbekannt. Von den Achdâm gilt das, was Arnaud von den zwei ersten, von den Schumr das, was er von den zwei
letztern seiner vier Classen sagt.

Der Name Achdâm (im Singular Châdem) bedeutet „Diener," und
dies Wort bezeichnet genau ihr Verhältniß zu der herrschenden Race. Eine
Menge von Gewerben ist bei den stolzen Beduinen verachtet, und diese
verrichten die Achdâm. Sie sind Gerber, Wäscher, Töpfer, Schlächter und
gelten für besudelt durch diese mehr oder weniger unreinen Gewerbe, aber
doch nicht in dem Grade für unrein, um auch den aus ihren Händen her-
vorgehenden Gegenständen ihre Unreinheit mitzutheilen. Letzteres soll bei den
Schumr der Fall sein. Die Achdâm kommen, wie erwähnt, in Moscheeen, aber nicht
in die Häuser der Araber. Sie wohnen stets abseits, gewöhnlich außerhalb
der Städte und Ortschaften. Sogar in Aden, wo doch die Kastenbegriffe
durchaus keine officielle Geltung haben, lieben es die Achdâm, sich abzu-
sondern und bewohnen ihr eigenes Viertel. Ich besuchte diesen Stadttheil
öfters, aber nie gelang es mir, von den dortigen Achdâm über ihre Kaste
Aufschluß zu erhalten. Der Uebelstand ist, daß der Name dieser Kaste ein
Schimpfwort geworden ist, und daß man also durch die Frage danach,
schon von vornherein Anstoß giebt. Alle nichtarabischen Einwohner Adens
d. h. die Mehrzahl, wissen auch nicht zwischen Achdâm und anderen armen
Arabern zu unterscheiden, und so fühlen sich die Achdâm hier von dem Bann
erlöst, der im Innern auf ihnen lastet.

Wie ein Sträfling, den man in der Strafanstalt selbst antrifft, seine
Eigenschaft nicht verleugnen kann, so müssen auch die Achdâm im Innern
des Landes, wo die Kastenbegriffe Geltung haben, eingestehen, zu welcher
Classe sie gehören. So konnte ich mir denn auch in der Hauptstadt des
'Abâdel-Sultanats, Lahez, viel besser Aufschluß über sie verschaffen. Natürlich gestehen sie auch dort ungern, daß sie zu den Parias gehören.
Fragt man einen der Achdâm, ohne daß ein anderer Araber dabei ist, was
er sei, so wird er sich für einen Beduinen ausgeben. In Gegenwart eines
Beduinen aber kann er dies nicht wagen. Schimpf und Prügel würden
dann sein Loos sein; denn der Beduine ist unbändig im Stammesstolz. Aber
auch die Achdâm haben ihre Art von Stammesstolz. Man kann ihnen
keine größere Beleidigung anthun, als wenn man sie fragt, ob sie nicht
etwa zu der Classe der Schumr gehörten? Von dieser Beschuldigung reinigen sie sich mit den heiligsten Eiden, und nichts ist ihnen schrecklicher, als
so etwas hören zu müssen. Sie können freilich dem Fremden oder dem

Araber gegenüber diese Unbill nicht ahnden. Wehe aber dem Schimri (Singular von Schumr), der sich für einen Châdem ausgiebt. Dies geschieht nämlich immer, wenn man einen Schimri nach seiner Kaste frägt, ohne daß ein Châdem dabei ist; denn die Schumr sind sich wohlbewußt, tiefer als die Achdâm zu stehen und versuchen gar nicht, ihre Kaste für etwas Besseres auszugeben. Jeder verleugnet die seinige. Die Kaste ist eben etwas ihnen Aufgedrungenes, dadurch unterscheidet sie sich wesentlich von anderen Racenunterschieden. So steht z. B. der Jude in Südarabien in socialer Beziehung gewiß eben so schlecht, ja oft schlechter als Achdâm und Schumr. Aber nie wird es einem Juden einfallen, sein Judenthum zu verleugnen. Im Gegentheil, er ist stolz darauf, wie einst die Märtyrer auf ihr Christenthum, durch das sie doch auch dem socialen Bann verfielen.

Die Achdâm sind im Vermeiden der Schumr ebenso scrupulös, wie die Beduinen im Vermeiden der Achdâm. Die Kaste der Schumr ist eine ganz eigenthümliche Erscheinung und von merkwürdiger localer Begrenzung. Während es nämlich in ganz Südarabien, so weit meine Erkundigungen reichen, d. h. von Yemen bis 'Omân, Achdâm giebt, existiren Schumr nur im eigentlichen Yemen. Schon in Jâfi'a, welches doch auch einst zum Reiche der Imâme gehörte, sind sie gänzlich unbekannt. Auch bei den Beduinen scheinen sie nicht vorzukommen. Ich hörte nur immer von ihnen in Verbindung mit Städten. In allen Städten von Yemen kommen sie vor, wohnen auch dort abseits, wie in Aden, wo sie sich in einer noch abgelegenern Gasse, als die der Achdâm, angesiedelt haben. In Aden natürlich kann man sie nicht verhindern, die Moscheeen zu betreten, aber in keiner Stadt des Innern werden sie in denselben zugelassen, obgleich sie, wie schon oben gesagt, sich im Bekenntniß nicht von den Herrschern unterscheiden. Wo diese Sunniten sind, da sind es auch die Schumr; in Central-Yemen, wo die Secte der Zâidi vorherrscht, bekennen sie sich zu dieser. Der Grund, warum man sie vom Gottesdienst ausschließt, muß eine tiefere traditionelle Bedeutung haben, denn die Ursachen, welche die Araber gewöhnlich dafür angeben, scheinen mir alle nicht stichhaltig. Es heißt, die Schumr seien Abdecker, folglich durch Aas besudelt (sie stehen sogar im Verdacht Aas zu essen); aber ich habe viele Schumr gekannt, die durchaus nicht jenes Gewerbe ausübten. Die meisten scheinen sich als Bänkelsänger, Musikanten, Trommler, Pfeifier zu ernähren, und das ist ein Gewerbe, welches zwar auch verachtet wird, aber doch an und für sich keine tiefere Stellung, als die der Achdâm, mit sich bringen würde. Den-

noch erweist sich der Kastengeist so mächtig, daß ein Schimri, und treibe er
was er wolle, sich nicht über seinen tiefen Stand zu erheben vermag. Er
gehört ihm durch die Geburt, nicht durch ein Gewerbe an.

Daß ein Schimri es nicht wage, eine Moschee zu betreten, dafür sorgen die Achdâm, denn überall, wo es Schumr giebt, giebt es auch jene.
Durch den Moscheebesuch würde sich ein Schimri zum Châdem aufschwingen,
was freilich den übrigen Arabern gleichgültig ist, was aber die Achdâm
als die größte Schande für sich ansehen würden. Ich glaube deshalb, daß
jenes Verbot weniger von den Arabern, als von den Achdâm, ausgeht,
besonders da es nur traditionell, nicht aufgezeichnet ist. Da die Achdâm
fast überall numerisch stärker sind, als die Schumr, so können sie es aufrecht erhalten.

Da in Yemen die Achdâm die meisten derjenigen Gewerbe ausüben,
welche die anderen Araber verschmähen, so bleiben den Schumr nur wenige.
Dazu gehört allerdings auch das der Abdecker.

Daß die Schumr so meistens in großer Armuth schmachten, ist er-
klärlich. Daß auch ihre Moralität nicht immer die beste ist, läßt sich vermuthen, obgleich die Araber gewiß in ihren Beschuldigungen übertreiben.
So scheint es ganz widersinnig, die Schumr-Weiber des Feilbietens ihrer
Reize zu beschuldigen, denn wem sollen sie diese feilbieten? Wenn man die
Araber danach fragt, wissen sie keine Antwort, denn ein Araber würde sich
nie mit einer Paria einlassen, und besäße sie auch die Reize einer Cleopatra.
Also vielleicht den Achdâm? Diese aber sind noch mehr von Vorurtheilen
gegen die Schumr erfüllt. In Aden freilich ertappt man die herumzie-
henden Sängerinnen von der Schumr-Kaste zuweilen auf Kuppelei. Aber,
recht bezeichnend, sie verkuppeln nicht ihre Stammesangehörigen, sondern
Fremde. Dieselbe Schumr-Frau, welche die Kupplerin spielt, wird, wenn
sie selbst zu Männern in's Haus bestellt wird, um dort zu singen, sich
von ihrem Ehemann begleiten lassen.

Alle Schumr, welche ich kennen lernte, namentlich aber die Frauen,
waren von einer ganz besondern Lebhaftigkeit. Gewöhnlich treiben sie ihr
Wesen auf der Straße. Dort musiciren sie, singen, und sind dabei in be-
ständiger, aufgeregter Bewegung. Da die Araber sie nie in's Haus kommen
lassen, so ist ihnen das Singen bei ruhendem Körper ganz ungewohnt. Ich
ließ einmal eine solche Sängerin zu mir führen, um die Worte ihres Liedes
aufzuschreiben. Sie kam, aber begleitet von zwei Männern, ihrem Mann

und Bruder, wie sie angab.  Da kein rechter Platz zum Umherlanzen
war, so mußte sie sich bequemen, sitzend zu singen.  Das schien ihr jedoch
sehr wider die Natur zu gehen.  Sie entschädigte sich aber für die ge-
zwungene Ruhe der Beine durch vermehrtes Gesticuliren mit den Armen.
Der Hauptsitz ihrer Lebhaftigkeit schien übrigens in den Augen.  Ich habe
noch nie ein feurigeres und zugleich geistig ausdrucksvolleres Auge gesehen.
Die Frau war durchaus nicht schön, auch nicht mehr jung, aber ihr lebhaftes Auge verlieh ihr einen Ersatz für alle anderen äußeren Vorzüge.

Die Lieder dieser Frauen sind meist erotischer Natur, niemals jedoch
die Grenze des Anständigen überschreitend.  Folgende Probe, die ich der
Treue wegen unmetrisch und so wörtlich wie möglich übersetze, möge einen
Begriff davon geben.  Das Liedchen ist eine Aufzählung aller weiblichen
Reize vom Kopf zur Zehe, vor deren verheerender Macht der Liebhaber
gewarnt wird.  Ein unbekannter Bewunderer wird dabei immer als die
Rede unterbrechend eingeführt, indem er zu jedem Gliede gleichsam einen
Commentar, natürlich in der Hyperbel, giebt.

Hüte dich vor den Locken! Er sprach, die Locken sind eine Nacht voll
herrlicher Schönheit,
Ein hundertfaches Geschmeide, ausgebreitet auf dem Ruhebette.
Hüte dich vor der Stirn! Er sprach, die Stirn ist wie ein Stern.
Hüte dich vor den Brauen! Er sprach, sie sind runder als die Augen.
Hüte dich vor der Nase! Er sprach, die Nase ist ein Held.
Hüte dich vor den Augen! Er sprach, die Augen sind eine dunkle
Nacht;
Wenn der Narr sie anblickt, wird er gesund in seinem Verständniß.
Hüte dich vor dem Munde! Er sprach, er ist runder als ein Ring.
Hüte dich vor dem Halse! Er sprach, der Hals ist wie eine Flasche,
Eine Flasche von feinem Glas, mit kunstvoll geschmückter Oeffnung.
Hüte dich vor der Brust! Er sprach, die Brust ist ein Garten,
Ein Garten voll reifer Früchte, jeder Art, jeder Gattung.
Hüte dich vor der Taille! Er sprach, die Taille, die ist so recht meine
Sache;
Wenn man die Hand drum legt und zusammenpreßt, so glaubt man
ein Nichts zu umfassen.
Hüte dich vor dem Leib! Er sprach, der Leib ist ein feines Gewebe,
Glänzend und schillernd wie der Bauch der Schlange.

Hüte dich vor den Schenkeln! Er sprach, die Schenkel sind zwei Blätter des Kadibaums *).

Hüte dich vor den Beinen! Er sprach, die Beine sind zwei Leuchter. Hüte dich vor den Füßen! Er sprach, die Füße sind zwei Panther. (!) Endlich rief er aus: das ist ja eine Fülle der schönsten Gemälde!

Dieses, sowie alles, was ich von den Schumr hörte, war ganz im Dialekt von Jemen gehalten. Ueberhaupt habe ich durchaus keine Spur von einer eigenen Sprache der Schumr entdecken können. Dergleichen wird wohl zuweilen behauptet, aber es hat sich mir immer als unstichhaltig erwiesen. Aehnlich verhält es sich mit den Physiognomien. Auch in ihnen will man etwas Fremdländisches entdeckt haben. Sie sollen sich dem Negertypus nähern. Ihre Hautfarbe soll dunkler sein, als die der anderen Araber. Alles dies konnte ich nicht finden. Ich sah zwar auch recht dunkelhäutige Schumr, aber sie waren es nicht mehr, als die Araber, unter denen sie lebten; denn auch die Bewohner des tiefsten Südens von Arabien sind fast schwarz. Die Schumr aus den nördlichen Gegenden aber zeigten eine ebenso helle Haut, wie die dortigen Araberstämme. Zuweilen sieht man wohl etwas gröbere Physiognomien unter den Schumr, als unter den Arabern; aber bis zum Negertypus ist es doch noch weit.

Sprache und Aeußeres können uns deshalb nicht leiten, um den Ursprung der Schumr zu entdecken. Die Tradition der Südaraber, daß sie von befreiten Negern stammen, scheint mir durchaus werthlos. Andere halten sie für Abkömmlinge der Abessinier, die im zweiten Jahrhundert vor Mohammed in Jemen herrschten. Arnaud gar glaubt in ihnen die Ueberbleibsel der nach ihm fast untergegangenen Himyaren zu erblicken, was ganz falsch ist; denn die himyarischen Stämme werden uns von Hamdâni genannt und sind noch heute in Südarabien sehr wohl unter den von ihm angegebenen Namen zu traciren. Sie sind keineswegs untergegangen, sondern bewohnen noch jetzt ihr altes Gebiet, den tiefsten Südwesten Arabiens.

Von allen diesen Theorien läßt sich keine einzige beweisen. Das Klügste scheint mir, offen einzugestehen, daß uns ihr Ursprung gänzlich unbekannt ist. Daß sie die Reste eines eigenartigen, nun als Nation unter-

---

*) Die Kadiblätter sind ihres Wohlgeruchs und ihrer schönen Form wegen beliebt. Letztere ist genau die eines wohlgebildeten Schenkels.

gegangenen Volkes sind, scheint mir annehmbar, obgleich es sich auch nicht
beweisen und noch viel weniger bestimmen läßt, was dieses Volk war.
Sie sind in Südarabien ungefähr das, was einst die Heloten in Sparta
waren. Nun denke man sich die Geschichte Sparta's wäre nicht aufgeschrieben, so würden wir in den Heloten ein ganz ähnliches ethnologisches
Räthsel haben, wie jetzt in den Schumr.

Der Ursprung der Achdâm dagegen scheint mir ein anderer, und nicht
auf eine ethnologische Quelle zurückzuführen. Es kommt nämlich noch
heutzutage, wenn auch selten, vor, daß ein Araber, meist immer aus der
untersten Classe der Städtebewohner, zum Verhältniß eines Châdem hinab-
sinkt. Die befreiten Neger werden auch oft in diese Kaste ·eingereiht.
Schumr dagegen wird man nur durch die Geburt. Der Stand der Achdâm knüpft sich an Gewerbe, die freilich meist auch erblich sind, die aber
auch zuweilen von Leuten in die Hand genommen werden, denen sie nicht
angeerbt waren. So erzählte mir ein Bewohner des Wâdi Dô'an, daß
dort ein Mensch, Namens Bahadur, sich dem Töpferhandwerk ergeben habe;
da dies für unrein gilt, so sank er in ein Paria-Verhältniß hinab, und sein
Name „Bahadûr" wurde die Bezeichnung für eine Classe von Auswürflingen, welche dasselbe Gewerbe betrieben, obgleich sie keine genealogische
Einheit bildeten. Aber dies Verhältniß war von der milderen Art, nicht
von jener strengeren Exclusivität, deren Opfer die Schumr sind. Letztere
giebt es überhaupt in Hadramaut nicht.

Der Name Achdâm ist gleichfalls außerhalb Jemens nicht in demselben Sinne gebräuchlich. Aber die Sache existirt, wenn auch unter anderem
Namen, in ganz Südarabien. Im Lande der Aubeli, östlich von Dâf'a
heißen sie Merâsai, Doschân, Bezeichnungen, welche sich auf die Instrumente
beziehen, die sie spielen, denn wo es keine Schumr giebt, versehen die Achdâm dieses Gewerbe. In der Nähe von Ghoder, Hauptort der Aubeli,
giebt es ein eigenes Dorf, Messegge, nur von Merâsai bewohnt. In den
Ländern der 'Aulaqi und Wâhidi führen sie den Namen „Ahl Hâhil", d. h.
das „Webervolk", weil sie sich diesem Handwerk hingeben*). Es giebt ganze

---

*) Hamdâni erwähnt, daß viele Himjaren dem Gewerbe der Weber ergeben
waren. Da diese Paria-Kaste im Sarw Madhig, also nahe bei Dâf'a, welches ganz
himjarisch ist, wohnt, so ließe sich wohl denken, daß hier Ablömmlinge jener Himj-
aren-Weber seien. Sie werden jetzt übrigens auch von den als Dobâšel lebenden
Himjaren verachtet, haben auch alle Stammestraditionen verloren.

Städte von diesen „Ahl Hâṭik" bewohnt, z. B. die Stadt Rauḍa zwischen Ḥôla und Ḥabbân. In Haḥramaut dagegen sind es die Metzger, deren Gewerbe den Namen für die Parias abgeben mußte. Sie heißen dort Dâbiḥ (für Ṭâbiḥ), d. h. Schlächter.

Die Parias genießen übrigens insofern eine Entschädigung für den socialen Unglimpf, den sie erleiden, als sie gänzlich frei von Abgaben sind. In einzelnen Gegenden von Jemen sollen sie zwar nach Arnaud zur Leistung von Frohnden genöthigt werden. Nach allem, was mir bekannt wurde, sind sie jedoch aller Lasten ledig. Man hält es für Schande, wenn ein Sultân oder Schêch etwas von den Achdâm erhebt. Im Gegentheil, es gilt für sehr ehrenvoll, dieselben reichlich zu beschenken, besonders wenn sie jemand zu Ehren musicirt haben. Bei festlichen Gelegenheiten lieben es die Araber, prahlerische Geschenke zu machen, und dieser Brauch kommt den Musikanten sehr zu statten. Namentlich die Hochzeiter werden in Contribution gesetzt. Ein Mann aus Bêhâ erzählte mir, er habe gesehen, wie ein Châdem einem Hochzeiter Alles bis auf's Hemd abbettelte, und dieser sich schämte, ihm etwas abzuschlagen.

Was ist die Zukunft dieser Parias? Sollte es möglich sein, daß Pariagruppen in Folge neuer, durch Zuwüchse entstandener Vergrößerung sich siegreich vertheidigten, wohl gar die Offensive ergriffen, so Selbstachtung wieder gewönnen und sich Ansehen verschafften? Diese Frage wurde mir öfter gestellt. Was die südarabischen Parias betrifft, muß ich sie verneinen. Hätten wir es hier mit „Stämmen" zu thun, wie in Centralarabien, so wäre es denkbar, denn ein Stamm kann sich erneuern, wie Beispiele zeigen. Dort giebt es nämlich wirkliche Stämme von Parias. Die südarabischen Paria dagegen haben jede genealogische Tradition verloren. Sie sind überhaupt nicht direct aus Stämmen hervorgegangen, sondern treten nur in Verbindung mit städtischem, bürgerlichem Wesen auf. Sie sind gewiß schon in hohem Alterthum als Auswürflinge aus der verachtetsten Schicht der Städter hervorgegangen, nicht der freien, ritterlichen, sondern der in Arabien verachteten gewerbebeflissenen Städter, die selbst schon als ohne Stammeseinheit und als Unterthanen der Qobâ̈jel (freien Stämme) sehr tief stehen. Nun hat man aber kein Beispiel, daß solche Städter sich ermannt und den Qobâ̈jel, ihren Zwingherren, Widerstand geleistet hätten. Wie viel weniger also diese Auswürflinge jener Städte. Die Qobâ̈jel schimpfen die Städter Feiglinge, und letztere nennen wieder die Parias Feiglinge, und da diese sich's gefallen lassen, so sind sie doppelte Feiglinge, also jeden Aufschwungs unfähig. Es giebt freilich Städter, die selbst Dobâyel sind, aber diese machen mit den anderen Dobâyel gemeinschaftliche Sache in Unterdrückung der städtischen Raye (Unterthanen). Sie üben auch nie Gewerbe aus, sondern sind Krieger. Aus ihnen gehen die Parias nicht hervor. Sinkt ein Mann von den Dobâyel sehr tief, so wird er doch nur Raye (städtischer Unterthan), nicht Paria. Welch' eine tiefe Stufe vertreten also die Paria, die selbst unter den Raye stehen!

Unsere europäischen Begriffe müssen uns hier nicht irre führen. Wir denken an die Association, die unsere Proletarier stark macht. Eine solche kommt aber in Arablen nur bei „Stämmen" vor. Deßhalb können sich gesunkene Stämme emporarbeiten. Bel jenen zerstreuten, uneinigen Auswürflingen von Leuten, die selbst schon stammeslos waren, ist ein kräftiges militärisches Bündniß, den Fall eines halben Wunders vorbehalten, nicht denkbar.

Ein südarabischer Paria wird stets Paria bleiben, bis vielleicht einmal der befreiende Einfluß Europa's jenes Land durchdringt, was aber noch gute Weile hat.

# Zweiter Theil.

---

## Geographische Forschungen im und über den süd-westlichsten Theil Arabiens.

---

### Erstes Capitel.

### Allgemeines.

---

I. Zweck und Natur der Forschungen. — II. Meine Informanten. — III. Zustande-kommen der Karte. — IV. Itinerarien. — V. Orographie. — VI. Wâdis. — VII. Klima und Bodenerzeugnisse. — VIII. Typus der Bevölkerung. — IX. Ab-stammung der Völker. — X. Sociale Eintheilung der Südaraber. — XI. Bestäti-gung meiner Erkundigungen durch arabische Geographen. — XII. Ueber den Inhalt des beschreibenden Theils.

### I. Zweck und Natur der Forschungen.

Zu den zahlreichen Lücken, welche die Kunde Arabiens noch aufweist, gehört auch die, deren Ausfüllung durch diese Forschungen angestrebt wurde. Durch Wrede's wichtige Entdeckungsreise ist uns zwar ein Theil des ans Arabische Meer (Indischen Ocean) grenzenden Südarabiens be-kannt und so eine Ausdehnung von etwa 2 Längengraden und ebenso viel Breitengraden aus der Masse des Unbekannten gerettet worden. Un-erforscht*) blieben dagegen (bis auf die unmittelbare Küste) die Länder

---

*) Die Reise Seetzens durch einen kleinen Theil dieses Gebietes, nämlich das Hochland von Aden bis Mochâ, hat ein so überaus dürftiges Material geliefert, dass wir wohl den Ausdruck „unerforscht" festhalten können und in Botta's For-schungsgebiet reicht das unserige nicht mehr hinein, sondern berührt nur dessen Grenze.

östlich und westlich von diesem Reisegebiet. Hier haben wir es mit dem
westlich davon gelegenen zu thun, d. h. mit dem Theil Südarabiens, der
sich am Arabischen Meer von Bâb el Mandeb bis etwa zu 48° östlicher
Länge von Greenwich hinstreckt und im Norden als fernsten Punkt
15° nördl. Breite erreicht. Ein kleiner Theil dieses Gebiets, nämlich der
zwischen 46° 40' und 48° östl. Länge von Greenwich und 13° 30'
und 14° 40' nördl. Breite gelegene wurde im Juli 1870 durch Munzinger und Miles bereist. Ihr Reisegebiet schloß sich im Westen an
das Wrede'sche an.

Ich war in der Absicht nach Aden gekommen, durch eine größere
Reise ins Innere Licht über diesen Theil Arabiens zu verbreiten. Ver-
hinderungen verschiedener Art beschränkten jedoch meine eigenen Reisen
auf die Aden zunächst gelegenen Sultanate. Mit diesem Resultat nicht zu-
frieden, warf ich mich auf ein anderes Forschungsmittel, nämlich auf die
Erkundigungen bei Eingeborenen. Man glaubt mit Unrecht, daß die
Araber nur falsche Vorstellungen über ihr Land verbreiten können. Hört
man freilich nur einen oder zwei Berichterstatter, so mag das Resultat oft
sehr irre führen. Zieht man aber gewissenhaft bei einer großen Anzahl
Erkundigungen ein, vergleicht und prüft man diese, so ist es fast unmöglich, daß man ein durchaus falsches Bild vom Lande bekommt. Einen
Beweis hiervon hat in einem andern arabischen Lande schon der französische General Daumas geliefert. Es ist bekannt, daß er, zu einer Zeit,
als nur ein Theil Algeriens unterworfen war, vermittelst eines förmlich
von ihm organisirten „Bureau de recherches", welches von allen nach
Algier verschlagenen Eingeborenen der noch nicht unterworfenen Ländertheile ausführliche Berichte über ihre Heimath einsammelte, das dankens-
werthe Resultat erzielte, sehr detaillirte und, wie sich später herausstellte,
im Ganzen auch überraschend getreue Beschreibungen der großen Kabylie,
der algerischen Sahara und anderer damals den Europäern noch unbekannter Districte liefern zu können.

Es kam mir seltsam und bedauerlich vor, daß dergleichen noch nie
von einem Europäer in Aden versucht worden war. Doch es war versucht worden, aber von einem Araber, meinem Bekannten 'Abd el Bêri,
dem Amtsschreiber und Astrologen. Freilich nur für einen kleinen Theil
meines Forschungsgebiets, nämlich Südyemen, und selber sehr unvollkom-
men, denn der gute Astrologe hatte sich begnügt, auf die Aussagen von
zwei Beduinen hin eine Karte zu verfassen. Die Karte war natürlich

falsch, aber dennoch hat sie mir genützt, denn ich fand in ihr ein großes
Material an Ortsnamen, die ich vielleicht sonst nicht erfahren hätte. Diese
Namen dienten mir als Basis zu weiteren Nachfragen, und somit bin ich
dem Astrologen für die Erforschung Südyemens zu Dank verpflichtet.

Größern Dank schulde ich den Organen der englischen Regierung,
dem politischen Agenten, General Tremendhere, und seinen Assistenten, Cap-
tains Prideaux und Miles. Diese interessirten sich lebhaft für mein Studium und verschafften mir das Mittel zum Gelingen, indem sie anordneten,
daß alle bei der Adener Polizei gemeldeten Araber aus Theilen des Innern, die mich interessirten, mir vorgeführt werden sollten. Dadurch allein
gelang mir, was sonst nie geglückt wäre, nämlich eine große Anzahl von
Arabern befragen zu können. Denn von selbst, auch für Geld, stehen die
Araber dem Europäer nicht Rede. Meine Informanten waren aber alle
Leute, welche mit der Regierung zu thun, von ihr etwas zu verlangen, zu
hoffen hatten, und besaßen so ein Interesse, mich zu befriedigen, weil sie
dachten, dadurch bei der Regierung einen Stein im Brett zu haben.


## II. Meine Informanten.

Ich empfing nun während dreier Monate täglich eine gewisse Anzahl
von Arabern des Innern. Darunter waren Leute aller Art von den ge-
meinsten Beduinen, zuweilen selbst Verbrecher, bis zu den Stammeshäup-
tern, ja bis zu Sultanen kleiner Duodezstaaten. Waren die Leute gar zu
vornehm, wie der Sultan von Lahey und der von Schughra, so transpor-
tirte ich mein improvisirtes Nachfragebureau ins Regierungshaus, wo diese
Herren die englische Gastfreundschaft genossen. Im Ganzen kam ich mit
nahe an hundert Arabern in nähere Berührung. Der Werth ihrer Aussagen war ein sehr verschiedener. Merkwürdigerweise fand ich, daß gerade
diejenigen die beste Auskunft gaben, die wenig gereist waren. Sie kannten
nur ihr engeres Vaterland und gaben über dieses genaue Berichte, während die Vielgereisten gewöhnlich Alles durcheinander warfen. Ich wollte
eben von jedem nur sein Land kennen lernen, denn fast für jedes selbst noch
so kleine Stammesgebiet fand sich ein eingeborener Informant.

So habe ich denn von den eigentlichen Beduinen und den gemeinen
Soldaten einzelner Sultane am Meisten gelernt. Die wichtigsten Nachrichten

über das so wenig bekannte Audeliland verdanke ich sogar einem berüchtigten Kameeldieb aus Ghoder, von dem ich noch immer bedauere so schnell
getrennt worden zu sein, indem leider der bestohlene Heerdenbesitzer nach
Aden kam, und mein geschätzter Bekannter, der die Heerde verkauft hatte,
flüchtig werden mußte. Ueber den größten Theil von Jâfi'a, dessen verwilderte Bewohner sehr selten nach dem doch so nahen Aden kommen, gelang es mir gute Auskunft zu erhalten und zwar durch einen Trupp Soldaten, der die Geschenke der englischen Regierung für ihren Schêch zu holen
kam. Die meisten Informanten fanden sich für das östliche Cobêhiland,
die Länder der Moqâtera und Hogriya, deren Bewohner vielfach nach
Aden kommen, um dem verhaßten Joch ihrer tyrannischen Eroberer, der
Dú Mohammed, zu entfliehen, ferner für die Gegenden um Redâ', Gêse,
die Stammesgebiete der Hamaida und Jazidi, aus deren Angehörigen sich
in Aden die Wasserträger recrutiren. Sie gelten in dieser Stadt oft für
Du Mohammed, sind aber nur deren Religionsverwandte, d. h. Secten-
genossen. Absolut fehlten Informanten nur für die Gebiete der Hauschebl
oder Hauwâschib und für das hochgebirgige Ober-Jâfi'a. Hier mußten
Nachbarn und Reisende ergänzen. Beide Gebiete sind übrigens klein.

Unter den gebildeteren Arabern waren nur drei, denen ich werthvolle
Auskunft verdankte, unter Anderm und besonders auch in Bezug auf das
Ethnographische. Erstens der Sultan von Laheg. Von ihm erfuhr ich
den wahren Namen des von Niebuhr und Wellsted so falsch benannten
Hauptflusses seines Sultanats und mehr dergleichen. Zweitens ein alter
Mann aus Qa'leba, ein ganz armer Tabadshändler, aber ein Schriftwisser.
Er gab mir besonders über Orographie und Bodencultur seiner Heimath
und Nachbarländer werthvolle Auskunft. Drittens ein Kaufmann aus
Bêdâ im Rezâzlande, zur Zeit beeidigter Fruchtmesser in Aden. Er stand
mir am Treuesten in allen meinen Nachfragen bei. Ihm verdanke ich
eine ziemlich genaue Kenntniß des Rezâzlandes, dieses entferntesten Theils
meines Forschungsgebiets.

Auch muß ich der niederen Vermittlungsagenten mit Dank erwähnen.
Diese „instrumenta viliora", die man sonst kaum anführt, waren mir
von einer unbeschreiblichen Nützlichkeit. Unter ihnen ist vor Allen des
trefflichen Mohammed Gebeli, eines Gerichtsdieners, zu gedenken. Dieser
trommelte mir nicht nur die Widerspenstigen und Säumigen zusammen,
sondern machte auch oft den Dolmetsch, wenn die Leute ein gar zu bia-

keltisch undeutliches Arabisch reden. Auch mein treuer Nubier, Abdulmedschid, bewährte sich hierbei wirksam, indem er stets Kaffee und Delica-
tessen bereit halte, um die Durchbrennenden festzuhalten und auch manche
nützliche Frage mit drein that. So ist es oft der „petit monde“, der
uns die wichtigsten Dienste leistet, und wir in unserm Dünkel erkennen es
nicht an.

### III. Zustandekommen der Karte.

Mein Erstes war, eine Anzahl von Itinerarien zu sammeln, mir so
genau, wie möglich, die Zahl der Wegestunden von einem Ort zum andern
sagen zu lassen. Diese war viel leichter zu erkunden als die Richtung.
Doch auch für sie gab es Anhaltspunkte. Alle Araber wissen nämlich, wo
die Cible (die Richtung nach Mekka) liegt. Fragt man z. B., welcher Ort
liegt von Laheß zunächst in der Richtung der Cible, so antworten sie unfehlbar „Râha“. Für die Küstenorte war durch Haines' treffliche Karte
eine gute Orientirung gegeben. Die nordwestliche Grenze meines Forschungsgebiets, d. h. die Städte Ta'izz, Damar und Jerim, sind durch Berghaus
annähernd bestimmt. Den Gebel Tabr hat Botta besucht. Für Südyemen
also waren die besten Anhaltspunkte vorhanden, für die anderen Länder
blieb die Küste. Nur für den äußersten Osten konnte mir Miles' Tagebuch
von Nutzen sein. Alles andere mußte aus den Berichten der Eingeborenen
construirt werden. Oft waren diese freilich widersprechend. In solchen
Fällen ruhte ich nicht eher, als bis eine überwiegende Majorität von Aussagen eine als die richtige erwiesen hatte. Leicht war's, Itinerarien zu
erhalten, die von Aden aus gegen Nord, Nordost, Nordwest liefen, schwerer,
verbindende Wege zwischen den entfernteren Stationen dieser Straßen zu
finden, und doch war dies nöthig, um nicht in Bezug auf geographische
Länge auffallend zu irren.

So kam denn auf der Basis der Itinerarien eine Conjecturalkarte zu
Stande, an der die Berichte der Araber viel feilten und modelten, bis sie
zu meiner leidlichen Zufriedenheit bestand. Ich sage „leidlich“, denn etwas
Vollkommenes wird kein vernünftiger Mensch vom Resultat bloßer Erkundigungen verlangen. Denkt man aber daran, daß hier noch ganz jung-
fräulicher, auf unseren besten Karten blank gebliebener, auf wenigen guten
durch ein Chaos ausgefüllter Boden ist, so wird man selbst dieser Conjec-

turalkarte, die auf wohlgeprüften Berichten beruht, nicht ihr bescheidenes
Verdienst absprechen.

## IV. Itinerarien.

Diese enthalten das Material für die Karte, jedoch nicht Alles. Ein
Theil desselben findet sich zerstreut bei den einzelnen Ortsbeschreibungen,
z. B. da, wo die etwaige Entfernung kleiner Ortschaften vom Hauptort gegeben wird, ein anderer ist unter den Rubriken Bodenbeschaffenheit, Grenzen,
Gebirge, Wâdis u. s. w. der einzelnen Abschnitte des beschreibenden Theils
zu suchen.

### Gegend nordöstlich von Aden.

Itin. I. Von Aden nach el Ghober, vulgo Lôber, 7 Tagereisen, 3 in
der Ebene zu etwa 10 Stunden, 4 im Gebirge zu 6 Stunden*) (letztere
sogenannte 'Açreisen nur bis zum Nachmittag).

1. Tag Aden nach Bir Noblo'
2. „ Bir Noblo' nach 'Açala } Ebene, Richtung bekannt.
3. „ 'Açala nach Schughra
4. „ Schughra zum Fuß des G. Nachal. N.-O.
5. „ Fuß des G. Nachai nach Arb ed Dian. N.-O.
6. „ Arb ed Dian nach Omm Chobère (in Daßna). N.-O.
7. „ Omm Chobère nach el Ghober. N.

Itin. II. Aden nach Gible in Daßna, 6 Tagereisen in der Ebene zu 10
Stunden, 3 im Gebirge zu 8 Stunden (letztere volle Tagereisen).

1. Tag Aden nach Sebach.
2. „ Sebach nach 'Açala.
3. „ 'Açala nach Schughra.
4. „ Schughra auf den Abhang des G. Nachal. N.-O., etwas mehr O.
5. „ Abhang des G. Nachai nach Hanesch. N.-O.
6. „ Hanesch nach Gible der Haßni in Daßna. N.-O.

---

*) Die Gehstunde, von der hier die Rede, und die Kameelgehstunde können nicht
größer als zu ½ deutsche Meile gerechnet werden (2 geographical Miles à 60 to
the degree).

| Richtungen von Bible. | Richtungen von Ghober. |
|---|---|
| Südlich Kolaïte, Dôla. | Südlich Omm Chobêre. |
| Nordöstlich Halm Sa'ïbi. | Oestlich Halm Sa'ïbi. |
| Oible (Mekkarichtung) Ghober. | Oestlich etwas nach Süd Hâfa. |
| Westlich Omm Chobêre. | Oible (Mekkarichtung) Bêbâ. |
| Südwestlich Hauefch. | Westlich Beni Elimân. |

**Itin. III.** Aben nach Bêbâ über el Ghober, 8 Tagereisen, 3 in der Ebene zu 10 Stunden, 5 im Gebirge zu 8 Stunden.

1. Tag Aben nach Gauwela bei Rôb nördlich von Bir Robio'.
2. „ Gauwela nach 'Açala.
3. „ 'Açala nach Schughra.
4. „ Schughra zum Abhang des G. Nachai. N.-O.
5. „ G. Nachai nach der Grenze von Dafina vor Omm Chobêre. N.-O.
6. „ Grenze von Dafina nach el Ghober. N.-O.
7. „ el Ghober über Tête nach Daher, Oiblerichtung.
8. „ Daher nach Bêbâ, Oiblerichtung.

### Richtungen von Bêba.

Oible-Richtung nach 'Omer.
Westlich nach Hamêtan, Hai, Merfat bis Yafi'a.
Nördlich nach Bêhân.
Nordöstlich mehr Nord nach Mesware.
Nordöstlich mehr Ost nach Marcha, Peschbum, Habbân.

**Itin. IV.** Aben nach Oâra (Unter-Yâfi'a), 8 Tagereisen von verschiedener Länge.

1. Tag Aben nach Bir Robio'.
2. „ Bir Robio' nach 'Açala.
3. „ 'Açala nach Wâbi Içâq 6 Stunden. N. Von hieran Gebirge.
4. „ W. Içâq nach Haiab 6 Stunden. N.
5. „ Haiab nach Cebâra 3 bis 4 Stunden. N.
6. „ Cebâra nach Rauhwa 3 bis 4 Stunden. N.
7. „ Rauhwa nach Serâr 4 Stunden. N.
8. „ Serâr nach Oâra 5 Stunden. N.

Itin. V.  Dieselbe Straße nach dem Bericht eines berittenen Couriers in
4 Tagen.

1. Tag Aben nach Chamser sollen 20 Gehstunden sein.  N. etwas O.
2.  „  Chamser nach Halab  „  9  „  „  N.
3.  „  Halab nach Serâr  „  12  „  „  N.
4.  „  Serâr nach Dâra  „  5  „  „  N.

Itin. VI.  Aben nach Dâra durch das Tiefland von Dâfi'a, 9 Tagereisen
von verschiedener Länge.

1. Tag Aben nach Sebach.
2.  „  Sebach nach 'Açala.
3.  „  'Açala nach Dergâg 6 Stunden, Qible-Richtung.
4.  „  Dergâg nach Ma'r 4 Stunden.  N.
5.  „  Ma'r nach Na'ab 4 Stunden.  N.
6. und 7. Tag Na'ab durch die Wüste der Meschelqi nach Schêwuha 15
Stunden.  N. etwas O.
8. Tag Schêwuha über Mirza nach Tozzë 6 bis 7 Stunden.  W.
9.  „  Tozzë nach Dâra nur ½ Tag, aber stetes Steigen.  W.

| Richtungen von Dâra. | Entfernungen von Dâra. |
|---|---|
| Qible-Richtung nach Gêfe. | Dâra nach Chulle 1 Tag. |
| Nördlich nach 'Alâra, Ober-Dâfi'a. | „  „  Scha'b 1 Tag. |
| Südlich nach Serâr. | „  „  Telez 1 Tag. |
| Westlich, etwas südlich nach Chulle, | „  „  Serâr ⅓ Tag. |
| Serâfa, Da'leba. | „  „  Chête ½ Tag. |
| Südwestlich nach Têm 1 Tag. | „  „  Hommu 2 bis 3 Stdn. |
| Oestlich nach Scha'b, Nahgi, Daher. | |

Itin. VII.  Aben nach Behâ durch das Tiefland von Dâfi'a 8 Tage.

1. bis 7. Tag wie auf Straße VI. bis Schêwuha.
8. Tag Schêwuha nach Behâ 9 Stunden, stetes Steigen.  N.-O.

Verbindungsstraßen zwischen den Ausgangspunkten der ersten
VII Straßen.

Itin. VIII.  el Ghober nach Qâra durch das Hochland, 4 Tage.

1. Tag el Ghober über Beni Eliman nach Ber Câni 6 bis 7 Stdn. W.
2.  „   Ber Câni nach Ahl ben Nahgi (obere) 6 Stunden. N.-W.
3.  „   Ahl ben Nahgi nach Scha'b el Jahûd 6 bis 7 Stunden.  W.
4.  „   Scha'b el Jahûd nach Qâra 4 bis 5 Stunden, ½ Tag.  W.

Itin. IX.*).  Bêdâ nach Qâra über Medinet Telez, 3 Tage.

1. Tag Bêdâ über Hamêlan nach Hai 5 Stunden.  W.
2.  „   Hai über Merfai nach Medinet Telez 7 bis 8 Stunden.  W.
3.  „   Medinet Telez nach Qâra 5 bis 6 Stunden.  S.-W.

Gegend weiter östlich von Aden bis 48° 30″ östl. Länge von Greenwich.

Itin. X.  Aden nach Habbân, 10 Tage.

1. Tag Aden nach Sebach.
2.  „   Sebach nach 'Açala.
3.  „   'Açala nach Schughra.
4.  „   Schughra nach Eeriha**) 9 Stunden, Richtung der Küste O.-N.-O.
        fast O.
5. und 6. Tag Eeriha nach Hauwar 22 Stunden, Richtung der Küste O.
7. Tag Hauwar nach Qullhe 9 Stunden.  N.-O.
8.  „   Qullhe nach Mahfeb(z) 7 bis 8 Stunden.  N.-O.
9.  „   Mahfeb(z) nach Chabr 6 Stunden.  N.-O.
10.  „  Chabr nach Habbân 9 bis 10 Stunden, Qible-Richtung fast N.

Itin. XI.  Aden nach Habbân mit Benutzung des Seeweges.  Zuerst Aden
nach Bir 'Ali, etwa 80 geographical Miles.  N.-O. zur See.  Dann
        Landweg von Bir 'Ali nach Habbân, 5 Tage.

1. Tag Bir 'Ali über 'Ain nach Sohail 10 Stunden.  N.-W.
2.  „   Sohail nach Naqb el Hagr 10 Stunden.  N.-W.
3.  „   Naqb el Hagr nach Hôta 5 Stunden.  N.

─────────────

*) Die Nqâz von Bêdâ haben mehr mit Medinet Telez zu thun, als mit Qâra,
deßhalb nehmen sie stets diesen Umweg, die directe Straße würde gleich von Bêdâ
südwestlich gehen.

**) Eeriha bei Haine's ohne Namen, als „Village in the mountains" ange-
geben. Lage aber genau.  S. Haines Chart ꝛc.

4. Tag Hôʃa nach Rôḫa 3 Stunden.  W.

    Rôḫa nach Redêḫa 3 bis 4 Stunden.  W. etwas S.

5. „ Redêḫa nach Laḫi 2 Stunden.  W. etwas R.

    Laḫi nach Ḫabbân 6 Stunden.  W.

**NB.** Diese beiden Straßen nicht nach Bericht der Araber, sondern nach hand-
schriftlichen Notizen von Capitain Miles und Munzinger, die beide Wege Juli 1870
zurücklegten.

### Richtungen von Ḫabbân.

S. nach Chabr.

S. etwas W. nach Hauwar.

S.-O. etwas S. nach Haura.

S.-O. nach Naqb el Ḫagr.

O. nach Hôʃa.

Qible nach Lonbra.

R.-W. nach Niçâb.

W. etwas S. nach Jeschbum.

S.-O. nach G. Nemr

S.-W. nach G. Kôr } sehr nahe.

### Richtungen von Chabr.

S. nach Ebene el Monqaʼ.

S.-O. nach Haura (Gegend offen bis
    Haura).

S.-W. nach Hauwar.

R.-W. nach Jeschbum.

Verbindungswege der Endpunkte der Straßen I. (el Ghober), III. (Bêda)
mit denen der Straßen X. und XI. (Ḫabbân).

### Itin. XII.  Bêdâ nach Ḫabbân, direct, 4 Tage.

1. und 2. Tag Bêdâ nach Marcha 17 bis 18 Stunden.  O.-RO.

3. Tag Marcha nach Jeschbum 7 bis 8 Stunden.  O.

4. „ Jeschbum nach Ḫabbân 9 Stunden.  O. etwas R.

### Itin. XIII.  el Ghober nach Chabl, 4 Tage.

1. Tag el Ghober nach Demâni 7 Stunden.  R.-R.-O.

2. „ Demâni nach Nachai (obere) 7 Stunden.  R. etwas O.

3. „ Nachai (obere) nach Halêm 5 bis 6 Stunden.  R.

4. „ Halêm nach Chabl 5 bis 6 Stunden.  R. etwas W.

### Itin. XIV.  Chabl nach Ḫabbân 4 Tage.

1. u. 2. Tag Chabl nach Niçâb 12 Stunden.  O.

3. Tag Niçâb nach Haḍena 8 Stunden.  S.-O.

4. „ Haḍena nach Ḫabbân 8 Stunden.  S.-O.

Itin. XV. Bêdâ nach Bêhân el Ǧezâb, 4 Tage.

1. Tag Bêdâ nach Mesware 9 Stunden. N. etwas O.
(Der Weg ist anfangs derselbe wie von Bêdâ nach Marcha (XII.), dann N.-W.)
2. Tag Mesware nach Bêhân eb Dôla 6 Stunden. Qible-Richtung.
3. und 4. Tag Bêhân eb Dôla nach Bêhân el Ǧezâb 2 Tagereisen, etwa
14 Stunden. N.

Nördliche Straße zur Verbindung von Bêda mit Inner-Yemen.

Itin. XVI. Bêdâ nach Rêdâ', 5 Tage.

1. Tag Bêdâ über 'Omr nach Tasi 7 bis 8 Stunden Qible-Richtung.
2. „ Tasi über Melâgem nach Blab es Su'ab 7 Stunden. N.-W.,
   mehr W.
3. „ Blab es Su'ab über Mançur nach Blab el Hosain 6 bis 7 Stunden. N.-W., fast W.
4. „ Blab el Hosain über Bâzir nach Gêse 8 Stunden W., etwas S.
5. „ Gêse nach Rêdâ' ½ Tag, 4 Stunden. S.-W. mehr W.

Richtungen von Melâgem.

N. nach Bêhân el Ǧezâb.
N.-O. nach Bêhân eb Dôla.
O. nach Mesware.
S.-O. nach Bêdâ.
S. nach Hat.
O. etwas S. nach 'Atâra.

Wege in der Richtung von Aden nach Can'â.

Itin. XVII. Aden nach Yerîm, 5 Tage.

1. Tag Aden nach Lahêg (Hânta) 11 Stunden. Qible-Richtung.
2. „ Lahêg (Haula) nach Râha 10 Stunden. N.
3. „ Râha über Çohêb nach Dala' 10½ Stunden. N.-N.-W.
4. „ Dala nach 'Abâreb 9 Stunden. N.-W.
5. „ 'Abâreb nach Yerîm 9 Stunden. N.

Itin. XVIII. Aden nach Rêdâ (XVI.) in 8 kleinen Tagereisen.

1. Tag Aden nach Lahêg.
2. „ Lahêg nach Ramla (Wüste) 6 Stunden. N.

3. Tag Ramla nach Coheb 6 Stunden. N.
4. „ Coheb nach Hagfer 8 Stunden. N.
5. „ Hagfer nach Schaheri (obere) 7 Stunden. N.
6. „ Schaheri (obere) nach Merrais 5 bis 6 Stunden. N.
7. „ Merrais nach Hobeschi 5 bis 6 Stunden. N.-O. mehr N.
8. „ Hobeschi nach Reba' 5 bis 6 Stunden. N.

Itin. XIX. Aden nach Reba' mit anderen Stationen, 8 Tage.

1. Tag Aden nach Laheg.
2. „ Laheg nach Bir 'Abb Allah 7 Stunden. N.
3. „ Bir 'Abb Allah zu den 'Alluwi 7 Stunden. N.
4. „ 'Alluwi zu den Schaheri (mittlere) 6 Stunden. N.
5. „ Schaheri nach Oa'leba 6 Stunden. N., etwas W.
6. „ Oa'leba nach Yazibi 4 Stunden. N.
7. „ Yazibi nach Talab 5½ Stunden. N., etwas O.
8. „ Talab nach Reba' 6 Stunden. N.-O.

Itin. XX. Aden nach Oa'leba, 5 Tage, mit anderen Stationen als XIX.

1. Tag Aden nach Laheg.
2. „ Laheg nach Raha 10 Stunden. N.
3. „ Raha nach Hagfer 9½ Stunden. N.
4. „ Hagfer nach Dala' 3½ Stunden. W.-N.-W.
   Dala nach Gehaf 3½ Stunden. N.-W.
5. „ Gehaf nach Oa'leba 6 Stunden. N.-O.

Verbindungswege zwischen Dala' und Yafi'a.

Itin. XXI. Dala' nach Oara (IV.), 3 Tage.

1. Tag Dala' nach Schaheri (obere) 7 Stunden. N.-O., mehr N.
2. „ Schaheri nach Chulle 7 Stunden. N.-O., mehr O.
3. „ Chulle nach Oara 8 Stunden. O., etwas N.

Itin. XXII. Dala' nach Ober-Yafi'a, 4 Tage.

1. Tag Dala' nach Schera' 10 Stunden. N.-O.
2. „ Schera' nach Rassa 7 Stunden. N. etwas O.
3. „ Rassa nach Geruba 8 Stunden. N.-O.
4. „ Geruba nach Möseta 7 Stunden. N.-O.

Von Môseïa nach 'Alâra sollen 2 Stunden sein. Distanzen in Ober-
Dâsi'a sonst nicht genau zu ermitteln.

## Straßen westlich von Aden.

Der Ausgangspunkt ist hier immer Bir Ahmed, Aden gegenüber im
Westen der Rhede.

**Itin. XXIII.** Bir Ahmed nach 'Ara, 4 Tage. Küstenweg.

1. Tag Bir Ahmed nach Magher 10 Stunden. ⎫
2. „ Magher nach 'Alsi 3 bis 4 Stunden. ⎪ Richtung der Küste.
3. „ 'Alsi nach Turan 6 bis 7 Stunden. ⎬
4. „ Turan nach 'Ara\*) 10 Stunden. ⎭

**Itin. XXIV.** Bir Ahmed nach 'Ara, 4 Tage. Weg durchs Innere.

1. Tag Bir Ahmed nach Mohanneq 5 Stunden. W.
   Mohanneq nach Fegerra 5 Stunden. W., etwas N.
2. „ Fegerra nach Gharrihe 4 Stunden. W., etwas S.
3. „ Gharrihe nach Kedêre 9 Stunden. W., etwas S.
4. „ Kedêre nach 'Ara 7 Stunden. S.-W., mehr W.

| Richtungen von Fegerra. | Entfernungen von Fegerra. |
|---|---|
| S. nach Magher. | Hegâz 3 Stunden. |
| S.-W. nach 'Alsi. | Rega' 3 Stunden. |
| W. nach 'Amuri, Ma'mal. | Magher 3½ Stunden. |
| W.-N.-W. nach Hegâz, dicht bei Amuri, | 'Alsi 6 Stunden. |
| Haqqâl. | 'Amerihe 6 Stunden. |
| N.-W. nach Ferscha. | Menâcera 7 Stunden. |
| N.-N.-O. nach Regâ'. | |
| O. nach Mohanneq. | |

**Itin. XXV.** Bir Ahmed nach Ta'izz durch das Land der Hagriha, 5 Tage.

1. Tag Bir Ahmed nach Regâ' 9 Stunden. W., etwas N.
2. „ Regâ' nach Mircab 9 Stunden. W., etwas N.
3. „ Mircab nach 'Alûri 4 Stunden. N., etwas W.
4. „ 'Alûri nach Beni Jusef 9 Stunden. N.-W.
5. „ Beni Jusef nach Ta'izz 7 Stunden. N., etwas W.

---

\*) Lage von 'Ara bekannt, liegt am Râs 'Ara, nur 2 Stunden vom Meer.

Itin. XXVI. Bir Aḥmed nach Mochâ durch das Land der Ḥogrija, 6 Tage.

1. Tag Bir Aḥmed nach Reǧâ' 9 Stunden.  W. etwas N.
2. „ Reǧâ' nach Ma'beq 10 Stunden.  W.
3. „ Ma'beq nach Za'za'i 3 Stunden.  W.
   Za'za'i nach Qaṣ'el Moqleri 2 Stunden.  W.
4. „ Qaṣ'el Moqleri nach Dobḥân 4½ Stunden.  N.-W.
   Dobḥân nach Beni Hammâd 4 Stunden.  N.-W., etwas W.
5. „ Beni Hammâd nach Schêbe 6 Stunden.  W.
   Schêbe nach Kedeḥa 4 Stunden.  W.
6. „ Kedeḥa nach Mochâ 9 Stunden.  N.-W., mehr W.

### oder mit folgender Modification:

2. Tag Reǧâ' nach Mirçab 9 Stunden.  W., etwas N.
3. „ Mirçab nach Kâḥela 3 Stunden.  N.-W.
   Kâḥela nach Doqqa 3 Stunden.  W.
4. „ Doqqa nach Dobḥân 3 Stunden.  W., etwas N.
   Dobḥân nach Beni Hammâd 4 Stunden.  N.-W., etwas W.

| Richtungen von Qaṣ'al Moqleri | Entfernungen von Qaṣ'al Moqleri |
| --- | --- |
| S. nach Thôr Amrân. | Atûri 7 Stunden. |
| S.-S.-W. nach 'Ara. | Ibharân 6 bis 7 Stunden. |
| S.-W. nach Bâb el Mandeb. | Ma'beq 6 Stunden. |
| N. nach Doqqa, Ta'izz. | Aden 3 Tage. |
| N. etwas W. nach Açâbeḥ. | Beni Hammâd 1 Tag. |
| N.-O. nach Kederra. | Mochâ 3 Tage. |
| O. nach Moharreġa. | Ta'izz 16 bis 18 Stunden. |
| S.-O. nach Selim. | |

Itin. XXVII. Bir Aḥmed nach Ibb durch das Land der Ḥogrija, 7 Tage.

1. Tag Bir Aḥmed nach Reǧâ' 9 Stunden.
2. „ Reǧâ' nach Ferscha 4 Stunden.  N.-W.
   Ferscha nach Mirçab 4 Stunden.  W.
3. „ Mirçab nach 'Abûs 5 Stunden.  N., etwas O.

4. Tag 'Abûs nach Heruwa 4 Stunden. N., etwas O.
5. „ Heruwa nach Dimena 4 Stunden. N.-W.
6. „ Dimena nach Qá'iba 7 Stunden. N., etwas W.
7. „ Qá'iba nach Medinet Aßâl 2½ Stunden. N., etwas W.
   Medinet Aßâl nach Jbb 5½ Stunden.

### Richtungen von 'Abûs.

S. Mofâlis.
S.-W. Aßûri nach Kâhela, Moqleri.
W. Doqqa nach Açâbeh, Dobhân.
W.-N.-W. Halûm*) nach Hagûm, B. Jusef.
N.-W. Halûm Jabeiri.
N. Dimena nach Jbb.
N.-N.-O. Heruwa nach eç Çelu.
O. Qobêli.

### Richtungen von Dimena.

S. 'Arûq nach 'Abûs.
S.-W. Jobeiri nach Dobhân.
W.-S.-W. B. Jusef nach B. Hammâd.
W.-N.-W. Hoqaiba nach Ta'iza.
N.-W. Çahabân nach Haime.
N.-N.-W. Qá'iba nach Jbb.
N. Nachlân nach Chahra.
N.-W. Hâscha nach 'Auwâs.
O. Râha.
S.-O. Lahej nach 'Aden.

### Entfernungen von 'Abûs.

Mofâlis 2 bis 3 Stunden.
Halûm 2 bis 3 Stunden.
Qobêli 2 bis 3 Stunden.
Heruwa 4 Stunden.
Hagûm 4 Stunden.
Jusef 4 bis 5 Stunden.
Doqqa 7 bis 8 Stunden.
Dimena 7 bis 8 Stunden.
Ferscha 7 bis 8 Stunden.

### Entfernungen von Dimena.

Hoçn Schermân 2 Stunden.
Bedû 2 Stunden.
eç Çelu 3 Stunden.
Çahabân 3 Stunden.
Hoqaiba 4 Stunden.
Jobeiri 4 Stunden.
Qá'iba 6 bis 7 Stunden.
Halûm 6 bis 7 Stunden.
Nachlân 6 bis 7 Stunden.
Ta'izz 10 bis 12 Stunden.
Kâhela 10 bis 12 Stunden.
Mofâlis 10 bis 12 Stunden.
Reqû Semâra 10 bis 12 Stunden.

Verbindungswege zwischen Jbb, Jerim, und zwischen Dala, Qa'taba, 'Auwâs.

### Itin. XXVIII. Qa'teba (XX.) nach Jerim, 2 Tage.

1. Tag Qa'teba nach 'Aub 3 Stunden. W.
   'Aub nach 'Amâr 2½ Stunden. W.

---

*) Das Gebiet der Halûm ist ausgedehnt.

2. Tag 'Amâr nach Hobâl 5 Stunden. N.-N.-W.

Hobâl nach Jerim 2½ Stunden. N.

| Richtungen von 'Amâr. | Entfernungen von 'Amâr. |
|---|---|
| S. 'Auwâs. | Da'leba 1 Tag. |
| S.-W. Mauza. | Jerim 1 Tag. |
| W. Jbb. | Kedâ' 1½ Tag. |
| N.-W. Menzil. | 'Adâreb 2 bis 3 Stunden. |
| N. Hobâl. | |
| N.-O. Do'la. | |
| O.-N.-O. Da'leba. | |
| O. Scherâ'. | |
| S.-O. Dalâ'. | |

### Itin. XXIX. Dalâ' nach Jbb, 3 Tage.

1. Tag Dalâ' nach Hâscha 6 Stunden. W.
2. „ Hâscha nach Mauza 4 Stunden. N.-W.
3. „ Mauza nach Jbb 5 Stunden. W.

### Itin. XXX. Dalâ' nach Jbb über 'Auwâs, 3 Tage.

1. Tag Dalâ' nach 'Auwâs 8 Stunden. S.-W.
2. „ 'Auwâs nach Chabra 8 Stunden. N.-W.
3. „ Chabra nach Jbb 5 Stunden. N.-W.

### V. Orographie.

Fünf mächtige Hochgebirge von sehr ungleicher Ausdehnung sind in diesem Gebiet zerstreut.

1) Der Gebel Sabr, schon durch Botta bekannt. Er begrenzt unser Forschungsgebiet nur und zwar im Nord-Westen.

2) Die Jâfi'-Berge, der alte Sarro Himyar, die ausgedehnteste Gebirgsmasse dieses Gebiets. Sie beginnen im Nord-Osten von Aben unweit der Stadt Chamser. Hier bilden sie jedoch zuerst nur einen länglichen von Süd nach Nord gedehnten Gebirgsrücken, dem im Osten das Tiefland von Jâfi'a parallel läuft. In der Nähe von Serâr und Dâra hört dieses Tiefland auf und die im Norden dasselbe überragenden Berge bilden mit der nördlichen Fortsetzung jenes Gebirgsrückens eine einzige mächtige Hochgebirgsmasse, den Hauptstock von Jâfi'a, der in dem unwirthlichen Berg-

land Ober-Yáfi'a seine höchsten Gipfel erreicht. Das Land der Rejâf bildet den nördlichen Abfall dieser Berge.

3) Der Gebel Kôr, im Osten der Hauptmasse der Yáfi'-Berge, doch etwas südlicher als diese, so daß er im Westen noch das Tiefland von Yáfi'a beherrscht. Er zieht sich als längliche Hochgebirgsmasse von Südwest nach Nordost durch das ganze Land der Audeli: dieselbe Richtung wie die des Gebel Sabr. Seine Ausdehnung ist verhältnißmäßig gering. Sein nördlicher Abfall bildet das Thal des Wâdi Meianel von Bêhâ nach Bêhân. Die Wasserscheide ist hier viel südlicher als in Yáfi'a.

4) Der Gebel Oern, im Nordost dieses Gebiet begrenzend, liegt unter demselben Längengrad wie der Gebel Kôr, von ihm durch Hochebenen von circa 20 deutschen Meilen Breite getrennt.

5) Die 'Aulaqi-Berge und Hochebenen, welche zusammen früher den Namen Sarw Madhig führten. Sie nehmen (mit Ausnahme des Küstenlands) den ganzen Osten unseres Forschungsgebiets ein. Der Sarw Madhig bildet in seinem westlichen Theil vorzugsweise Hochebenen, worunter die drei von Marcha, Niçâb und Chabl (Salzbergwerke), die sich zwischen dem W. Hauwâr und dem Gebel Oern von Süd nach Nord folgen, eine immer etwas höher als die andere. An sie schließt sich im Osten die Hochebene von Habbân (nach Munzinger 3000 Fuß hoch) an. Im Norden von Habbân bilden Berge von etwa 5- bis 6000 Fuß Höhe die Wasserscheide zwischen den Wâdis Mêş'al (Süden) und Gerdân (Norden). Sie sind Ausläufer der 'Aulaqi-Berge. Andere, wahrscheinlich noch höhere Ausläufer befinden sich aber schon im Norden der Wasserscheide und des W. Gerdân.

Das Mittelgebirge erstreckt sich fast durch den ganzen westlichen Theil des Innern. Aus ihm ragen direct im Norden von 'Aden (etwa 8 kleine Tagereisen nördlich) die isolirten Bergmassen von Gehâf und Merrais empor.

Im Küstenland finden sich einzelne isolirte vulcanische Bergmassen, wie der Gebel Schamscham in der Halbinsel 'Aden, der Gebel Hasan (mit den „Asses ears") fast eine Wiederholung des ersteren, von ihm nur durch den Hafen von Aden getrennt, ferner Gebel Charaz, eine längliche isolirte Felsmasse, an der Küste zwischen Bâb el Mandeb und Aden, und der sattelförmige Basaltberg Gebel Ca'ù, im Osten vom vorigen, nur durch einen schmalen Streif sandiger Ebene von ihm getrennt. Diese gehören nicht zum „System" der südarabischen Gebirge, sondern sind nur isolirte

Erscheinungen mitten in der Ebene, die sie da, wo sie nicht an's Meer stoßen, auf allen Seiten umgiebt, und hängen nirgends mit den Bergen des Innern zusammen.

Im äußersten Osten dieses Gebiets sehen wir die von Munzinger entdeckte merkwürdige Aneinanderreihung viereckiger, wie große Dächer aussehender Kalksteinhügel*). Ein Theil dieser, der Gebel Dolo, bietet sogar 22 solcher Terrassenfelsen, weßhalb ihn Munzinger und Miles die „22 Brüder" nannten. Sie schienen gleichfalls ein „System" für sich zu bilden. Auch hier im Osten ist am Meer ein isolirter vulcanischer Berg, auf dem sich Hien Ghoráb befindet.

## VI. Wadis.

In diesem ganzen Gebiet ist kein einziger das ganze Jahr fließender Wâdi. Außer zur Regenzeit (und zwar nur wenn sie auf vollster Höhe ist) führt keiner sein Wasser ins Meer. Von namhaften Wâdis findet sich im ganzen Cobehilande (zwischen Bâb el Mandeb und Aden) kein einziger, nicht einmal einer, der zur Bewässerung gebraucht werden kann. Anders ist es in dem Theil nördlich und östlich von Aden. Direct nördlich ist der Wâdi Tobbân, der oberhalb Laheg durch Zusammenfluß des W. Warezân (vom Gebel Cabr kommend) und des W. Rûra (südlich von Jerîm bei 'Ain Schelâla entspringend) gebildet wird. Östlich von 'Aden der W. Bonna, der ganz nahe beim Quell des W. Rûra, gleichfalls unweit 'Ain Schelâla, entspringt. Im unteren Lauf nur ein Paar Meilen östlich vom W. Bonna der W. Hasan, durch den bei Na'ab erfolgten Zusammenfluß der W. Jerâmes und Solûb gebildet. Das Tiefland zwischen W. Bonna und Hasan ist die fruchtbare Ebene von Abian, das zwischen W. Jerâmes und Solûb der Kaffeedistrict von Jâfi'a. Gehen wir weiter nach Osten, so finden wir nur ganz kleine Wâdis bis zum W. Hauwâr, der zwar einen ziemlich langen Lauf hat, übrigens auch nicht mit W. Tobbân, Bonna, Hasan verglichen werden kann. Erst im Osten dieses Gebiets finden wir wieder einen reichhaltigeren Wâdi, den 20. Mîf'at (Mayfa'a bei Wrede). Der zweite W. Mîf'at, der ein stets fließender sein soll, gehört nicht mehr in unser Gebiet. Von allen namentlich angeführten Wâdis

---

*) Genau dieselben Formen zeigt die ostafrikanische Danaqil-Küste um Bâb el Mandeb.

wird nur der W. Haumâr nicht zur Bewässerung benutzt. Alle anderen leisten treffliche Dienste.

## VII. Klima und Bodenerzeugnisse.

Das Klima dieses Gebiets ist eins der gesegnetsten der Erde. Im Tiefland ist die Hitze allerdings groß. Indeß das Tiefland bildet doch nur einen kleinen Theil des Ganzen. Die mittlere Bergesregion, welche den größeren Flächenraum einnimmt, ist durchaus gemäßigt. In der höheren sind jähe Temperaturwechsel, aber auch sie ist jedem organischen Leben günstig. Die Temperaturverhältnisse sind so, daß durch Hitze oder Kälte allein kein einziger Fleck dieses Gebiets unwirthbar oder vegetationslos gemacht wird. Eine eigentliche Wüste findet sich in dem von uns behandelten Theil Südarabiens nicht. Die vulcanischen Felsmassen, die isolirt längs der Küste auftreten, sind allerdings auf ihren Höhen und dem Sturm ausgesetzten Stellen nackt und kahl, weil dort keine Pflanzenerde haften kann. Aber auch auf vulcanischem Boden bildet sich an geschützten Stellen fruchtbares Erdreich, dessen Ertragsfähigkeit überall da zur Geltung kommt, wo es nicht an Wasser fehlt.

Trockenheit und relative Feuchtigkeit, das sind die Factoren, welche auf Thier- und Pflanzenleben dieses Gebiets einen ungleich größeren Einfluß üben, als Hitze und Kälte. Alles hängt von der Reichhaltigkeit der Niederschläge ab. Reichhaltige Niederschläge bieten aber hier nur die regelmäßigen tropischen Sommerregen. Die unregelmäßigen Winterregen können wir als aus der gemäßigten Zone hierher verirrt ansehen. Sie haben hier ganz denselben Charakter, wie an der afrikanischen Küste des Mittelmeers, wie z. B. in Nordägypten, d. h. sie sind eben äußerst unregelmäßig, treten in manchen Jahren reichlich auf; oft vergehen aber auch ganze Jahre ohne namhafte Niederschläge.

Nach Analogie anderer tropischer Gegenden würde kein Theil dieses Gebiets (das zwischen dem 13° und 15° nördl. Breite liegt) den tropischen Sommerregen entbehren. Locale Einflüsse bewirken jedoch für das ganze Küstenland eine Ausnahmsstellung. Ein Streifen von 5 bis 6 deutschen Meilen Breite, sowohl am Rothen, wie am Arabischen Meer leidet unter dieser Ausnahmsstellung. Er bekommt nicht die tropischen Sommerregen und ist auf die sehr unregelmäßigen Niederschläge des Winters allein angewiesen. Die Folge davon ist, daß das Küstenland im Allgemeinen un-

14*

fruchtbar bleibt, zwar nicht gewächslos, aber meist doch nur solche Steppengewächse trägt, denen die Feuchtigkeit der Seeluft zu ihrem Gedeihen
genügt und denen der Salzgehalt dieser Luft nicht schadet. In diesen
Landschaften blüht deshalb nur die Thier-, namentlich die Kameelzucht, da
die Kameele sich auch von jenen Steppenpflanzen nähren können. Die
Bodencultur in dem nicht durch Flüsse bewässerten Theil des Küstenlandes
ist eine äußerst spärliche. Ihr Erfolg hängt ganz vom Ungefähr ab. In
den Ausnahmsjahren, in welchen die Winterregen reichlich waren, ist sie
ebenso gesegnet, wie die des fruchtbaren Innern. Aber durchschnittlich
kommen auf 3 oder 4 Jahre zwei Mißernten.

Eine Ausnahme von diesem traurigen Zustand bilden nur diejenigen
Küstenländer, welche einen Fluß haben, der in seinem oberen Lauf ins
Gebiet der tropischen Sommerregen hineinreicht und deren Wasser ins
Tiefland führt, wo sie durch Bewässerungsanstalten festgehalten und aus-
gebeutet werden. Solche Tiefländer sind Laheg (am Wâdi Tobbân),
Abian (zwischen W. Bonna und Hasan) und im Osten das Thal des
W. Mêf'al. Diese fruchtbaren Küstentiefländer sind reich an Baumwolle,
Tabak, Indigo und Cerealien aller Art. Die Datteln sind indifferent.
Alle Gemüse gedeihen, aber nur in Laheg sind Pflanzungen davon.

Ganz anders verhält es sich mit dem Innern. Hier sind die Sommerregen reichlich, schwellen die Wâdis und Sêls (Aufstauungen), werden
in Birket (Wasserbecken) gesammelt und geben einen Vorrath, der bei ra-
tioneller Ausbeutung für das ganze Jahr hinreichen würde. Das Innere
ist deshalb durchweg fruchtbar. Die Qualität seiner Producte ist vorzüglich nur durch die Bodenerhebung beeinflußt, denn an Wasser fehlt es
nirgends und ein absolut steriles Erdreich findet sich hier nicht. Das Innere zerfällt klimatologisch in

1) Tiefland. Die Tiefländer des Innern, wozu wir hier auch
jene tiefen Senkungen zwischen Gebirgen rechnen, die oft schon in
beträchtlicher Höhe über dem Meeresspiegel liegen, aber doch in Bezug auf
Vegetation Alles mit Tiefländern gemein haben, besitzen den doppelten
Vortheil der Lage an einem Fluß und der tropischen Sommerregen. Sie
sind die vorzüglichsten Kaffeedistricte. Was diese Cultur betrifft, so scheint
es hier nicht zu genügen, daß der Boden durch einen Fluß bewässert wird,
sondern er muß auch die tropischen Regen empfangen und vor Sturm
geschützt sein. Darum tragen selbst die fruchtbarsten Küstenländer wie
Abian, Laheg keinen Kaffee. Die Cultur blüht in den tiefen Sen-

lungen am W. Warezân und W. Nûra (Zuflüsse des W. Tobbân, an
diesem selbst nicht) am obern Theil des W. Bonna, an dem W. Solûb und
Yerâmes, dies der östlichste Kaffeedistrict Arabiens. In der Regel kann man
annehmen, daß Kaffee erst 8 deutsche Meilen von der Küste*) vorkommt.

Die mehr sandigen Tiefländer im Norden der Wasserscheide, wie
Bêhân el Gezâb und Bêhâu'eb Dâla sind durch ihren Reichthum an Dattelpalmen berühmt. Die Qualität der Feldchte ist jedoch nicht besonders.

2) Das Mittelgebirge. Auch hier wächst noch Kaffee, wenn auch
nicht so viel, wie im Tiefland. Sonst gedeihen hier alle Obstbäume, au
denen das Innere besonders reich ist, sowie alle Cerealien, Tabad, Baumwolle, Indiga.

3) Die Hochebenen. Sie sind die Kornkammern Südarabiens, namentlich die Plateaus von Râha (im Norden von Laheg) Marcha, Niçâb,
Chabi im Lande der Kulaçi. Auch hier wird viel Indigo, Tabad, Baumwolle erzeugt. Datteln wenige und schlechte. Ein großer Theil dieses
fruchtbaren Erdreichs bleibt jedoch unbebaut und ist natürliches, üppiges
Weideland. Die Bevölkerung ist dünn, große Cultur also kein Bedürfniß.

4) Die Hochgebirge. Auch hier gedeihen noch Cerealien, namentlich
solche nördlicherer Länder, wie Hafer, Gerste, und auf den bewaldeten
Höhen die nützliche Caatpflanze, deren Blätter gekaut und sehr theuer verkauft werden. Der Caat wächst nicht östlich vom W. Bonna.

### VIII. Typus der Bevölkerung.

Die Bewohner dieses Theiles von Südarabien unterscheiden sich vielfach von den übrigen südarabischen Völkerschaften, den Central-Yamani, den
Hadrami, Mahri u. s. w. Letztere sind alle mehr hellfarbig, von größerem
schlankerem Knochenbau, schlichterm Haar. Die Völker des tiefsten Südens
dagegen sind sehr dunkelhäutig, oft dunkler, als viele Abessinier, klein, zierlich; die Gesichter sehr feingeschnitten, oft aber rundlich; der Körper sehnig,
mager, graziös, beweglich, aber nicht „knochigstart"; das Haar sehr kraus.
Ich möchte sie als eine Uebergangsstufe zwischen dem Südaraber und dem

---

) Der Name Mochâ's, einer Küstenstadt, welchen man einer Kaffeesorte gegeben,
ist irreführend. In Mochâ ist niemals Kaffee gewachsen. Der Name wurde nur
deshalb auf den Kaffee übertragen, weil Mochâ viele Jahrhunderte der Hauptplatz
für Kaffeehandel war. Jetzt ist Mochâ zerstört und der Handel hat andere Wege
genommen. Der Name Mochâ-Kaffee war übrigens stets nur bei Europäern üblich.

semitischen Schwarzen (Tigre-Stamm) bezeichnen. Ausnahme von diesem
dunkeln, fast subäthiopischen Typus bilden nur die aus dem Norden (Ṣan'â,
auch schon Ḍamâr) oder aus Haḍramaut stammenden und viele Scherife.
Ein Theil der Aulaqi nähert sich auch dem nördlichern Typus.

## IX. Abstammung der Völker.

Der arabische Geograph Ibn el Haṣel el Hamdâni nennt uns viele
der dies Gebiet noch heute bewohnenden Stämme. Danach zu schließen
muß die Mehrzahl derselben Himyaren sein. Unzweifelhaft ist diese Abstammung bei den 'Abdeli, Jodli, Reẓâẓ, Diebi, Ḍâfi'i und Ṣobeḥi. Die
Cumusch (Comeschi), Audeli und Hogriha schreiben sich in ihren Traditionen denselben Ursprung zu. Die Ga'da nennt zwar Hamdâni nur als
einen von den Ḍâfi'i adoptirten Stamm, nicht selbst himyarisch, aber sie
sind so vielfach mit jenen vermischt, daß sie Himyaren geworden. Wahrscheinlich ist ein Theil der 'Aulaqi (die jetzt noch den Sarw Madḥig bewohnen) vom Madḥegistamm, hat sich aber auch mit Himyaren (Audeli,
Diebi, Cumusch) vermengt. Die Jazibi im Norden dieses Gebiets dürften
Kinda sein. Die Bewohner der Umgegend von Redâ und Gêse werden im
Volksmund als Beni 'Ans bezeichnet. Das große Austilische Gebiet beginnt
in der Thal nördlich vom Lande der Reẓâẓ.

Nach den Genealogen gab es 3 Himyar, einer vom andern stammend
und jeder einem himyarischen Geschlecht im weitern, engern und engsten
Sinne den Namen gebend. Der allgemeine Stammvater war Himyar[*])
ben Sabâ. Der zweite Himyar war Sohn des Sabâ el Açghar ben Lo-
ḥi'a ben Himyar ben Saba. Nach 8 Generationen kam dann Himyar ben
el Ghauth ben Sa'd. Seine Nachkommen allein sollen die eigentliche himyarische Sprache geredet haben. Der vernünftige Ethnograph wird die
Mühe sparen, zu untersuchen, von wem dieser 3 Himyar obige Völker
stammen. Er wird alle diese Stammväter lediglich als Symbole auffassen.
Das Symbol, welches dem Namen Himyar zu Grunde lag, hat möglicherweise folgende Bedeutung. Das Wort stammt von einer Wurzel, welche
den Begriff von „roth sein" in sich schließt. „Roth" nennt man auch
heute noch in Südarabien, ebenso wie in Abessinien, jene dunkle liesbraune,
manchmal aber einen fuchsigröthlichen Reflex zeigende Hautfarbe sowohl

---

*) Jacut ed Wüstenfeld ad vocem Himyar und ad vocem Asbah.

der jetzigen Himyaren, wie der Völker von Tigre. Möglich also, daß der Name von einer Hautfarbe kommt. Gab es wirklich einen Stammvater Himyar, so hatte auch er wohl seinen Namen von der Hautfarbe.

Man denke bei dieser Hautfarbe nur nicht an eine Vermischung mit Negerblut. Eine solche wird bei den freien Stämmen (und das sind die meisten Himyaren dieses Gebiets) streng vermieden und gilt für entwürdigend. Auch ist das Colorit durchaus nicht das mulattische. Ich brauche wohl kaum zu sagen, daß das Klima bei dieser Farbe ohne Einfluß ist. Die Völker von Jâfi'a, die ein kühles Bergland bewohnen, sind eben so dunkel, oft dunkler, als die tiefländischen. Sie sind eben unzweifelhaft reine Himyaren. Vermischung mit Negerblut kann in Städten vorkommen. In unserm Forschungsgebiet haben wir es nur mit einer einzigen städtereichen Landschaft, der Gegend um Ta'izz zu thun, deren Bewohner zwar auch Himyaren, aber mit fremdem Blut vielfach vermischt sind, wie es die lockeren Stammesbande der Städter mit sich bringen.

## X. Sociale Eintheilung der Südaraber.

Die Centralaraber werden gewöhnlich in socialer Beziehung in zwei Hauptclassen getheilt, nämlich „Beduinen" und „Städter". Erstere sind Nomaden, letztere seßhaft; erstere frei, kriegerisch, bewaffnet und fast ohne alle Regierung, letztere Unterthanen eines Fürsten, oft unkriegerisch; erstere halten streng auf Stammestraditionen, letztere haben sie größtentheils verloren oder besitzen nur Familienstammbäume.

In Südarabien ist diese Benennung für die zwei socialen Hauptclassen nicht statthaft. Die freien Stämme sind hier nur zum allerkleinsten Theile Nomaden. Sie sind meist auf dem Lande, oft aber auch in Städten seßhaft. Die Lebensweise haben sie also nicht mit den centralarabischen Beduinen gemeinsam, wohl aber die kriegerischen Eigenschaften, die Freiheit und die Stammesreinheit. Sie selbst nennen sich Cobâjel*), ein Wort, das ursprünglich zwar nur der Collectiv von Cabîla (Stamm) ist, aber eine viel umfassendere Bedeutung erlangt hat, als sein Nomen unitutis,

---

*) Nach diesem Wort wurde in Algerien, schon seit der ersten Eroberung durch Araber, die berberische Bevölkerung benannt, die als freie Stämme lebte. Die freien Araber, die im 11. Jahrhundert kamen, nahmen deshalb einen andern Namen für „Stämme" an. Sie nannten die Stämme 'Orusch (Thron, Wohnsitz) um nicht für Berber zu gelten.

welches letztere man fast nur von den Gelehrten hört. Cobâhel heißt zugleich „freie Stämme" und „Republik". Ich hörte es fast immer in diesem
Sinn gebrauchen. Es kann aber auch, vermöge der Erweiterungsfähigkeit
aller Collectivbegriffe eine „Bundesgenossenschaft" etwa „Eidgenossen" bedeuten. Die Nisba „Cobailt" ist hier nicht üblich. Der einzelne bezeichnet
sich entweder als „einer von den Cobâhel" oder er erlaubt sich die gram-
matikalische Licenz und nennt sich selbst geradezu „Cobâhel". Da Cobâhel
ursprünglich einfach „Stämme" heißt, so könnte man denken, daß das
Wort auch auf solche Stammeseinheiten angewendet wurde, welche ihre
Freiheit eingebüßt haben. Logisch und lexikalisch vollkommen richtig. Der
Volksmund braucht es aber niemals so. Cobâhel schließt stets den Begriff
von „frei" und „kriegerisch" in sich. Unterthanen eines Fürsten sind nie
Cobâhel und bildeten sie auch die reinste, edelste Stammeseinheit. Man
gebraucht in solchen Fällen andere Wörter, wie 'Aschūra (großer Stamm)
und Fachīda (kleiner Stamm), die nicht nothwendig den Begriff „Freiheit"
in sich schließen.

Die Beduinen in Südarabien sind nur ein Bruchtheil der Cobâhel.
Einen socialen Unterschied bezeichnet dies Wort hier nicht. Sie bilden die
ärmeren Stämme der Cobâhel, die durch die Dürftigkeit ihres Bodens
zum Nomadenleben gezwungen werden. Sie wandern übrigens stets nur
auf sehr beschränktem Raum. Sie sind meist roher, wilder, auch oft
schlechter bewaffnet als die anderen Cobâhel, sonst aber diesen vollkommen
ebenbürtig, ebenso frei, ebenso kriegerisch.

Die zweite sociale Hauptclasse der Südaraber sind die Rahe. Dies
Wort bedeutet, recht bezeichnend, hier zugleich Gefangener und Unterthan, d. h.
aber stets im Sinne despotisch beherrschter Unterthanen. Die Rahe sind alle
seßhaft, theils auf dem Lande, theils in der Stadt. Die tiefste Stufe
nehmen die Städter ein, weil sie der unmittelbaren Ausübung des Despotismus örtlich näher sind. In einigen wenigen Staaten dieses Gebiets,
wie in Lahes und im Amirland sind alle Bewohner Rahe und der Fürst
ist dann ihr Herr. Diese Rahe, namentlich die Landbewohner, stehen dann
nicht so tief, weil sie bewaffnet sind. Der Fürst macht sie zu seinen Söldlingen. Auch die Bauern dürfen mit Waffen aufs Feld gehen. Da, wo
der Fürst nur militärischer Führer ist, sind jedoch die Cobâhel, d. h. die
ganzen Stämme die Herren der Rahe.

In diesen Ländern giebt es ein zweifaches Raheverhältniß. Das eine
entsteht durch Eroberung ganzer Landschaften, wo dann alle Bewohner

Unterthanen des erobernden Stammes werden. Der militärische Stamm der Dû Mohammed übt seine Herrschaft durch gemeine Soldaten aus, deren er in jedem Dorf einige, oft nur einen läßt, welcher der absolute Herr der Bevölkerung ist. Kommen Kameraden von ihm, so theilen sie mit ihm die Herrschaft. Hier ist also die Herrschaft der einen Race über die andere, eine Art von Helotenthum.

Anders ist das Raßeverhältniß in Städten mit einer Civilbevölkerung, welche im Gebiet der Dobâyel liegen. Deren Bewohner bilden keine Stammeseinheit, sondern sind oft Fremde, Arbeiter, Handwerker, die sich freiwillig unter den Schutz der Dobâyel gestellt haben. Sie werden milder behandelt, als die besiegten, stehen aber social womöglich noch tiefer, da sie eben niemals Krieger gewesen sind, auch gar nicht mit Waffen umzugehen wissen. Jeder kleine Knabe der Dobâyel sieht sich als den geborenen Herrn solcher Städter an.

Außer diesen zwei socialen Hauptclassen giebt es noch kleinere sociale Fractionen, die tiefer, als die Raße stehen, d. h. mehr verachtet werden, obwohl sie rechtlich kaum tiefer stehen können, denn der Raße ist den Dobâyel gegenüber ja schon rechtlos. Diese sind die Juden und die beiden Paria-Kasten, Achdâm und Schumr. Von diesen 3 Classen war schon oben ausführlich die Rede *).

Es giebt aber auch zwei bevorzugte Fractionen, welche in der öffentlichen Meinung sogar höher stehen, als die Dobâyel, obgleich sie nicht kriegerisch sind. Dies sind die Scherife, die angeblichen Nachkommen des Propheten, und die Meschaich, die Nachkommen von Heiligen. Von letzteren giebt es ganze Stämme, die zwar unbewaffnet sind, aber doch nicht belästigt werden. Von Scherifen giebt es auch ganze Dörfer. Ich fand jedoch, daß die Dobâyel von den Meschaich oft mit Geringschätzung sprachen, während sie vor den Scherifen stets die größte Ehrfurcht an den Tag legten.

Im Ganzen kann man behaupten, daß in wenig Ländern der Erde die socialen Abstufungen schärfer geschieden sind, als in Südarabien. Kommen Südaraber zusammen, so sind stets die Ehrenplätze scharf markirt. Die allgemeine Eintheilung ist dann ungefähr folgende:

1) Scherif, rein religiöser hochgeachteter Erbrang ohne Macht.

2) Der Schech oder Sultan, der militärische Chef der Dobâyel, als Vertreter von deren Machtstellung.

---

*) Siehe oben Erster Theil, Capitel 20 — 21 Seite 173 bis 192.

3) Die Meschaich, ein mehr gebildeter religiöser Erbrang ohne Macht.

4) Die Cobäyel, die wahren Machthaber.

5) Die bewaffneten Raye, meist Bauern. Existiren nur in einigen Staaten als Söldlinge der Fürsten oder der Cobäyel.

6) Die unbewaffneten Raye, meist Städter, Handwerker, Kaufleute ꝛc.

7) Die Achbàm, die bessergestellte Pariakaste.

8) Die Schumr, die verachtetefte Pariakaste.

9) Die Juden.

Letztere drei Classen sind von den Häusern der Araber ausgeschlossen.

In einzelnen Staaten sollen die reicheren Kaufleute eine Mittelstellung zwischen der 3. und 4. Rangclasse bilden. Alles dies beruht jedoch auf Duldung der Cobäyel.

Sklaven werden hier sehr wenige gehalten. Wo es vorkommt, sind sie meist bewaffnet und bilden eine Garde des Fürsten. Sie nehmen dann den Rang der bewaffneten Raye an. Zu Paria sinken sie nur selten herab.

### XI. Bestätigung meiner Erkundigungen durch arabische Geographen.

Bei der großen Masse des von mir erkundigten geographischen Materials und dem vielen Neuen, welches dieses bot, mußten mir natürlich oft Zweifel kommen, ob nicht meine Informanten mich getäuscht hätten. Eine Controle aus Werken europäischer Reisenden konnte ich freilich nicht finden, da eben, außer Seetzen (der einen sehr kleinen Theil dieses Gebiets, das Cobêhiland, durchreiste) keiner dort gewesen war. Zum Glück aber fehlte es mir nicht an einer Controle. Der Güte des Hrn. Prof. Sprenger verdanke ich einige Auszüge aus dem einzigen ausführlichen arabischen Werk über dieses Gebiet, nämlich Hamdâni's*) „Gezirel el 'Arab" und zum Ueberfluß fand ich von diesem in Europa nur einmal vorhandenen Manuscript eine zweite Copie in Aden. Nun denn; in diesem vor fast 1000 Jahren geschriebenen Buche (Hamdâni lebte um 935) fand ich zum großen Theil dieselben Städte, dieselben Wâdis unter denselben Namen an den-

---

*) Das Manuscript in Europa gehört dem Hrn. Ch. Schefer, das in Aden Capitän Miles. Beide weichen vielfach in der Vocalisation von einander ab, vocalisiren übrigens beide oft unrichtig, auch die diacritischen Punkte sind oft in beiden falsch. Diese Fehler corrigirten mir arabische Gelehrte.

selben Stellen erwähnt, wo sie mir meine Informanten genannt hatten.
Selbst die Stämme haben in dieser langen Zeit ihre Wohnsitze fast gar
nicht verändert. Manche haben andere Namen angenommen, aber die Tradition hat doch nebenbei oft auch die alten im Gedächtniß bewahrt. Im
beschreibenden Theil, ebenso im Namenregister am Schluß, wird bei jedem
Namen, den auch Hambâni anführt, dessen Schreibart beigefügt.

Es ward mir in dieser Beziehung sogar eine merkwürdige Ueberraschung. Bekanntlich hat Seetzen, auf seiner Reise durch das Sobêhiland,
dort weder einen Wâdi, noch ein Dorf, noch einen Unterstamm notirt.
Nach meinen Informanten waren aber im Lande eine Menge namentlich
bezeichneter Oertlichkeiten. Sollte dieser Ueberfluß von Namensbezeich-
nungen nicht auf Schwindel beruhen, besonders da der einzige Europäer,
der seit Lodovico de Barthema diesen Küstenstrich durchreist hatte und noch
dazu ein sonst sehr tüchtiger Forscher, dort gar kein nennenswerthes Material fand? So klangen meine Zweifel. Aber mit Unrecht, denn wie
ich meinen Hambâni aufschlug, fand ich genau die von meinen Informanten
im Sobêhiland angegebenen Oertlichkeiten unter genau denselben Namen.
Die Namen im Hambâni hatten freilich oft Copisten entstellt, aber das
Richtige war stets leicht zu entdecken, da die Fehler sich nur auf Verstel-
lung der diakritischen Punkte gründeten. So stand z. B. im Manuscript
ein Ort Mohayeq, ein anderer Mahbaha, ein dritter Hegâr. An eben
derselben Stelle aber nannten mir meine Informanten Mohanneq, Megbaha und Hegâz. Bei allen drei handelte es sich nur um falsche Punk-
tirung, wie jeder Arabist erkennen muß. Aehnlich steht in beiden Manu-
scripten ein W. Berâmes, während hier nur ein W. Jerâmes bekannt ist.
Und so in unzähligen Beispielen, die an Ort und Stelle zu citiren.

Ich kann nicht genug die guten Dienste rühmen, welche mir Hambâni's „Gezîret el 'Arab" leistete. Es diente mir nicht allein zur Controle
des schon errungenen, sondern gleichfalls zur Erlangung neuen Materials.
Ich fand nämlich darin auch manche Namen von Oertlichkeiten, von denen
meine Informanten noch nichts gesagt hatten. In solchen Fällen frug ich
sie nach denselben, hütete mich aber wohl, ihnen die von Hambâni angegebene Lage zu sagen. Diese Lage wollte ich von ihnen erfahren. Und
siehe da! fast immer nannten sie mir genau die in der Handschrift bezeichnete Lage der Oertlichkeit.

Nächst Hamdâni kann Ibn el Mogâwer*) hier von Nutzen sein. Die Namen sind freilich bei ihm noch mehr entstellt. Aber es ist zu bezweifeln, ob er diese Reisen gemacht hat. Sonst würde er Meßdâha**), das östlich von Hicn Ghorâb liegt, nicht westlich davon angeben. Die übrigen arabischen Geographen und namentlich die vielcitirten Edrîsi, Abu 'l Fedâ, Jâqût wissen so gut wie gar nichts über dies Ländergebiet.

### XII. Ueber den Inhalt des beschreibenden Theils.

Der beschreibende Theil behandelt nur die von mir genauer erkundigten oder selbst bereisten Länder, also das Land östlich von Hicn Ghorâb bis Bâb el Mandeb und etwa bis 14° oder 15° nördl. Breite. Die Breitenausdehnung (im geographischen Sinne) variirt. Im Durchschnitt kann man 2 Grade von der Küste ins Innere annehmen. Die Beschreibung beginnt am westlichsten Ende des erkundigten Gebiets und schreitet von West nach Ost vor, doch so, daß jedes Mal alle westlich gelegenen Länder erst in der Richtung von Süd nach Nord behandelt werden, ehe zu der östlichen übergegangen wird. Meine eigenen Reisen habe ich hier mit eingeflochten, da ja auch sie entweder bisher gar nicht oder nur ungenügend beschriebene Gebiete behandeln und dieser ganze Theil des Reisewerks dem bisher Unbekannten gewidmet ist. Die Quelle, ob eigene Beobachtung, ob Information, findet an Ort und Stelle jedes Mal Erwähnung.

*) Abhandlungen der deutschen M. G. Band III, Nr. 3, Sprenger's Post und Reiserouten im Orient. S. 151.
**) A. a. Ort. S. 145.

# Zweites Capitel.

## Wáhibi-Länder.

## I. Name.

Der Name Wáhibi ist ursprünglich nicht der eines Stammes. Man kann auch jetzt kaum von Wáhibi-Tribus reden, wie Wellsted *) gethan hat. Wrede hat schon auf diesen Irrthum aufmerksam gemacht **). Dennoch geht Wrede zu weit, wenn er ihn ausschließlich auf die Dynastie angewendet wissen will. Der Name ist freilich ursprünglich nur dynastisch,

---

*) Bei Ritter, Erdkunde XII, S. 621.

**) Wrede's Reise in Hadhramaut, S. 161. Hier sagt auch Wrede, Wellsted führe einen Stamm Beni Ghoráb an. Dies wäre allerdings eine komische Oberflächlichkeit, denn Ghoráb ist nur der Name eines Schlosses, und nach einem solchen wird sich wohl kaum ein Stamm, am wenigsten mit Beni davor, nennen.

ähnlich wie die Bezeichnungen vieler anderer Völkergruppen, wie 'Aulaqi, Jobli, Rezâz, Amir, 'Abdeli u. s. w. Alles dies sind Namen von Dynastien, die oft mit dem Volke, das sie beherrschen, gar nicht stammesverwandt sind, aber sie sind einmal gang und gebe geworden, um damit eine Gesammtheit kleinerer, oft genealogisch keineswegs zusammengehöriger Stämme zu bezeichnen, deren Herrschergeschlecht jenen Namen führt *).

## II. Geographische Lage.

Die Wâhibi-Länder bilden mehr zwei Gruppen, als ein homogenes Ganze, das nur durch Grenzen in zwei getheilt wäre. Sie grenzen nur nominell aneinander, denn zwischen beiden wohnt ein Theil des unruhigen Dikbi-Stammes, über den die Sultane wohl die Autorität beanspruchen, aber nicht ausüben.

1) Die Gruppe der Unteren Wâhibi wohnt am Meer vom 48° bis 48°30' **) östl. L. v. Gr., unter 14° nördl. Br. Dies Gebiet reicht nördlich von der Hauptstadt kaum zwei Stunden ins Innere. Dann kommen schon unabhängige Stämme. Am untern Lauf des Wâdi Mês'at sind zwar die Dörfer dem Sultan unterworfen, das Land aber ist frei.

2) Die Gruppe der Oberen Wâhibi ***). Von 47° bis 47°40' östl. L. v. Gr. und von 14°20' bis 14°58' nördl. Br.

---

*) Dies ist nicht bei allen südarabischen Völkergruppen der Fall, sondern nur bei solchen, die in Staaten, meist neuerer Entstehung, vereinigt sind, welche der uralten Stammeszusammengehörigkeit nicht mehr entsprechen. Völker, wie die Dâsi'i, Aubeli, 'Aqrabi, Cobêbi, Hauschebi, Hatmi, Yazidi, haben ihre alten Namen behalten. Ihre Herrscher sind auch urall angestammt.

**) Ich muß darauf aufmerksam machen, daß alle diese Gradbestimmungen ungefähr sind. Die Erkundigungen gaben keine absoluten Angaben.

***) Munzinger und Miles haben durch genaue Wegmessungen bewiesen, daß Wellsted Raqb el Hagr viel zu weit von der Küste und viel zu nördlich angesetzt hatte. Daher der Irrthum unserer bisherigen Karten (Kiepert, Wrede), wonach Habbân und das ganze obere Wâhibi-Land zu weit nördlich und auch zu sehr östlich angegeben wurden. Wrede sagt nämlich nichts davon, daß das Wâhibi-Land sich so weit nach Westen erstrecke, wie es nach Munzinger der Fall ist, und daß Habbân selbst ganz im Westen liegt.

### III. Das Land der Unteren Wâhibi.

#### A. Grenzen.

Im Süden das Meer, im Westen und Nordwesten die Diébi, im Norden und Osten das Bilâd el Hagr (unabhängige Dobâyel).

#### B. Seehäfen.

Eine einzige Bai von etwa zehn Seemeilen Länge und zwei Breite mit zwei Ankerplätzen, Bir Ali, nur im Sommer, und Megbâha, nur im Winter sicher. Sie bilden zusammen einen sogenannten Monsunhafen, d. h. die Schiffe müssen je nach dem Winde den Ankerplatz wechseln und sich in den Schutz, bald des östlichen, bald des westlichen Vorgebirgs begeben. Gefährlich sind die plötzlichen Umschläge des Windes, jedoch mehr für große Schiffe mit schweren Ankern. Die arabischen Saya's können schnell Anker lichten und die Stelle wechseln. Bir Ali besitzt eine etwas tiefere Bucht, die aber doch beim Wintermonsun nicht sicher genug ist.

#### C. Gebirge.

Dieser kleine Küstenstaat hat keine namhaften Berge, sondern nur größere vulcanische Felsen und Felsgruppen, wie den Fels, auf welchem Hicn Ghorâb liegt. Sie sind isolirt und stehen mit den Bergen des Innern nicht im Zusammenhang. Der Gebel Hamrâ, westlich vom W. Méſ'al, liegt schon außerhalb dieses Gebiets.

#### D. Wâdis.

Außer dem Wâdi Méſ'al, der aber schon an der Grenze ganz im Westen liegt, ist hier kein Fluß. Auch dieser westliche Wâdi ist nicht perennirend, doch gelingt es, durch Aufstauungen das Wasser einen großen Theil des Jahres festzuhalten. Er reicht in seinem oberen Theil ins Gebiet der tropischen Sommerregen, gehört also zu den befruchtenden Wâdis. Der andere Wâdi Méſ'al*), im Osten, liegt schon außerhalb der Grenzen

---

*) Ich habe nicht ergründen können, ob es wirklich richtig ist, daß diese beiden Wâdis, die sich so nahe liegen, aber so grundverschieden sind, denselben Namen führen, wie Wrede sagt, und wie auch im Câmûs stehen soll. (Ich fand die Stelle nicht.) Der östliche heißt übrigens auch nach Wrede nur in seinem Tieflauf so, im Oberlauf heißt er W. Hagr. Mileß sagte mir, man schreibe den Namen jetzt nicht mehr mit 'Ain, dieser Buchstabe sei auch in der Aussprache gar nicht zu entdecken. Also bloß Méſal, nicht Méſ'at oder Maiſa'a, wie er früher jedenfalls hieß.

dieſes kleinen Staates, aber nicht weit davon. Er ſoll das ganze Jahr Waſſer haben. Wrede hält ihn für den Priam des Ptolemäos. Ich glaube mit Recht.

In dieſem Gebiet befindet ſich auch ein Binnenſee *), unweit der Küſte, aber durch vulcaniſche Felſen von ihr getrennt. Er iſt von Mangrove-Waldungen umgeben und ſoll ſehr tief ſein.

### E. Klima und Bodenerzeugniſſe.

Das Klima iſt ganz daſſelbe, wie das von 'Aden. Das Land iſt unfruchtbar, da es eben ein Küſtenland und als ſolches nicht die allein hier Fruchtbarkeit ſpendenden Sommerregen hat. Steppengewächſe, Dompalmen, wenig Datteln. Eine Ausnahme bildet das Thal von Mêſat, welches aber nur indirect hierher gerechnet werden kann. Der W. Hagr im Innern gegen Nordoſten, aber außerhalb dieſes Gebiets, iſt reich an Datteln.

### F. Bewohner.

Die Dîêbi, der mächtigſte Stamm dieſer Gegend, ſind dem Sultan nicht unterworfen. Ihr Hauptſtock hat zwar ſein unabhängiges Land, weſtlich vom weſtlichen Wâdi Mêſat, aber ſie überfluthen ſtets das Wâhidi-Gebiet. Außer ihnen wohnen in der Gegend von Megdâha noch die Bâ Dobêz und Bâ Tibiân, doch auch ſie ſind dem Sultan kaum unterworfen.

Dieſe Stämme kann man nicht Wâhidi nennen. Dieſer Name gebührt hier nur der directen Unterthanenſchaft des Sultan, d. h. den Städtern und Dorfbewohnern.

### G. Städte und Ortſchaften.

Bir Ali und Megdâha, beides Hauptſtädte und zugleich die einzigen Städte des Sultanats, das erſtere im Weſten, das andere im Oſten der Bai gelegen und etwa zehn Seemeilen von einander entfernt. Der

---

*) Es iſt mir nicht recht klar, wo dieſer See liegt. Haines (bei Ritter XII, 622) beſchreibt ihn ſchon, giebt ihm aber die Lage bei Hiṣn Ghorâb, während meine Informanten ihn in die Nähe von Megdâha verſetzten. Einer dieſer Informanten war ein Engländer, Dr. Millingen, Arzt in türkiſchen Dienſten, der mit der türkiſchen Miſſion 1870 Megdâha beſuchte und den See dort in der Nähe geſehen haben wollte. Auch hatten Munzinger und Miles, die in Hiṣn Ghorâb waren, dort gar nichts von einem See in der Nähe gehört. Ob es nicht vielleicht zwei Seen giebt?

Umstand, daß Bir Ali im Sommer, Meghbaha im Winter der sichere Hafen ist, hat auf das ganze Dasein der Bevölkerung eingewirkt und beide Städte, troß ihrer örtlichen Entfernung, eigentlich zu einer einzigen gemacht. Denn der größte Theil der Bewohner, ebenso der Sultan und die Regierung, leben im Sommer in Bir Ali, im Winter in Meghbaha. In der ihm ungünstigen Jahreszeit ist jedesmal das eine Hafenstädtchen verlassen. Einwohnerzahl beider Städte zusammen: höchstens 400. Frequenz des Hafens: monatlich etwa drei Saya's (Schiffe von 20 bis 100 Tonnen mit lateinischen Segeln). Außerdem besißt der Sultan eine Saya. Einziger Exportartikel: Datteln aus dem Wâdi Hagr, meist für Rechnung des Sultan, der selbst Handel treibt.

Die Ortschaften im W. Méŝ'al erwähnt Wrede. (a. a. O. S. 159 u. f.)

## II. Alterthümer.

Bei Bir 'Ali auf einem Felsen altes himyarisches Schloß, Hiçn Ghoráb[*]) (gewöhnlich „Rabenschloß" übersetzt, richtiger „das schwarze Schloß", denn Ghoráb heißt im Dialect „schwarz"), wahrscheinlich das alte „Cane emporium", größter Hafen zur Zeit des himyarischen Reichs. Hier finden sich vier him. Inschriften, die große zehnzeilige und drei kleinere, deren eine deutlich den Namen „Cane" nennt. Die große zehnzeilige Inschrift steht auf einem Felsstück ganz dicht am Boden und ist ziemlich schwer zu finden. Dr. Millingen, der kurz vor Munzinger daselbst war, konnte sie gar nicht entdecken. Munzinger und Miles haben 1870 die ersten guten Copieen der vier Inschriften gemacht, die älteren von Hulton und Smith waren fehlerhaft.[**]) Sie sind bis jeßt (Anfang 1873) noch nicht veröffentlicht[***]). Ich habe sowohl Miles', als Munzinger's Copieen verglichen und danach übersetze ich.

---

[*]) Ibn Mogâwer (Sprenger's Post- und Reiserouten S. 145) giebt die Küstenorte von Ost nach West an, nennt aber fehlerhafter Weise Hiçn el Ghoráb vor Meghbaha. Er nennt ersteres das Schloß des Juden Samuel ben Âdiya!

[**]) Aber doch noch lange nicht so reich an Fehlern, wie die Wellsted'sche Copie der Inschrift von Nagb el Hagr. Professor Rödiger hat die Lesart von Hulton und Smith in seiner Ausgabe von Wellsted's Reisen wiedergegeben und danach übersetzt. (Rödiger in Wellsted's Reise Theil II, S. 355, 359.) Diese Uebersetzung hat Ritter abgedruckt (Erdkunde XII, S. 919).

[***]) Sie wurden der Deutschen Morgenl. Gesellschaft mitgetheilt und dürften im Laufe des Jahres 1873 erscheinen, d. h. im verspäteten Jahrgang der Zeitschrift für 1872.

Erste große zehnzeilige Inschrift:

Zeile 1.  Samila und Aschwa' und seine Söhne Sarahbêl Alkmol und Ma'dikarib Ja'lor, Sohn der Belhaḥat.

Zeile 2.  Die Göttin begnadige Kola'n und Di Ḥalan und Laben und Sarqan und Ḥab und Ḥal'on

Zeile 3.  und Ḥeschar und Ḥarz und Malrab und 'Aqhal und Beẓâḥan und Ḥalaleb und Ghaiman und Ḥaßb

Zeile 4.  und Labḥ und Gabâḥan und Kazzan und Kachîl und 'arban und Qablan und Scharlaḥ und die Söhne des Malḥ,

Zeile 5.  sowie ihre Stämme und Ḥaçal und Alḥan und Selfan und Tahſolan und Riaḥ und Rolban und Mollefan

Zeile 6.  und Sâllan und Zoqral und die Steppen, wie die Weide-plätze der Schaiban. Diese ganze Reihe (von Männern) schrieb sich auf dieser Tafel ein

Zeile 7.  Zum Andenken an ihren Sieg und die glückliche Rückkehr zu ihrer Heimath (eigentlich zu ihren Gärten), ihre Heimkehr und ihre Wanderung,

Zeile 8.  weil sie von ihr (der Gottheit) Hülfe erhielten, als sie zogen ins Land Habesch und machten die Habeschi zu Sklaven

Zeile 9.  im Lande der Himharen, als im Kampf überfielen Himh-ar's König und seine Fürsten die Schwarzen*).

Zeile 10.  Und die Zeit (das Datum) war der Sommermond des Jahres 642.

Offenbar handelt es sich hier um einen Feldzug der bei „Cane" wohnenden Himharen nach Abessinien, worunter wir jedoch nicht einseitig das heutige Habesch, sondern auch die Somâli-Länder zu verstehen haben, die im Alterthum mit in Habesch inbegriffen waren. Der Golf von Aden vermittelt noch heute vielfache Verbindungen zwischen dieser Küste und dem Somâli-Lande.

---

*) d. h. die Abessinier. Wörtlich steht zwar „die Rothen" (Aḥmarân) aber als „roth" wird noch heute und wurde stets die Hautfarbe der Abessinier bezeichnet, weil sie eben nicht ganz schwarz, sondern dunkelbraun mit röthlichem Anflug ist.

Zweite Inschrift (vier ganz kurze Zeilen):

Marthab, Sohn des Aus, schrieb seinen Namen ein (folgen undeutliche Zeichen, wahrscheinlich Jahreszahl).

Dritte Inschrift (2½ Zeilen):

Zeile 1. Said Abrad, Sohn des Malschan, am Berge,
Zeile 2. der beim Aufstieg von Cane liegt, schrieb sich ein
Zeile 3. zum Gedächtniß des Sieges.

Die vierte Inschrift enthält nur zwei Namen. Man sieht, es handelt sich hier um Einschreibung von Eigennamen an einem wahrscheinlich geheiligten Orte, ähnlich wie die Inschriften am Sinai und in Abu-Simbel, und wie sie noch heute bei Orientalen Sitte sind. So sieht man z. B. in der Gema'Tulim in Cairo die ganze Wand mit kleinen arabischen Inschriften bedeckt, welche nichts weiter aussagen, als „N. N. Sohn des N. N. verrichtete hier seine Andacht.“

## J. Politisches.

Sultan Hâdi, b. 'Abd Allah, el Wâhibi, Beherrscher der Unteren Wâhibi, Vetter des Sultans der Oberen Wâhibi, in dessen Lande er übrigens auch eine gewisse officielle Stellung, etwa die eines Prinzen von Geblüt hat. Diese kommt natürlich nur dann zur Geltung, wenn er sich in Habbân oder Hôta befindet, wo er ein Haus besitzt. Er findet sich aber nur sehr selten dort ein, wohl nur bei Thronwechseln, um mit der zahlreichen Sippschaft die Nachfolge zu berathen. Er ist sehr arm und machtlos. Sein einziges Einkommen bildet die Exportgebühr (für Datteln) und der von ihm selbst betriebene Handel.

So unbedeutend seine Herrschaft, so übt er doch die Befugnisse der höchsten Souveränität, indem er auch das Kanzelgebet auf seinen Namen sagen läßt, wie ein vollkommener „Beherrscher der Gläubigen.“ Er und alle Unterthanen sind übrigens Schâfe'i. Zâidi im Lande gänzlich unbekannt.

Im Jahre 1870 war Sultan Hâdi nahe daran, seine Häfen (Bir 'Ali und Megbaha) an die Türken abzutreten. Es fand sich nämlich eine türkische Expedition ein, welche angeblich Quarantäne-Anstalten errichten sollte und ihr Auge auf Bir 'Ali geworfen hatte. Sie besaß Empfehlungen des Großscherifs von Mella, die von den unabhängigen Araber-

fürften (b. h. nur von Sunniten) ſtets ſehr hochgehalten werden. Dem
Sultan Hábi wurde geſchmeichelt, ihm große Geſchenke, Orden u. ſ. w.
verſprochen, wenn er ſeine Häfen zur türkiſchen Quarantäneſtation hergeben
wolle. Seine Souveränetät, ſo hieß es, ſolle unangetaſtet bleiben. Letzteres war natürlich eine leere Floskel, denn, waren einmal türkiſche Truppen
hier, ſo war's vorbei mit Sultan Hábi's Macht. Der bethörte Mann hatte
ſich wirklich beſchwatzen laſſen. Zum Glück für ihn konnten die Engländer
dieſe türkiſche Machterweiterung nicht dulden. Sie machten ihm noch zur
rechten Zeit Vorſtellungen, und ſo wurde er von dieſem Schritt abgebracht,
der ihm vielleicht den Niſchân eingetragen, ſicher aber ſein Sultanat geraubt
hätte. Er ſoll übrigens jetzt die geiſtliche Autorität des Großſultans anerkannt haben.

### IV. Das Land der Oberen Wáhibi.

#### A. Grenzen*).

Durchaus Binnenland, grenzt im Süden und Südoſten an die Diêbi,
im Südweſten an die Unteren, im Weſten an die Mittleren und im Nordweſten und Norden an die Oberen 'Aulaqi, im Oſten an freie Stammesgebiete, die Bâ Ro'mân und das Bilâd el Hagr.

#### B. Gebirge.

Im unteren Theil des Landes, und zwar nur in der öſtlichen Hälfte,
lange Reihen dachförmiger Kalkſteinhügel oder Tafelberge, worunter der
Gebel Dôlo, eine Gruppe von zweiundzwanzig ſolcher Berge, von Miles
„twenty two brothers" (zweiundzwanzig Brüder) benannt. Gebel Dôlo
liegt öſtlich von Raqb el Hagr und Hôta. Richtung Südoſt nach Nord-
weſt.

Der weſtliche Theil des Landes iſt hochgebirgig und reiht ſich dem
Syſtem des Sarw Madhig an. Im Süden der Hauptſtadt Habbân, die
auf einem 3000 hohen Plateau liegt, Gebel Kaur (nicht der große G. Kôr)
und im Südoſten Gebel Ghalt Rimr, b. h. der Pantherberg, nach den hier
maſſenhaft hauſenden und ſehr gefährlichen Panthern benannt. Im Norden
von Habbân höhere Gebirgskette, auf 6000' geſchätzt, worunter der Gebel
Tüll, höchſte Spitze. Richtung Südweſt nach Nordoſt.

---

*) Geographiſche Lage nach Graben ſchon oben (zweites Kap. II, 2 Seite 222)
angegeben.

## C. Wâbis.

Im Süden der Wasserscheide, welche die Berge nördlich von Habbân bilden, und dem arabischen Meer zufließend, der Wâdi Mêf'al. Er kommt aus der Gegend südlich von Habbân, fließt östlich bis Rôha, wo er den von Norden kommenden W. Salmân aufnimmt, dann südöstlich an Hôla vorbei nach Naqb el Hagr, wo er sich mit dem kleinen W. 'Eqân vereinigt und dann südlich ins Meer.

Nördlich von der Wasserscheide und dem Gebel Tûil der W. Gerbân fließt nordöstlich gegen Habramaut zu, das er aber nicht erreichen, sondern sich vorher im Sande verlieren soll.

## D. Klima und Bodenerzeugnisse.

Der südöstliche Theil dieses Gebiets, um Naqb el Hagr und Hôla gehört klimatisch noch dem Küstenlande an. Hier ist alles, was nicht durch den W. Mêf'al und seine Seitenflüßchen bewässert wird, Wüste. Die sehr engen, von jähen Kalksteinfelsen umgebenen Flußthäler tragen meist Dattel- palmen (in großer Menge, Qualität mittelmäßig) und Cerealien.

Der mehr binnenländische gebirgige Theil des kleinen Staats ist frucht- bar, weil er die tropischen Sommerregen hat. Producte: Durra, Dochn, Weizen, Tabak, Indigo, Baumwolle, wenig Datteln. Guter Viehstand: Ziegen, Schafe, Kameele, Hornvieh in geringer Zahl, aber doch viel mehr, als im Tiefland, wo es fast ganz fehlt. Viel Butterbereitung.

## E. Bewohner.

Um Naqb el Hagr, Eqân und bis nach Hôla hinauf nomadisiren noch Diêbi. Oestlich von Hôla die Bâ Nо'mân. Die anderen Stämme sollen ursprünglich Madhig sein, werden aber jetzt unter dem gemeinschaftlichen Namen Wâhibi begriffen. Außer den Städtern, Juden und Parias sind alle Bewohner Cobâhel (freie Stämme). Die Pariakaste heißt hier Ahl Hayel (Webervolk) und wohnt in eigenen Städten und Dörfern, in denen es sonst keine Araber giebt.

### F. Städte und Ortschaften.

Habbân, Hauptstadt, nach Miles[*] mit etwa 4000 Einwohnern, liegt in weiter, hügelig gewellter Hochebene mit Gebirgen im Süden und Norden. Sechs Moscheen. Keine Stadtmauern. Zwei große Wachtthürme an beiden Enden der Stadt, jeder mit fünf Mann Garnison. Jedes Haus ist festungs-, thurm- und citadellenartig, oft fünfstöckig, im unteren Theil ohne Fenster, welche erst in der Höhe von zehn bis zwölf Fuß vom Boden beginnen. Jedes Stockwerk hat seinen besonderen Namen: Parterre Sûd, erster Stock Bêt, zweiter Stock Fabli, dritter Stock Ginna', vierter Stock Mechabbem, fünfter Stock und Dachterrasse Rêm. Auf dem Rêm Zinnen und Schießscharten. Der zweite Stock, Fabli, ist in vornehmen Häusern Empfangsort. Der Harem in die höchsten Stockwerke verbannt. In Habbân leben viele Juden, die ein eigenes Viertel bewohnen, auf tausend Seelen geschätzt. Nahe bei Habbân, in einem Felsthal, sind eine Menge hebräischer Inschriften, alle nur Namen enthaltend, wie „Môscheh, Sohn des Jtzhak" u. s. w., vielleicht Andenken an einen ehemals hier gelegenen Friedhof.

### Preise der Lebensmittel in Habbân.

Für einen Maria-Theresien-Thaler kauft man nach Miles in Habbân: 10 Hühner, 3½ Rêla Weizen, 4 Rêla Durra, 10 Sîr Butter, 16 Sîr Kaffee. Der Sîr ist ein nach schwerer Silbermünze bemessenes Gewicht[**]. In Habbân wiegt er nur dreizehn Maria-Theresien-Thaler, während der Adener Sîr gleich sechzehn Maria-Theresien-Thaler ist. Vieh ist selten und theuer.

Hôta, zweite Hauptstadt und Sitz der meisten Mitglieder der fürstlichen Familie, am Vereinigungspunkt zweier engen Thäler, am Fuße terrassenförmiger Kalksteinfelsen auf beschränktem Raum gelegen. Miles giebt ihm 6000 Einwohner. Keine Mauern. Aber alle Häuser Festungen, darunter ein Schloß Sultan Hâdi's von Bîr 'Ali.

---

[*] Ich theile nur solche Notizen aus Miles' Tagebuch mit, welche er nicht veröffentlicht hat. Nur diejenigen Notizen, bei welchen europäische Gewährsmänner ausdrücklich genannt sind, stammen von solchen. Die anderen von Arabern. Das Meiste über das Wâhidiland stammt aus den Berichten von Arabern aus Hadramaut.

[**] Man vergleiche das oben (Erster Theil, Vierzehntes Capitel, Handel von Massaua Gewichte, Seite 119) über das ostafrikanische Rotl Gesagte.

Gerdan, am Wâdi gleichen Namens, zwei Tagereisen nordöstlich von Habbân. Soll eine große Stadt sein. Von hier aus Verbindungen mit dem eigentlichen Habramaut über W. 'Amd und Haura.

Rôba, Stadt am W. Salmân zwischen Habbân und Hôta, ganz von Ahl Hatet (Pariakaste) bewohnt. Außer ihnen sind hier nur noch 5 Meschaichfamilien (Nachkommen von Heiligen).

Amagîn soll eine große Stadt im Norden des Landes in der Gegend von Gerdân sein. Nur Araber wußten etwas von ihr.

Rebêha ⎫ kleine Dörfer zwischen Rôba und Habbân in fruchtbarer
Lahl ⎬ Gegend.

Londra, kleines Städtchen im Nordwesten von Habbân in gebirgiger Gegend (nach Munzinger und Miles).

'Erân, Ortschaft im gleichnamigen Wâdi bei Naqb el Haǵr.

## G. Alterthümer.

Naqb el Haǵr am W. Mêf'at, altes himyarisches Castell, von großen, sehr soliden und kunstreich bearbeiteten Werksteinen gebaut. Auf einer der höchsten Stellen der Schloßmauer befindet sich die berühmte Inschrift, mit schuhlangen Buchstaben*) geschrieben, die Wellsted**) zuerst, aber fast unleserlich copirte. Miles erzählte mir etwas Bemerkenswerthes in Bezug auf die Inschrift. Er fand nämlich in der Nähe des Schlosses mehrere zerstreut liegende, große Werksteine, auf welchen einzelne Wortfolgen oder ganze Wörterreihen, die sich auch in der Hauptinschrift finden und genau von demselben Maß und derselben Form, eingegraben waren, nur daß der letzte Buchstabe jedes Mal entweder ganz falsch war oder doch einen Sculpturfehler enthielt. Er schloß deshalb mit Recht, daß dies verunglückte Inschriftversuche***) seien. Man scheint also die Steine erst

*) Die Sculptur ist nach Miles viel kunstvoller, als die der Inschrift von Hizn Ghorâb.

**) Wellsted soll kurzsichtig gewesen sein, wie mir Capitän Miles sagte, und, da die Inschrift sehr hoch vom Erdboden ist, so erklärt dies wohl die großen Mängel seiner Copie.

***) Aehnliches findet sich auch in Bezug auf himyarische Bronzeinschriften. So erhielt Pastor Kiel in Aden jüngst 2 Bronzetafeln, deren eine genau die 2 ersten Zeilen der andern Zeiligen wiedergab und sonst blank war. Aber der letzte Buchstabe war falsch. Man hatte die Inschrift deshalb nicht ausgeschrieben, aber doch sorgfältig auch das fehlerhafte Fragment verwahrt.

beschrieben zu haben, ehe man sie dem Bau einfügte. Merkwürdig ist,
daß diese Steine hier in nächster Nähe des Schlosses, wo sie fast den Weg
versperren, so viele Jahrhunderte so ganz unversehrt liegen blieben. Ich
kann mir das nur durch einen Aberglauben erklären, der allem Geschriebenen eine geheimnißvolle Bedeutung beilegt. Tallsmane!
Dieser Glaube lebt noch heute in Arabien.

Miles und Munzinger haben mir beide recht schöne und deutliche
Copieen dieser Inschrift gegeben, die gleichfalls (wie jene von Ḥiçn Ghoráb)
noch ihrer Veröffentlichung entgegen sehen. Wellsted's Copie war so
grundfalsch, daß keine danach gemachte Uebersetzung einen Begriff vom Inhalt giebt. Ich wage mich nach Miles Copie an folgende.

### Inschrift von Naqb el Ḥaǵr.

Zeile 1. Jbsal, Sohn des Schaġb, hat errichtet die Baute im Wâdi*)
Mêf'al und einmeißeln lassen die Steine; als ein mächtiges Werk, eine
heilige Schutzwehr, hat er diese Baute, dieses Haus hingestellt.

Zeile 2. Und er hat eingetheilt (d. h. in Bewässerungsdistricte) diesen
Wâdi von seinen fruchtbaren Pflanzungen bis zu den spärlicheren, und hat
ernannt zum Statthalter des Wâdi (seinen Sohn Jabġaydi').

Die Beziehung auf den W. Mêf'al, die übrigens auch schon Rödiger erkannt hat, ist jedenfalls unzweifelhaft, was auch sonst in der
Uebersetzung gefehlt sein mag. Wie wir in der 3. Inschrift von Ḥiçn
Ghoráb das Wort „Cane“, so finden wir auch hier nach abertausend Jahren den alten Namen der Localität, der in diesem Falle auch der heutige
ist. Dies ist gewiß werthvoll.

### II. Politisches.

Sultan Aḥmed, ben Ḥâbi, el Wâḥibi, Fürst des Oberen Wâḥibi, übt
zwar officiell die höchste Macht aus, ist aber in Wirklichkeit ein sehr ohnmäch-

---

*) Das Wort Cana entspricht in seiner Bedeutung „Gärten“ etwa dem, was
man heut zu Tage mit einem Bewässerung spendenden Wâdi ausdrückt, welches Wort
ja nicht „Fluß“ allein, sondern „Flußthal“, namentlich ein fruchtbares sagen will.
Es ist das, was die Spanier „huerta“ nennen im Gegensatz zu „campo“. Halévy übersetzt wie ich höre, dieses Wort „Castell“ und hält es für identisch mit
„Qaṣa“, jedenfalls sehr einladend, denn wo ich noch dies Wort fand, paßt immer
Halévy's Bedeutung, doch weiß ich nicht wie dies sprachlich zu rechtfertigen.

liger und dabei fast bettelarmer Häuptling. Die Oobähel (freien Stämme),
welche den bei Weitem größten Theil der Bevölkerung ausmachen, erkennen
in ihm nur für den Kriegsfall ihr militärisches Oberhaupt, vor dem sie
übrigens sehr wenig Respect haben, denn er ist ja nicht selbst aus den
Oobähel hervorgegangen, sondern ein Fürst mehr nach bürgerlich-staatlichen
Begriffen, was die Oobähel immer gering schätzen. Nebenbei ist er ein
Städter und als solchen trifft ihn doppelt die Verachtung der Oobähel.
Er kann sie weder richten, noch besteuern. Er muß sie vielmehr noch durch
Geschenke ködern, damit sie ihn wenigstens in den Städten herrschen lassen.
Sein ganzes Einkommen geht so auf. Von den Raye (städtischen Unter-
thanen), den Juden und Ahl Häbel (diese Pariakaste ist hier ausnahmsweise besteuert) erhebt er zwar ¼ Maria-Theresia-Thaler für jedes Ka-
meel, ⅛ für jede Kuh, ¹⁄₁₆ für jeden Esel jährlich, außerdem von den
Juden ein Kopfgeld, sowie deren Branntweinsteuer, ferner noch die Markt-
gebühren, die auf 500 Maria-Theresia-Thaler jährlich geschätzt werden,
aber auch dies Geld muß er noch mit der Meßles theilen, einer Notablen-
Versammlung, aus den Scherifen, den zahlreichen Prinzen und den Häuptlingen der Oobähel bestehend, ohne deren Einmischung und Billigung er
selbst über seine Raye (Unterthanen) nicht die Herrschaft ausüben kann.
Von seiner Armuth erhielt Miles einen drastischen Beleg, indem er zu-
sah, wie der Sultan selbst am Brunnen Wasser schöpfte, weil er keinen
männlichen Dienstboten hatte. Als Munzinger und Miles in Hab-
bän waren (Juli 1870), mußten sie ihm wiederholt Trinkgelder geben, weil
er sie sonst nicht bewirthen konnte. Der Sultan bettelte übrigens nicht
geradezu, wie manche andere kleine Sultane. Auch behandelte er sie gut
und schützte sie gegen den Fanatismus der Städter. Sie hatten nicht
genug Geld bei sich, um ihn so zu belohnen, wie sie es gewünscht hätten,
und luden ihn deshalb ein, nach ʼAden zu kommen, um sich den Rest zu
holen. Dies that er wirklich, machte zu Fuß die für sein Alter doch beschwerliche Reise, um 50 Maria-Theresia-Thaler in Empfang zu nehmen,
wenig nach unseren Begriffen, aber für ihn ein Capital!

Trotz dieser factischen Machtlosigkeit des Sultans, wird doch die Fic-
tion, als sei er „Beherrscher der Gläubigen", aufrecht erhalten, wie das
Kanzelgebet, dieses Symbol der höchsten politischen wie religiösen Autorität,
zeigt, welches hier auf den Namen von Sultan Ahmed gehalten wird.

## 1. Sociale Eintheilungen der Wâhidi.

Wie überall in Südarabien, so sind auch hier die Rangstufen der verschiedenen socialen Classen scharf geschieden. Der Sultan steht nicht auf der höchsten, sondern die Scherife oder Siid (beides hier ganz gleichbedeutend[*]), Nachkommen des Propheten). Er muß vor einem Scherif aufstehen und sein Gesicht mit dessen Händen in Berührung bringen, nicht zum Kuß, der bei Scherifen nicht nöthig, sondern zu dem abergläubischen „Beriechen der Hände", weil diese einen „Geruch[**]) der Heiligkeit" ausdusten. Die Scherife haben auch überall den Ehrenplatz vor dem Sultan. Folgendes sind die Rangstufen, wobei man sich immer vergegenwärtigen muß, daß es sich hier nie um „persönlichen" Rang handelt. Ein solcher kann nur die erste Stellung innerhalb der eigenen Classe geben, aber nie über eine höhere Classe emporheben:

1) Scherife oder Siid.
2) Der Sultan und die Prinzen.
3) Meschaich[***]) (Nachkommen von Heiligen).
4) Die vornehmeren Kaufleute.
5) Die Cobâhel, wozu hier auch alle Soldaten gehören.
6) Die Städter und Ackerbau treibenden Landleute, hier Tomên genannt (dasselbe was in Aegypten Fellah heißt).
7) Die Ahl Hâhel (Pariakaste; die andere Pariakaste, die Schunr, existiren hier nicht). Sie dürfen in Moscheen, nicht aber in die Häuser der anderen Araber kommen.
8) Die Juden.

---

[*] Jene Bemerkung Wrede's, daß man einen Unterschied zwischen Scherif und Siid mache, daß ersteres die Nachkommen Hasan's, letzteres die Hosains bezeichne, fand ich nicht bestätigt. Wrede nennt auch einmal einen Scherif „Habib" und hält dies für einen Eigennamen. „Habib" (Freund) ist aber Titel und ganz gleichbedeutend mit Scherif und Siid.

[**] Auch von Wrede in Chorêbe erwähnt. Wrede's Reise in Habhramaut, Note 00, Seite 233.

[***] Auch Derâwisch (Derwisch) genannt. Es ist genau das, was man heutzutage in Nordafrika Morâbitin (Marabut) nennt. Der Ursprung ist freilich ein anderer, denn letztere sind die Nachkommen der ersten Verbreiter und Kämpfer des Islam in Gränzländern.

# Drittes Capitel.

# Diébiland.

## I. Name.

Der Name „Diébi" bezeichnet nicht wie der Name „Wâhibi" eine staatliche Gruppirung verschiedener Stämme, sondern eine alte ursprüngliche Stammeseinheit, die ihren ererbten Namen beibehalten hat. Unter „Diébiland" wird hier nur das Stammesland im engern Sinne verstanden, d. h. die ausschließlich von Diébi bewohnte und beherrschte Gegend, nicht jene Gebiete, wo die Diébi nur das Flachland bewohnen und die Städte den Wâhibi gehören, wie die Gegenden zwischen den Staaten der Unteren und Oberen Wâhibi.

## II. Geographische Lage.

Das Diébiland im engern Sinne erstreckt sich von 47° 30' bis 48° östl. Länge von Gr. und von der Küste, etwa 13° 40' bis 14° 15' nördl. Breite.

### III. Grenzen.

Im Süden das Arabische Meer. Im Westen die Qumúsch, welche nominell unter den Unteren 'Aulaqi stehen. Im Norden das Land der Oberen Wâḥibi. Im Osten der Wâdi Méſ'at, wo die Städte den Unteren Wâḥibi, das Land aber größtentheils auch zerstreuten Stämmen der Diébi gehören.

### IV. Seehafen.

Die kleine Stadt Ḥaura hat nur eine versandete Rhede, auf welcher sehr selten, vielleicht jährlich ein Dutzend Mal, Schiffe (arabische Saya's) ankommen und Datteln einschiffen.

### V. Gebirge.

Im Osten durchzieht das ganze Gebiet von Süd nach Nord der Gebel Ḥaurâ, der rechts vom W. Méſ'at liegt. Höhe etwa 4000 Fuß. Der mittlere und westliche Theil des Gebiets ist theils Hügelland, theils Hochebene.

### VI. Wâdis.

Der W. Méſ'at kann nicht mehr zum engern Diébiland gerechnet werden. Dieses besitzt keinen einzigen nennenswerthen Wâdi. Von Ḥaura in nordöstlicher Richtung soll sich zwar bis nach Chabr ein offenes Thal hinziehen, das wahrscheinlich einen Gießbach enthält, der aber nur selten Wasser führen kann, da er schon ganz im Süden der Zone der tropischen Regen liegt. Ueber seinen Namen konnten Munzinger und Miles, als sie in Chabr waren, nichts erfahren.

### VII. Klima und Bodenerzeugnisse.

Durchaus Küstenklima, nur auf die prekären Winterregen angewiesen. Die unmittelbare Küstengegend ist großen Theils sandig. Hier wachsen Dattelpalmen, Früchte mittelmäßig. Fast das ganze Gebiet ist steppenartiges Weideland, nur für Kameelzucht geeignet, welche hier trefflich gedeiht. Wenig Cerealien, Durra, Dochn, Mſéweli (rother Dochn), die aber nur nach ausnahmsweisen Winterregen eine Ernte geben.

## VIII. Stämme.

Das ganze Land ist von einer compacten Stammesgruppe bewohnt, alle Diébi. Von anderen Bewohnern, bürgerlichen Städtern, Parias u. s. w. hörte ich nichts.

Die Diébi zerfallen in folgende Unterstämme, welche mir einer ihrer Häuptlinge aufschrieb, und deren Namen ich hier mit Wrede's Notizen über diesen Stamm vergleichend zusammenstelle.

1) ʼAʒemi (bei Wr. ʼAḍemi).
2) Solemâni (ebenso bei Wr.).
3) ʼAllurol oder Ahl ʼAli (bei Wr. nicht genannt).
4) ʼAgârî (bei Wr. nicht genannt).
5) Bâ Sauba (bei Wr. nicht genannt).
6) Bâ Hamedi (bei Wr. el Ahmedi).
7) Bâ ʼAuçi (wohl nicht Wrede's Bâ Waba?).
8) Temêschi (fehlt bei Wr.).
9) Haʒchûrí (fehlt bei Wr.).
10) Sabchâni (fehlt bei Wr.).

Wrede führt außerdem noch einen Stamm „Sálemi" an. Er kennt übrigens im Ganzen nur 5 Stämme und da deren von ihm angegebene Wohnsitze sämmtlich außerhalb*) des engern Diébilandes gelegen sind, so ist anzunehmen, daß er von letzteren nichts erfahren hat. Die Stämme, welche Wrede nennt, gehören also streng genommen nicht hierher. Es sind vom Hauptstock abgetrennte Glieder. Ziehen wir sie von der obigen Stämmezahl ab, so bleiben nur 7 Stämme und das stimmt genau zu den Angaben der Mehrzahl meiner Informanten, welche aussagten, daß das eigentliche Diébiland nur sieben Stämme habe. Die Bâ ʼAuçi wohnen bei Haura, sind also wohl schwerlich eines Stammes mit Wrede's Bâ Waba, die er bei Meǵdaha nennt.

## IX. Ortschaften.

Haura, kleines Fischerdorf und Hafenörtchen, der einzige namhafte Ort im Lande. Es soll auch wenig Schlösser geben. Die meisten Diébi

---

*) Nämlich ʼAḍemi bei Raab el Haǵr, Solemâni bei Bâ el Haß, Ahmedi im untern, Sálemi im obern W. Mêschai, Bâ Waba gar bei Meǵdaha. (Wrede's Reise in H. S. 817).

wohnen in Rohr- oder Dattelpalmhütten. Unter ihnen giebt es mehr Beduinen (d. h. Nomaden) als in irgend einem andern Theil des von mir
beschriebenen Südarabiens.

## X. Politisches.

Die Diébi haben keinen Sultan, und überhaupt keinen gemeinschaftlichen Häuptling. Jeder der 7 Stämme hat seinen Schêch, der den pa-
triarchalischen Titel „Abú" (Vater) führt. Sie sind alle Dobahel (freie
Stämme) und erkennen im Abú nur den Kriegsführer. Keine Steuern,
keine Justiz, keine Soldtruppen. Mord wird nach den Regeln der Blutrache gesühnt. Gemeinsame Angelegenheiten werden durch die Stämme-
versammlung, die einmal jährlich stattfindet, geregelt.

## XI. Sprachliche Eigenthümlichkeiten.

In der Sprache der Diébi hat sich manches Eigenthümliche erhalten,
z. B. das südarabisch-äthiopische Verbalsuffix „la" statt „la" für die 1.
und 2. Person des Perfect. Jedoch bildet ihre Sprache jetzt nur noch
einen mit Idiotismen gemischten arabischen Dialect, nicht eine Sprache
sui generis, wie das Mehri und Graui (Halili).

## XII. Abstammung.

Die Diébi selbst halten sich für stammesverwandt mit den Qumusch,
im Untern 'Anlaqilande und den Audeli auf dem Gebel Kôr. Ihr Dialect
ist fast derselbe. Da letztere Stämme höchst wahrscheinlich Himyaren sind,
so dürften sie es auch sein. Sie wären dann die am meisten nach Osten
vorgeschobenen Himyaren. Außerdem scheint auch ihre Hautfarbe sie als
solche zu kennzeichnen, denn sie sind fast schwarz, wie die Dâfi'i und Co-
bêhi (beides unzweifelhafte Himyaren) und nicht hellhäutig, wie die Völker
östlich vom W. Môs'al und wie die Habrami.

# Viertes Capitel.

## 'Aulaqiländer.

---

### I. Name.

'Aulaqi, häufiger in der Collectivform 'Auwâliq gebraucht, ist
gleichfalls, wie Wâhibi und andere, ein dynastischer Name, der von einer
Gruppe von Stämmen geführt wird, denen die genealogische Einheit fehlt.
Er ist jedoch viel älter, als der Name Wâhibi, und als Volksbezeichnung
mehr in Fleisch und Blut übergegangen. Von den Beduinen hört man
den Namen „Mauleqi" und im Plural „Mauweleq" oder „Mauleq" sprechen. Dies ist dialectisch für „el 'Aulaqi" u. s. w., denn der südyemenische
mundartige Artikel ist nicht das arabische „el", sondern „em" oder „m",
dem Wort vorn innig angeschlossen. Das Ain verschwindet dann.

Irrthümer in Bezug auf den Namen.

Haines schrieb in seiner „Chart of the South East Coast of Arabia" diesen Namen fälschlich Urlabji, und da man nebenbei doch auch den richtigen Namen hörte, so beging man den Irrthum, hier zwei Völker anzunehmen, die Urlabji und die 'Aulaqi, die man 'Olqi schrieb. Dieser Irrthum ist in mehrere gute Karten, z. B. auch die Kiepert'sche übergegangen, findet sich ebenfalls bei Ritter*)

## II. Geographische Lage.

Diese ausgedehnteste südarabische Gruppe bewohnt das Land von 46° 20' bis 47° 30' östl. Länge v. Gr. und von 13° 20' bis etwa 15° nördl. Breite. Nördliche Ausdehnung übrigens ungewiß.

## III. Grenzen.

Im Süden das Arabische Meer. Im Westen, im südlichsten Theil Dalina, im mittleren das Audeliland, im nördlicheren das Land der Reẓâẓ. Im Nordwest Geẓâb. Im Norden unbekannt. Im Nordost und Osten (im obern Theil) das Land der Oberen Wâḥidi. Im Osten (im niedern südlichern Theil) das Land der Diêbi.

## IV. Eintheilung.

Die 'Auwâliq zerfallen in Untere und Obere, erstere von der Küste bis zu etwa 14° 20' nördl. Breite wohnend. Da aber die Oberen 'Auwâliq ihrerseits wieder in 2 Gruppen zerfallen, welche wir die eigentlich Oberen und die Mittleren nennen wollen, so müssen wir folgende 3 Theile unterscheiden:

1) Das Land der Unteren 'Auwâliq mit der Hauptstadt Hauwar.
2) Das Land der Mittleren 'Auwâliq mit der Hauptstadt Yeschbûm.

---

*) Haines' Irrthum ist, bis auf das ganz überflüssige „r", erklärlich. Djim und Laf werden hier nämlich ganz gleich, wie g in Gott, ausgesprochen. Haines hörte „g" und schrieb dies nach viel verbreiteter Methode „dj". Auf der Chart of the Golf of Aden, d. h. der englisch-arabischen Ausgabe hat Kassam die arabischen Namen ganz richtig gegeben, aber die falschen englischen stehen gelassen.

3) Das Land der Oberen 'Auwâliq, auch Mohâger genannt, mit der Hauptstadt Niçâb.

Letzteres ist das bei Weitem größte, das Mittlere das kleinste. Es bildet nur gleichsam eine südöstliche Ecke des Landes der Oberen 'Auwâliq, zu dem es im Volksmund gerechnet wird, obgleich es unter eignem Fürsten steht. Alle drei Staaten bilden übrigens dem Ausland gegenüber eine Einheit; die Fürsten sind von einer und derselben Dynastie, nur die Oberen 'Auwâliq sind mächtiger und führen die anderen, so zu sagen, im Schlepptau.

### V.  Das Land der Unteren 'Auwâliq.

### A.  Berge und Hochebenen.

Dies Land hat keine höheren Berge, welche hier erst an seiner Nordgrenze anfangen, sondern Hügelland im mittleren, eine große nach Miles 40 engl. Meilen lange Hochebene, 'Monqa' genannt, im westlichen und sandiges Tiefland im südöstlichen Theil.

### B.  Wâdis.

Ein einziger größerer Wâdi, der W. Hauwar. Er durchzieht den Norden und Osten des Landes, kommt aus den Bergen im Süden von Habbân, fließt dann erst westlich, darauf südlich, und mündet zwischen Malaten und der Stadt Hauwar ins Meer. Er hat fast nie Wasser. Seine Mündung ist sogar kaum zu entdecken, da sie die größte Zeit des Jahres nicht von der Sandebene an der Küste unterschieden werden kann. Südlich von Qullitze nimmt der W. Hauwar rechts den von Daſina kommenden W. Nefnafa, links den aus Monqa' fließenden W. Kelâsi auf. Der W. Achbar, links vom Tieflauf des Hauptflusses, ist nur eine schwache Regenrinne.

### C.  Klima und Bodenerzeugnisse.

Ein unfruchtbares Küstenland ohne tropische Sommerregen. Da der W. Hauwar gleichfalls fast in seinem ganzen Lauf außerhalb der Zone dieser Regen liegt, so spendet er keine Fruchtbarkeit. Der westliche Theil ist sehr arm, trägt spärliche Cerealien, viele Dompalmen, aus deren Frucht die am W. Hauwar wohnenden Bâ Râzim ein berauschendes Getränk bereiten, dessen Verkauf an die Karawanen fast ihren einzigen Erwerb bildet.

Die große Ebene el Monqa' soll gute Kameelweide enthalten, wahrscheinlich die bekannten Steppenpflanzen.

### D. Stämme.

Die Unteren 'Aurwâliq bestehen aus zwei scharf geschiedenen Stammesgruppen, den Qumûsch und den Bâ Kâzim, die genealogisch gar nicht zusammengehören.

Die Qumûsch (im Singular Qomêschi) sind wahrscheinlich Himyaren, mit den Diêbi verwandt, bewohnen den Osten, namentlich die Ebene el Monqa'. Sie sind Qobâyel und fast ganz unabhängig.

Die Bâ Kâzim*). Wenn man gewöhnlich von den Unteren 'Aurwâliq redet, so sind meist nur die Bâ Kâzim gemeint. Sie wohnen am ganzen W. Hauwar und seinen Nebenwâdis. Das Herrschergeschlecht wird zu ihnen gerechnet und wohnt in ihrer Mitte. Sie sind zum großen Theil Raye (Unterthanen). Sie zerfallen in elf Unterstämme:

1) Schema'i.
2) Gârli (Zusammenziehung von Gâr Allah).
3) Sâlemi.
4) 'Omaisi.
5) Gabari.
6) Ahl 'Ali.
7) Gerâbi.
8) Mançûri.
9) Lahâqi.
10) Haideri.
11) Ahmedi.

### Irrthum in Bezug auf einen Stamm.

Auf der Karte von Haines ist zwischen Hauwar und Haura an einer Sidi Abder Rahman genannten Stelle ein Stamm „Babbas" genannt. Da die Babbas ein historischer Rindastamm waren, so könnte man

---

*) Die Schreibart dieses Namens scheint ungewöhnlich, da man mehr an den Namen Câsim gewöhnt ist. Aber sie beruht auf schriftlicher Mittheilung von Seiten der Stammeshäuptlinge. Man mache nur nicht an Namen! Es giebt hier viele ungewöhnliche, ein Beweis 'Aiderûs, aus dem man auch früher immer Idris machen wollte!

auf den Gedanken kommen, dieser sei hier gefunden. In der englisch-arabischen Ausgabe der Haines'schen Karte hat aber Rassam diesen Irrthum berichtigt, freilich nur in seiner stillschweigenden Weise, indem er das richtige arabische Wort neben das falsche englische setzte. Ersteres ist ganz einfach „Bedû" d. h. „Beduinen", wie es überhaupt in Südarabien oft vorkommt, daß ein Stamm vorzugsweise nur „die Beduinen" genannt wird. Einen solchen werde ich im Lande der Hoǧrija anführen.

### F. Städte und Ortschaften.

Hauwar*), Hauptstadt, 3 engl. Meilen vom Meer und 1 Meile links vom W. Hauwar, in sandiger Gegend. Einige 40 castellartige Gebäude. Etwa 300 Einwohner, darunter 30 bis 40 Juden. In der Nähe Dattelpflanzungen, Früchte mittelmäßig.

Matâṣen lebir und Matâṣen çethir, zwei kleine Fischerdörfchen, eins eine halbe Stunde vom anderen entfernt, nahe der Mündung des W. Hauwar. Sandige Rhede. Sehr wenig Schifffahrt. Alle Monat etwa ein Schiff.

Maḥfeḏ**), auch Maḥfeẓ gesprochen, am oberen Lauf des W. Hauwar und zugleich nördlichster Punkt der Ebene el Monqaʿ, weshalb es auch den Namen Rebṣ el Monqaʿ führt. Ein dritter Name soll Hôla sein, doch ist dies hier mehr eine Bezeichnung für „Stadt" im Allgemeinen, wie ja auch Hauwar oft Hôla genannt werden soll. Es giebt freilich Städte, die ausschließlich Hôla heißen. Wird von etwa 300 Leuten vom Schemaʿi-stamm der Bâ Kâzim bewohnt.

Chabr, äußerst nördliche Ortschaft, nahe der Quelle des W. Hauwar, den Cumûsch gehörig.

Soḥeb, kleiner Ort am W. Hauwar.

---

*) Die Schreibart bei Hambâni und Ibn Moǧâwer ist Aḥwar, die Aussprache Hauwar oder auch wohl Hauar.

**) Maḥfeḏ, Rebṣ el Monqaʿ und Hôla, diese 3 Namen wurden Miles im Ort selbst aufgeschrieben und deren Bedeutung ist so, daß sie sehr gut alle 3 einer und derselben Örtlichkeit angehören können: Maḥfeḏ, ein Stammesname; Rebṣ el Monqaʿ, d. h. das Haus der Ebene Monqaʿ; und Hôla, d. h. ein umfriedigter Raum, wobei wir aber nicht an Stadtmauern zu denken haben. Munzinger dagegen hat Monqaʿ als den Namen der Stadt, Maḥfeḏ als den der Hochebene bezeichnet. Miles hat jedoch diesem speciellen Gegenstand größere Aufmerksamkeit gewidmet.

Qulliya, Städtchen der Bâ Kâ<sub>z</sub>im am W. Hauwar zwischen Hauwar und Mahfed.

### Irrthum in Bezug auf einen Städtenamen.

In Ritter's*) Erdkunde ist nach Haines eine Stadt Hawaiyah
genannt. Dies kann nur ein Irrthum für Hauwar sein, der aber desto
mehr auffällt, als Haines den Namen ein andermal richtig, englisch Howhr,
orthographirt. Ein Name Hawaiyah ist hier ganz unbekannt.

### F. Politisches.

Sultan Bu Bekr, ben 'Abd Allah, Vetter der Sultane der Oberen
und Mittleren 'Auwâliq, wohnt in Hauwar. Seine Macht über den
größten Theil der Bâ Kâzim ist absolut. Er richtet sie und besteuert sie.
Da sie jedoch arm sind, so sind seine Einkünfte gering. Er hält Soldtruppen und hat befestigte Schlösser. In allen wichtigeren Angelegenheiten
muß er sich jedoch dem Sultan der Oberen 'Auwâliq fügen. Er hat einen
Vertrag mit England und erhält von ihm gelegentlich Geschenke, kein fixes
Jahrgeld.

Seine Macht über die Qumûsch ist fast nominell. Diese würden
ihm wohl schon längst die Vasallenschaft gekündigt haben, wäre nicht die
Furcht vor den Oberen 'Auwâliq, den mächtigen Bundesgenossen der
Unteren.

### VI. Das Land der Mittleren 'Auwâliq oder Beschbüm.

### A. Beschaffenheit des Landes.

Im südlichen Theil allmählig aufsteigendes Hochland, im nördlichen
Hochebene, ein Theil der großen Hochebene von Marcha. Von einem
Wâdi Beschbüm, den Wrede nennt, hörte ich nichts. Klima tropisch, reich-
liche Sommerregen. Land fruchtbar, namentlich die Hochebene. Dieselben
Producte wie um Habbân, an dessen Grenzgebiet dies kleine Sultanat liegt.

### B. Stämme.

Diese sind zum größten Theil Mabhig. Folgende Liste stammt von
einem ihrer Häuptlinge:

---

*) Ritter XII, S. 662.

1) Bâ Râs. 2) Medhage. 3) 'Aliq. 4) Omlusta. 5) Ahl Sliman. 6) Ahl Gemi'a. 7) Maqrehiṭa. 8) Ahl Hasan. 9) Hâmedi.
10) Ahl Râhl. 11) Ahl eç Çuwa. 12) Ahl Mehdi. 13) el Huwir.
14) Ahl Oasis. 15) Bâ'l Hârif. 16) Oeramis. 17) Morâba'a.

### C. Städte und Ortschaften.

Deschbûm*), Hauptstadt, auch Ischibum genannt. Die Richtigkeit
dieses letztern Namens hörte ich in 'Aden bezweifeln, unter andern auch
von Miles und Munzinger, die immer nur Deschbûm vernommen hatten.
Die Sache ist, daß die Städter und Gebildeten stets Deschbûm sagen, die
Beduinen und Oobâyel dagegen immer Ischibum, wie ich es oft hörte.
Zwei kleine Tagereisen westsüdwestlich von Habbân gelegen. Etwa 1000
Einwohner vom Stamme der Bâ Râs. Hier leben 60 bis 70 Juden.
Basar. Moscheen. Thurmartige Häuser.

Omm Bêhâ soll ein kleines Handelsstädtchen, ganz von Juden bewohnt, sein.

### D. Politisches.

Sultan Frid, ben Ruwis, ben Frid, ben Naçr, naher Verwandter
des Sultans der Oberen 'Auwâliq, von dem er zwar in Bezug auf innere
Angelegenheiten unabhängig ist, dessen Einfluß aber doch seine äußere Politik ausschließlich leitet und der ihm Schutz gewährt. Die Stämme in
der nächsten Nähe der Hauptstadt und die Städter sind Raye (Unterthanen),
die andern Oobâyel. Der Sultan richtet und besteuert die Raye, er hält
Soldtruppen (einige 100 Mann). Sultan Frid gilt für einen Freund der
Europäer. Er schickte sogar Juli 1870 seinen Sohn nach Habbân, um
Miles und Munzinger zu ihm abzuholen. Sie konnten aber nicht
gehen.

### VII. Das Land der Oberen 'Auwâliq oder Mohager.

### A. Gebirge und Hochebenen.

Dies ist der alte Sarw Mabhiǧ, das Hochland der Mabhiǧstämme.
Es ist jedoch nur zum kleinern Theil eigentliches Bergland, vielmehr besteht

---

*) Dieser Ort ist auf der Map of Arabia by John Walker (für das East
India Government gemacht) viel zu nahe bei der Küste angegeben. Er wird dort
Isliboom geschrieben.

sein Haupttheil aus drei großen Hochebenen, eine immer höher als die andere gelegen: südlich die Hochebene Marcha, die sich zwischen dem Gebel
Kör und Habbân hinzieht (Yeschbûm ist topographisch ein Theil von ihr),
nordöstlich davon das Plateau von Riçâb, und nordwestlich, aber bedeutend
in nördlicher Richtung vorgeschoben, das Plateau von Chabt, welches sich
bis zum Fuße des Gebel Oern hinstreckt. Im Süden, wo die Hochebene
von Marcha gegen den W. Hauwar zu abfällt, ist bergiges Terrain. Im
Nordosten erhebt sich östlich von Riçâb ein Hochgebirge, das zum System
des Sarw Madhiç gehört. Gebel Oern im Nordwest gehört nicht zu
diesem System. In den Hochebenen befinden sich einzelne Berge, wie
Gebel Ababân und Gebel Drâ bei Riçâb, und Gebel Halhal und Gebel
Chaure im Plateau von Marcha.

### B. Wâdis.

Alle Wâdis im Norden der Wasserscheide. W. Ababân und W.
Drâ kommen von den gleichnamigen Bergen oberhalb Riçâb und fließen
in den W. Mesaubi, den Fluß von Riçâb. W. Hadena im westlichen Theil
des Landes fließt bei Hadena vorbei gegen Gerbân im obern Wâdibüland.
Die Hochebene Marcha ist reich an kleinen Wâdis. Indeß ist in diesem
ganzen Lande kein größeres System von Wâdis. Die Hochebene von
Marcha bildet eben die Wasserscheide. Die Wâdis entstehen hier erst und
nehmen nicht so rasch zu, wie wenn Gebirge die Wasserscheide bilden. Ihr
Abfluß scheint durchweg nach Nordost (vielleicht auch nach Norden?) zu
sein, nicht nach West, noch Nordwest.

Von einem W. Sanem, der nach Ritter im südöstlichen Theil des
Landes liegt, konnte ich nichts erfahren. Jedenfalls kann sein Lauf nicht
der auf Kiepert's Karte, welche W. Saimar schreibt, verzeichnete sein, da
an dieser Stelle der W. Hauwar ist, der aber eine andere Richtung nimmt.

### C. Klima und Bodenerzeugnisse.

Hochland mit tropischem Klima, durchweg durch die regelmäßigen
Sommerregen befruchtet. Producte: Indigo, Mais, Durra, Weizen, Baumwolle, Tabak, wenig Datteln. Treffliches Weideland. Kameel- und Horn-
viehzucht.

Niebuhr sagt von dieser Gegend: (Beschreibung von Arabien, Kop.
1772, Seite 279) „Wovon aber nichts weiter bekannt ist, als daß in den-

selben (Ländern) große Wüstereien sind und daß diese Gegenden von herumstreifenden Arabern bewohnt werden." Zwei Irrthümer. Das Land ist fruchtbar und die Bewohner meist seßhaft.

## D. Salinen.

In der Hochebene von Chabt.*) befinden sich die sogenannten „Berge unter der Erde", d. h. Steinsalzfelsen unter dem Boden des Plateaus, zu denen man durch Gruben gelangt. Das Salz findet sich nicht auf der Oberfläche des Bodens, also sind hier nicht etwa Depositen einer ausgetrockneten Salzlagune, sondern wirkliches Steinsalz. Chabt versieht die ganze Gegend mit Salz. Karawanen kommen aus Dâsi'a, dem Lande der Rezâz, selbst bis von Redâ' und Jerim, früher sogar ganz aus der Nähe von 'Aden. Das Hoheitsrecht gehört der Regierung, welche von jeder Kameellabung ⅛ Maria-Theresia-Thaler erhebt, das Eigenthumsrecht dem Stamme der Chlifa, welche die Salzminen bearbeiten und das Salz verkaufen. Preis der Kameellabung 1 Maria-Theresia-Thaler. Die Last wird also hier für 1⅛ Maria-Theresia-Thaler erworben. Schon in Ghoder und Tafina wird sie oft für 6 bis 8 Maria-Theresia-Thaler verkauft. Die Chlifa wachen eifersüchtig über die Minen und gestatten Niemandem, der nicht von ihrem Stamm, auch nur in deren Nähe zu gehen. Die Karawanen müssen alle in einiger Entfernung halten.

## E. Stämme.

Die größte Anzahl der Stämme sind Madhig, einige westliche wahrscheinlich Himyaren. Folgende Stammesliste gab mir ein Häuptling der 'Aurâliq.

1) Diâni (bei Orsân). 2) el Haibt. 3) Rabizi (zwischen W. Haurvar und Tafina). 4) el Hamâmi (bei Nicâb). 5) Kellûi. 6) Gudsir 7) Tûbâni (bei Nicâb). 8) Deghâri (bei Habena). 9) Sehagi. 10) Marzâhl. 11) Maukabi. 12) Meslemi. 13) Sernlân. 14) Schâgeri. 15) Ghasili. 16) Hamdeli. 17) Scha'ist. 18) Allaumi. 19) Mordahi. 20) Maasser. 21) Resinin (führen das Zeltesleben und sind Nomaden). 22) Chlifa. 23) 'Obâra, im Sing. 'Aberi, ein Stamm von Meschaich oder Derâwisch (Nachkommen von Heiligen) in Marcha.

---

*) Chabt heißt „Ebene". Hamdâni beschreibt schon die „Berge unter der Ebene", daß aber gerade dieser Ort gemeint sei, ist nicht wahrscheinlich, vielmehr die Salinen bei Mârib.

Mehrere der obigen Stämme werden gewöhnlich zu anderen Staaten gerechnet, so Diâni und Allauwl zu den Auwâbel, Haidi zu den Rezâz, aber die 'Auwâliq nehmen das Hoheitsrecht über sie in Anspruch. Ein Häuptling nannte sogar die Diêbi als einen tributpflichtigen Stamm!

Außerdem giebt es auch hier ganze Dörfer von Ahl Hâyel (Parias) bewohnt.

## F. Städte und Ortschaften.

Riçâb*), Hauptstadt, im Nordosten des Landes am W. Mes aud gelegen. Etwa 2000 Einwohner, alle Raye, worunter ungefähr 300 Juden. Letztere sind Schmiede und Silberschmiede (Waffenzierrath), auch Baumwollweber mit der im Lande gezogenen Baumwolle. Riçâb ist berühmt durch seine Indigo-Färbereien, für welche das Wasser des W. Mesandl günstig sein soll. Die Tüncher sind arabische Städter (Raye). Dies scheint die einzige Stadt zu sein, wo man aus einheimischer Baumwolle gewebte Stoffe tüncht. In andern webt und tüncht man sie zwar auch, bezieht aber das Rohmaterial von Aden, denn die meisten Baumwolle erzeugenden Länder haben keine Weber. — Große Moschee mit ausgedehnten Wasserbecken. — Viele Schlösser und Burgen. — Alle Häuser castellartig, wie die bei Habbân beschriebenen.

Hadena, kleine Stadt am gleichnamigen Wâdi, zwischen Riçâb und Habbân, bewohnt von Cobâyel der Stämme Sliman und Chlisa.

Chabt, Dorf im Nordwesten, bei den Salzbergwerken. Berühmtes Heiligthum „'Arsch" (Thron) genannt, mit den Gräbern folgender vier Heiligen: 1) 'Amr ben Sa'd. — 2) el Mescheigl. — 3) Ahmed ben Alwan. — 4) el Hubêyel. Sonst hier wenig Gebäude. Die Chlisa wohnen in Häusern von Rohr, Reisern und Dompalmzweigen.

In der Ebene Marcha**), die zum großen Theil von den Resiyin, welche größtentheils wirkliche Beduinen sind, durchzogen wird, giebt es

---

*) Oft „Enßâb" gesprochen, von Niebuhr „Rößteb", bei Hiller „Rasat" (wohl Druckfehler), von Wellsted „Rassâb" genannt. Die Aussprache Enßâb hat wahrscheinlich zu der irrthümlichen Schreibart „Imshop" geführt, die sich auf der Karte von Col. Chesney findet. Hier ist auch die Lage viel zu weit südlich angegeben. Niebuhr rechnet es noch zu Jemen (Nieb. Arabien Ausg. v. 1772. Seite 279).

**) Es ist ein von allen Reisenden getheilter Irrthum, daß Marcha eine Stadt sei. Eine solche existirt nicht, nicht einmal ein Dorf dieses Namens. Marcha ist nur ein Landschaftsname. Die Schreibart Marcha, die allein richtige, kannte schon

auch viel seßhafte Bevölkerung von anderen Stämmen. Folgende 5 Dörfer wurden mir genannt: 1) Wâsel. 2) Haqr. 3) Meserscha. 4) Reqâq. 5) Halhal. Ein Irrthum ist es auch, hier eine Stadt ʿObâra (bei Niebuhr, Wrede ꝛc.) zu suchen. Dies ist nur der oben erwähnte heilige Stamm, der in mehreren Dörfern zerstreut lebt. Ein Theil der Ebene Marcha, der westlichste, wird übrigens politisch schon zum Lande der Rezâz gerechnet. Vielleicht ist dies auch nur eine Prätention von Seiten der Rezâz, denn diese Angabe stammt von ihnen. Die ʿAuwâliq gaben das nicht zu. Sie waren im Gegentheil geneigt, ihre Grenzen nur zu weit über ihr eigentliches Gebiet auszudehnen.

### G. Seßhafte und Nomaden.

Bei Weitem der größte Theil der ʿAuwâliq ist seßhaft und wohnt in Dörfern von Stein, Luftziegeln, mehr noch in Reisighütten. Eine Menge Hoçn (Castelle), um deren eines sich gewöhnlich das Dorf gruppirt. Nomaden sind nur drei Stämme, die Resîyn in Marcha und zwei andere ganz im Norden. Sie wohnen in Zelten von Häuten, das einzige Beispiel solchen Zeltlebens in dem von mir behandelten Theil Südarabiens.

### H. Cobâyel und Raye.

Eigentliche Raye sind nur die Städter, d. h. die bürgerlich lebenden, handwerksbeflissenen, nicht die Mitglieder freier Stämme, die sich in Städten niedergelassen haben, wie z. B. in Habena und Chabt. Die meisten Stämme sind Cobâyel, beinahe ganz frei, nur im Kriegsfall gehorchend. Eine Mittelstellung nehmen die in der Nähe der Hauptstadt wohnenden Stämme ein. Sie können sich der Administration des Sultans nicht ganz entziehen. Aus ihnen nimmt er einen Theil seiner Söldlinge. Die Resîyn in Marcha stehen im lockersten Verhältniß zum Sultan. Sie haben sogar ihren eigenen Sultan, der aber doch nicht staatlich unabhängig ist. Im Kriegsfall leisten auch sie Folge.

---

Niebuhr. Wrede hörte Mardscha. Bei Hamdâni fehlen die diakritischen Punkte, man könnte also Marcha oder Marŷa lesen, wenn ich mich nicht aus dem Munde der Eingeborenen überzeugt hätte, daß die Ebene nie anders als Marcha genannt wird.

### I. Auswanderung.

Die 'Auwâliq, namentlich die Oberen, haben eine ganz außerordentliche Vorliebe für das Söldlingshandwerk. Da ihr eigener Sultan nur ein Paar hundert Söldlinge hält und sie also im Lande keine Gelegenheit zu diesem Dienst finden, so gehen sie in ganzen Schaaren nach Ostindien und nehmen dort bei den halbunabhängigen moslemischen Fürsten Solddienst, namentlich in Haiderabad. Sie haben in den letzten 20 Jahren dort alle anderen Südaraber aus dem Dienst verdrängt. Früher gingen viele Wâhibi und Nâſi'i in ostindische Kriegsdienste, jetzt findet man kaum mehr einen, nur 'Auwâliq.

### K. Politisches.

Sultan 'Aud ben 'Abd Allah, der mächtigste der drei Auwâliqfürsten, residirt in Nicâb. Hält einige hundert Söldlinge, worunter viele Neger (freigelassene Sklaven). Etwa 200 Reiter. Nur zehn derselben sind zu Pferde beritten, die anderen auf Delûl (Reitkameelen). Erhebt Steuern von Raye (5 bis 6 Maria-Theresia-Thaler per Kopf), Juden, Ahl Hâyel, außerdem Marktsteuer, Branntweinsteuer der Juden, Zoll für durchpaſſirende Waaren, Salzsteuer von Chabl. Das eigentlich den Jobli gehörige südwestliche Grenzland Dalina zahlt ihm einen jährlichen Tribut, um nicht räuberisch überfallen zu werden. Der Sultan hat einen Vertrag mit England, erhält zwar kein Jahrgeld, aber alljährlich Geschenke.

Die Oberen 'Auwâliq standen seit uralten Zeiten im Erbbündniß mit den 'Abâbel von Laheǧ und in Erbfehde mit den Jobli von Schughra, deren Gebiet zwischen ihnen und den 'Abâbel liegt. Letztere mußten natürlich für die Hülfe der 'Auwâliq bezahlen, verdankten es aber lediglich dieser, daß sie von den Jobli nicht verschlungen wurden. Noch jetzt exiſtirt ein solenner Freundschaftsvertrag zwischen 'Auwâliq und 'Abâbel. Doch sind letztere jetzt durch England hinlänglich gegen die Jobli geschützt. Die Jobli sind schwächer, als die 'Auwâliq, und vermeiden, so viel sie können, den Krieg. Sie versuchen es nicht einmal, ihre eigene Provinz, Dalina, die von ihren Stämmen bewohnt wird, von der Tributpflichtigkeit gegen Nicâb zu befreien.

### L. Justiz.

Der Justiz des Sultans sind nur die Raye unterworfen, nicht die Stämme. Mörder werden erstochen oder auch erschossen. Die Strafe für Diebstahl wird nicht streng nach dem Dorân, durch Handverstümmelung, gehandhabt, wie z. B. in Laheß. Diebe werden vielmehr nur eingesperrt und an Geld und Gut bestraft. Bei den Dobânel herrschen für Mord die Gesetze der Blutrache. Diebstahl wird nur geahndet, wenn der Bestohlene stark genug ist, sich selbst Recht zu verschaffen. Prostitution ist streng verboten, kommt übrigens nur hier und da in Städten vor, wo sie wie Mord bestraft wird.

### M. Sklaverei.

Negersklaven werden wenig importirt. Es soll aber in Nicâb weiße oder mulattenhafte Sklavinnen geben, die von Frauen für die Harems der Wohlhabenden erzogen werden. Sie sind alle im Lande geboren und stammen von unfreien Eltern. Sie werden gut behandelt.

# Fünftes Capitel.

## Das Land der Foḍli oder 'Otmâni.

---

### I. Name.

Auch diese beiden Namen sind ursprünglich die der Dynastie und auf
das Volk übergegangen. Der Name Foḍli kommt vom Stifter der Dynastie, der Name 'Otmâni von dessen vermeintlichem Ursprung von den
Türken*). In Aden ist fast nur der erstere Name bekannt, im Innern
hört man vorzugsweise den letzteren. Den Collectiv Foḍl hört man selten.

### II. Geographische Lage.

Von 45° 10' bis 46° 30' östl. Br. v. Gr. dehnt sich das Foḍliland
als ein 20 bis 30 engl. Meilen breiter Gürtel längs der Küste hin. Das

---

*) Man sehe weiter unten über diese bei Arabern sonst beispiellose, allen ihren
Begriffen widersprechende genealogische Vermuthung, von einem Volk abzustammen,
das (wenigstens in Centralarabien) eigentlich verachtet wird.

eigentliche Fodliland erreicht nirgends den 14. Grad nördl. Br., wohl
aber die ihm fast entrissene Provinz Dajina, die nach Nordosten vorgeschoben ist. Sie steht jetzt nur in lockerer Verbindung mit dem Fodlistaat.

### III. Grenzen.

Im Süden das Arabische Meer. Im Westen Laheg. Im Norden
Ḥāsi'a. Im Nordosten das Aubeliland, im Osten Dajina*).

### IV. Berge und Tiefländer.

Im Osten des Landes erhebt sich unweit der Anfangs sandiger Küste
ein Hügelland, das zum Mittelgebirge aufstrebt. In letzterm ist der
Gebel Racha'i die bekannteste Berggruppe. Im Westen ist die große tiefe
Ebene Abian, die sich ziemlich weit nördlich erstreckt. Im äußersten Süd-
westen die Steppenebene Mehaibân, welche zum größten Theil schon in
Laheg liegt.

### V. Wâdis.

Nur in Abian sind bedeutende Wâdis, namentlich die beiden großen,
welche dieses kleine Mesopotamien einschließen. Sie sind: W. Bonna von
'Aïn Schelâla südlich von Jerim kommend. W. Hasan, im untern Lauf
dem genannten parallel, durch Zusammenfluß der W. Solûb (aus Ḥāsi'a
kommend) und W. Jerâmes (vom Kôr kommend) gebildet. Beide erhalten
im obern Lauf die Sommerregen und haben einen großen Theil des
Jahres Wasser**), d. h. in Aufstauungen, nicht an der Mündung. Zur
Zeit der Sommerregen sind sie fast Ströme zu nennen. Nur dann münden sie ins Meer, sonst wird alles Wasser durch den Feldbau aufgebraucht.

Andere Seitenflüsse sind:

W. Rêban (von Osten kommend) mündet bei Scherba in den W.
Hasan.

W. Rechal und W. Bosâme kommen vom Gebel Racha'i, fließen
westlich und münden ebenfalls in den W. Hasan.

---

*) Dajina ist in einem eigenen Capitel besonders behandelt.

**) Qaines deutet sogar an, daß die Ebene zwischen den beiden Flüssen manch-
mal einen See bilde und dann den Namen Bahrain (2 Meere oder auch 2 Flüsse)
führe (Aller XII, 661). Dergleichen ist jetzt wenigstens ganz unbekannt und beruht wohl nur auf Uebertreibung der Araber.

Oestlich von Abian sind nur unbedeutende Gießbäche mit kurzem
Lauf, die nicht ins Gebiet der Sommerregen hineinreichen und also fast nie
Wasser haben.　Darunter:

W. Sala' entspringt auf dem Gebel Racha'i, mündet ins Meer
zwischen Açala und Schughra.

## VI. Klima und Bodenerzeugnisse.

Das Land liegt durchweg außerhalb der Zone der Sommerregen, ist
also nur da fruchtbar, wo sich größere Flüsse finden, deren oberer Lauf in
das Gebiet jener Regen hineinreicht.　Dies ist nur in Abian der Fall,
welches sich, obgleich selbst fast regenlos, doch durch Fruchtbarkeit aus-
zeichnet, da die fleißigen Landleute keinen Tropfen, den ihnen die W.
Bonna und Hasan zuführen, unbenutzt lassen.　Abian ist eines der besten
Baumwollländer.　Außerdem gedeihen hier alle Cerealien.　Das östliche
Fodliland, am Meere sandig, mit einzelnen von Dattelpalmen bewachsenen
Oasen, im Innern bergiges Weideland mit Steppengewächsen.

## VII. Eintheilung.

Wir müssen zwei in jeder Beziehung verschiedene Provinzen unterscheiden, nämlich Abian und das eigentliche Fodliland.　Ersteres gehörte
noch vor 40 Jahren den Jâfi'i und wurde erst in den dreißiger Jahren
unseres Jahrhunderts erobert.　Es wird noch durchaus als erobertes Land
behandelt und hat somit eine nachtheilige politische Ausnahmsstellung.　In
jeder andern Beziehung aber zeichnet es sich vortheilhaft vor dem übrigen
Fodlilande aus, durch seine Fruchtbarkeit, Cultur, Fleiß der Bewohner
und durch seinen Reichthum an Städten und Ortschaften.　Es ist eben ein
altes Culturland, das Fodliland eine Beduinensteppe.

## VIII. Stämme.

Die Fodli sind unzweifelhafte Himyaren und ganz desselben Ursprungs,
wie die Jâfi'i führten auch vor Jahrhunderten noch letztern Namen.　Jetzt
ist freilich Stammesfeindschaft eingetreten, so daß sie verschmähen, sich genealogisch Jâfi'i zu nennen und sich lieber dynastisch als Fodli oder Cl-
mâni bezeichnen.

Folgende Stammesliste, welche zugleich die Zahl der Bewaffneten giebt, die jeder Stamm stellen kann, wurde von einem ihrer Sultane selbst gegeben.

| | | | |
|---|---|---|---|
| 1) Ahl 'Elah oder Elhi*) | mit | 400 | Kriegern. |
| 2) Ahl Hasna oder Hasni | „ | 300 | „ |
| 3) Ahl Ga'ba oder Ga'beni | „ | 200 | „ |
| 4) Mëseri | „ | 300 | „ |
| 5) Haneschi | „ | 100 | „ |
| 6) Falhâni | „ | 200 | „ |
| 7) 'Artwall | „ | 200 | „ |
| 8) Ahl Schenin | „ | 200 | „ |

(Diese 8 Stämme werden auch unter dem Collectivausdruck Ahl 'Elah (wie der erste) bezeichnet.)

| | | | |
|---|---|---|---|
| 9) Matqaschi im Collectiv Morâqescha | „ | 700 | „ |
| 10) Racha'i | „ | 300 | „ |
| 11) Mesa'bi | „ | 50 | „ |
| 12) Ahl Sa'ibi vulgo Halm Sa'ibi | „ | 600 | „ |
| 13) Ahl Sa'ib | „ | 50 | „ |
| 14) Ahl Schebbâd | „ | 60 | „ |
| 15) Ahl Haidra Mancùr | „ | 100 | „ |
| Dazu noch Soldtruppen | „ | 400 | „ |

Gesammtstärke 4160 Krieger.

Fünf der auf dieser Liste genannten Stämme bewohnen Dasina, das jetzt fast nur nominell den Fobli gehört, ihre Kriegerstärke kann also nicht mit in Anschlag gebracht werden. Diese sind: Mëseri, Haneschi, Hasni, Halm Sa'ibi und ein Theil der Ga'beni. Die 2 kleinen Stämme Ahl Sa'ib und Ahl Schebbâd wohnen in Afian, d. h. sie helfen die dortigen Städter unterdrücken. Die Ahl 'Elah wohnen an der Grenze von Dasina, die Racha'i auf dem nach ihnen genannten Berge. Unter letzteren sind

---

*) Nach Angabe des Fobli Sultans sind die 3 Namen 'Elah, Hasna und Ga'ba nicht die der Ahnherrn, sondern die der Stammmütter. Dieser Gebrauch sich nach der Mutter zu nennen, ist in Sabaratien uralt. Wir finden ihn vielfach schon auf den himyarischen Inschriften, wie auch 1. Hiṣn Ghorâb, Zeile 1 (oben Seite 220).

viele Beduinen. Der wichtigste und man kann sagen der herrschende Stamm sind die Moráqescha in der Hauptstadt Seríha und Umgegend.

Die seßhafte Bevölkerung von Abian*) hat, wie fast alle Städter, ihre Stammestraditionen verloren. Sie ist in der Liste nicht mitbegriffen. Ihr Ursprung ist von den Jáfi'i, aber, wie bei allen Städtern, das Blut weniger rein erhalten. Vermischung mit Negerblut, von den Cobáhel so streng gemieden, ist wohl im Allgemeinen bei Städtern häufig. In Abian kommt sie zwar vor, wird aber doch sehr ungern gesehen. Häufiger ist Vermischung mit anderen arabischen Städtern, die der Handel hinführte.

### IX. Städte und Ortschaften.

### A. Im eigentlichen Fodliland.

Seríha, die eigentliche Hauptstadt des Landes und Sitz der Regierung, im Stammesgebiet der Moráqescha, in gebirgiger Gegend einige 5 engl. Meilen von der Küste gelegen**). Große Moschee. Schloß des Sultans, festungsartig, wie alle Häuser der Stadt. 300 bis 400 Einwohner. Juden dürfen hier nicht wohnen. In der Nähe zwei feste Schlösser, Hoçn***) Beçêli und Hoçn Kohêb. Bei letzterm sollen himharische Ruinen, auch Inschriften sein.

Schughra (ältere, schriftgemäße Schreibart: Çughra) gilt fälschlich bei Europäern für die Hauptstadt der Fodli, ist aber in der That nur die See- und Handelstadt (die einzige des Landes) und während 2 Monaten jährlich Residenz des Sultans. Handel und Schifffahrt nur in einigen Monaten lebhaft. Während der Saison monatlich etwa 10 Saha's (arabische Barken). Der Sultan besitzt gleichfalls hier 3 Saha's. Die Stadt

---

*) Der Name Abian kommt nach Yâqût (I, 110) von Abian, ben Zohair, ben Aiman, ben Hamaísa', ben Himyar, einem der ältesten Könige der Himyaren. Yâqût rechnet übrigens auch Aden zu 'Abian. Jetzt ist dieser Begriff kein so ausgedehnter mehr.

**) Auf Haines' Charte ist die Lage dieses Orts ganz richtig (45° 55' östl. L. v. Gr. und 13° 30' nördl. Br.) angegeben, aber der Name nicht, sondern der Ort nur als „Village in the mountains" bezeichnet und selbst die englisch-arabische Charte giebt nur die wörtliche Uebersetzung hiervon. Von Seríha hat eigentlich vor Miles und mir kein Europäer etwas gewußt und doch ist es die Hauptstadt, nicht Schughra, das fälschlich immer dafür gilt.

***) Schriftgemäß wäre Hiçn. Die Aussprache ist aber stets auch im Singular mit o: Hoçn (pl. Hoçûn).

selbst ist sehr klein, hat höchstens 25 bis 30 Häuser (castellartig). Etwa 100 Einwohner. Juden leben nur während der Handelssaison hier. Schloß des Sultans eine halbe englische Meile von der Stadt. Außerdem haben mehrere Prinzen hier Schlösser, auch außerhalb der Stadt. Außer der Handelssaison ist Schughra öde und fast verlassen. Saison zur Zeit des Nordostmonsuns, d. h. wenn er noch schwach ist. Später wird der Ankerplatz unsicher.

Sonst zählt das eigentliche Fohliland nur noch ganz unbedeutende Hüttendörfer. Darunter:

Dar Zīna, einst eine berühmte Stadt und von Hamdani, als in Datina gelegen, erwähnt, jetzt ein kleines Dorf im Gebiet der Moraqescha, kann also jetzt nicht mehr zu Datina gerechnet werden. Der Begriff Datina war früher ein weiterer. Bei Dar Zīna altes himyarisches Schloß, ganz aus dem Fels gehauen.

'Ameq[*], kleiner Ort der Nacha'i, auf dem gleichnamigen Berge gelegen. Beduinen.

Roda, Ort der Ga'deni, 1 Tag nordöstlich von Schughra.

Samah[**]), Hüttendorf der Ga'deni zwischen Schughra und Ma'r in Abian.

Cera'a, Ortschaft der Ga'deni zwischen Moraqescha und Haneschi, an der Grenze von Datina.

Machseb, Hüttendorf an der Grenze von Datina.

## B. Städte in Abian.

'Açala, etwa 2 engl. Meilen vom Meer im Tiefland, unweit der Mündung des W. Hasan, einst eine blühende Seehandelsstadt und gewissermaßen Hauptstadt von Abian, jedenfalls wichtigster Handelsplatz. Seit der Eroberung von Abian durch die Fodli sehr gesunken, da die Sultane, um Schughra, den Seehafen des eigentlichen Fohlilandes, zu begünstigen, den Schiffen verbieten, bei 'Açala Waaren zu laden. Der Hafen war in Mesauged (2 engl. Meilen von 'Açala),

---

*) Hamdani erwähnt ein Ameq der Ga'da, aber diese Ga'da sind nicht die Ga'deni im Fodliland, sondern die Ga'da im Amte Sultanat, die sich noch heute Ga'ud nennen. Sie wohnen westlich von Yafi'a.

**) Ein Samah der Ga'da auch bei Hamdani, gehört aber gleichfalls nicht hierher, sondern in's Amirland. Namen wiederholen sich oft.

ist aber jetzt gänzlich verlassen, der Ort eine Ruine. Dennoch erreichten die Sultane durch diese unsinnige Maßregel ihren Zweck nicht, da die Baumwoll- und Kaffeekarawanen aus Abian und Yaffa nun direct nach Aden zu gehen vorziehen. Sie kommen meist über Acala, so daß dies doch noch Landhandel hat. Etwa 500 Einwohner, wovon ein Fünftel Juden, die eine große Synagoge haben. Ein Bekannter von mir ließ hier Abschriften der Thora auf Leder kaufen. Alle Häuser castellartig, aber nur von Luftziegeln.

Teran, kleine Stadt nördlich von Acala, am W. Hasan.

Dergâg, Städtchen von etwa 200 Einwohnern, 1 Stunde nördlich von Teran, auch am W Hasan. Mehrere befestigte Schlösser von Luftziegeln.

- Kob, Dorf nördlich von Ras Sailan, am Ostende der Ebene Mehaidan (Laheg).

Gauwela, kleine Stadt am W. Bonna, wurde erst im Jahre 1858 den Yaffi entrissen und war während 28 Jahren ihre südlichste Stadt. Es liegt nur 2 Stunden vom Meere. Castelle von Luftziegeln.

Sebach, Hüttendorf an der Grenze von Laheg in Mehaidan.

Kor oder Chor, 3 Stunden von Acala landeinwärts.

Scha'ib, kleiner Ort bei Kor.

Ma'r, nach 'Acala größte Stadt von Abian, 2 kleine Tagreisen nördlich von 'Acala am W. Yerames, der hier den Namen W. Hasan annimmt. Häuser und Castelle von Stein. Etwa 300 Einwohner. Viele Juden. Große Moschee. In Ma'r residirt als Erbgouverneur ein Prinz der Otmanidynastie, Sultan Ahmed ben 'Abd Allah. Er ist der einzige Feuerrichter im Fodliland (man sehe weiter unten „Gottes- gerichte"*).

Na'ab, etwa gleichwichtig wie Ma'r, an demselben Wadi, eine kleine Tagreise nördlich davon gelegen. Etwa 200 Einwohner. Viele Juden. Castelle von Stein. Hat auch einen Prinzen zum Erbgou- verneur mit dem Titel „Sultan".

Bab el Felaq, großes Castell von Stein, Grenzfestung der Fodli, als Herren von Abian, gegen Yaffa, eine Stunde oberhalb Na'ab am W. Yerames gelegen.

Andere kleinere Ortschaften sind 'Omad, 'Amudiya, Teriha, alle im Tieflande zwischen dem W. Bonna und Hasan gelegen.

### Eine angebliche Stadt im Fodliland.

Haines (bei Ritter XII., GG1) spricht von einer großen, 36 engl. Meilen landeinwärts gelegenen Fodlistadt, Namens Mein, der er 1500 Einwohner giebt. Vielleicht soll dies Ma'r sein, das freilich lange nicht so bevölkert ist, auch nicht so weit landeinwärts liegt?

## X. Dynastie der Otmani.

Die Dynastie der Otmani ist in doppelter Beziehung merkwürdig, sowohl physiologisch als genealogisch.

Genealogisch insofern, als Fodli, ihr Gründer (von dem der Name Fodli), die für einen Araber höchst seltsame Prätention besaß, mit dem Ottomanischen Herrscherhaus verwandt zu sein und geradezu von diesem abzustammen und zwar durch eine seiner Ahnfrauen, eine angebliche türkische Prinzessin, die, als Aden noch türkisch war, dorthin gekommen sein und seinen Ahn geheirathet haben soll. Daher der Name Otmani (d. h. der Ottomane), der auf die Dynastie und von dieser aufs Volk überging.

Physiologisch ist die Dynastie jedoch noch viel seltsamer. In ihr ist nämlich das sogenannte „Sechsfingerthum" erblich. Alle nächsten Verwandten des Sultans, einige 20 an der Zahl, sowie er selbst, haben neben dem kleinen Finger jeder Hand und neben der kleinen Zehe jedes Fußes einen knorpeligen, fingerartigen Auswuchs, was man gewöhnlich den „sechsten Finger" und die „sechste Zehe" nennt. Obgleich dies sehr kleine, ganz unnütze und unschöne Gliedmaßen sind, so gelten sie bei den Arabern doch für ein Zeichen besonderer Körperstärke*) und für verehrungswürdig. Von besonders großer Körperkraft und noch weniger vom biblischen Riesenthum (S. Note) ist aber bei dieser Dynastie gar keine Rede. Es sind meist kleine, häßliche, schwarze Kerle, bartlos und keineswegs imposant; wenn auch wie viele Dobahel sehnig und männlich,

---

*) Ein altes Vorurtheil bei semitischen (vielleicht auch anderen?) Völkern. So heißt es schon 2. Samuel 21, 20: „Da war ein langer Mann, der hatte sechs Finger an seinen Händen und sechs Zehen an seinen Füßen, das ist vier und zwanzig an der Zahl, und er war auch ein Sohn von Rapha." Rapha ist aber ein Riesenname. Auch Du Schenaſir, der 53ste König von Jemen, führte seinen Beinamen vom Sechsfingerthum und galt für sehr stark.

so doch gewiß nicht martialisch. Die Mädchen sind vollends körperlich unbedeutend, zeichnen sich fast nur durch Häßlichkeit aus und sie haben doch auch das „Sechsfingerthum", wie mir viele Fodli versicherten. Gesehen habe ich selbst nur einen dieser Prinzen, einen Bruder des Sultans; dieser war ausnahmsweise aufgeklärt, hielt das „Sechsfingerthum" keineswegs für einen Talisman, sondern für etwas Monströses. Er war deshalb eigens nach Aden gekommen, um sich seiner unwillkommenen Anhängsel durch Amputation zu entledigen. Ein englischer Arzt operirte ihn sehr glücklich, sowohl an Händen, wie an den Füßen. Ich sah ihn vor und nach der Operation. Er sagte mir: er sei glücklich, jetzt ein Mensch zu sein, wie ein anderer.

Die entfernteren agnatischen Verwandten des Sultans besitzen das „Sechsfingerthum" nur modificirt. Einer, so wurde mir erzählt, habe 12 Finger, dagegen 10 Zehen, ein anderer umgekehrt. Die entferntesten Vettern sahen gar aus wie gewöhnliche Menschenkinder, z. B. der „Feuerrichter" von Ma'r, der doch auch ein Otmani-Prinz ist. So gilt das mehr oder weniger vollkommene „Sechsfingerthum" noch als ein Zeichen von edelster oder weniger edler Abstammung.

Der Vater des jetzigen Herrschers, Sultan Ahmed, war übrigens bis in sein Alter außerordentlich kriegslustig. Als er vor Gebrechlichkeit schon nicht mehr gehen konnte, ließ er sich auf's Kameel binden und machte alle Gefechte mit. Er war übrigens nicht sehr alt, kaum sechzig. Frühe Gebrechlichkeit scheint hier sehr häufig zu sein.

Er hinterließ viele Söhne (alle Sechsfingerer), von denen jetzt schon der vierte regiert. Der erste, Nassr, starb 1865. Ihm folgte sein Bruder Salah († 1867) und diesem Ahmed († 1869!), worauf dann der vierte Bruder die Herrschaft antrat.

Alle Prinzen der Dynastie führen übrigens den Titel „Sultan". Der Regierende hat gar keinen unterscheidenden Titel.

## II. Politisches.

Sultan Heidra, b. Ahmed, b. 'Abd Allah, el Fodli, el 'Otmani, regiert despotisch nur über die eroberte Provinz Abian, deren lebhafte Bewohner sämmtlich Katye sind, sowie über die wenigen „bürgerlichen" Städter, welche sich in Schughra und Seriya finden, natürlich auch über Juden und Parias. Dobayel sind die vom Herrschersitz entfernt lebenden Stämme. Die Moragescha, in deren Mitte der Sultan lebt, haben eine Zwischenstellung, etwa wie die von bevorzugten Söldlingen.

Jedes Jahr im Monat Du'l Higge findet die Versammlung der Dobayel statt, zu der sich alle Fodli-Stämme, manchmal auch benachbarte Verbündete einfinden. Hier wird Krieg und Frieden berathen und auch festgesetzt, ob und was für Leistungen allenfalls die Dobayel dem Sultan zu machen haben. Diese können nur in Kriegscontingenten bestehen. Die Naye sind natürlich nicht vertreten.

Dennoch hat der Fodli-Sultan eine gewisse Macht, da er eben ganz speciell über den wichtigern Stamm der Moragescha verfügt. Außerdem hat er die Asshab ed Dola, d. h. seine Leibgarde, 400 Mann, fast alle Moragescha.

Der Sultan hat einen Vertrag mit England, von dem er ein Jahrgeld von 1200 M. Th. Thaler (1760 Thlr.) bekommt. Dem Vertrage gemäß erhebt er 2 Proc. Waarensteuer für alle nach Aden passirenden Güter, Kopfsteuer von den Juden, nicht zu einem bestimmten Satze, sondern nach Willkür. Eben so willkürlich werden auch die Naye von Abian besteuert. Ein Staatsschatz existirt übrigens nicht. Der Sultan so wurde mir vielfach versichert, behalte nie baares Geld, was nach den Grundsätzen der Dobayel und Beduinen unwürdig wäre. Selbst die englischen Subsidiengelder sollen, kaum angekommen, gleich verschenkt werden. Seine Bedürfnisse werden aus der Naturaliensteuer oder dem Ertrage seiner Güter, sein Luxus aus den Geschenken in Waaren, Gewehren, Uhren ꝛc. bestritten, die ihm, außer jener baaren Summe, die englische Regierung oft macht.

## XII. Justiz.

Nur die Naye sind der Justiz des Sultans absolut unterworfen. Begeht ein Naye Mord, so wird er von den Soldaten des Sultans auf dem Grabe des Ermordeten mit Messerstichen getödtet. Ein eigener Scharfrichter existirt nicht. Der Dieb (wenn Naye) wird das erste Mal nur geprügelt und zur Restitution gezwungen. Die Prügel werden nicht gezählt, sondern darauf los gehauen, bis der Sultan, der immer gegenwärtig, „Halt" gebietet. Das zweite Mal wird ihm die Hand abgehauen und, ist er dann noch unverbesserlich, so wird er in einem beschwerten

Sack in's Meer geworfen. Gefängnißstrafe mit Fesselung der Beine allein, für Vergehen wie Prügeleien, Schimpfen, religiöse Verstöße, Fastenbruch u. s. w.; mit Fesselung des Mittelkörpers und der Beine, oft auch des Halses, bei Keuschheitsvergehen. Ehebruch gilt dem Mord gleich. Die Civiljustiz regelt der Dadi nach dem Coran.

Die Dobayel kann der Sultan nicht strafen. Alles bleibt der Blutrache und dem Recht des Stärkeren überlassen. Nur die Meraqesча sollen, wenn sie stehlen, zuweilen zur Restitution gezwungen werden.

## XIII. Gottesgericht.

Kann der Mörder nicht durch Zeugenschaft ermittelt werden, so tritt das Gottesgericht ein, von welchem man im Fodhland nur die Feuerprobe kennt. Dies gilt sowohl für die Raye, wie für die Dobayel, welche sich durch das Gottesgericht darüber Aufklärung verschaffen, auf wen sie die Blutrache zu lenken haben. In diesem Falle wenden sich auch die Dobayel an den Sultan, in dessen Gegenwart die Probe stattfindet. Er selbst ist dabei sonst ganz unbetheiligt, denn nicht er applicirt die Feuerprobe. In jedem Lande ist nur ein einziger „Feuerrichter", d. h. eine Person, der der Aberglaube die Wunderkraft zuschreibt, die Probe wirksam anwenden zu können. Es giebt übrigens auch viele kleine Staaten, die selbst keinen „Feuerrichter" haben; die Leute wenden sich dann an den des benachbarten Staates. Wollte ein Unberufener die Probe anzuwenden versuchen, das Resultat würde von Niemand anerkannt werden. Selbst der Herrscher kann es nicht, d. h. der jetzige, denn Nichts verhindert, daß der Aberglaube auch einmal einem Herrscher das „Feueramt" beilegt. Zur Zeit ist es aber im Fodhlande nicht der Herrscher, sondern dessen entfernterer Vetter, der schon oben erwähnte Sultan von Ma'r, der als „Feuerrichter" verehrt wird.

Niemand, der vom Volke als verdächtig bezeichnet wird, kann sich der Feuerprobe entziehen. Gehört er zu den Dobayel, so kann ihn der Stamm des Ermordeten citiren. Wollte sich einer weigern, so gilt dies allein schon als Schuldbeweis, und er richtet sich dadurch selbst, d. h. die Folgen sind ganz dieselben, wie wenn die Probe zu seinen Ungunsten abgelaufen wäre.

Die Probe wird mit einem glühenden Messer gemacht, welches der Feuerrichter (nach Hersagung der vorgeschriebenen Gebete) der Junge des Verdächtigen auflegt, selbstverständlich vor vielen Zeugen, worunter die Ersten der Debaye und der Herrscher. Verräth der Verdächtige sein Schmerzgefühl, zuckt er zusammen oder zeigt sich eine deutliche Brandwunde, so gilt er für schuldig; natürlich nur dann, wenn die Anwesenden dies constatirt haben. Ist er Raye, so tritt dann gleich Hinrichtung ein. Gehört er zu den Debaye, so muß man ihn dagegen in Frieden heimziehen lassen und erst, wenn er dort angekommen ist, hat der Stamm des Ermordeten das Recht, die Blutrache auszuüben. Damit ist aber keineswegs gesagt, daß er selbst dieser zum Opfer fallen wird. Jeder Stamm ist für jedes seiner Mitglieder solidarisch und es genügt, wenn nur irgend ein Mitglied vom Stamme des Mörders, durch den Stamm des Ermordeten umkommt. Meist rächt sich aber dann der Stamm des ersten Mörders wieder und so entsteht oft eine unabsehbare Kette bluträcherischer Tödtungen.

Natürlich hängt hierbei vom Feuerrichter*) Alles ab, ob er das glühende Eisen hart aufdrückt oder nicht, ob er es schnell über die Junge zieht oder langsam, ob er es sehr glühend macht oder weniger. Der Aberglaube freilich hält ihn für gänzlich parteilos. Ich glaube aber, daß es sehr ersprießlich ist, mit dem Sultan von Ma'r auf gutem Fuß zu stehen. In den meisten Fällen soll übrigens die Probe zu Ungunsten des Verdächtigen ausfallen.

### XIV. Geschichtliches (aus neurer Zeit).

Von der älteren Geschichte der Fodli ist wenig bekannt. Im Alterthum gehörten sie zu Dasi'a und gelangten später mit diesen unter das Joch der Imâme von Yemen. Sie scheinen sich aber früher von diesen befreit zu haben, als die Dasi'i, denn letztere sind erst seit etwa 150 Jahren, die Fodli dagegen seit wenigstens 200 bis 250 Jahren unabhängig. Dadurch wurden sie vom Hauptstock der Dasi'i losgerissen, und

---

*) Selbstverständlich liegt hier ein Rest von Heidenthum vor, wie ja auch bei unseren mittelalterlichen Gottesgerichten. Das moslemische Gesetz nimmt die Ueberführung eines Mörders nur durch 1) Geständniß, 2) durch Zeugen, 3) durch Eid an. (Tornauw, das moslemische Recht, Seite 238.)

als dieser selbst seine Unabhängigkeit errang, fürchteten sie wahrscheinlich
dessen Uebermacht und wurden diesem sogar feindlich. Die Yafi'i waren
und sind selbst heute noch zahlreicher, als die Fodli, aber letztere einig,
erstere zersplittert. Dennoch balancirten sich die Kräfte lange, bis in
unserem Jahrhundert die Fodli so entschieden die Oberhand gewannen,
daß sie die Yafi'i ganz von der Küste verdrängten und Abian, ihr
fruchtbarstes Tiefland eroberten. Noch im Jahre 1858 eroberten sie
Gauwela, die damals südlichste Yafi'istadt. Momentan ruhen zwar
die Feindlichkeiten, aber die Fodli sollen es sehr auf Chamser, welches
jetzt die südlichste Stadt der Yafi'i und fast ganz im Fodligebiet enclavirt
ist, abgesehen haben.

Fast alle arabischen Staaten haben immer ihre nächsten Nachbaren
zu erblichen Feinden und die entfernteren zu Freunden. So hatten
auch die Fodli stets mit ihren westlichen Nachbaren, den 'Abadel von
Laheg, und mit ihren östlichen, den 'Auwaliq, vorzugsweise den Oberen,
Erbfeindschaft. Diese waren immer gegen die Fodli verbündet, aber
niemals zugleich mit den Yafi'i, die zwar Erbfeinde der Fodli, aber
doch zugleich auch Erbfeinde der 'Abadel von Laheg waren. Letztere,
sehr schwach, verdankten ihr Bestehen nur den 'Auwaliq. Freundschaft
bestand dagegen zwischen Fodli und den Wahidi, den Resas, den Hauschebi und den 'Aqareb von Bir Ahmed, b. h. kleinen Staaten, die
jeder durch einen feindlichen vom Fodligebiete getrennt waren. Den
sehr schwachen 'Aqareb gegenüber spielten die Fodli die Beschützer gegen
Laheg, ganz wie letzteres gegen sie durch die 'Auwaliq beschützt wurde.
So hatten Erbfeindschaften und Erbfreundschaften eine Art von poli-
tischem Gleichgewicht unterhalten, das aber kein friedliches war. Im
Gegentheil kam es fast alljährlich zu Kämpfen; aber die Folge war doch
fast immer eine Rückkehr zum status quo ante. Nur die Yafi'i blieben,
als mit Jedermann verfeindet, von den Vortheilen dieses factischen
Gleichgewichts ausgeschlossen und verloren deshalb wichtige Gebietstheile.
Die Vergrößerung des Fodligebiets wurde aber wieder dadurch ihrer
Folgen, welche eine Uebermacht sein konnten, beraubt, daß ihre eigene
nordwestliche Provinz, Datina, dem oberen 'Auwaliq tributpflichtig
ward, denn gegen diese vermochten sie Nichts, da ihre westlichen Bundesgenossen, die Wahidi, zu schwach waren.

Die Beziehungen zu England waren bis zum Kriege 1865 und
dem darauf folgenden Frieden immer schlecht gewesen. Mehrmals hatten

sich die Fodli sogar mit ihren Erbfeinden, den 'Ababel von Laheg, zum
Zweck der Wiedereroberung 'Adens verbündet. Seit Laheg 1850 zum
letzten Male mit England Frieden schloß, standen die Fodli in ihrer
Feindlichkeit allein. Trotz oft erneuerter Waffenstillstandsverträge ergriffen die Fodli doch jede Gelegenheit, 'Aden zu schaden. Noch 1860
kamen immer noch viele Plünderungen von Karawanen mit englischem
Gut vor, der Sultan verbot sogar seinen Unterthanen, den Markt von
'Aden zu versorgen, schließlich verweigerte er Genugthuung für die auf
seinem Gebiet erfolgte Ermordung englischer Schutzbefohlenen. So kam
es endlich 1865 zum Kriege. Die Fodli wurden in der Nähe von
'Acala gänzlich geschlagen. Der Friede folgte jedoch erst nach einem
zweijährigen Provisorium, während dessen übrigens Ruhe herrschte, als
der Sultan selbst nach 'Aden kam, was er nur mit großem Wider-
streben that. Der Vertrag, der nun zu Stande kam, ist fast wörtlich
der zwischen England und Laheg bestehende (weiter unten abgedruckt);
das Recht der Transitsteuer von 2 Proc. vom Waarenwerth, sowie
ein Jahrgeld von 1200 M. Th. Thalern werden dem Sultan darin gewährleistet. Seitdem herrscht Friede, wenn auch kein so anscheinend
herzliches Einvernehmen, wie zwischen England und Laheg, so doch
vielleicht ein aufrichtigeres; wie mir denn englische Beamten versicherten,
daß man den Fodli mehr trauen könne, als den 'Ababel.

### XV. Ein Otmani-Prinz als Geißel.

Der genannte Vertrag hatte auch bestimmt, daß ein Vetter des
Sultans als Geißel in 'Aden wohnen müsse. Dieser lebte hier 6 Jahre,
d. h. bis zu seinem Tode, und hatte es sehr gut, denn er bekam ein
Haus und eine Pension von 1200 M. Th. Thaler angewiesen; für ihn
Ueberfluß. Seit seinem Tode hat England diese ganz unnütze Aus-
gabe gespart, obgleich es nicht an Prinzen fehlte, welche sich um diese
einträgliche Stelle einer von England gefütterten Geißel bewarben.
Gefahr war dabei gar nicht, denn England ist nicht so barbarisch, eine
Geißel, im Falle des Vertragbruchs, zu strafen.

### XVI. Sitten, Religion u. f. w.

Alle Fobli gehören zur Secte der Schafe'i. Zaidi giebt es selbst als Eingewanderte nicht. Die Beschneidung wird hier nicht, wie bei den meisten Moslems, erst später am aufwachsenden Knaben, sondern dem strengen moslemischen Gesetz[*]) zu Folge, bereits am siebenten Lebenstage vollzogen und zwar sowohl bei Knaben, wie bei Mädchen (bei welchen sie bekanntlich nicht obligatorisch ist). Mit dem Hauptscheeren des Kindes und dem Durchbohren des Ohrläppchens, bekanntlich gleichfalls Vorschriften für den siebenten Tag, wird es weniger streng genommen.

Die Fasten im Ramabhân werden sehr streng[**]) beobachtet, eben so die Gebete und das Weinverbot. Nur die Ga'deni stehen im Rufe schlechte Moslems zu sein, nicht zu fasten und den Dompalmwein zu trinken (hier nebid genannt, gerade wie in Aegypten der Traubenwein).

Wohnungen in castellartigen Häusern, von Luftziegeln im Tiefland, von Stein im Gebirge oder in Reiserhütten. Der Harem bleibt immer in den Häusern oder Hütten. Die Männer halten sich tagüber außerhalb.

Tracht sehr einfach: blos ein Lendentuch und Kopfbund (ein unordentlicher kleiner Turban) bei Männern, bei Frauen ein Hemd und Umschlagtuch, nur in Städten Gesichtsverhüllung und zwar vollkommen, ohne Augenlöcher. Der Sultan geht wie der gemeinste Mann gekleidet. Das Haar ist immer lang und ungekämmt. Die Ga'deni allein tragen es gänzlich frei, aber alle anderen Stämme doch auch deutlich sichtbar, denn der Kopfbund ist nur ein kleiner Wulst. Der Schnurrbart wird abrasirt, höchstens bleiben die Enden stehen. Da Backenbärte nur den Allerwenigsten wachsen, so bleibt Nichts, als ein Paar Härchen auf dem Kinn, denn die Leute sind fast bartlos.

---

[*]) Tornauw, das moslemische Recht, S. 65.

[**]) Es ist durchaus nicht richtig, daß die Fobli im Allgemeinen lax im Glauben seien, wie Haines aussagte (bei Ritter XII., S. 662). Nur von den Ga'deni kann dies gelten.

## XVII. Waffen*).

Die Schußwaffe ist die Luntenflinte**), meist lang mit sehr dünnem Rohr. Jeder Schütz hat zwei Pulverhörner, ein großes schneckenförmiges, Ebba genannt, aus dem er ladet, und ein kleines sichelförmiges, Meghar, aus dem er die Pfanne bestreicht. Die Kugeltasche, M'haseba, hängt an einem Bandelier, das meist mit Silber beschlagen ist, wie denn die zwei Pulverhörner und der Kugelbehälter selbst bei jedem nur einigermaßen Wohlhabenden auch stets von massivem Silber und oft recht kunstvoll gearbeitet sind, namentlich die Ebba. Selbst arme Soldaten legen sich jahrelang auf's Sparen, um silberne Waffenzierrathe kaufen zu können.

Das Schießen mit diesen Flinten ist ein entsetzlich langsames Manöver. Nachdem geladen ist, muß die Pfanne bestrichen, dann Feuer geschlagen und der gelbe Luntendocht, Fetil genannt, angezündet werden, worauf man ihn der Pfanne nähert. Oft versagt der Schuß, denn nicht selten ist die Pfanne verstopft oder das Pulver unrein.

Den größten Luxus treibt man mit der Gembiye, dem Dolchmesser. Diese ist sichelförmig, steckt aber in einer halbmondförmigen, meist sogar hufeisenförmigen Scheide, deren Griff hoch ist. Höher als der Griff ist jedoch ein großer metallener Köcher, 'Amud (Säule) genannt, welcher auf dem dem Griff entgegengesetzten Ende der Scheide steckt und nur Zierrath ist. Scheide, Griff und 'Amud sind in den meisten Fällen auch von Silber. An der Gembiye Silber zu haben, gilt sogar für viel nothwendiger, als an Ebba und Meghar.

Außerdem wird ein gerades Schwert, 1½ bis 2 Fuß lang, Nemescha genannt, getragen. Es ist an der Spitze ein wenig nach außen gebogen. Die Nemescha kommt nicht bei Allen vor. Ich sah sie eigentlich nur bei Leuten, welche keine Luntenflinte hatten.

Das 'Aud, eine Lanze, wird mehr im Innern und von den Beduinen getragen.

---

*) Das hier über die Waffen Gesagte gilt zugleich für ganz Südarabien. Die Bewaffnung ist überall dieselbe, wird deshalb später nicht mehr erwähnt.

**) Steinschlösser sind in diesem Theile von Arabien gänzlich unbekannt. Sie sollen sich erst wieder in 'Oman finden. Die Sultane bekommen wohl oft moderne Waffen geschenkt, zerbrechen sie aber stets sehr bald. Kein Südaraber weiß damit umzugehen.

Alle jene filbernen Zierrathe, Waffenbehälter und das filberbeschla-
gene Bandelier nehmen fich bei der Nacktheit des Oberkörpers (denn
dieser ist nie bekleidet) auf der schwarzen Haut der himyarischen Südaraber höchst effectvoll aus. Sieht man fie fo im Silberglanz auf
schwarzem Untergrunde hoch zu Kameel mehr hängen als fitzen, oder
fich graciös schaukeln, fo bekommt man ein ganz anderes Bild vom
arabischen Krieger, als wir gewohnt find, es uns zu machen.

# Sechstes Capitel.

## Datina.

---

### I. Name.

Datina ist ein uralter Ländername*), der früher einen engeren
und weiteren Sinn gehabt zu haben scheint. Wenigstens erwähnt Hambani eine Menge Orte als in Datina gelegen, die im Lande der
Auwabel, auf dem Gebel Kor liegen, wie Tere, 'Orfan, Daher u. s. w.
Nach diesem weiteren Sinne umfaßte also Datina auch das Hochland,
das jetzt nicht mehr dazu gerechnet wird. Während aber Hambani
seine Aufzählung der Ortschaften den Geographen entlehnt, welche ein
Datina im weiteren Sinne annehmen, folgt er in der Orographie anderen, die es als eine enger begrenzte Provinz auffassen und kommt
dadurch mit sich selbst in Widerspruch. Er nennt es nämlich eine
Senkung, östlich vom Sarw Himyar. Zwar führt er Stellen an, wo

---

*) Hambani spricht ausführlich davon (Abener Handschr. pag. 80 u. folg.).
Ibn Mogawer erwähnt es als Ortschaft, nicht aber als Land (Sprenger's Post-
und Reiserouten S. 112). Jaqut führt den Namen an, weiß aber nur, daß es
ein Ort zwischen Aemen und Yeneb. Das Uebrige, was er sagt, sind Fabeln.
(Jaqut II., 550.)

es ein „Sarw" genannt wird (offenbar aus den Autoren, denen er seine Ortschaftsliste entnahm). Aber da „Sarw" Hochland heißt, so corrigirt er diese Benennungsweise, die er für einen Irrthum hält, indem Datina eine Senkung sei. Letzteres ist das Datina, im engeren Sinne. Sein Irrthum kann nur so erklärt werden, daß er die genaue Lage der Ortschaften nicht kannte, denn sonst würde er nicht das Paradoxon begangen haben, Datina zugleich eine Senkung zu nennen und zugleich ihm eine Menge Ortschaften zu geben, welche auf dem höchsten Gebirge, dem G. Kor, liegen. Diese Unkenntniß beweist auch der Umstand, daß er den G. Kor selbst nicht zu Datina rechnet, wohl aber Tere, Daher, 'Orfan, und diese liegen doch auf dem G. Kor.

Dennoch finden wir bei Hamdani vollkommen richtige, auf das heutige Datina anwendbare Begriffe über das System des Wadis. Er sagt: „Datina wird von den Bergen des Sarw Himyar (d. h. den Bergen von Yafi'a) und dem südlich von Sarw Madhig gelegenen el-Kor bewässert". Nichts kann richtiger sein, und trotzdem nennt er Städte, als in Datina, die ja auf eben diesem Kor liegen!

## II. Geographische Lage.

Der äußerste westliche Punkt von Datina dürfte 46° 15', der östlichste 46° 40' oder 46° 42' erreichen. Im Süden nimmt man zwar, nach dem historischen Begriff „Datina", die Ausdehnung bis an's Meer an, welches es unter 46° 15' östl. Breite und etwa 13° 30' nördl. Breite erreichte. Doch, fassen wir Datina in seiner heutigen provinziellen Bedeutung, so können wir sein Südende erst einige 3 Stunden nördlich von der Küste und sein äußerstes Nordende unter 13° 50' nördl. Breite annehmen. Man übersetze nicht, daß Datina heut' zu Tage kein scharf ausgeprägter Begriff ist, sondern eine Provinz, die je nach Macht oder Ohnmacht der Nachbaren bald kleiner, bald größer definirt wird. So ist es zum Beispiel gar keine Frage, daß das niedere Bergland südlich vom G. Kor, also auch das Tiefland der Anwadel mit der Hauptstadt Ghoder, topographisch zu Datina gehört und früher dazu gerechnet wurde. Aber heute ist dies eben nicht mehr der Fall.

### III. Grenzen.

Im Süden und Westen das Fobliland. Im Nordwesten und Norden das Aubeliland. Im Nordosten und Osten das Land der Oberen, im Südosten das der Unteren 'Auwaliq. An Nasi'a und das Land der Mittleren 'Auwaliq grenzt das Datina im engeren Sinne (dem einzigen, der heut' zu Tage gilt) nicht.

### IV. Bodenerhebung.

Datina ist weder ein Hochland, noch ein Tiefland im absoluten Sinne. Die Araber nennen es zwar manchmal Tiefland, doch ist es dies nur im Vergleich mit dem hohen Gebirge, Gebel Kor, an dessen südlichem Fuße es liegt. In Wahrheit ist es ein mittleres Bergland, mit einer Hochebene im Nordosten, das sich im Süden allmälig zu einem niederen Hügelland abdacht und so niederer und immer niederer wird bis zum Meeresstrande.

### V. Wadis.

Zwischen Wâdi Hasan-Perames und W. Haumar führt Hambani, als in's Meer mündend, einen W. Datina an. Ein solcher war keinem meiner Informanten bekannt. Wenn er existirt, so muß er jedenfalls sehr unbedeutend sein. Vielleicht ist dies jedoch nur ein älterer Name*) für den W. Meran, den einzigen, der hier in's Meer mündet. (Man vergleiche übrigens Note**).

W. Meran**) kommt vom G. Kor, fließt südlich und mündet in's Meer bei Hoiber ungefähr an der Grenze der Fobli- und 'Aulaqi-länder, zwischen Malaten und Sertha. Er ist unbedeutend und verdient nicht die Ehre, mit W. Hasan-Perames und W. Haumar in einer Reihe genannt zu werden. Er hat fast nie Wasser.

---

*) Bei Hambani kommen viele heutige Flußnamen noch nicht vor, z. B. W. Hasan, den er Perames nennt. Letzterem Namen führt er jetzt aber nur noch in seinem oberen Laufe. Aehnlich beim W. Bonna.

**) Hambani führt in Datina einen W. Me'wran an, der den Beni Morahem, Scherifen der Aud gehörte, auch einen Ort 'Azzan ('Arran?) zubenannt Reqb (Jeqb?), der Beni Kelb.

W. 'Azan durchfließt Datina von Nordwest nach Südost und mündet nahe bei Dullipe in den W. Hauwar.

W. Aideri fließt von West nach Ost zwischen dem Audeliland im Norden und Datina im Süden und mündet in den oberen W. Hauwar.

W. Ail im oberen Gebirgslande.

Alle diese Wadis sind unbedeutend und fast immer wasserlos.

### VI. Klima und Bodenerzeugnisse.

Der südliche Theil ist trocknes, fast regenloses Küstenland ohne einen durch tropische Niederschläge gespeisten Wâdi. Steppengewächse, mittelmäßige Cerealien, Dattelpalmen mit mittelmäßigen Früchten, viel Dompalmen. Der Nordosten, welcher an die Hochebene Marcha grenzt, hat beinahe deren Klima und Fruchtbarkeit. Tabab, Sesam, Weizen, Mais. Gutes Weideland. Tropische Sommerregen. Seit einigen Jahren liegt die Cultur der unsicheren Zustände wegen darnieder.

Hamdani beschreibt Datina als „eine Steppe (Ghabil) wie die Steppe von Marib." Dies paßt übrigens nur auf den südlichen Theil.

### VII. Bewohner.

Datina wird von den oben bereits erwähnten Fodlistämmen, den Halm Sa'idi*, Meseri, Hasni, Haneschi und Theilen der Ga'deni bewohnt. Letztere vier haben das unfruchtbare Küstenland, die Halm Sa'idi den fruchtbaren Nordosten des Landes inne. Der zahlreichste und wichtigste Stamm sind die Halm Sa'idi. Spricht man von Völkern Datina's, so ist fast immer nur von ihnen die Rede. Außer diesen wurde mir noch ein Stamm, Namens Billei (vielleicht Bille'i) angeführt, der sonst nicht unter den Fodli figurirt.

---

*) Halm Sa'idi für Ahl es Sa'idi, d. h. das sa'idische Volk. Hal steht für Ahl, da der Dialekt den Hauchlaut stets vorsetzt. Das „m" steht für den arabischen Artikel el (in specie es). Dieser dialektische Artikel wird stets dem vorhergehenden Worte angehängt. Man verwechsele nicht Sa'idi mit Zaidi, das ein Sectenname ist.

### VIII. Ortschaften und Schlösser.

Blad Halm Sa'ibi, so heißt der Hauptort gewöhnlich. Er soll übrigens auch den Namen Datina führen, wohl nur bei den Gelehrten. Das Volk nennt ihn nie so. Liegt am W. 'Azan, in fruchtbarer Gegend, dem nordöstlichen Theil des Landes. Großes Schloß: Hosſn Halm Sa'ibi. Einige hundert Einwohner, worunter zwölf Judenfamilien.

Hasa, auch Suq Halm Sa'ibi genannt, der Hauptmarkt von Datina, im Nordwesten vom Hauptort, nur einen halben Tag südlich von Ghober. Viele Juden.

Hanta*), Ortschaft der Halm Sa'ibi.

Magra'a**), Ortschaft der Halm Sa'ibi.

Abân***), Dorf der Haśni.

Gible, Dorf der Haśni, im Südwesten, nur drei kleine Tagereisen von Schughra.

Kolaite, Hauptort der Haśni, dicht bei Gible. Drei Judenfamilien.

Dhoba, Ort der Haśni, eine Stunde südlich von Kolaite, am W. Meran, soll nur einen halben Tag vom Meere entfernt sein.

Mekaus, Dorf der Haśni, nahe bei Dhoba.

Omm Chobeire, Stadt und Markt der Meseri, im Osten, unweit der Grenze.

Hanesch, Dorf der Haneschi, nur zwei Tage von Schughra im Südosten des Landes.

Ahl Dian, Ort der Meseri, vier Judenfamilien.

Suweba, großer Markt der Haneschi und Meseri. Zehn Judenfamilien.

Schlösser: Hosſn eb Doma, H. eb Diab, H. Choraibe, H. Nacha'l, H. ber†) Homesch und das genannte H. Halm Sa'ibi.

Choraibe soll zugleich ein Schloß und ein Dorf sein.

---

*) Bei Hamdani kommt ein Hanta im Lande der Ga'da vor. Schwerlich ist dabei an das obige zu denken, da das Land jener Ga'da zu fern liegt. Sie sind nicht die Ga'deni.

**) Hamdani erwähnt ein Magra'a in Jaffa, also ganz in der Nähe von Datina.

***) Abân ist bei Hamdani ein Jaffi'-Stamm.

†) „Ber", das altsüdarabische Wort für „ben", im Dialekt noch häufig gebraucht.

## IX. Politisches.

Das Land steht nominell unter den Fodli, in Wirklichkeit aber mehr unter den 'Auwaliq, deren Razzias es stets preisgegeben und von den Fodli so schlecht beschützt wird, daß es vorzieht, den 'Auwaliq Tribut zu zahlen. So hat es zwar einigermaßen Ruhe, ist aber doch steter Willkür ausgesetzt. Einheit besteht nicht zwischen den Stämmen, und selbst den Siegern gegenüber ist ihre Stellung verschieden. Gerade der größte Stamm, die Halm Sa'idi, den 'Auwaliq örtlich näher, muß am Meisten von ihnen leiden. Ursprünglich Dobaßel, können sie jetzt als halbe Raße gelten. Die Halm Sa'idi haben übrigens noch ihren angestammten Schech, der den allgemeinen Titel „Akel"*), und den speciellen Deran Msa'idi oder Deranem Sa'idi führt. Obgleich er aus dem tributpflichtigen Volke stammt, so ließen ihn die 'Auwaliq doch im Amt, gleichsam als ihren Statthalter und Tributeintreiber.

Die Meseri, Hasni, Haneschi sind nicht in demselben Grade den 'Auwaliq tributpflichtig. Sie schicken ihnen nur von Zeit zu Zeit namhafte Geschenke, um von Razzias verschont zu bleiben. Die Hasni haben übrigens einen 'Osmanl-Prinzen, der den Titel Sultan führt, als Erbgouverneur. Aber auch er ist factisch in ein Abhängigkeitsverhältniß zu den 'Auwaliq gerathen, wenn er auch de jure unter den Fodli steht.

Am Meisten geplagt sind jedoch die nordwestlichen Landestheile, welche an das Audeliland grenzen. Die 'Auwabel sind nämlich sehr räuberische und kriegslustige Dobaßel. Da sie ihrem eigenen Sultan nicht gehorchen, so nützt ein diesem gezahlter Tribut nicht viel. Die nordwestlichen Datinastämme zahlen zwar dem Sultan der 'Auwabel Tribut, werden aber demungeachtet stets durch Razzias belästigt.

Der Hauptgrund der unglücklichen Stellung von Datina liegt in der Ohnmacht der Fodli. Es ist eben eine ihnen fast ganz entschlüpfte Provinz, für die es viel besser wäre, wenn sie definitiv mit dem 'Aulaqilande vereinigt würde.

---

*) Dieser südarabische Titel hat Manche an „Cail" erinnert, womit er wohl nichts zu thun hat. Obige Schreibart mit ain und kaf (nicht qaf) wurde im Allgemeinen als richtig verbürgt.

---

# Siebentes Capitel.

## Audeliland.

---

### I. Name.

Audeli*), häufiger im Collectiv „Auwadel" vorkommend, ist der uralte Stammesname, den dies Volk und Land seit dem Jahrtausend nicht verändert hat. Greifen wir zurück bis zu Hamdani's Zeit, so finden wir hier den Stamm Aud, in denselben Wohnsitzen, im Besitz derselben Ortschaften. Audeli heißt einfach „von Aud stammend". Der blos mit dem Schriftarabisch Vertraute würde freilich Audi erwarten, aber wer das lebendige, dialektische Arabisch kennt, der weiß, daß solche Einschiebungen von „l" oder „n" (auch andere Buchstaben kommen vor) bei der Nisba häufig sind. Beispiele: 'Abdeli von 'Abd, Ga'beni von Ga'ba, 'Alluwi von 'Ali u. s. w.

### II. Geographische Lage.

Ungefähr zwischen 45° 50' und 46° 20' östl. Länge v. Gr. und 13° 50' bis 14° 25' nördl. Breite.

---

*) Die Beduinen, die den dialektischen Artikel „m" gebrauchen, sagen Maudell (für el Audeli) und im Collectiv Maudel oder Mauwedel.

18*

## III. Grenzen.

Im Süden Dalina und Theile des Jeblilandes. Im Westen*)
Jafi'a. Im Norden das Land der Rezaz; im Nordesten und Osten
Marcha, ein Theil des oberen 'Aulaqilandes. Im Südosten wieder
Dalina und zwar das Gebiet der Halm Sa'idi.

## IV. Bodenerhebung.

Nur ein sehr kleiner Theil des Audelilandes ist verhältnißmäßig
tief gelegen. Bei Weitem die größte Masse dieses Gebiets ist Hochge-
birgsland und zwar ein einziges massives, compactes Gebirge, oder,
wenn man will, ein ungeheurer einzelner Berg mit mächtig gedehntem
Rücken. Dies ist der Gebel Kor. Dieser liegt ganz im Audelilande
und reicht nicht mehr über dasselbe hinaus, es beinahe gänzlich aus-
füllend. Seine Gestalt ist länglich, weshalb er oft der Rücken (Zaher)
genannt wird, ein Name, den eine auf ihm gelegene Stadt im Besonderen führt. Seine Richtung ist, wie die anderer Hochgebirge Südarabiens (Gebel Sjabr und Jafi'i) von Südwest nach Nordost. Gebel
Kor steht mit keinem anderen Gebirge durch Höhenzüge in Verbindung,
sondern fällt auf allen Seiten mehr oder weniger schroff ab, im Süden
nach Dalina, im Westen nach dem Tiefland von Jafi'a, das sich auf
dieser Seite (oberer Lauf des W. Jerames) merkwürdig weit nach
Nordost erstreckt, im Norden nach Beda und dem W. Thamal (nördliche
Senkung von Behan) im Osten nach der Hochebene Marcha.

Im Lande wird der Kor zuweilen auch Gebel There genannt, wie
eine auf seinem höchsten Punkte gelegene Stadt heißt. Gegen Nordwesten hat der Kor eine ausgedehnte Vorterrasse, Gebel Mozaffer
genannt.

Hamdani kennzeichnet die Lage des Gebel Kor genau, wenn er
sagt: „Der Kor liegt zwischen den beiden Sarw (Hochländern) Jafi'a
und Madhig", d. h. zwischen den Hochgebirgen der Jafi'i und der
'Auwaliq, dem alten Sarw Himyar und Sarw Madhig, zu dessen
System Marcha gehört.

---

*) Es drängt sich jedoch auf der westlichen Seite noch ein schmaler Streif
des Jeblilandes ein.

## V. Wadis.

Ein Land, das faſt ausſchließlich Hochgebirge iſt, kann nur die Anfänge von Wadis, nicht langgezogene Flußthäler haben. So iſt es auch hier. Nach allen Himmelsrichtungen ziehen ſich die Wadis vom Gebel Kor hinab, aber keiner erreicht innerhalb des Audelilandes namhafte Ausdehnung. Der Kor bildet in dieſem Theile Südarabiens die der Küſte am nächſten gelegene Waſſerſcheide. Die beiden ihm nahen Koloſſe, die Yaſſ'- und 'Aulaqigebirge ſind etwas mehr in's Innere vorgeſchoben.

Dem arabiſchen Meere fließen folgende auf dem Kor entſpringende Wadis zu:

W. Yerames, dies der waſſerreichſte, entſpringt oberhalb des Sel*) Beni Sliman, zieht nach Südweſt durch den Kaffeediſtrict von Yafi'a, mündet unweit Ma'r in den W. Haſan.

W. Naiban, etwas ſüdlicher entſpringend und fließend, aber gleichfalls ſüdweſtlich in den W. Haſan mündend.

Die ſchon erwähnten W. Meran, der bei Heider in's Meer mündet, W. 'Azan und Aldert, Tributäre des W. Hauwar. Letzterer ſelbſt kommt nicht vom Kor**), ſondern vom Sarw Madhig.

Jenſeits der Waſſerſcheide und dem großen centralen Tieflande, el Gof (Djauf) zufließend.

W. Thamal fließt von Süd nach Nord und ihm faſt parallel, etwas mehr nach Oſten W. Beraife. Andere kleinere W., meiſt Tributäre dieſer beiden:

W. Mesware, W. Medeq, W. Omm Chalif, W. Hauwir (nicht Hauwar).

## VI. Klima und Bodenerzeugniſſe.

Durchaus dem tropiſchen Sommerregen ausgeſetzt, iſt dieſes Hochland fruchtbar. Dazu kommt ein ziemlicher Reichthum an Quellwaſſer,

*) Sel, d. h. „das Fließen" oder „Fluß" im abstracten Sinne, bedeutet immer eine Stelle des Wadi, wo das ganze Jahr hindurch Waſſer iſt, und mag dies Reſultat auch künſtlich, d. h. durch Aufſtauung erzeugt ſein.

**) Der Name Kor wiederholt ſich oft, ſo auch bei einem Berg ſüdlich von Habban, den wir Kaur geſchrieben haben und ebenſo in Hadramaut, beim Kor Salbau. Wo wir jedoch ſchlechtweg Kor ſagen, iſt immer der im Audelilande gemeinte.

während Brunnen gar nicht existiren sollen. Seinen Producten nach hat es viel Aehnlichkeit mit dem Hochland von Abessinien. Hier wie dort ist der Honig ein Haupterzeugniß und außerordentlich billig, 10 oder 15 Pfd. für einen Thaler. An den Bergabhängen gedeihen alle Obstarten, Wein, Pfirsiche, Aprikosen u. s. w. Viel Sesam, Tabak, Durra, namentlich der rothe, Hamair genannt, und Dochn. Dagegen fehlen Palmen, Baumwolle, Indigo, Kaffee, Kaat (obgleich eine Hochlandpflanze, doch nur mehr gegen Westen angetroffen).

## VII. Bewohner.

Die Einwohner, selbst die Städter, sind, ausgenommen einige wenige Handwerker, die Parias und die Juden, welche drei Classen natürlich im Raye-Verhältniß stehen, alle Dobaye und der Abstammung nach alle Aud, vulgo Auwabel. Obgleich Hamdani die Aud nicht ausdrücklich Himyaren nennt, so ist doch ihre Aehnlichkeit mit den anderen unzweifelhaften Himyaren zu groß, um sie nicht auch dafür zu halten. Als Stammvater nennt Hamdani: Aud, b. Abd Allah, b. Sahta, und als Unterstämme folgende*): 'Agib, Suiq, Beni Schabib, Habab, Beni Katif, Scheßel, Beni Dais Aslagi, Schehab, Beni Togaif, Beni 'Abi und Morahem, Scherife der Aud.

Von allen diesen Namen befindet sich (außer deren Gesammtnamen Aud) auf der mir von den Eingeborenen gegebenen Liste der Unterstämme keiner, was übrigens nichts beweist, denn die kleinen Stämme nennen sich oft nach späteren Stammvätern oder Häuptlingen, unter denen ihr Stamm eine Rolle spielte. Hat man Gelegenheit, genau nachzuforschen, so entdeckt man jedoch fast immer, daß der alte Name noch in der Tradition bewahrt wird, wenn er auch im gewöhnlichen Leben wenig zur Anwendung kommt. Folgende Unterstämme wurden mir nach ihren heutigen Bezeichnungen genannt:

1. Balschi, wohnen in Heran.
2. Manssuri, auf dem S. Kor.
3. Bigeri, in und um 'Orfan.
4. Tohaifi, in und um 'Orfan.

---

*) Hamdani nennt diese Stämme bei Dalina, welches er in seiner Oriolliste bis aufs Hochland ausdehnt. Von den Wohnsitzen, die er diesen angeblichen Dalinastämmen giebt, liegen die meisten im Aubelilande.

5. Demani, im Nordost auf den Abhängen des Kor gegen Marcha zu.

6. Scheherî, in und um Daher (Zaher).

7. Ber*) Dani, im Westen an der Grenze von Jaffa.

8. Diebi, in Hafaf, im äußersten Osten, also wohl ein abgetrennter Stamm der oben besprochenen großen Diebsgruppe.

9. Dofeschi, in Dofesch, eine Tagereise nördlich von Ghober.

10. Beni Ellman, in Ghober und am südwestlichen Abhange des Kor (Quellgebiet des W. Verames); dies soll der Hauptstamm sein.

Außerdem giebt es viele Scherife und ebenso eine gewisse Zahl Parias, die hier Merafai (Musikanten) heißen. Sie haben dieselbe Stellung wie die Achdam in Jemen und die Ahl Hayek in den 'Aulaqi- und Wahidiländern, wohnen in Dörfern zusammen, sind jedoch bei Weitem weniger zahlreich.

Juden wohnen fast in jedem Dorfe des Audellandes.

## VIII. Städte und Ortschaften.

Ghober, vulgo Lober**) (die 'Auwabel selbst sagen stets Lober, in 'Aben und Beda hört man Ghober), Hauptstadt des Audelilandes, Sitz des Sultans, am südlichen Abhange des Gebel Kor, etwas gegen Südwesten zu gelegen, in dem niedrigsten Terrain dieses Landes. Etwa 400 Einwohner. Zehn Judenfamilien. Burgenartige Steinhäuser. Vier Moscheen. Vierzig Oelmühlen (Sesamöl). Großer Markt. Schloß des Sultans, Hoffn Mesmer genannt, sehr fest.

Mesfegge, kleines Dorf dicht bei Ghober, ausschließlich von der Pariakaste, den Merafai, bewohnt.

'Orfan***), eine kleine Tagereise nordöstlich von Ghober, auf einem Theile des G. Kor, der den Namen G. 'Orfan führt. Ganz

---

*) Ber für Beni, altsüdarabisch, wie schon oben Seite 273, Note 4.

**) Lober steht für el Ghober, dessen Anfangsbuchstabe (Ghain hier nicht ausgesprochen (oder wie Hamza gesprochen) wird. Das "L" des Artikels, der bei diesem Wort ausnahmsweise nicht "M" ist, wird hinübergezogen, also el Ober, und verkürzt Lober. Ich hörte nur einmal Mober (mit Artikel "m").

***) Die Namen 'Orfan und Daher sind bei Hamdani ganz deutlich zu lesen, etwas weniger deutlich Ther, da hier alle diakritischen Punkte fehlen und der lange Vocal auch nicht angedeutet ist, aber ich glaube doch, daß Ther gemeint ist. Hamdani spricht von einem Wadi 'Orfan, von dem Beni Aslagi, und von einem von Dobayel, von den Stämmen Bizert und Tehaifi bewohnt. Vier Judenfamilien. Markt.

There, höchstgelegene Stadt auf dem G. Kor, etwas östlich von 'Orfan. Fünfzehn Judenfamilien. Viel Handel. Blühender Markt.

Daher*) (Zaher), größte Stadt im ganzen Audelilande, halbwegs zwischen Ghober und Beda, nicht auf der höchsten Höhe, sondern auf einer westlichen Vorterrasse des Kor, G. Mozaffer genannt, gelegen. Der Aufstieg von Ghober nach Daher ist steil und steil auch der von Daher nach der Höhe des Kor (There und 'Orfan), die von hier östlich liegt. Etwa 1000 Einwohner. Fünfzig Judenfamilien. Großer Markt und lebhafter Handel. Viele Oelmühlen. Hier leben Handwerker, die Raße sind. Alle anderen Bewohner Dobayel.

Heran, Stadt der Baßchi, auf einem Abhange des G. Kor. Etwa 250 Einwohner. Sechzehn Judenfamilien. Markt.

Hafaf, Ortschaft der Diebi, zwischen 'Orfan und Demani, am östlichen Abhange des G. Kor. Etwa 200 Einwohner. Vierzehn Judenfamilien. Markt.

Arbh eb Diebi, unweit Hafaf, Hüttendorf. Drei Judenfamilien.

Arieb, kleines Hüttendorf. Drei Judenfamilien.

## II. Schlösser.

Bei jeder Stadt und im Mittelpunkte jedes Unterstammes ein befestigtes Schloß. Hoffn Mesmer in Ghober, H. Molaibel bei There; H. Loseschl, H. Manßuri, H. Diebi, H. Baßchi, H. Bizeri, H. Tohaifi oder Tahifi in den gleichnamigen Stammesgebieten.

Außerdem noch folgende Schlösser im Lande zerstreut: Hoffn Schau'i, H. Schä'iba, H. Mohadala, H. el Hasan, H. Hamed el Mohaileni, H. Ber Mortaiba, H. Halm Essarr, H. bel Schech, H. el Kahur.

---

Tere von den Beni Habab bewohnt. Zaher nennt er eine Stadt der Stämme Kelif und Dals. Die genannten Stämme sind immer als Unterstämme der Aud bezeichnet.

*) Schriftarabisch wäre Thaher. Der Buchstabe Tha (oder Tza) ist aber in ganz Südarabien durch Dhad verdrängt und zwar nicht nur in der Sprache, sondern wird auch in der Schrift sehr oft geradezu an Stelle des anderen gesetzt, so namentlich immer in Daher.

## X. Politisches.

Sultan Mohammed, ben Ahmed, ben Salah, regiert erst seit 1870, dem Todesjahre seines Vaters, Ahmed. Residirt in Ghoder. Hat nur Bedeutung als oberster Kriegsführer. Sonst ist seine Macht sehr beschränkt, da fast alle Bewohner Dobayel sind. Seine Justiz beschränkt sich auf ein Schiedsrichteramt, das er aber nur dann ausüben kann, wenn es den Dobayel beliebt, ihn zu fragen. Das Gottesgericht wird im Lande nicht ausgeübt. Kommen zweifelhafte Criminalfälle vor, so geht man nach Dara in Unteryafi'a, wo ein berühmter Feuerrichter lebt und holt sich dort die Entscheidung. Alles bleibt jedoch der Blutrache überlassen.

Steuern kann der Sultan blos von den Raye und Juden erheben und zwar auch nur von denen, die in oder um seine Hauptstadt leben. Die Raye und Juden inmitten der Dobayel sind Unterthanen der Stämme, nicht des Sultans. Die meisten Städter sind übrigens hier auch Dobayel. Die Zahl seiner Soldtruppen beträgt höchstens fünfzig.

Mit den Fodli oder Otmani herrscht Blutfehde. In neuester Zeit ist diese wieder energisch entbrannt. Der Sultan der Fodli verlangte nämlich von dem Sultan der Auwabel die Auslieferung eines ihm entsprungenen Sklaven; da dies verweigert wurde, schickte er seinen Vetter, Mohader, b. 'Abd-Allah, Gouverneur einer Grenzprovinz, um ihn mit Gewalt zu holen. Da aber Mehader geschlagen wurde und sogar das Leben verlor, so sind jetzt die Auwabel stark in der Blutschuld der Fodli. Letztere können ihnen wenig anhaben, denn ihr Land ist günstig für Hinterhalte und die Auwabel sind sehr kriegerisch. Im Kriegsfalle gehorchen sie ihrem Sultan gern, da dieser auch Krieger ist und zu den Dobayel gehört, nicht wie der Wahidi Sultan, den man gewissermaßen eine Civilperson nennen kann (s. oben).

In Arabien ist immer die Abstammung und die Classe, zu der der Sultan gehört, im Auge zu behalten. Ein Fürst, der selbst nur oberster Kriegsführer ist, wird dennoch factisch dann mehr Macht haben, wenn er persönlich zu den Dobayel gehört, als wenn er mit diesen nur durch Verträge verbunden ist. Daher denn auch die Macht der 'Aulaqi, Fodli und selbst der 'Audeli-Sultane reeller ist, als z. B. die der Wahibi-Fürsten.

## XI. Sitten, Religion u. f. w.

Alle Auwabei sind Schafe'i, üben die Beschneidung am siebenten Tage bei beiden Geschlechtern, im Ganzen sind sie jedoch etwas laxer im Glauben, als die Fobli.

Merkwürdig ist die Existenz der Merasai*) (Parias). Trotz der Verachtung, unter der sie leben, haben sie doch manche Vortheile. Sie zahlen keine Steuern und es gilt für einen Ehrenpunkt, sie reichlich zu beschenken, wenn sie gesungen haben. Die Parias scheinen hier gar kein anderes Gewerbe als das Musiciren auszuüben.

---

*) Das Wort heißt eigentlich „Hochzeitsgratulant" oder „hochzeitlicher Lobsänger", wird aber hier für Musikanten im Allgemeinen, im Speciellen sogar für „Trommler" gebraucht.

# Achtes Capitel.

## Jàsi'a.

---

I. Name. — II. Geographische Lage. — III. Grenzen. — IV. Bodenerhebung. — V. Wadis. — VI. Klima und Bodenerzeugnisse. — VII. Politische Eintheilung. — VIII. Unterjasi'a. — A. Stämme. — B. Städte und Ortschaften. — 1. Im Hochlande. — 2. Im südlichen Tieflande, nahe bei Ablan. — 3. Im östlichen Tieflande (Kaffeedistrict). — 4. In den westlichen Senkungen von W. Bonna (gleichfalls Kaffeedistrict). — C. Schlösser. — D. Politisches. — E. Justiz. — F. Gottesgericht. — IX. Oberjasi'a. — A. Stämme. — B. Städte und Ortschaften. — C. Politisches. — X. Geschichtliches. — XI. Sitten, Religion u. — XII. Sprachliche Eigenthümlichkeiten. — XIII. Physiognomisches.

### I. Name.

Auch dies ist der uralte Länder- und Stammesname, den wir schon bei Hamdani (um 900 p. Chr.) finden. Die Form Jasi'a für das Land ist eigentlich nicht südarabisch, wenigstens nicht üblich, sondern nach Analogie des Schriftarabischen gebildet. Gewöhnlich sagt man*) „Jasi" ohne a für Land, Volk, Berg u. f. w.

### II. Geographische Lage.

Der äußerste westliche Punkt von Jasi'a erreicht ungefähr den 45° östl. Länge v. Gr., der äußerste östl. 45° 50', aber die Ausdehnung

---

*) Unsere Karten und Bücher geben gewöhnlich einen falschen Begriff von Jasi'a, indem sie dieses Land viel zu groß annehmen. Selbst Kellrude, ein Wrede und Wellsted rechnen Landschaften hinzu, die entweder nicht mehr zu Jasi'a gehören, wie Nejad, Ga'da, oder die niemals dazu gehörten, wie das Audelliland und den Sarw Madhhy.

nach Osten ist sehr ungleich und erreicht südlich und nördlich von der größten Länge des Landes an Stellen nur 45° 20' östl. Länge v. Gr. Im Südwesten erstreckt sich das Land bis zu 13° 20' nördl. Breite, aber diese südlichste Strecke bis 13° 40' bildet nur einen schmalen Streifen, fast eine Enclave zwischen Jobli im Osten und Laheg im Westen. Die compacte Masse des Landes liegt zwischen 13° 40' und 14° 40' nördl. Breite.

## III. Grenzen.

Im Süden das Jobliland. Im Westen eine Reihe kleiner Staaten, die sich von Süd nach Nord so folgen: 1. Laheg, 2. Hauschebiland, 3. Amirland, 4. Schaheriland (zum Theil Enclave in Nr. 3), 5. Wieder Amirland und zwar Stammesgebiet der Ga'ub (Ga'ba), 6. Merrais. Im Nordwesten Reda' und Gefe. Im Norden das Land der Rezaz. Im Osten sich von Nord nach Süd folgend: 1. Wieder ein Theil des Rezazlandes, 2. Aubeliland, 3. Ein Theil des Joblilandes.

## IV. Bodenerhebung.

Jene nach Südwesten vorgeschobene, etwa 20 engl. Meilen sich hinstreckende Spitze des Jasi'landes, welche zwischen 13° 20' und 13° 40' nördl. Breite und zwischen Wadis Bonna und Hafan liegt, bildet so zu sagen ein südliches Vorgebirge des Gebel Jasi'. Im Osten von ihr dehnt sich das Tiefland sehr weit nördlich in's Innere. Dieses östliche Tiefland, zwischen Wadis Solub und Perames, ist nach Süden zu offen, im Osten vom Gebel Kor, im Norden und im Westen vom Gebel Jasi begrenzt. Im Westen von Jasi'a ist kein ausgedehntes Tiefland, sondern nur eine schmale, fast kluftartige Senkung längs des Wadi Bonna. Die Hauptmasse von Jasi'a bildet ein einziges mächtiges Hochgebirge, der alte Sarw Himyar (Hochland der Himyaren) jetzt einfach das Jasi'gebirge genannt. Dieses Hochgebirge, welches nach den Pflanzen und meteorologischen Erscheinungen auf 6- bis 8000' Höhe geschätzt werden kann, nimmt wenigstens vier Fünftel von ganz Jasi'a ein. Sein westlicher und südlicher Abfall liegt zum größten Theil noch in Jasi'a. Sein nördlicher Abfall bildet das Land der Rezaz und auch im Nordost fällt

es gegen den in dieſem Lande gelegenen W. Thamal ab. Der höchſte
Theil dieſer Gebirgsmaſſe liegt im Norden.

Von den Namen einzelner Gebirgstheile, deren ohne Zweifel viele
ſpeziell benannt ſind, wurden mir nur folgende bekannt: Gebel Mau-
ſiṇa, einzelner Berg oberhalb Dara; Gebel Kellet, der ganze Hö-
henzug bei Dara; Gebel Mohageba, die Hauptmaſſe der Berge
des nördlichen Ḥaſi'a.

## V. Wadis.

Alle Wadis von Ḥaſi'a, ſüdlich der Waſſerſcheide, gehören zu den
Flußgebieten der W. Bonna und Haſan, zwiſchen deren Syſtemen der
Süden des Landes gleichſam eingetheilt iſt.

W. Bonna, von deſſen Tieflauf ſchon bei Ablan im Joblilande
die Rede war, entſpringt im Nordweſten von Ḥaſi'a und zwar außerhalb ſeiner Grenzen, in 'Ain Schelala*), bei Scha'if, unweit Verim,
fließt dann erſt öſtlich und darauf von Nord nach Süd, Anfangs die
weſtliche Senkung und Grenze von Ḥaſi'a bildend, im Süden aber
ganz im Ḥaſi'territorium, das jedoch auf ſeiner Weſtſeite nur als ein
ſchmaler Streif erſcheint, bis nach Chamſer, der ſüdlichſten Ḥaſi'-Stadt.

Nebenflüſſe des W. Bonna ſind: W. Sabſab, in ſeinem oberen
Laufe W. Wallach genannt, bildet die fruchtbare Senkung von
Chere. Wadis Chulle, Schara', Serafe, Teem, alle bei den
gleichnamigen Ortſchaften in den W. Bonna mündend.

Der W. Haſan führt dieſen Namen nur in ſeinem Tieflauf, in
Abian, welches jetzt nicht mehr zu Ḥaſi'a gehört. Hier haben wir es
mit ſeinen beiden nördlichen Seitenflüſſen, den Wadis Solub und
Verames, zu thun. Letzterer, vom Kor kommend, berührt eigentlich
nur den ſüdöſtlichen Theil des Tieflandes von Ḥaſi'a. Der W. Solub
dagegen durchfließt es in ſeinem ganzen Laufe. Er iſt nach dem W.
Bonna der wichtigſte Ḥaſi'fluß. Er kommt aus der Gegend von Dara,
fließt dann erſt öſtlich bis Scheronha und wendet ſich darauf ſüdlich,
um ſich an der Südgrenze Ḥaſi'a's mit dem W. Verames zu vereinigen.
Der W. Solub führt jedoch dieſen Namen erſt ſüdwärts von Homma,

---

*) Ganz nahe dabei entſpringt auch der W. Rura, der weiter ſüdlich
W. Tobban oder Fluß von Laheg heißt.

wo er aus den hier sich vereinigenden W. Roful (von Dara kommend) und W. Sarar (von Sarar herabfließend) gebildet wird.

Andere Seitenflüsse des W. Solub sind: W. Reqab Habab (von Sebara kommend), W. Lamlan (im Gebiet der Ahl Jusef), W. Ra'um (im Gebiet der Sſaibi), W. Ramaqa (im Gebiet des gleichnamigen Stammes), W. Habba (im Gebiet der 'Amudi).

Der W. Sfahab allein, der von Halab kommt, vereinigt sich mit dem Hauptfluß erst südlich vom Zusammenflusse der W. Solub und Jerames, in der Nähe von Scheriqa.

Die Wadis auf der Nordseite der Wasserscheide kommen hier kaum in Betracht, da sie nur ihre unmittelbaren Quellen hier haben, indem der ganze nördliche Gebirgsabfall außerhalb Jafi'a liegt. Von ihnen wird beim Lande der Reqaz die Rede sein.

## VI. Klima und Bodenerzeugniſſe.

Nur die allerſüdlichſte Spitze, die Gegend um Chanfer, hat noch Küſtenklima, iſt alſo faſt regenlos, aber in ihrem ebenen Theile nicht unfruchtbar, da dieſer am Bewäſſerung ſpendenden W. Benna liegt. Dieſer Theil gehört topographiſch zu Ablan.

Das ganze übrige Land hat das tropiſche Regenklima, iſt alſo überall fruchtbar, wo nicht felſige Bodenbeſchaffenheit die Entwicklung einer namhaften Pflanzendecke hindert. Dies ſcheint in einzelnen Gegenden der Fall zu ſein, aber doch nicht in ausgedehnten. Die relative große Höhe von Oberjafi'a iſt doch nirgends der Art, um der Entwicklung von Nützlichkeitspflanzen abſolut hinderlich zu ſein. Dieſelben ſind natürlich ſpärlicher und nordiſcher, aber wo ſie gänzlich fehlen, trägt nur der Felsboden, nicht die Höhe die Schuld, denn in dieſer geographiſchen Breite gedeiht ſelbſt noch bei 8000' Höhe eine reichliche Pflanzendecke, wenn die Bodenverhältniſſe günſtig ſind. Wir können Jafi'a in Bezug auf Bodenproducte in drei Zonen eintheilen, das heiße Tiefland, das Mittelgebirge und das Hochland.

Das ausgedehnteſte Tiefland bildet die nördliche Fortſetzung von Ablan, die Gegend zwiſchen W. Solub und Jerames. Dies iſt der öſtlichſte Kaffeediſtrict in ganz Arabien; die an Kaffee reichſte Landſchaft liegt bei den Orten Schewuha, Mirza und Tozze', jeder einige drei Stunden vom andern entfernt und am W. Solub gelegen. Jeder der drei

Orte liegt an der Mündung eines gleichnamigen Wadi in dem W. Solub. Doch reichen die Kaffeepflanzungen in alle drei Seitenthäler ziemlich weit hinein und sind überhaupt hier reichlicher, als am Hauptwadi selbst. Noch östlicher liegen die Kaffeepflanzungen von Ahl ben Nahzl und Orga, die schon vom Kor bewässert werden. Das günstigste Terrain scheint in dem Theil des Tieflandes, der unmittelbar am Nordfuß der hohen Pasi'berge liegt.

Außer diesem ausgedehntesten Kaffeedistrict gedeiht jedoch diese Nutzpflanze noch in allen Senkungen längs dem Wadi Bonna und seinen und des Wadi Solub Seitenthälern. Namentlich die Gegend von Chere am W. Wallach ist reich daran. Merkwürdig ist, daß Kaffee selbst in den schon hochgelegenen Thälern um Dara vorkommen soll, nur nicht auf einem Berge, eben so wenig wie in einer ganz flachen Ebene. So finden wir z. B. einen Theil des Tieflandes, den südlichsten, der zwischen dem Kaffeedistrict von Scherwuha und Ablan liegt, als ein wüsten- oder steppenartiges Land und dennoch wird auch er vom W. Solub durchzogen. Man nennt es die „Wüste der Mescheli", auch „Wüste Merzaf" genannt; dies erklärt sich wohl nur badadurch, daß das Mescheliland schon Küstenklima, folglich keine tropischen Regen hat und die Einwohner, als bloße Viehzüchter, keine Bewässerungsanstalten machen, wie die fleißigen Bewohner von Ablan, ihre südlichen, unter ganz gleichen klimatischen Bedingungen lebenden Nachbarn.

Das Mittelgebirge trägt hier und da Baumwolle, Indigo, sonst mehr Sesam, Durra, Dochn, wenig Weizen, dagegen viele Obstarten, Wein, Pfirsiche u. s. w. Dattelpalmen nur in sehr geringer Zahl.

Im Hochgebirge ist vortreffliches Weideland, namentlich wächst hier reichlich ein wilder Klee, ein vortreffliches Kameelfutter. Hier findet sich auch Hafer und Gerste, sonst in Südarabien selten.

Quellen sollen in diesem Gebirge verhältnißmäßig wenig sein, verschieden hierin vom quellenreichen G. Kor. Die Speisung der Wadis geschieht hauptsächlich durch die tropischen Regen. Das Hochland ist deshalb für den Trinkbedarf auf Cisternen angewiesen, die jedoch bei den nie ausbleibenden Sommerregen stets reichlich versorgt sind. Im Tieflande dagegen behält man durch Aufstauung der Wadis fast für's ganze Jahr Flußwasser. Brunnen sollen nicht viele sein.

## VII. Politische Eintheilung.

Man unterscheidet Ober- und Unterjafi'a, eine Eintheilung, die
mehr politisch, als orographisch ist, obgleich allerdings Oberjafi'a im Durchschnitt höher liegt, als Unterjafi'a. Aber auch letzteres ist zum größten
Theil Hochland. Unterjafi'a ist bei Weitem das größere Gebiet, es
nimmt den ganzen Süden und die Mitte des Landes ein, Oberjafi'a
nur einen schmalen Streif im Norden. In Aden hört man zwar oft
von Oberjafi'a als von einem „großen Lande" reden, ja es größer
nennen, als das Untere. Geht man aber dieser Bezeichnung auf den
Grund, so findet man unfehlbar, daß hier noch das Land der Rezaz
mitgerechnet ist, das einmal zu Oberjafi'a *) gehörte, aber jetzt unabhängig ist. Der Begriff Jafi'a ist überhaupt bei den entfernter wohnenden Arabern ein sehr elastischer. Oberjafi'a kann keine viel größere Ausdehnung haben als etwa 10 oder 15 Grabminuten in der
Breite und höchstens 40 in der Länge.

## VIII. Unterjafi'a.

### A. Stämme.

1. Der Hauptstamm von Unterjafi'a führt jetzt den Namen Kellel,
früher hieß er Beni Dased, unter welchem Namen ihn Hamdani erwähnt, wohnt in Dara und Umgegend.

2. Rehauwi, in Halab und Umgegend.

3. Jusefi, bei Chere am W. Wallach.

4. Baleri, südlich der Jusefi.

5. Monassera *), zwischen Chere und dem W. Solub, zerfallen in
die Unterstämme Chere, Lalahan und Kelsam.

6. Ahl ben Nahzi **), im östlichsten Tieflande zwischen Schewuhz
und dem Kor.

---

*) Immer muß man sich in Aden gegen den Ausdruck wehren: „Die Rezaz
sind Jafi'i". Ja sie sind es der Abstammung nach. Aber sie nennen sich heute
nicht mehr so, und auch die Jafi'i geben ihnen diesen Namen nicht, und ich denke,
sie sind doch die Competentesten über ihren Namen.

**) Hamdani nennt an dieser Stelle den Jafi'stamm Ahzur (vielleicht Ahzi).
Ob statt den Nahzi nur den Ahzi zu schreiben und dies dann doch noch der alte
Stamm wäre? Er heißt auch Beni Hezr.

7. Mogaſa, wohnen bei Hoſſn Scheriya im äußerſten Süden.

8. Sſaibi*) (auch von Hambani erwähnt), wohnen zwiſchen Dara und dem Tieflande. Die Amudi ſind wahrſcheinlich ein Unterſtamm der Saibi.

9. Yazibi, im Tieflande, zerfallen in die Keſabi in Schewuha, die Ahl Mirza in Mirza, die Ahl ba Gilzella und Ahmar, beide in Tozze'.

10. Schemi (auch bei Hambani genau an dem heutigen Wohn- erte**) angeführt', am W. Roſul und in Scha'b el Yahud.

11. Scha'ib (gleichfalls bei Hambani, Wohnſitz unleſerlich) wohnen im Weſten, am Wabi Benna, an der Amirgrenze.

12. Suat im Norden von Dara um Medinet Telez.

13. Meſcheli, ein unabhängiger Stamm in der Einöde Merzaf am W. Solub.

14. Yahirri***), wohnen in Teem und Umgegend.

### B. Städte und Ortſchaften.

1. Im Hochlande:

Dara, Hauptſtadt der Unteren Naſi't, Sitz des Sultand. Etwa hundert Einwohner. Große Moſchee. Schlöſſer von Stein. Kein Markt.

Serar, kleine Stadt am Wabi gleichen Namens, eine halbe Tage- reiſe ſüdlich von Dara.

Cedarat), am Wabi Reqab Habab, anderthalb Tagereiſen ſüdlich von Dara; nur ſechs ſteinerne Häuſer, ſonſt Hütten.

Halabtt), Hüttendorf, einen Tag ſüdlich von Cedara.

Dilſan, Hüttendorf der Nureſi.

Scha'bttt) el Yahub, auch im Hochlande, einen halben Tag

---

*) Hambani ſchreibt den Namen mit Sſad, deshalb wähle ich dieſe Ortho- graphie, obgleich mir die Leute eher hier ein Sin zu ſprechen ſchienen.

**) Hambani ſchreibt ohne diakr. Punkte, Semi, giebt aber auch den Wohn- ſitz Scha'b an.

***) Bei Hambani ſind Teem und Yahar beide Städte.

†) Hambani erwähnt ein Cedar unter den Städten von Naſi'a, bewohnt vom Unterſtamme der Kelb (Kellet?).

††) Halab oder Hailb bei Hambani als ein Ort der W. Caſed (heutige Kellet) genannt.

†††) Hambani erwähnt einen Ort Scha'b, doch dieſer kommt weiter unten vor. Scha'b und Scha'ib ſind nicht zu verwechſeln.

östlich von Dara und direct oberhalb des Kaffeedistricts, zunächst Tozze' und Mirza gelegen. Etwa fünfzig Einwohner. Der Name deutet auf Juden, die in früheren Jahrhunderten hier gelebt haben mögen. Jetzt sind im engeren Naßi'a keine Juden. Etwa sechs Steinhäuser, sonst Hütten.

**Habba\*),** Hüttendorf am gleichnamigen Wadi zwischen W. Solub und Dara, gehört dem Stamme der 'Amudi.

**Chelale,** Hüttendorf mit einigen Burgen, zwei Stunden bergab-wärts von Dara.

**Homma,** am Zusammenflusse der W. Serar und Rosul, Hütten-dorf mit zwei Schlössern.

**Medinet Telez\*\*),** auch Zelez gesprochen, eine starke Tagereise im Nordosten von Dara, sehr hochgelegen, von Vielen schon zu Ober-naßi'a gerechnet, zu dem es topographisch gehört. Politisch ist aber hier die Herrschaft des Sultans von Unternaßi'a vorwiegend, obgleich die Beziehungen zu Obernaßi'a noch nicht aufgehört haben; genießt übrigens eine gewisse Unabhängigkeit unter einem eigenen 'Akel, Mlezna (Meternuia) Atif mit Namen. Dieser soll sich noch als Verbündeter von Obernaßi'a ansehen, aber factisch Vasall von Unternaßi'a sein. Kara-wanenstation zwischen Beda und Dara.

**Suq el Had,** vulgo einfach „el Had", d. h. Sonntagsmarkt. In nächster Nähe von Medinet Telez, so daß es oft mit diesem ver-wechselt wird. Größter Markt des Nordostens von Naßi'a und an Sonn-tagen sehr besucht, übrigens blos ein Hüttendorf. Auch dieser Ort wird oft zu Obernaßi'a gerechnet. In 'Aden hörte ich sogar „el Had" als Hauptstadt von Obernaßi'a bezeichnen\*\*\*), jedenfalls unrichtig, denn ein-mal ist es keine Stadt und zweitens steht es zu Obernaßi'a in dem-selben nicht traditionellen Verhältnisse wie Medinet Telez und ist, ebenso wie letzteres, politisch mehr von Unternaßi'a abhängig.

---

\*) Habba bei Hamdani Ortschaft des Stammes Anfar.

\*\*) Das Wort ist eigentlich Theleth, ein Name, der von der Zahl „drei" ab-geleitet ist, wahrscheinlich mit Beziehung auf den „dritten" Wochentag (Dienstag), an dem hier ein Markt abgehalten wurde.

\*\*\*) Selbst Leute, wie der Sultan von Laheg, begingen diesen Irrthum, ein neuer Beweis, wie wenig man von den Nachbarn eines Landes über dieses er-fahren kann und wie nothwendig einheimische Informanten, d. h. aus dem engeren Gebiete, sind.

2. **Im südlichen Tieflande nahe bei Abian.**

Chamser\*) (arabisch Chanser geschrieben, Chamser gesprochen, nach der engl. Aufnahme v. 1872 unter 13° 12′ 30″ nördl. Breite und 45° 19′ östl. Länge v. Gr.), größte und zugleich südlichste Stadt im Tieflande, letzter Ort, der den Jafi'i von Abian geblieben ist. Ist jetzt fast ganz im Fodli-gebiete enclavirt. Nördlichster Punkt, den die Europäer von Aden aus der Jagd halber zu besuchen pflegen. Einige vierzig Steinhäuser. Festes Schloß, Citadelle mit Jafi'garnison. Etwa 150 Einwohner. Lebhafter Markt. Viel Verkehr. Die Bewohner sind nur politisch, nicht genea-logisch zu den Jafi'i zu rechnen. Sie sind echte Städter, ohne Stam-mestraditionen, ihrer Stellung nach Raṇe des Sultans von Dara.

Hossn Scherlya, etwa drei Stunden nördlich von Chamser am W. Solub. Altes himyarisches Schloß. Hier sollen Inschriften sein. Nie von Europäern besucht\*\*).

3. **Im östlichen Tieflande (Kaffeedistrict).**

Schewuḥa, südlichste Stadt im Kaffeedistrict, im W. Solub und seinem nördlichen Seitenthale, W. Schewuḥa, etwa anderthalb Tage-reisen oberhalb Na'ab und Bab el Felaq, erster fruchtbarer Land-strich nördlich der Mescheliseppe. Die Häuser liegen in den Pflan-zungen zerstreut, nur etwa zwanzig bilden eine compacte Gruppe. Stamm Kesadi, Abtheilung der Jazidi. Hat einen eigenen Sultan vom Kesadigeschlecht. Von hier stammt auch die Dynastie von Ma-kalla, el Kesadi, an der Südküste unterhalb Habramaut. Der Neḳib von Makalla und der Sultan von Schewuḥa sind Vettern.

Mirza, drei Stunden westlich von Schewuḥa, am Zusammenfluß des W. Mirza mit dem W. Solub. Etwa 15 Steinhäuser bilden die „Stadt", die anderen Häuser sind in den Pflanzungen des W. Mirza zerstreut.

Tozze', etwa 3 – 4 Stunden westlich von Mirza, am Zusammen-fluß des W. Tozze' mit dem W. Solub, am Fuß der Berge von Dara, von welcher Stadt es nur 3 Stunden entfernt ist. Größte Stadt im Kaffeedistrict. Etwa 200 Einwohner. Zwei Stämme, die

---

\*) Bei Haimbani als Medinet Chamser angeführt. Bewohner waren damals die Assbahin (wohl die heutigen Ssobeḥi) und die Beni Mohald, die ohne Zweifel der Ebene Meḥaidan den Namen gaben, welche dicht bei Chamser ihr Ostende hat.

\*\*) Dies ist der nördlichste Punkt, von dessen ungefährer Lage die Adener Engländer überhaupt nur etwas gehört hatten. Ein engl. Offizier, Lieutenant Owen, hat zuerst auf H. Scherlya aufmerksam gemacht. Die Inschriften werden bezweifelt.

Ahmar und die Ahl Ba Gil'zella, jeder mit mehreren festen Schlössern.

Der Weg von Schewuha nach Mirza und von Mirza nach Tezze' führt durch das Thal des W. Solub, obgleich die Route über die Bergeszüge, welche die 3 Seitenthäler trennen, topographisch näher wäre. Sie ist aber zu steil. Uebrigens liegen in jedem der drei Seitenwadis die Kaffeepflanzungen auf weitem Raume zerstreut und strecken sich 3—4 Stunden in's Innere der Thäler hinein.

El 'Orga*) (vulgo Orga gesprochen) auch im Tiefland, östlich von Schewuha, kleine Stadt der Ahl ben Nahzi. Etwa 10 Steinhäuser mit 50 Einwohnern bilden die „Stadt". Viele Häuser in den Pflanzungen zerstreut.

Dhl Nachab**), Hüttendorf mit einem Schloß im Tiefland der Ahl ben Nahzi.

Soleb***), Schloß am W. Solub und Hüttendorf.

Mit Ausnahme des letzteren haben alle die obenerwähnten Orte ausgedehnte Kaffeepflanzungen.

4. In den westlichen Senkungen am W. Bonna (gleichfalls Kaffeedistricte).

Chulle, Stadt am W. Bonna. Schlösser. Etwa 100 Einwohner. Einige Judenfamilien.

Serafe, dicht bei Chulle, am W. Serafe und W. Bonna. Städtchen mit Schlössern. Etwa 80 Einwohner. Einige Juden.

Chere, Stadt im höchstgelegenen Kaffeedistrict am W. Wallach, Seitenarm des W. Bonna, zwischen diesem und Cara. 3 Steinhäuser, sonst Hütten. Häuser in den Pflanzungen zerstreut.

Scha'lb†) Ortschaft an der Westgrenze. Einige Schlösser, sonst Hütten. Etwa 50 Einwohner. Markt. Juden.

Teem††), Ort der Jahirri, wird auch von Abtheilungen der Ga'ud (Ga'da) bewohnt, die nicht Jaff'i sind. Aeußerste westliche Stadt;

---

*) 'Orga bei Hamdani, Ortschaft der Ahgur.

**) Hamdani erwähnt Du Nachab, Ortschaft der Chabr oder Gabr.

***) Soleb bei Hamdani, Ortschaft der Chabr oder Gabr.

†) Bei Hamdani ist Scha'ib ein Stamm, der in Jaher wohnt und Scha'b eine Stadt der Beni Schlmi (Semi). Doch dürfte Scha'ib der von Hamdani gemeinte sein, nicht das obengenannte Scha'b el Yahud.

††) Teem oder Taim bei Hamdani in Jaff'a erwähnt. Stamm nicht angeführt.

gehört nur nominell zu Unter-Ḥafi'a, ist factisch unabhängig. Der Sultan von Ma'r nannte mir Teem als einen eigenen kleinen Staat. Andere sagten aus, daß es unter den Amir stehe. Beides kann richtig sein, denn die dort wohnenden Ga'ud, die ja zu den Amir gehören, dürften auch deren Autorität anerkennen, die Ḥahiri dagegen unabhängig sein.

Bei allen diesen Orten wächst Kaffee, jedoch nicht in so ausgedehnten Pflanzungen, wie im östlichen Tieflande.

### C. Schlösser.

Folgende Schlösser wurden mir als in Unter-Ḥafi'a gelegen bezeichnet: Hoßn Ṣaide, H. Schemi, H. 'Amudi (diese 3 in den gleichnamigen Stammesgebieten), H. Derel, H. bel Hafau, H. bu Bekr el Ghaleb, H. Mohaffin ben 'Ali, H. Ghalib 'Ali, H. 'Ab*), H. Salem, H. Beni Raschan, H. bu Bekr abu Kerim.

### D. Politisches.

Ahmed 'Ali el Ghaleb el Afifi, officiell Sultan von Unter-Ḥafi'a, gewöhnlich aber nur 'Akel (Schech) von Dara genannt, am besten bekannt unter dem Geschlechtsnamen „el Afifi." vom Stamme der Kellet oder Beni Ḥafed, beherrscht mit Macht und Energie den größten Theil von Unter-Ḥafi'a. Im Südwesten, von Chamfer an, in den Senkungen am Wadi Bonna (mit Ausnahme von Teem) und im ganzen Hochland ist seine Macht fast absolut, d. h. ohne Naße zu sein, stehen die Stämme doch in viel directerer Weise unter seiner Herrschaft, als Dobaßel anderer Gegenden unter ihren Fürsten. Er erhebt Steuern, den Zehnten von allen Bodenerzeugnissen, von Getreide und Baumwolle nach dem Maaß, von Kaffee und Tabak nach dem Gewicht. In den Städten dieser Gebiete hält er kleine Garnisonen. In Dara hat er zwei, in Chamfer eine Kanone. Viele Soldtruppen, die gelegentlich aufgeboten werden, nicht regelmäßigen Dienst verrichten. Der ganze Heerbann soll, wenn aufgeboten, 25,000 Mann betragen. Doch geschieht das Aufgebot in 5 Classen, deren letztere nur im äußersten Falle herangezogen werden.

---

*) Gewiß ein merkwürdiger Name, der an die 'Adilen erinnert!

Das östliche Tiefland, der Kaffeedistrict, ist zum Theil unabhängig unter eigenen Sultanen. Doch auch hier macht sich der Einfluß des Afifi oft geltend, namentlich da er in religiöser Beziehung eine große Autorität bildet. Teem und das Mescheli-Land sind ganz unabhängig.

Mit England sind die Beziehungen freundschaftlich, obgleich die Jafi'i sehr wenig nach 'Aden kommen. Sie sind eben kein wanderlustiges Volk. Der Afifi bekommt kein regelmäßiges Jahrgeld, wohl aber fast alljährlich Geldgeschenke, man sagte mir, selten unter 600 M. Th. Thaler. Mit den Nachbarn herrscht jetzt Friede. Der einzige agressive Feind, die Fodli, die den Jafi'i ihre schönsten Provinzen entrissen haben, scheinen jetzt durch England zur Ruhe gezwungen.

### E. Justiz.

Der Afifi übt ein strenges Regiment. In dem ihm unmittelbar unterworfenen Gebiet müssen sogar viele Cobayel sich seiner Justiz fügen, die jedoch allgemein als eine gerechte und nicht wie die anderer Sultane willkürlich despotische bezeichnet wird. In den Städten werden sogar Gebet und Fasten polizeilich eingeschärft; den Uebertreter trifft Prügelstrafe. Der Afifi hält einen Scharfrichter, einen gewissen Aub Mufta, der jedoch nur die Befugniß hat, Dieben die Hände abzuschneiden, wofür er jedesmal 5 M. Th. Thaler Vergütung erhält. Das Handabschneiden findet schon nach dem ersten Diebstahl statt. Die Strafe für Mord wird, unter Aufsicht der Obrigkeit, von den Verwandten des Ermordeten ausgeübt (wie in Marokko). Entflieht der Mörder, so wird sein nächster Verwandter hingerichtet. Die Betheiligung der Obrigkeit verhindert so das übermäßige Umsichgreifen der Blutrache. Keuschheitssünden werden sehr streng, meist mit dem Tode bestraft.

### F. Gottesgericht.

Der Afifi ist der berühmteste „Gottesrichter" und „Feuerrichter" dieses Theils von Südarabien. Nicht nur die Jafi'i, sondern alle Nachbarvölker (mit Ausnahme der Fodli, die ihren eigenen Feuerrichter haben) verehren ihn in dieser Eigenschaft und wenden sich in zweifelhaften Fällen an ihn. Fällt in diesen Ländern ein Mord vor, dessen Thäter nicht durch hinlängliche Zeugenaussagen ermittelt ist, so heißt es: „Gehen wir zum Asiri nach Dara!" Der Verdächtige muß dann seine Ankläger begleiten. Weigert er sich, so gilt er für überführt. Es ist dies dann wie eine Wallfahrt. Beiläufig gesagt, scheint dies auch der einzige Grund, warum überhaupt Fremde nach Dara gehen. Alle Nicht-Asir̄ i, die in Dara gewesen waren, welche ich kennen lernte, hatten nur zu diesem Zweck die Reise gemacht.

Als „Feuerrichter" wendet der Asiri die Probe ganz auf dieselbe Weise an, wie der Sultan von Ma'r*) im Kobliland, nur mit etwas mehr Hokuspokus und Feierlichkeit. „Es wird einem schauerlich dabei zu Muthe", sagten mir Leute, die Augenzeugen gewesen waren. Außer dieser Probe soll er aber noch andere, viel wunderbarere anwenden. Er steht im Rufe, eine Schlange in der Weise bezaubern zu können, daß sie den Mörder unablässig verfolgt und durch ihre Nähe verräth.

Eine andere Probe: Er nimmt einen mit heiligen Sprüchen beschriebenen Wasserschlauch, bläst ihn auf und befiehlt, daß der Leib des Schuldigen ebenso aufgeblasen werde; dessen plötzliche Dickleibigkeit verräth die Schuld.

Will gar nichts anderes helfen, so ruft er die Versammlung herbei, läßt alle auf die Erde niedersitzen, schlägt einen Nagel unter Gebeten in die Erde und murmelt ein Gebet, daß er den Schuldigen festnagele. Dann ruft er „Kumu!" (stehet auf). Alle thun es, nur der Schuldige kann es nicht. Er ist durch den Nagel gebannt. Diese Probe soll man nur dann anwenden, wenn mehrere Verdächtige sind.

Ist die Schuld ermittelt, so überläßt der Sultan die Hinrichtung den Verwandten des Ermordeten. Diese kann gleich stattfinden, wenn der Mörder aus dem Lande ist. Ist er ein Fremder, so wandern jedoch seine künftigen Bluträcher friedlich mit ihm in die Heimath, und erst dann beginnt das Rächeramt. Das Blutgeld (die Diye) wird nie genommen, außer von Denen, die man „Schwache" nennt, d. h. die nicht zu einem kräftigen Stamme gehören. Sie zu nehmen, gilt für Schande.

## IX.  Ober-Asir̄ a.
### A.  Stämme.

Da Ober-Asir̄ a eines der wenigen Länder ist, von dem ich auch nicht einen Eingebornen kennen lernen konnte, so beschränken sich meine

---

*) Man sehe oben fünftes Capitel, XIII.

Stammesnotizen (und weiter unten Ortsangaben) auf folgendes Wenige:

1. **Moseti** wohnen bei der Stadt Moseta im äußersten Norden.
2. **Meslehi** wohnen in und um Maßa an der Westgrenze.
3. **Cholagi** am Wadi gleichen Namens.
4. **Ahl Nazib** zwischen Medinet Telez und Sefal.
5. **Dhobbi**, ein großer Stamm, soll 4000 streitbare Männer haben (?), in der Gegend von Moseta und an der ganzen Nordgrenze.
6. **Dhi Zor'a.**
7. **Be'osi**, vulgo Beßi gesprochen.

Ueber den Wohnsitz der zwei letzteren Stämme konnte ich nichts Bestimmtes erfahren. Man rechnet sieben Stämme; ob aber meine Liste gerade die sieben Hauptstämme giebt, oder ob darauf Unterstämme vorkommen und Hauptstämme fehlen, weiß ich nicht.

Die Oberen Maß'i führen übrigens den Gesammtnamen Mohagebba.

### D. Städte und Ortschaften.

**Atara** (ich hörte auch Antara), eine der Hauptstädte, Sitz eines mächtigen 'Alel. Einige Schlösser, Markt und temporärer Basar in Zellen. Keine Juden.

**Moseta**, im Norden, Sitz des 'Alels der Dhobbi. 3 Stunden von Atara entfernt, sehr hoch gelegen. Etwa 100 Einwohner. Einige Schlösser.

**Sefal**, soll die größte Stadt in Ober-Maß'a sein. Etwa 200 Einwohner. Juden wohnen nur zur Marktzeit hier. Der Markt ist der lebhafteste im Lande.

**El 'Orr\*)** (vulgo Orr gesprochen), Hüttendorf mit einigen Schlössern, an der Nordostgrenze nahe dem Rezag-Lande. Berühmt durch die hier gefochtene Schlacht, durch welche die Rezag ihre Unabhängigkeit von Maß'a erlangten.

**Raffa**, Stadt im Nordwesten.

**Geruba**, zwischen Raffa und Moseta.

**Nahor\*\*)**, im Nordwesten am Wadi gleichen Namens.

**Dhi Zor'a**, soll ein kleiner Ort bei Moseta sein.

---

\*) Bei Hamdani ist el 'Orr eine Stadt des Stammes Aban. Dieser Stamm wohnt im sehr nahe gelegenem Rezaglande.

\*\*) Bei Hamdani ein Ort der Beni Scha'ib.

### C. Politiſches.

Keine einheitliche Regierung, wie in Unter-Jafiʿa, kein gemeinſamer Sultan. Der ʿAkel von Atara, ʿAli Asker, el Mohazebbi, gilt für den mächtigſten Stammesfürſten und wird zuweilen auch Herrſcher von Ober-Jafiʿa genannt. Ihm gleich an Macht ſoll jedoch der ʿAkel von Moſela, Eſalah, ben Ahmed eb Dhobbſ, ſein. Jeder der ſieben Hauptſtämme hat außerdem ſeinen ʿAkel, der von den anderen unabhängig iſt.

So ſind die Ober-Jafiʿi, wenn auch tapfer und kriegsluſtig, doch durch Zerſplitterung ohnmächtig. Sie haben übrigens vom Auslande Ruhe, da ihr unwirthſames Hochgebirge keinen Eroberer reizt. Mit England beſtanden bis jetzt keine politiſchen Verbindungen. Im Jahre 1871 erwartete man aber Leute aus Ober-Jafiʿa in Aden, die ſolche anknüpfen ſollten. Man wollte wenigſtens einen Handelsvertrag zu Stande bringen. Die Ober-Jafiʿi verlaſſen faſt nie ihr Vaterland.

### X. Geſchichtliches.

Die älteſte Geſchichte der Jafiʿi fällt zuſammen mit der der Himjaren, zu denen ſie unzweifelhaft gehören.

Im Mittelalter bildete Jafiʿa mehrere Jahrhunderte hindurch einen Beſtandtheil des Reiches der Imame von Yemen, dem es durch Erobe-rung einverleibt wurde. Aus dieſer Zeit ſtammt der Irrthum, Jafiʿa als einen Theil von Yemen zu bezeichnen, was es nur politiſch, nicht topographiſch war\*). Aber die Jafiʿi widerſtrebten in Allem der Herr-ſchaft von Yemen, beſonders da ihnen, als Schafeʿi, die Religion der Imame, die alle Zaidi waren, in den Tod verhaßt war. Nur ſo lange die Macht der Imame auf dem Gipfelpunkt ſtand, vermochten dieſe Jafiʿa zu halten. Die Epoche der Befreiung Jafiʿa's vom Joch der Imame iſt es mir nicht gelungen, genau zu ermitteln. Ich habe jedoch allen Grund, ſie in das erſte Drittheil des vorigen Jahrhunderts zu verſetzen. Zur Zeit von La Grölandière's Geſandtſchaftsreiſe (1712)

---

\*) Der W. Bonna muß als die Oſtgrenze von Süd-Yemen angeſehen werden. Hier iſt natürlich nicht vom ſogenannten „Yemen im weiteren Sinne“ (ganz Süd-arabien) die Rede, ein Begriff, der übrigens nur im Gehirn von Nordarabern leben konnte, in Südarabien aber unbekannt blieb.

war nämlich noch Dhamar die Hauptſtadt der Zaidibdynaſtie*). Da dies
ſehr nahe bei Yaſi'a liegt und das Reich der Imame damals noch
mächtig war, ſo iſt wohl kaum zu glauben, daß ſie eine rebelliſche
Provinz in ihrer nächſten Nähe geduldet haben würden. Bald darauf
wurde die Hauptſtadt nach Ṣa'na verlegt. Als Niebuhr**) dieſes beſuchte (1763), konnte er dort, wie überhaupt in ganz Yemen, nicht
einmal etwas Zuverläſſiges über Yaſi'a erfahren. Der Abfall vom
Reich mußte alſo ſchon vor einem Menſchenalter ſtattgefunden haben.

Nach ſeiner Befreiung vom Joch der Imame muß Yaſi'a eine Zeit
lang als eine große, ausgedehnte, unabhängige Provinz dageſtanden
haben. Es umfaßte damals außer Ober- und Unter-Yaſi'a noch das
ganze Rezazland, einen Theil des Fodlilandes, ganz Abian bis nach
Laheg und wahrſcheinlich auch noch das Land der Ḍa'ud, die ja im
Alterthum auch zu den Yaſi'i gehörten. Aber es trug den Keim der
Zerſplitterung in ſeiner Uneinigkeit. Die Fodli vergrößerten ſich im
Südoſten bereits im vorigen Jahrhundert. Die Rezaz müſſen ſich ſehr
bald unabhängig gemacht haben, denn ſchon Niebuhr***) erwähnt eine
Landſchaft dieſes Namens. Da nun der Name Rezaz dynaſtiſch iſt
und erſt dadurch auf die Landſchaft überging, daß dieſe der Rezaz-Dy-
naſtie ihre Befreiung verdankte, ſo iſt das Vorkommen deſſelben, als
eines Ländernamens, ein deutlicher Beweis, daß die Losreißung des
Rezazlandes von Yaſi'a ſchon vor 1763 ſtattgefunden haben muß.

Wann die Ḍa'ud ſich losgeriſſen, werden wir bei Beſprechung des
Amirlandes anzudeuten verſuchen.

So war Yaſi'a bereits im vorigen Jahrhundert faſt um die Hälfte
kleiner geworden. In dieſem ſtand ihm dann noch der Verluſt ſeiner
ſchönſten Provinz, Abian, bevor. Noch bis zum Jahre 1837 hatten die
Yaſi'i das Küſtengebiet in einer Ausdehnung von 60 engl. Meilen
inne. Davon eroberten in dem genannten Jahre die Fodli zwei Drit-
theile und ließen ihnen nur den weſtlichſten Theil des Küſtenlandes um's
Ras Sailan. Im Jahre 1858 verloren ſie auch dieſen letzten Reſt
und wurden ſomit ganz von der Küſte abgeſchloſſen.

---

*) Bei Ritter Erdkunde XII. S. 740.
**) Niebuhr, Beſchreibung von Arabien S. 281.
***) Niebuhr, a. a. O. S. 282.

## XI. Religion, Sitten u. s. w.

Alle Jafi'i sind Schafe'i. Zaidi sollen im Lande gar nicht geduldet werden. Beschneidung beider Geschlechter am siebenten Lebenstage.

Kleidung: sehr einfach, Lendentuch und Kopfbund. In Ober-Jafi'a wird das Lendentuch ganz klein getragen. Bei der strengen Winterkälte hüllen sich die Leute in Thierfelle, namentlich Schafhäute, Girrem genannt. Gesichtsschleier bei Frauen unbekannt.

Getränke: Kaffee wird im ganzen Lande getrunken und zwar der wirkliche Kaffee (Benn*) der Absud der Bohnen, nicht wie im Tiefland der Absud der Hülsen (Gischer). Man trinkt aber den Kaffee niemals rein, sondern mit Milch**).

Waffen: Die Waffen sind dieselben wie die oben bei den Jobli beschriebenen.

Ein eigener Gebrauch, den aber auch einzelne andere Stämme haben, ist der, für jeden Getödteten einen kleinen goldenen Nagel dem Griff der Gembire einzufügen. Je mehr Nägel, desto größer die Ehre. Man sieht streng darauf, daß Niemand sich ein solches Ehrenzeichen unverdient beilegt. Zu jedem Nagel gehören Zeugen. Ich sah ganz junge Jafi'i, deren Gembire schon 6 solcher Nägel hatte, lauter Zeugnisse von Tödtungen, die sie selbst vollbracht hatten. Wer eine solche Gembire erbt, muß die Nägel entfernen. Niemand darf sich mit fremden Federn schmücken.

## XII. Sprachliche Eigenthümlichkeiten.

Die oben bei den Diebi erwähnten sprachlichen Reminiscenzen des alten Sabäisch-Himyarischen finden wir in noch ausgedehnterem Grade bei den Jafi'i erhalten. Doch ist auch ihre Sprache jetzt centralarabisch und die Idiotismen können nur als provinzielles Beiwerk zu diesem bezeichnet werden. Von einer eigenen „Sprache" ist nicht mehr die Rede.

---

*) Benn heißt eigentlich Bohnen, Qahwa das Getränk. In Südarabien sagt man aber auch für letzteres Benn.

**) Diese Sitte besteht bei allen Landbewohnern in den Kaffeedistricten Südarabiens.

## XIII. Physiognomisches.

Die Naßi i haben, wie alle Himyaren, schön geformte, edelgebildete Züge, entweder gerade oder habichtartige Nasen (nur selten stumpfe), dunkle, feurige Augen, schwarzes, sehr krauses Haar. Sie sind beinahe schwarz den Hautfarbe. Das Bergklima bleicht also die Haut nicht. Die Schwärze ist eben himyarisch. Sie neigen zur Magerkeit. Ihr Bart ist nicht so spärlich, wie bei der himyarischen Tieflandbewohner. Ich sah bei ihnen ziemlich starke Backenbärte, was sonst in Arabien eine große Seltenheit. Die Alten tragen den Bart „en Collier" und wenn dieser welk ist, nehmen sich ihre schwarzen Gesichter dabei wirklich ein bischen pavianartig aus. Die jungen Männer sind oft von großer Schönheit. Frauen sah ich keine. Sie verlassen nie ihr Land.

# Neuntes Capitel.

## Rezaz.

### I. Name.

Der Name Rezaz ist dynastisch und wahrscheinlich neuer, als andere dynastische Namen, wie Fodli und 'Aulaqi, etwa ein Jahrhundert alt. Vorher wußte Niemand etwas von einem Volke „Rezaz." Das Volk ist genealogisch ein Theil der Jafi'i, und hat seinen heutigen Namen von Ba Omm Rezaz, dem Kriegsführer, welcher seinen Befreiungs-kampf gegen Jafi'a anführte und in der Schlacht bei el 'Orr besiegelte. Da seine Dynastie seitdem herrschte, so erhielt Volk und Land von ihr den Namen*), wie dies in neuerer Zeit in Südarabien oft vorkam.

### II. Geographische Lage.

Wir müssen hier zwei topographische Gruppen unterscheiden, näm-lich den Hauptstock des Landes, der sich im ganzen Norden von Jafi'a

---

*) Wir sehen somit in Arabien ganz etwas Aehnliches, wie in Deutschland. Auch wir haben Ländernamen, wie Baden, Würtemberg, die ausschließlich dyna-stisch sind, daneben solche von Volksstämmen wie Sachsen, Baiern, die jetzt nur noch Theilen der Länder gegeben werden, die sie ursprünglich tragen, ganz wie der Name Jafi'a.

hinstreckt und einen südöstlichen Ausläufer, der sich etwa um einen Grad südlicher hinzieht, als die größere compacte Ländermasse. Dieser süd-östliche Ausläufer beginnt im Süden nahe an 14° 20' und erstreckt sich etwa bis 15° nördl. Breite bei einer Längenausdehnung von 45° 50' bis 46° 20' östl. Länge v. Gr. Der nördliche Hauptstock des Rezaz-landes liegt ungefähr zwischen 45° 50' und 45°, ja selbst an einzelnen Stellen erreicht er 44° 50' östl. Länge v. Gr., bei einer verhältnißmäßig schmalen Breitenausdehnung von 14° 40' an Stellen 14° 50', bis zu 15°, 15° 10' vielleicht auch 15° 20' nördl. Breite. Dies Alles natür-lich nach ungefährer Schätzung, die auf den Berichten der Einhei-mischen beruht.

### III. Grenzen.

Der Hauptstock des Landes grenzt im Süden an Ober-Jaſi'a, im Westen an Gese und Reda', unabhängige städtische Gebiete, im Norden an die Stammesgebiete der 'Anß. Im Osten vereint er sich mit dem südlichen Ausläufer des Rezazlandes. Letzterer grenzt im Süden an das Audeliland und im südlichen Theil des Westens an Jaſi'a. Im nördlichen Theil seiner Westseite ist er mit dem Hauptstock des Rezaz-landes verbunden. Im Norden grenzt er an Gezab, ein unabhängiges Gebiet, und im Osten an das Land der Oberen 'Auwaliq.

### IV. Bodenerhebung.

Das ganze Land der Rezaz wird aus den nördlichen Abhängen der zwei großen Gebirge, des Sarw Himyar (Jaſi'berge) und des Kor gebildet. Die Abdachung des Kor ist der südöstliche Ausläufer, die der Jaſi'berge der Hauptstock des Landes. Letzterer ist durchaus noch Hö-henland. Auf dieser Seite beginnt das eigentliche Tiefland erst nördlich vom Rezazgebiet, da eben dieses hier in Bezug auf die geographische Breite sehr schmal ist. Anders ist es mit dem südöstlichen Theil des Landes, der Abdachung des Kor; diese beginnt bedeutend südlicher, als die der Jaſi'berge und sinkt schon innerhalb des Rezazlandes zu einer flachen Senkung hinab. Dies ist das Tiefland von Behan, der nordöstliche Theil des Rezazlandes. Die beiden Abdachungen, die des Kor und die der Jaſi'berge treffen in der Gegend von Radman zu-zusammen.

## V. Wadis.

Alle Wadis des Rezazlandes liegen schon nördlich der Wasserscheide und fließen dem großen Binnenlande, Gof (Djauf), zu. Die von dem Kor nordwärts fließenden Wasser vereinigen sich im Nordost des Rezazlandes mit den nördlichen Abflüssen der Yafi berge, und außerdem nehmen erstere auch noch einen Theil des westlichen Abflusses der 'Aulaqiberge (Sarw Madhig) auf. Alle diese drei Abflüsse bilden hier nur ein einziges System.

Vom Kor kommen folgende Wadis:

W. Thamat, fließt an Beda, am Nordfuß des Kor, vorbei, von Süd nach Nord über Behan eb Dola nach Behan el Gezab, letzteres schon außerhalb des Rezazlandes.

W. Beraike, vom Kor kommend, fließt gleichfalls in der Nähe von Beda vorbei, eine Zeitlang dem W. Thamat parallel und vereinigt sich dann mit ihm.

W. Medheq, fließt durch das Stammesgebiet der Azan, vereinigt sich im Osten mit dem W. Thamat.

W. Omm Chalif, von dem nordöstlichen Abhange der Kor, nimmt im Westen den W. Hauwir auf und fließt in den W. Thamat.

Vom Aulaqi-Hochland kommt:

W. Mesware, kommt vom Osten, fließt nach Nordwest am Schloß Mesware vorbei und nach Behan eb Dola in den W. Thamat.

Von den Yafi bergen kommen:

W. Radman oder Melagem, kommt aus Melagem an dem nordöstlichen Abfall des Sarw Himyar, fließt nach Ostnordost in den W. Thamat, mit dem er sich jedoch erst im Tiefland Gezab vereinigt.

W. Yella, entspringt im Nordwesten der Yafi berge, fließt nordöstlich und vereinigt sich gleichfalls erst in Gezab mit dem W. Thamat.

Es ist wahrscheinlich, daß der W. Thamat in seinem Tieflauf einen anderen Namen, etwa W. Behan oder W. el Gezab, führt, doch habe ich ihn nicht in Erfahrung gebracht.

## VI. Klima und Bodenerzeugnisse.

Die meteorologischen Verhältnisse sind günstig, indem das ganze Land in der Zone der tropischen Sommerregen liegt. Demungeachtet

kommen im Tiefland wüstenartige Striche vor, so z. B. am Tieflauf
des W. Radman eine Wüste, Chobbet el Gu'an (Hungerwüste) genannt,
die sich im Norden von Melazem bis gegen Behan el Gezab hinzieht;
doch liegt sie zum Theil schon außerhalb (im Norden) des Rezazlandes.
Das Tiefland des Kl. Thamal dagegen, am Behan ed Dola, ist ein
fruchtbares Palmenland, was bereits Hambani erwähnt. Hier wächst
auch viel Sesam.

Die Gegend um Beda, am Nordabhange des Kor, ist fast noch
Hochgebirge. Hier gedeihen Obstarten, Wein, Feigen, Granaten, treffliche Pfirsiche. Im Bergland wächst vielfach eine Sinapusart, Chardel
genannt, aus der das Oel für den gewöhnlichen Gebrauch genommen
wird, da nur das Tiefland Sesam hat. Der nördliche Abhang der
Vasiberge scheint vorzugsweise Weideland. In den höheren Gegenden
findet sich Gerste, Hafer, in den mittleren Durra, Mesewell (rother
Dochn), wenig Weizen. Kaffee, Kaat, Baumwolle fehlen.

## VII. Mineralquelle.

Eine Mineralquelle, der Beschreibung nach schwefelhaltig, befindet
sich in Msa'de, im Gebiet der Eu'ad, unweit der Westgrenze. Die
Quelle ist heiß, aber in ihrer nächsten Nähe scheint eine kalte zu sein.
Denn nur so kann ich mir die Erzählung der Araber zusammenreimen,
welche einstimmig aussagten, es flösse hier aus einer und derselben
Quelle zugleich kaltes und heißes Wasser. Nach dem landläufigen
Aberglauben geschieht das Wechseln der Temperatur des Wassers auf
Anrufen des Ginn (Genius) der Quelle. Dieser Ginn heißt Msa'ud.
Ruft nun der Badende „Ya Msa'ud berd" (o Msa'ud, kalt!) so fließt
kaltes, ruft er „Ya Msa'ud hami" (o Msa'ud, heiß!) so fließt heißes
Wasser.

Die Entdeckung der Quelle wird folgendem Wunder zugeschrieben:
Ein Bettler, der in Msa'ide wohnte, bat den Schutzheiligen des Orts,
den 'Alluwan, ihn aus seiner bedrängten Lage zu retten. Der Heilige
erschien ihm im Traume und befahl ihm, am Morgen in seinem
Sendug (Bretterlade) zu suchen. Der Bettler fand darin ein kleines
Kästchen, das er aber nicht öffnen konnte. Der abermals angerufene
Heilige befahl ihm, die Büchse mit Honig zu bestreichen. Nun kam aus
der Büchse eine kleine Schlange hervor, die sogleich fort, in's Gebirge

huschte. Der Bettler lief ihr nach. Plötzlich schlüpfte sie in eine
Felswand hinein und der Bettler sah sie nicht mehr. Aber aus dem
Spalt, den ihr Hineinschlüpfen geschaffen, floß die heiße Quelle. Der
Ruf derselben drang bald durch's ganze Land. Der Bettler wurde ihr
Eigenthümer und Wächter und als solcher von allen Badenden reichlich
belohnt. Die Schlange war Msa'ud, der Ginn der Quelle.

Jetzt ist die Quelle Gemeingut. Zum Andenken an das Wunder
versammeln sich jährlich im Monat Reçeb viele Tausend Araber hier
und bleiben mehrere Tage. Eine längere Badecur findet man nicht
für nöthig. Die Reise dahin wird ganz wie eine Siara (Wallfahrt)
behandelt. Hier werden auch dann die Stammesangelegenheiten geregelt und Feste abgehalten.

### VIII. Stämme.

Ihrem Ursprunge nach sind die Reçaz Jasi'i, also unzweifelhaft
Himyaren. Jetzt zerfallen sie in folgende Unterstämme:

1. Açan*), ein sehr großer Stamm, dessen Gebiet von Beda
aus sich eine Tagereise nach Nordost erstreckt.

2. Omr, eine kleine Tagereise nordwestlich von Beda.

3. Dobban, in und um Beda.

4. Hamelan, eine kleine Tagereise westlich von Beda gegen
Jasi'a zu.

5. Melfi, bei Medware, eine Tagereise im Nordnordost von
Beda.

6. Hai, an der Grenze von Jasi'a, eine kleine Tagereise westlich
von den Hamelan.

7. Ahl Beçça, der mächtigste Stamm, wohnt im ganzen
Tiefland von Behan ed Dola am W. Thamat.

8. Ahl Hescham, in Taft, einen halben Tag nordwestlich von
den 'Omr.

9. Melaçem, in Radman, westlich von Taft, südwestlich von
Behan ed Dola, nordwestlich von Beda, nordöstlich von Jasi'a.

---

*) Hamdani erwähnt den Jasi'stamm Adan in el 'Orr, welches hier ganz
nahe liegt. Da er die kritischen Punkte oft wegläßt, so ist wahrscheinlich Açan
(mit djal zu lesen und die südarabische Aussprache ist für dj (djal) oft wie z
(zain).

10. Sn'ab, auch Si'ub genannt im Blad es Su'ab und Msa'ibe, direct im Norden von Rasi'a, ¼ Tag westlich von Radwan und 1¼ Tag östlich von Gese, im Flußgebiet des W. Yella.

11. Ahl Hosain, wohnen zwischen der Westgrenze und den Su'ab, einen Tag östlich von Gese, ¼ Tag westlich von Msa'ibe, am W. Yella.

12. Bazir, wohnen an der Westgrenze zwischen Gese und den Ahl Hosain, nördlich von ihnen beginnt das Gebiet der Murad und 'Ans.

### IX. Städte und Ortschaften.

Behan (Baihaan) eb Dola, d. h. das Behan des Herrschers, weil es die Hauptstadt ist. Man setzt immer eb Dola dazu, weil unter Behan schlechtweg oft das Behan el Gezab, das zwei Tagereisen nördlicher liegt, verstanden wird. Obgleich Hauptstadt, so hat doch Behan keine eigentlich städtische, d. h. bürgerliche, handels- und gewerbsbeflissene Bevölkerung. Die Bewohner sind alle Dobayel (freie Stämme) vom Geschlecht der Ahl Begga und verachten jede bürgerliche Beschäftigung. In Folge davon wenig Handel, unbedeutender Markt. Etwa 200 Einwohner. Juden werden hier gar nicht geduldet. Großes Schloß, genannt Hoßn Hosain Rezaz. Hier sind, wie fast überall im Tieflande, die Gebäude nicht mehr von Stein, sondern von Luftziegeln. Der Sultan, obgleich Behan seine officielle Residenz ist, wohnt gewöhnlich in

Mesware; großes Schloß des Sultans und Residenz, genannt Hoßn Mesware, am Wadi gleichen Namens, eine kleine Tagereise südöstlich von Behan eb Dola und eine Tagereise nordöstlich von Yeda. Sehr kleine Stadt, besteht eigentlich nur aus fünf Regierungsschlössern. Hier ist das Steueramt für alle Karawanen, welche das Land der Rezaz durchziehen. Die Salzkarawanen von Chabl, die nach Westen gehen, müssen hier vorbei und Steuer entrichten.

Yeda (Yalbhaa), größte Stadt im Lande und einzige Handelsstadt, einziger Ort, der eine bürgerliche Bevölkerung besitzt, wird auch der „Bander" (Handelsemporium) genannt. Liegt am Nordwestfuß des G Kor, zwischen W. Thamal und Beraike, in fruchtbarer, baumreicher Gegend. Die Einwohnerzahl wird auf 2000 Seelen geschätzt. Darunter sind auch Juden, aber sehr wenige, kaum 30 Seelen. Viele zugewanderte

Frembe. Die anderen sind von Haus aus Städter ohne Stammestraditionen und stehen social und politisch sehr tief, selbst wenn sie reich sein
sollten. Reichthum herrscht hier jedoch nicht, kaum etwas Wohlhabenheit.
Die Bewohner sind Kaufleute, Handwerker, theils auch Landbauern, aber
alle Raye und stehen unter despotischer Zuchtruthe sowohl des Sultans, wie
aller in die Stadt kommenden Dobayel. Der Sultan hält hier einen eigenen
Statthalter, Neqib betitelt, der jedoch nichts ist, als ein Beamter, und
z. B. ohne Erlaubniß des Sultans nicht zum Tode verurtheilen darf.
Der Sultan hält eine Garnison von 30 Dobayel, welche die Städter
despotisch behandeln. Vier große Regierungsschlösser von Stein. Die
anderen Gebäude sind nur mittelgroß, aber fest gebaut, von Stein.
Die Stadt hat einen kleinen Basar und einen sehr besuchten Wochenmarkt.

'Assa, kleine Ortschaft nahe bei Beda, ausschließlich von Scherifen
bewohnt.

Dörfer im Stammesgebiet der Azan: Auwan, Mesabet, Schir-
gan, Meschrah, Cerru.

Dörfer im Gebiet der Dobban: Melwoqein, Dahalli, Hagr.

Taft, Hüttendorf der Ahl Hescham.

Sonst in jedem Stammescentrum ein nach dem Stamme ge-
nanntes Dorf. Radman ist keine Stadt, sondern Landschaft des Stammes Melagan.

## X. Politisches.

Sultan Hosain ibn Omm Rezaz, hat den Dobayel gegenüber nur die Macht des obersten Kriegsherrn. Die Dynastie besteht
aus zwei betitelten Zweigen, die jedesmal in der Herrschaft abwech-
seln, beide von Omm Rezaz stammend. Jeder Stamm hat seinen
'Atel, der vom Sultan fast unabhängig ist. Der Sultan selbst ist
jedoch 'Atel der Ahl Begga, des mächtigsten Stammes. Die großen
Stammeshäuptlinge, wie der der Azan, heißen 'Atel el Korub. Nur
über die Raye, deren jedoch blos in Beda sind, Parias und Juden
herrscht der Sultan despotisch und besteuert sie oft sehr willkürlich. Er
wohnt meist in Meswate, wo das Zollamt. Dort bezieht er für die
Kameellast Salz aus Chabt ein Drittel M. Th. Thaler, für die Last
getünchter Tücher aus Nicab einen M. Th. Thaler. Der Sultan kleidet

sich wie ein gemeiner Mann, d. h. blos mit dem Lendentuch. Auf
dem Haupte trägt er, wie fast alle südarabischen Fürsten, den Dismal,
indischen Turban. Wenn er ausgeht, hält er eine Lanze als Amtszeichen
in der Hand.

## XI. Justiz.

Der Sultan kann blos die Bewohner von Beda richten. Seine
Justiz ist lange nicht so streng, wie die anderer Fürsten. Diebe erhalten blos Prügel, einige zwanzig Hiebe. Dieselbe Strafe für Keuschheitssünden. Handabhauen ist unbekannt. Ehebrecher dürfen nur von
den Verwandten des beleidigten Mannes getödtet werden. Bei Mord
wird die Hinrichtung von des Getödteten Verwandten, unter Aufsicht
der Regierung, vollzogen. Gefängniß für kleinere Vergehen.

Gottesgericht wird im Lande selbst nicht ausgeübt. Man geht nach
Dara, um sich Rath zu holen.

## XII. Blutrache.

In die Criminalangelegenheiten der Dobazel darf sich der Sultan
nicht mischen. Hier bleibt Alles der erblichen Blutrache überlassen, die
oft in schauererregender Weise um sich greift. Meist zieht jede Blut-
that eine ganze Reihe von Morden nach sich, besonders da es beispiellos ist, daß Jemand die Dije (das Blutgeld) nähme. Die Einzigen, denen es manchmal gelingt, dem Blutvergießen Einhalt zu thun,
sind die Scherife. Sie kommen uneingeladen als Friedensstifter in die
Dörfer. Voran schreitet ein Trommler, dann der Träger der heiligen
Fahne, darauf kommt der alte Scherif mit seinen Söhnen, Brüdern rc.
Die Ehrfurcht, die jeder Sunnite vor den Scherifen hat, nöthigt die
Leute, sie gut aufzunehmen und auch dazu, während deren Anwesenheit die Blutfehde ruhen zu lassen. Dadurch ist schon etwas gewonnen.
Nun quartiert sich aber der Scherif beim Stammeshäuptling ein und
setzt ihm täglich so viel mit Predigten, Sprüchen, Ermahnungen zu,
bis er endlich das Versprechen erlangt, die Fehde für eine Zeitlang
ruhen zu lassen. Gewöhnlich sträuben sich die Araber mit Händen
und Füßen gegen den Frieden. Den Dobazel gilt der Frieden immer
für halb und halb unehrenhaft; darum gelingt es auch den Scherifen
meist nur, einen Waffenstillstand herbeizuführen. Um die Dauer des-

ſelben ſoll oft förmlich gefeilſcht werden. Der Scherif will einen langen, die Debaʒeʔ nur einen ſehr kurzen. Endlich, wenn der Scherif das Mögliche erlangt hat, läßt er ſich Alles feierlich beſchwören.

## XIII. Geſchichtliches.

Die Reʒaʒ ſind ein ganz neues Volk. Bis etwa 1750 theilten ſie das Schickſal ihrer Stammesgenoſſen, der Waſiʔi. Seit ſie ſich von dieſen losgeriſſen, ſcheinen ſie immer in Frieden mit ihnen gelebt zu haben. Sie ſind übrigens den Oberwaſiʔi ſehr an Macht überlegen. Auch mit den anderen Nachbarn haben ſie Frieden, obgleich ſie die 'Ans und Murad, ihre nördlichen Nachbarn, tödtlich haſſen. Aber es kommt doch ſelten weiter, als zu Blutfehden zwiſchen den Grenʒ-ſtämmen.

## XIV. Sitten, Religion u. ſ. w.

In der Religion unterſcheiden ſich die Reʒaʒ in Nichts von den Waſiʔi.

Die Männertracht iſt auch hier das bekannte Minimum. Die Frauen tragen Hemd und ein dunkelblaues Umſchlagetuch, das ſie, wenn ſie Männern begegnen, ſo über's Geſicht halten, daß nur ein Auge ſichtbar wird. Das Haar hängt tief in die Stirn.

## XV. Parias.

Die Parias, alle von der weniger verachteten Abtheilung, führen Namen nach ihren Gewerben: Charras (Drechsler), Doſchan (Straßen-ſänger), Habbab (Schmied). Das Schmiedehandwerk, ſehr verachtet, iſt ſonſt in Händen der Juden. Da es hier wenige giebt, ſo müſſen die Parias es ausüben.

---

# Zehntes Capitel.

## Gezab.

### I. Name.

Gezab ist ein uralter Ländername, der schon bei Hambani vorkommt, wenn auch etwas anders vocalisirt*). Aber die Beschreibung
der Lage scheint hierher zu passen.

### II. Geographische Lage.

Wie weit sich Gezab nach Norden, Nordosten und Nordwesten
ausdehnt, konnte ich nicht in Erfahrung bringen, da diese Landschaft
schon gänzlich außerhalb des Anziehungsgebiets von Aden liegt und,
wie man mir sagte, niemals ein Bewohner desselben nach Aden gekommen
ist, seit dieses den Engländern gehört. Der südliche Theil von Gezab
liegt ungefähr zwischen 45° 50' und 46° 20' östl. Länge von Gr. und
zwischen 14° 50' oder 15° und 15° 30' nördl. Breite.

---

*) Er schreibt Gezaib oder Gezib. Da die diakritischen Punkte fehlen, so
kann freilich auch Gerib gelesen werden. Wüßte man, wo der Ort Hassa, den
Hambani nahe dabei angiebt, läge, so würde dies alle Zweifel zerstören. Aber
von einem Hassa konnte ich nichts erfahren.

### III. Grenzen.

Im Süden und Südwesten das Land der Rezaz. Im Westen und wahrscheinlich auch im Norden die Stammesgebiete der Murad und 'Ans. Im Südosten das Land der Oberen 'Auwaliq.

### IV. Bodenerhebung.

Der größte Theil des Landes ist Tiefland, die nördliche Fortsetzung jener Abdachung, welche das Land der Rezaz auf der Nordseite der Wasserscheide bildet. Im Osten tritt das mächtige Hochgebirge, Gebel Dern, auf, welches im Nordwesten der Aulaqilländer, im Nordosten des Rezazlandes seine südlichsten Ausläufer hat. Gegen das Tiefland von Behan el Gezab fällt es im Westen ab. Wie weit es sich aber nach Norden und Nordosten erstreckt, ist bis jetzt unbekannt. Ob der Gebel Dern überhaupt in seiner größeren Ausdehnung zum Gezab geschlagen werden muß, ist zweifelhaft, da alle Araber, welche ich darüber sprach (die das Land freilich nur von Hörensagen kannten), mit Gezab nur den Begriff eines Tieflandes, das sich nach dem Gof zu abdacht, verbanden.

### V. Wadis.

W. Thamal, vom Gebel Kor kommend, durchfließt erst von Süden nach Norden den Südosten des Rezazlandes und durchzieht das Gezab in derselben Richtung.

W. Radman, vom Nordosten der Rasi'berge kommend, vereinigt sich zwischen Behan ed Dola und Behan el Gezab mit dem W. Thamal.

W. Hekla kommt von Bazir im Rezazlande (an dessen Westgrenze), fließt von Südwesten nach Nordosten und mündet unterhalb Behan el Gezab in den W. Thamal. Niebuhr's W. Behan, von West nach Ost fließend, nimmt wahrscheinlich alle diese Flüsse in seinem Tieflauf auf und wendet sich dann nach Norden.

### VI. Flußsysteme.

Es ist interessant, die Flußsysteme dieser ganzen Gegend, wie sie Hambani giebt, zu recapituliren und mit unseren Informationen zu vergleichen.

Er sagt:

1. Der Kor bewässert im Süden Datina.

2. Der Sarw Mabhiz bewässert Gerban und Marcha, seine südlichen Ausläufer Datina.

3. Rabman (d. h. die Landschaft, ein Theil des Sarw Himyar)
bewässert Behan. (Welches Behan ist nicht gesagt.)

4. Der Gebel Dern bewässert Haffa und Gozaib (Gezab).

Alles dies trifft zu, wie wir oben bei Datina, beim 'Aulaqi und
Rezaylande gesehen haben. Hambani weiß nicht, daß Behan außer von
Rabman (Abhang der Paß berge, des Sarw Himyar) auch vom Kor
bewässert wird. Nun wird Behan el Gezab aber jedenfalls auch vom
Gebel Dern bewässert, so daß hier drei Flußsysteme zusammentreffen.

### VII. Klima und Bodenerzeugnisse.

Das Land empfängt die tropischen Sommerregen, ist also überall
da fruchtbar, wo der Boden nicht eine absolute Wüste ist, wie am
Tieflaufe des W. Rabman, den die Wüste Chobbet el Gua'an fast bis
zu seiner Vereinigung mit dem W. Thamat begleitet. Das Tiefland
von Behan el Gezab soll fruchtbar an Datteln, Baumwolle, Indigo
sein; die westlichen Abhänge des Gebel Dern sollen Obstbäume tragen.

### VIII. Stämme.

Der herrschende Stamm in Gezab sollen die Moffabein sein,
welche in früheren Zeiten Beni Harith geheißen hätten. Da hier keine
Himyaren mehr wohnen (die Rezay sind auf dieser Seite die südlichsten
Himyaren), so dürften wir in diesen Beni Harith[*] vielleicht den bekannten
Kindastamm vermuthen. Einer der Unterstämme der Moffabein wurde
mir als Tobban genannt. Er wohnt in Behan el Gezab und Umgegend. Der G. Dern, so hieß es, sei von einem Stamme von De-
rawich oder Meschaich (Heiligensöhnen) Namens Hayat bewohnt.

---

[*] Die B. Harith waren Nachkommen des Mo'awiya ben Kinda. Es gab
verschiedene Abtheilungen, alle von Harith ben Mo'awiya stammend. 1) Die Abdha
b. Harith. 2) Die B. Rayisch b. el Harith. 3) Die B. Mo'awiya b. el Harith.
4) Die Bodda b. el Harith. Außerdem werden noch Beni Haritha genannt. Die
Kinda wohnten zwar vorzugsweise in Hadramaut, aber sie dehnten sich doch auch
in der Gegend der Mabhig und südlich vom Gof aus.

### IX. Ortschaften.

Behan (Baihaan) el Gezab, am W. Thamal, etwa 2 Tagereisen
nördlich von Behun ed Dola, Hauptstadt und Sitz des 'Akel, soll
eine große Stadt sein und viel Verkehr mit dem Binnenlande, el Gof,
haben. Von anderen Ortschaften erfuhr ich nichts.

### X. Politisches.

Gezab soll keinen Sultan, sondern nur einen 'Akel haben, der
in Behan el Gezab residirt. Die Bewohner sollen alle Kobayel sein.
Den Rezaz sind sie feindlich. Sie sind sicher verschiedener Abstammung, wahrscheinlich auch verschiedener Confession, d. h. Zaidi, denn
ich hörte die Rezaz immer von ihnen mit einem Haß und einer Verachtung sprechen, wie nur religiöser Fanatismus sie zu erzeugen pflegt.

# Elftes Capitel.

## 'Aqâreb.

—

### I. Name.

'Aqrabi, im Collectiv 'Aqareb, ist der sehr alte Name dieser Völkerschaft, den sie schon zu Hamdani's Zeit führte. In noch älterer *) hieß sie Beni Harith; und 'Aqareb, das „Skorpione" bedeutet, war nur das Symbol.

### II. Geographische Lage.

Dieses kleinste aller Ställein umfaßt nur 2—3 Quadrat-Meilen an Flächeninhalt und liegt auf dem westlichen Ufer der Towahi-Bucht (Rhede von Aden) zwischen 44° 51' und 44° 57' östl. Länge v. Gr. und zwischen 12° 47' und 12° 57' nördl. Breite.

### III. Grenzen.

Vor einigen Jahren grenzte das 'Aqrabi-Land im Osten und Süden an's Meer, im Westen an's Ssobehi-Land und im Norden an Lahez. Jetzt hat ihm England seinen Küstenstrand mit dem Gebel Hasan ab-

———

*) Hamdani sagt: Beni Harith und das sind die 'Aqareb.

gekauft, so daß es jetzt im Süden und Osten an englische Besitzungen grenzt und ganz vom Meere abgeschlossen ist.

#### IV. Bodenerhebung.

Der Gebel Haſan (mit dem Asses ears), eine mächtige vulkanische Masse, die wie eine Inſel zwiſchen Flachland und Meer liegt, gehört jetzt nicht mehr den 'Aqareb, da ſie ihn an England verkauft haben. Jetzt besteht ihr Land nur aus einer wenig erhöhten ebenen oder gewellten Steppe.

#### V. Wadi.

Der Wadi Tobban oder Fluß von Laheg durchzieht das kleine Land in ſeinem Tieflauf und mündet bei Heſſua (jetzt engliſch) in's Meer.

#### VI. Klima und Bodenerzeugniſſe.

Das Waſſer des W. Tobban gelangt nur ſelten bis hierher, da die Bewohner von Laheg es zur Bewäſſerung ihrer Felder aufbrauchen. Nur im Hochſommer, wenn die Regen im Innern den Fluß ſchwellen, kommt eine dann allerdings bedeutende Waſſermenge das Flußbett hinab, iſt aber eben ſo ſchnell wieder zerronnen und wird ſo gut wie gar nicht ausgebeutet. Als ein Küſtenland hat es ſelbſt keine tropiſchen Regen, ſondern iſt auf die ſehr ungewiſſen Winterregen angewieſen, die manchmal drei Jahre ausbleiben. Bei ihrer alten Erbfeindſchaft gegen Laheg behaupten die 'Aqareb, es läge böſer Willen in jener Flußaufſtauung und dem muthwilligen Waſſerverbrauchen, daß ſie den 'Abadel zur Laſt legen; dies geſchähe alles nur, um ihnen das Waſſer abzuziehen. Man citirt ſogar ältere Zeiten, in denen der W. Tobban auch zur Bewäſſerung des 'Aqareb-Landes reichlich benutzt wurde, aber man vergißt, daß eben in jenen Zeiten das Verhältniß zu Laheg ein anderes war und daß man wohl ſeinen Freunden eine Wohlthat zukommen läßt, aber Niemand gezwungen werden kann, ſeinen Feinden etwas zu überlaſſen, was er ſelbſt gebrauchen kann. Jene „älteren Zeiten" müſſen übrigens in grauer Vorzeit geſucht werden, denn ſchon ſeit Jahrhunderten ſind beide Völker Feinde.

In Folge dieſes Waſſermangels ſind die Producte ſehr ſpärlich und beſchränken ſich auf Dochn, Dutra, etwas Weizen, Dompalmen. Datteln fehlen. — Mit Trinkwasser ist es auch sehr schlecht bestellt. Die Brunnen sind brakisch. Keine Quellen. -

Dennoch ist das ebene Land keineswegs öde. Auf einem Ritt, den ich durch dasselbe machte, staunte ich über die Fülle wilden üppigen Strauchwerks, das den Boden bedeckte: Ricinus, Jasmin, wilder Lawendel, verschiedene Mimosenarten, wie Sayal, Semur, die oft beträchtliche Höhe erreichten, der nie fehlende Nebekbaum, die eben so schöne als unnütze Dompalme (die nichts als ein schlechtes gegohrenes Getränk und Strohmatten zu liefern vermag), die Pavetta longifolia (noch das nützlichste von Allem, da seine Zweige die bekannten arabischen Zahnhölzer, welche zugleich Zahnstocher und Zahnbürste und sicher unseren Bürsten vorzuziehen sind, liefern); endlich eine charakteristische, wirklich die Landschaft zierende Pflanze, der Giftstrauch „Oscher" mit seinen schönen großen Blüthen und seiner massenhaft aus den Stielen hervorquillenden weißen Milch. Forskal nennt den Oscher Asclepias procera. Aus seiner Milch, so wurde mir erzählt, soll sich, obgleich sie giftig ist, doch ein genießbares Salzmehl absondern lassen, ähnlich wie die Tapioka, die ja bekanntlich auch das Product einer Giftpflanze (in Brasilien heimisch) ist. Ich möchte dies jedoch bezweifeln.

### VII. Ortschaften.

Hauptstadt: Bir Ahmed, ist der einzige nennenswerthe Ort im ganzen Gebiet, Sitz des Sultans. Kleiner Basar mit Läden, die fast immer halbgeschlossen sind. Wochenmarkt. Etwa 30 Häuser, worunter das Schloß des Sultans, stattliches Gebäude mit 4 Stockwerken, 4 großen Eckthürmen, Terrassen und Zinnen, jedoch nur winzig kleinen Fenstern, mit Holzschnitzwerk versehen. Alle Bauten von Luftziegeln, ohne Anstrich. Außerdem besteht noch ein Gewirre von Stroh- und Schilf-Hütten, in denen Beduinen und Fremde wohnen. Außer den eingeborenen Einwohnern, etwa 200 an der Zahl, giebt es hier noch eine ziemlich zahlreiche und buntgemischte flottante Bevölkerung, aus allen moslimischen Elementen, die das nahe Aden beherbergt, sich erneuernd: ostindische Moslems, Habramauter (diese Kaufleute Arabiens), Somali's (Subäthiopier von der Berbera-Küste), wirkliche Neger, Juden; ich sah sogar einen Chinesen.

### VIII. Der Sultan der 'Aqareb und sein Hof.

'Abd Allah ibn Haidra, der Sultan der 'Aqareb, oder wie er ge-

wöhnlich genannt wird, der Schech von Bir Ahmed, ist ein schwächlich
aussehender Mann von etwa 50 Jahren, beinahe ganz schwarz, fast
bartlos, mittelgroß, mager und verfallen.  Bei einem Besuch, den ich
ihm im Frühjahr 1871 machte, empfing er mich in einem niedrigen
Schuppen, in welchem er in Mitte seiner Brüder und Vettern saß.
Alle waren bis auf das Lendentuch nackt, trugen aber fürchterlich große
Gembije (Dolchmesser), sogar einige ganz junge Knaben.  Dem Sultan
wurde ganz dieselbe, keine höhere Ehrenbezeugung erwiesen, wie seinen
Brüdern, die dicht neben ihm saßen.

Jeder Eintretende küßte nämlich dem Sultan die Hand, aber dieser
ließ sie sich nicht vornehm küssen, sondern hielt die Hand, welche die
seinige zum Munde geführt hatte, fest und machte Miene, sie gleichfalls
küssen zu wollen, ja einigen alten Männern gegenüber ließ er es nicht
bei der Miene.  Alles dies zu wiederholten Malen und mit anscheinend
großer Herzlichkeit.

Ganz dasselbe Ceremoniell fand den Brüdern des Sultans gegenüber
statt.  Seine Unwissenheit in Bezug auf europäische Dinge war groß,
ja selbst von Arabien schien er nichts zu kennen als Aden, auch dieses
kaum.  Von Europa's Völkern kannte er nur die Engländer.  Von den
Franzosen hatte er gehört und hielt alle Nicht-Engländer für solche, so
auch mich.  Obgleich ich ihm meine Eigenschaft als Deutscher mehrmals
auseinandergesetzt hatte, verrieth sein Gespräch doch immer wieder, daß
er mich für einen Franzosen hielt, ja er machte sogar einige für letztere
schmeichelhafte Bemerkungen, in der Meinung, mir zu gefallen, was bei
dem damals zwischen uns und Frankreich noch herrschenden Kriege sehr
komisch herauskam.

Er schien gar nicht begreifen zu können, warum ich ihn besuche,
vermuthete irgend einen politischen Zweck und wartete gespannt auf die
Enthüllung des Geheimnisses.  In Bezug auf alle Fragen, die ich über
sein Land that, war er sehr zugeknöpft.  Merkwürdig war mir auch,
daß keiner seiner Unterthanen wußte oder wissen wollte, daß der Sultan
englischer Pensionär ist.  In Aden fällt es Niemandem ein, hieraus ein Geheimniß zu machen, da es offenkundig ist, daß alle kleinen südarabischen
Fürsten Pensionen von England beziehen, und Niemand erblickt darin
etwas, dessen sich diese Fürsten schämen müssen, da nach arabischen Begriffen nicht der Empfänger, sondern der Zahler, den man gern mit

einem Tributpflichtigen verwechselt, sich eines solchen Verhältnisses zu
schämen braucht. Hier aber fand ich es umgekehrt.

Komisch war auch, daß dieser nur zwei Schritte von einer englischen
Stadt wohnende Fürst nie in seinem Leben eine Cigarre gesehen hatte,
so daß eine von mir angezündete sprachloses Erstaunen und Nachfragen,
was das Wunderding sei, hervorrief. Man hielt es allgemein für
Haschisch, von welchem betäubenden Kraut man hier gehört hatte, das
aber Niemand kannte. Man raucht hier, wie in ganz Südarabien,
nur die Wasserpfeife (Margileh). Auch im Empfangszimmer des Sultans
standen mehrere, gefüllt und angezündet, und machten die Runde. Jeder
that ein paar Züge und überließ die Pfeife dann seinem Nachbar.
Auf einem Kohlenbecken, im Winkel des Zimmers, stand ein großer
Kaffeetopf, gefüllt mit Gischr, dem Absud der Kaffeehülsen, welchen man
hier, im heißen Tiefland, dem für zu erhitzend, ja für fiebererzeugend
gehaltenen Absud der Bohnen vorzieht. Davon wurde stets in reichlicher Menge herumgereicht. Jeder Anwesende trank wenigstens vier
Tassen. Mancher Südaraber soll täglich an dreißig Tassen Gischr
leeren, was ihn gleichwohl nicht ruinirt, denn die Hülsen, die nicht exportirt werden können, sind spottbillig.

### IX. Regierung.

Die Regierung ist durchaus patriarchalisch und wird vom Sultan
in innigem Einverständniß mit seinen Brüdern und Vettern, ja allen
Mitgliedern der Dynastie, ausgeübt. Selbst seine Einkünfte darf er
sich persönlich nicht zueignen, sondern muß Jedem seiner Verwandten
eine Quote abgeben. Dieselben bestehen aus der englischen Pension von
50 Maria-Theresien-Thalern monatlich (etwa 880 preuß. Thaler jährlich)
und dem Transito-Zoll von 2% vom Werthe aller durch sein Gebiet
beförderter Waaren. Dieser Zoll ist nicht unbedeutend, da fast Alles,
was von Südwest-Yemen nach Aden geht, über Bir Ahmed transportirt wird. Er war jedoch vor etwa zwanzig Jahren noch viel an-
sehnlicher. Daß er abgenommen hat, bildet auch wieder (ganz wie die
oben erwähnte Wasserfrage) einen Beschwerdegrund gegen den Sultan
von Laheg.

Ein großer Theil der im Westen und Nordwesten von Bir Ahmed
wohnenden Sobehi-Stämme ist nämlich in neuerer Zeit in eine Art von
freiwilligem Vasallen-Verhältniß zum Sultan von Laheg getreten, und

da dieser gleichfalls einen Zoll für die fein Gebiet durchziehenden Waaren erhebt, so suchte er natürlich jene Stämme zu bestimmen, die Karawanen abzulenken, und sie statt den näheren Weg über Bir Ahmed den weiteren über Laheg nehmen zu lassen; einen Gefallen, welchen ihm viele dieser Stämme auch gethan haben, so daß nun der Zoll nicht weniger Waaren, statt in die Kasse von Bir Ahmed, in diejenige von Laheg wandert.

Gern würden die 'Aqareb sich dem widersetzen, aber, ganz abgesehen davon, daß England nicht den Krieg zwischen zwei ihm gleich befreundeten, wenn auch untereinander verfeindeten Stämmen gestattet, so ist auch die Ohnmacht des kleinen 'Aqareb-Staates zu groß, um jetzt, da die einstigen Verbündeten ihn im Stich lassen, noch etwas gegen Laheg unternehmen zu können.

Der Sultan hat einige dreißig Soldaten, von denen etwa ein Drittheil Reitkameele, die anderen nur gewöhnliche Kameele haben. Ihnen giebt er nur die Naturalverpflegung, keinen Sold. Sie gehen gleichfalls bis auf das Lendentuch nackt, haben aber oft sehr kostbare Waffen, die ganz den oben bei den Fodli beschriebenen gleichen. Im ganzen Ländchen ist Niemand, der ein Pferd sein eigen nennt.

### X. Justiz.

Alle 'Aqareb scheinen im Verhältniß von Raye zum Sultan zu stehen; aber dies Verhältniß führt hier nicht zum Despotismus. Da die 'Aqareb fast alle miteinander, ja selbst mit dem Fürstenhause verwandt sind, so scheut sich der Sultan, Jemandem eine ernstliche Strafe aufzuerlegen. Seit Menschengedenken ist keine Hinrichtung vorgekommen. Auf Diebstahl steht zwar die Strafe des Handabhauens, dem Coran gemäß, kommt aber nie zur Ausführung. Kleine Diebe sperrt man ein, d. h. man läßt sie mit gefesselten Beinen frei in einem großen Hofe herumgehen. Unverbesserliche Diebe sucht man sich auf gütlichem Wege vom Halse zu schaffen, indem man ihnen Gelegenheit giebt, nach Aden zu entwischen, und sie bleiben dann stillschweigend verbannt.

### XI. Sitten, Religion u. s. w.

Alle 'Aqareb sind orthodoxe Schafe'i und haben ganz dieselben religiösen Gebräuche, wie die Fodli, 'Auwaliq, Yafi'i.

Ihre Kleidung ist auch die jener Völker. Nur bequemen sich die

Frauen hier schon mehr der städtischen Sitte, das Gesicht zu verschleiern.
Die Frauen der Vornehmen kommen zwar fast nie aus dem Hause;
wenn dies aber geschieht, so tragen sie, nach dem Brauch von Aden,
ein buntes Mousselintuch über's ganze Gesicht, selbst die Augen, eng
gespannt. Dies ist jedoch nicht durchsichtig genug, um ihr Gesicht sehen
zu lassen, hindert sie dagegen selbst wenig im Sehen.

In Bezug auf die Absperrung der Frauen ist man hier sehr streng.
Weder das Schloß des Sultans, in welchem sich sein und seiner ganzen
näheren Sippschaft Harem befindet, noch auch die Privathäuser der
Stadtbewohner, ja selbst nicht die Hütten der Armen dürfen jemals von
einem Manne, der nicht zu den nächsten Verwandten gehört, betreten
werden. Der erwähnte Schuppen, in dem mich der Sultan empfing,
ist so ziemlich das einzige neutrale Gebiet, auf dem sich Männer (außer
auf freiem Felde) begegnen können. Diese Strenge geht sogar so weit,
daß man nicht einmal die etwas abgelegeneren Straßen von Bir Ahmed
durchwandeln darf, ohne sich ernsten Vorstellungen ausgesetzt zu sehen.
Solche wurden auch mir zu Theil, als ich es versuchen wollte, die erwähnte Hüttenvorstadt zu besuchen, um dieses merkwürdige Labyrinth
etwas näher zu inspiciren. Der mich begleitende Soldat des Sultan
rief gleich beim ersten Schritt, den ich auf die Hütten zu that: „Aib
lesir honak" (Es ist eine Schande, wenn du hier herumgehst) und
weigerte sich, mich zu begleiten.

Die Araber können nun zwar nicht immer vermeiden, solche verbotene Wege zu betreten, aber sie hüten sich dann wohl, mit den Blicken
umherzuschweifen. Die in Häusern wohnenden Männer dürfen nicht
an's Fenster treten, wenn, was oft geschieht, Frauen aus den gegenüber-
liegenden blicken. Die Dachterrasse pflegen nur Frauen zu besteigen, da
man von dort aus die Nachbarinnen sehen kann. Auch gilt es für sehr
unpassend, beim Durchschreiten der Straßen, selbst der Hauptstraße, seine
Blicke in die Höhe nach den Fenstern zu richten.

Die Frauen brauchen sich auf ihren Terrassen, an den Fenstern, ja in
den abgelegenen Straßen, selbst vor den Hausthüren, lange nicht so viel
Scheu aufzuerlegen. An den Männern ist es, ihren Anblick zu vermeiden, oder wenigstens zu thun, als sähe man sie nicht. Dennoch
gehen diese Frauen auch auf's Feld, um da zu arbeiten, aber gleichfalls
dort beschützt sie die eiserne Sitte, welche jede Annäherung, jedes sich
Umsehen als eine Schandthat brandmarkt.

## XII. Geſchichtliches.

Der Stamm der 'Agareb ſcheint ſchon in alter Zeit dieſelbe Gegend bewohnt zu haben.

Unter dem Namen Beni Harith erwähnt ſie Hamdani, aber er kennt bereits ihren heutigen und ſetzt hinzu: „Die Beni Harith, das ſind die 'Agareb." Es iſt nicht daran zu denken, in dieſen B. Harith den gleichnamigen Kinda-Stamm zu ſuchen. Die 'Agareb ſind ſo unzweifel- haft Himyaren, wie Yafi'i, Sjobehi u. ſ. w. Man braucht ſie nur an- zuſehen, um deſſen gewiß zu ſein. Der Wohnſitz, den Hambani ihnen anweiſt, iſt faſt genau der heutige. Nur ſcheinen ſie früher einen weiteren Bezirk innegehabt zu haben, wahrſcheinlich weil ſie bedeutender, zahl- reicher und mächtiger waren, als jetzt.

Die erſten Reiſenden, welche von den 'Agareb berichteten, waren die Offiziere der engliſchen Küſtenaufnahme von 1833, Cruttenden und Grieve, die von ihnen als einem „ſchönen, kriegeriſchen Menſchenſchlag," etwa 600 Mann ſtark, die in allen Kriegen der Küſtenaraber eine Rolle ſpielen, obgleich ſie nur ein Gebiet von 2 Quadratmeilen ein- nahmen, erzählten. Damals beſaßen ſie noch den Gebel Haſan und die öſtliche Küſte der Towahi-Bucht, hatten ſogar einen kleinen See- hafen, nahe an den ſogenannten „Eſelsohren" (zwei zuckerhutförmigen Felſenſpitzen, Ausläufer des G. Haſan) und trieben etwas Handel. Seit dem Aufſchwung von 'Aden wurde ihr Handel, wie der aller kleinen Küſtenorte dieſer Gegend, durch die Concurrenz des neu aufblühenden Emporiums gänzlich erdrückt, und da ſie keinen Vortheil mehr aus ihrem kleinen Hafenort zogen, ſo gingen ſie auf das Anerbieten Englands ein, ihm den Gebel Haſan, ſowie ihr ganzes weſtliches Küſtenland zu verkaufen. Der Kaufvertrag kam im Jahre 1868 für die Summe von 30,000 Maria-Thereſien-Thalern (44,000 preuß. Thlr.) zu Stande. England zieht aus dieſem Geſchäft keinen anderen Vortheil, als den, daß es nicht mehr Gefahr läuft, einen Theil der trefflichen Towahi- Bucht, der Rhede von Aden, in die Hände einer anderen Seemacht über- gehen zu ſehen; denn nichts hätte die 'Agareb verhindern können, dieſen Küſtenſtrich einer anderen Macht, etwa Frankreich (welches wirklich um jene Zeit darauf ſann, einen arabiſchen Hafen anzulaufen, und dies Anſinnen auch bald darauf durch die Erwerbung von Scheich Sa'id bei

Bab el Mandeb ausführte) abzutreten, eine Abtretung, welche die fragliche Macht zur Mübesitzerin der Rhede von 'Aden gemacht hätte.

Vor dieser Epoche hatten die 'Aqareb schon zu wiederholten Malen Verträge mit England geschlossen, von Zeit zu Zeit zwar gebrochen, indem sie fast an allen Kriegen der umliegenden Stämme gegen 'Aden Theil nahmen, aber stets wieder nach dem alten Entwurf erneuert. Der jetzt in Kraft bestehende Vertrag unterscheidet sich von dem zwischen England und Laheg nur durch die Verschiedenheit der Subsidiensumme (oben schon erwähnt) oder Pension, welche dem Sultan gezahlt wird.

In den inneren Stammesfehden spielten die 'Aqareb, trotz ihrer Geringzähligkeit, immer eine wichtige Rolle. Sie sollen vor einem oder mehreren Jahrhunderten (etwas Verbürgtes konnte ich über die Zeitepoche nicht erfahren) unter Laheg gestanden haben, wenigstens erheben die 'Ababel noch jetzt den Anspruch der Oberhoheit auf ihr Land, ich glaube jedoch mit Unrecht. Zur Glanzzeit des Imamats standen beide, 'Ababel wie 'Aqareb, unter den Fürsten von Yemen. Als sie sich frei machten, scheinen sie eine Zeitlang einen einheitlichen kleinen Staat gebildet zu haben. Aber dieser Zustand konnte von den 'Aqareb nicht lange ertragen werden. Die Antipathie gegen Laheg war zu groß. Diese wurzelt wohl hauptsächlich in dem fremden Ursprung von dessen Dynastie, die nicht himyarischer Abstammung ist, wie die 'Aqareb es ohne Zweifel sind, denn ihre Physiognomie, ihre schwarze Hautfarbe, ihre Körperbildung sind ganz dieselbe, wie die der Rasi'l, der Fodli und anderen Himyaren. Jedenfalls sind die 'Aqareb seit etwa einem Jahrhundert unabhängig von Laheg, das ihnen freilich niemals Ruhe ließ, nie einen wirklichen Frieden mit ihnen schloß und stets den Versuch erneuerte, ihr kleines Territorium zu verschlingen. Daß dies nicht geschah, verdankten die 'Aqareb der mächtigen Bundesgenossenschaft der östlichen Nachbarn und Erbfeinde von Laheg, der Fodli, welche in keinem Kriege verfehlten, ihre Partei zu ergreifen. Der letzte Krieg zwischen 'Ababel und 'Aqareb fand im Jahre 1855 statt. Damals waren die Fodli zu sehr anderweitig (durch den Krieg mit den 'Auwaliq) in Anspruch genommen, so daß die 'Ababel ungehindert nach Bir Ahmed rücken konnten. Der Sultan der 'Aqareb wäre verloren gewesen, hätte nicht ein Zufall ihn gerettet. Die Auwaliq, die Verbündeten von Laheg, forderten nämlich gerade in diesem Zeitpunkt von dessen Sultan die ihnen für diesen Kriegsbeistand versprochenen Subsidiengelder, aber, sei es Geiz,

ſei es Unvermögenheit, der Sultan weigerte ſich zu zahlen. Darüber
löſte ſich ihr Bündniß auf, die 'Auwaliq zogen heim und ließen die
Abadel zwei Feinden, den 'Aqareb und Fodli, gegenüber, welchen
'lepteren ſie nicht gewachſen waren. So ward der Sultan von Laheg
genöthigt, die Belagerung aufzuheben und Waffenſtillſtand eintreten zu
laſſen. Seitdem legt die Uebermacht Englands den beiderſeitigen Feind-
ſeligkeiten Stillſchweigen auf. Zu einem offenen Kriege darf es nicht
mehr kommen, aber an Blutfehden, Privatfeindlichkeiten und Vexationen
aller Art fehlt es zwiſchen den ſich nach wie vor haſſenden Stämmen
auch jetzt nicht.

# Zwölftes Capitel.

## 'Abdell-Land oder Laheg.

• — —

### I. Name.

Der Name 'Abbeli\*), im Collectiv Abadel, ist höchst wahrscheinlich dynastisch. Abgeleitet ist er von 'Abb (Nisba mit eingeschobenem l) das als Stammesname hier sonst nicht vorkommt, wohl aber im Speciellen der Name des Herrschergeschlechts ist. Er ist übrigens neueren Datums. Das Volk wurde früher Asbahin genannt.

Der Name Laheg ist ein uralter Ländername. Nach Baqut hat

---

\*) Die Schreibart 'Abb 'Ali, welche Ritter nach Haines und Wellsted gebraucht, ist durchaus unrichtig und widerspricht auch ganz dem arabischen Sprachgebrauch. „Sklaven 'Ali's" könnten sich allenfalls Schi'iten nennen, was die 'Abadel aber nicht sind. Wollte man 'Ali „der Höchste" übersetzen, so dürfte der Artikel davor nicht fehlen. „'Abb el 'Ai" ist ein kniffliger Name. Außerdem braucht man den Namen nur aussprechen zu hören, um zu wissen, daß hier kein 'Ain vor dem l steht.

es einen Stammvater dieses Namens gegeben, der im 8. Gliede vom erften Himyar*) ſtammte.

## II. Geographiſche Lage.

Das 'Abdeli-Land erſtreckt ſich von etwa 44° 45' bis 45° 5' öſtl. Länge v. Gr. und von 12° 50' bis 13° 12' nördl. Br. Dies die Ausdehnung des Sultanats. Der Sultan nimmt aber noch die Oberhoheit über eine Menge Eſobeḥi-Stämme in Anſpruch und übt ſie theilweiſe auch aus. Dieſe gehören indeß politiſch kaum und topographiſch gar nicht hierher.

## III. Grenzen.

Im Süden 'Aden und das 'Aqrebi-Land. Im Weſten die Eſobeḥi. Im Norden das Hauſchebi-Land. Im Oſten Abian, jetzt den Fodli gehörig.

## IV. Bodenerhebung.

Der größte Theil des Landes iſt Tiefland, das niedrig gelegene Flußthal des W. Tobban und ſeiner Seitenarme. Oeſtlich und weſtlich vom Flußthal ſind wenig erhöhte gewellte Ebenen. Die öſtliche, die ſich bis in's Fodli-Land hinein erſtreckt, heißt Mehaiban. Nördlich verengt ſich das Flußthal und felſige Berge treten auf.

## V. Wadis.

Wadi Tobban, vulgo der Fluß von Lahej genannt, einer der größten Wadis dieſes Theils von Südarabien, kommt aus der Gegend von Yerim, wo er, wie im ganzen Nordlauf, W. Nura heißt.

Der W. Nura nimmt in der Gegend von Zaida den vom Gebel Eſabr kommenden W. Warezan auf und heißt nun W. Tobban. Er trennt ſich 7 engl. Meilen nordweſtlich von Haula in zwei Arme, den W. el febir und W. eſſ eghir (großen und kleinen W.), deren erſter bei Heſſua, letzterer unweit des Städtchens 'Omad, öſtlich von 'Aden, mündet.

---

*) Die Filiation iſt: Lahej, ben Wayll, ben el Ghaut, ben Dalan, ben 'Arib, ben Zohair, ben Ilman, ben Hamaiſa, ben Himyar, ben Saba, ben Yaſchgob, ben Ya'rob, ben Caḥlan. Ein Sohn jenes Wayll war nach anderen Liſten 'Abd Schems, der Jüngere, der 18. König von Yemen, der 13. bei Wrede. War dies nur ein anderer Name für Lahej?

Trotz seiner Wichtigkeit ist er kein perennirender Fluß. An der Mündung fließt er nur im Hochsommer.

Der Name Tobban ist wenig bekannt, indem das Volk meist vom „kleinen" oder „großen" Fluß oder vom „Fluß von Laheg" spricht. Dies erklärt wohl den Irrthum Niebuhrs, Wellsted's, Haines' und den aller heutigen Europäer in 'Aden, welche den Fluß einstimmig W. Maidam nennen. Maidam ist aber nichts als eine Verhunzung von Mehaidan, dem Namen einer Steppe im Osten vom W. Tobban und im Norden v. 'Aden. Wer Mehaidan bereist, wie ich es that, der kann übrigens keinen Augenblick den Namen eines Wabi für dieses Land festhalten. Es ist eine völlig trockene Steppe. Der Name ist freilich sehr bekannt. Jeder Eingeborene spricht von Mehaidan. Jeder Europäer, der nach Laheg geht, hört dies Wort, und da der Volksmund dem Flusse nur so allgemeine Namen, wie der „kleine", der „große", der „Fluß von Laheg" giebt, so liegt die Verwechselung nahe, Mehaidan für den speciellen Namen zu halten, besonders da der Weg die Hochebene berührt. Ich mußte mir förmlich Mühe geben, den wahren Namen des Flusses zu erfahren und konnte ihn nicht eher ermitteln, als bis ich auf den Gedanken kam, den Landesherrn, den Sultan von Laheg selbst, der es doch am Besten wissen mußte, danach zu fragen. Dieser sagte mir und seine Brüder, Vettern, sowie ein Dutzend arabischer Gelehrten, seine Hofleute, Soldaten u. s. w. bestätigten nun alle einstimmig Folgendes: „Der Fluß heißt W. Tobban. Mehaidan ist nur ein Weideland, eine Steppe"[*]). Uebrigens merkte ich später, daß auch das Volk den Namen sehr gut kennt. Es findet es nur bequemer, jene allgemeinen Ausdrücke zu gebrauchen. Nie aber hörte ich einen Araber von einem W. Mehaidan (oder gar Maidam) reden.

Ritters[**]) Notiz: „Der W. Maidam zieht an der Stadt (Laheg) vorbei", ist also ein Irrthum. Höchst seltsam ist, was er dann sagt, „wenn auch seine Mündung noch unbekannt zu sein scheint." Von dieser Mündung (bei Hessua) war schon oben die Rede. Sie hat allerdings selten Wasser. Aber man sollte kaum glauben, daß sie Wellsted und Niebuhr, die doch in 'Aden Notizen sammelten, unbekannt geblieben sei. In Aden kennt sie jeder Araber.

---

[*]) Da die Kameele an Steppenpflanzen Weide finden, so kann selbst eine Steppe hier als Weideland bezeichnet werden und wird es allgemein.

[**]) Ritters Erdkunde XII. S. 707.

## VI. Klima und Bodenerzeugnisse.

Das Land hat durchaus Küstenklima, würde also auf die prekären Winterregen angewiesen sein, besäße es nicht den W. Tobban, der in seinem oberen Lauf die tropischen Sommerregen empfängt und das kostbare Naß dem Tiefland zuführt. Ich hörte allgemein bestätigen, daß im Gebirge nördlich von Laheg, wo ein Theil des Flußwassers durch Schleußen zurückgehalten wird, dasselbe niemals gänzlich austrockne. Einige dieser Schleußen werden nur im äußersten Nothfall geöffnet, eine Reserve für die schlechtesten Zeiten. Nur der Sultan kann die Erlaubniß zum Oeffnen geben. Im Tiefland sucht man es durch geschickte Bewässerungs-anstalten so einzurichten, daß man das ganze Jahr hindurch den einen oder anderen Theil der Felder bewässern kann. Kein Tropfen Wasser geht hier verloren, außer im Hochsommer, wenn alle Schleußen überfließen und der Fluß in's Meer gelangt. Die Folge der geschickten Ausbeutung dieses Wasservorraths ist große Fruchtbarkeit.

Das Tiefland von Laheg ist einer der gesegnetesten Landstriche Arabiens. Wellsted vergleicht es nicht ganz mit Unrecht mit dem Nil-thal. Baumwolle wird in Menge angepflanzt und soll von ausgezeich-neter Qualität sein. Vortrefflicher Weizen, Durra, Dochn, Sesam, Tabak, Wein, Feigen, Bananen, Orangen, Citronen, die Früchte der heißen neben denen der gemäßigten Zone gedeihen hier. Was der Boden bei geschickter Cultur zu leisten vermag, beweisen die zwei von Ostindiern in Laheg besorgten Gemüsegärten, von denen sämmtlicher Gemüsevor-rath Adens bezogen wird. Hier wachsen sowohl die Gemüse Ostindiens, als die Europa's, namentlich trefflicher Kohl, sonst in Arabien etwas Unbekanntes. Die Datteln sind von geringer Qualität. Kaffee wächst hier ebensowenig, wie in anderen Küstenländern.

Die Ebene Mehalban trägt jene Steppengewächse, welche als Kameelfutter beliebt sind und von denen bei Bir Ahmed die Rede war.

## VII. Stämme.

Jetzt begreift man die Bewohner des Sultanats Laheg alle unter dem Namen „Abadel." Oben wurde schon gesagt, daß dies der spezielle Name der Dynastie ist. Wäre letztere einheimisch, so könnte er doch auch der ursprüngliche Name des Volkes sein. Dies ist aber nicht der Fall, wie sowohl ihre Geschlechtstraditionen, als die Physiognomie, helle Hautfarbe, das schlichtere Haar, die Neigung zur Wohlbeleibtheit ihrer

Mitglieder beweisen, alles Züge, die beim Volke entweder fehlen oder
ganz anders sind. Die Dynastie „Abdeli" ist aus Centralyemen und
stammt von einem Gouverneur der Imame, der sich frei machte und
das Land als Sultan regierte; dagegen ist das Volk echt himyarisch.
Zum großen Theil besteht es wohl aus Assabeh oder Assbahin, Völkern,
die auch Hamdani hier nennt und deren Name sich jetzt noch bei den
westlichen Nachbaren, den Esobehi, erhalten hat. Ein anderer von Hamdani hier genannter Stamm, die Wagedin, scheint jetzt ganz unbekannt.

Die Bewohner der Ebene Mehaidan *) werden als die Beni Mehaid
genannt, die auch in Chamser wohnten. Ich hörte zwar nicht mehr den
Namen Beni Mehaid, aber sehr oft Ahl Mehalban als Gesammtnamen
der kleinen Unterstämme, welche jetzt diese Weidesteppe bewohnen.

Folgende Unterstämme der 'Abadel wurden mir namentlich bezeichnet:

1) Ahl Zuella, wohnen in Fiuich, kleine Ortschaft in Mehalban
und Umgegend.

2) Ahl Selam, wohnen in Meghafa am W. ess eeghir, südöstlich von Haula.

3) Ban, wohnen in Hamra, 1 Stunde von Haula.

4) Azeibih, oft auch Azeba gesprochen, in der Nähe von Mehalban.
(Hamdani erwähnt die Assabeh bei Laheg. Ich glaube jedoch, daß die
Assabeh mit dem sonst oft erwähnten Assbahin identisch oder doch nahe
verwandt waren und daß die hier erwähnten Azeba, deren Namen ich
nie mit ssab sprechen hörte, ein ganz anderer Stamm sind.)

5) Dihani, wohnen 4 Stunden nordöstlich von Laheg.

6) Beni Ahmed, wohnen in Suar.

### VIII. Städte und Ortschaften.

Haula (13° 4' nördl. Br. und 44° 54' östl. L.) vulgo Laheg genannt, welches streng genommen der Name des engeren Districts ist, in
dessen Mitte Haula liegt, Hauptstadt und Residenz des Sultans. Einwohner etwa achthundert. Wenig Juden, viele Somali's, moslimische
Ostindier, keine Banianen (hindu'sche Kaufmannskaste, in Aden stark
vertreten). Keine Stadtmauern, obgleich der Name Haula, der eine „Um-
friedigung" bedeutet, solche voraussetzen lassen könnte, aber als „Um-

---

*) Hamdani schreibt den Landschaftsnamen Mehaldha (mit dhad), dagegen den
Stammesnamen Mehaid (mit dal).

friedigung" läßt man hier die Castelle und befestigten Privathäuser in ihrer Gesammtheit gelten. Etwa 80 Häuser, 5 große Castelle, darunter das Schloß des Sultans, imposante Baumasse, 4stöckig, mit fünf 6stöckigen Thürmen, worunter ein großer Rundthurm. Die zwei oberen Stockwerke des Mittelpalastes und die vier oberen des Rundthurmes sind weiß angestrichen, was sie so eigenthümlich hervorhebt, daß sie noch höher erscheinen. Alles andere trägt die natürliche rothe Farbe der Luftziegel, aus denen die ganze Stadt erbaut ist. Schloß des Bruders des Sultan, 'Abd Allah, in einem anderen Stadttheile, gleichfalls sehr imposant, mit vier hohen Eckthürmen. Artillerie-Caserne, große vierstöckige Baumasse; im zweiten Stock Terrasse mit fünf aufgestellten englischen Kanonen. — Einige fünfzig Sesam-Oelmühlen, durch Esel oder Kameele in Bewegung gesetzt. — Täglicher Markt, außerdem großer Wochenmarkt. Sehr viel Verkehr. Mittelpunkt der Karawanenstraßen von Ss'an'a, Dhamar, Ta'izz.

An Markttagen ist die Bevölkerung verdreifacht. Moschee auf dem Marktplatz, niedrig, durchaus schmucklos, ein großer länglicher Schuppen.

In der Nähe Gärten, worunter zwei große Gemüsegärten, von ostindischen Gärtnern gepflegt und mit europäischen Gemüsen bepflanzt. Herrliche Lage inmitten eines Palmenwaldes, Baumwollfeldern.

Herrliche Aussicht vom obersten Stockwerk des Artillerie-Thurmes. Der Blick schweift nach Süden über einen Palmenwald, nach Norden über die fruchtbarsten Gefilde bis zu den Bergen der Hauwaschib.

In Folge der Feuchtigkeit, welche die Bewässerung mit sich bringt, entstehen Fiebermiasmen und das Klima ist eigentlich nur in der ganz trockenen Jahreszeit (im Winter) einigermaßen gesund, aber auch dann kommen Wechselfieber vor. Im Sommer sind sie oft gefährlich.

Hambani erwähnt Laheg an vielen Stellen, als den Mittelpunkt zahlreicher Itinerare, am ausführlichsten Seite 112 (des Adener Manuscripts), an welcher Stelle er von seinen Bewohnern spricht. Diese waren die Habab, die Ro'ain der Beni Ogil (oder Chail) und die Hauwab, alle drei Abtheilungen der Assbahin. Dieser letztere Name scheint, wie schon oben angedeutet, die Esobehi zu bezeichnen, die jetzt nicht mehr in Laheg, sondern im Westen davon, aber theilweise in nächster Nähe wohnen.

Im Umkreis von 2 Stunden um Laheg viele Dörfchen, deren wichtigste: Motaibera, Tharore, Bet Samsam (südlich); Kabema, Abubekr,

Thalub (östlich); Siffia, Dar Kureschi (nördlich); Abdesselam, Bel Agla (westlich).

Derb (12° 58' nördl. Br., 44° 55' östl. L.), kleiner Ort mit etwa 12 großen Häusern und fünfzig Einwohnern, halbwegs zwischen Haula und dem Meere am W. el Kebir (W. Tobban). Hier ist gewöhnlich die südlichste Aufstauung des Wassers und selbst in der trockenen Jahreszeit fehlt es selten daran. Sehr fruchtbare Gegend, aber böse Fiebermiasmen.

Bei Hamdani finden wir Derb einmal in der gewöhnlichen Weise, ein andermal Dareb geschrieben. Es war von den Waqebiun bewohnt, dieselben, die er an einer andern Stelle Waqedin nennt.

Schech 'Otman (12° 53' nördl Br., 45° östl. L.), kleine Ortschaft im Süden, nahe am Meere, 7 englische Meilen von 'Aden, nur 2 von der englischen Grenze entfernt. Einige zehn festungsartige Häuser, worunter das des Sultans. Das schönste Gebäude ist ein modernes Landhaus des Adener Kaufmanns, Hasan 'Ali, mit herrlichem Garten. Der Eigenthümer, der selbst fast nie hier wohnt, gestattet allen reiselustigen Europäern, sich hier so lange, als sie wollen, aufzuhalten. Große Moschee, Grab des Schech 'Otman, nach dem der Ort heißt, weißes, aber verhältnißmäßig gedrücktes Gebäude mit einer Menge kleiner weißer Kuppeln. Gegend unfruchtbar (hier beginnt im Osten die Ebene Mehaidan). Nur Dompalmen, die jetzt ganz unnütz, da der orthodoxe Sultan seinen moslimischen Unterthanen das Bereiten des gegohrenen Getränks aus ihren Früchten verboten hat. In Hauta gestattet er dies den Juden, aber in Schech 'Otman leben keine.

Wahel, kleine Ortschaft oberhalb Derb, ausschließlich von Scherifen oder Siid (Nachkommen des Propheten) bewohnt.

Fiusch, Städtchen in Mehaidan. Etwa 50 Einwohner. Ein Castell. Aus diesem Städtchen soll nach Einigen die Dynastie stammen, wohl nur in weiblicher Linie.

Meghafa, kleiner Ort in sehr fruchtbarer Gegend am W. eß Ceghir.

Hamra, Ortschaft der Ban, in fruchtbarer Gegend. Dicht bei Laheg.

Sfuar, Hüttendorf der Beni Selam.

Sebach, Ort an der Fedli-Grenze, am östlichen Ende der Ebene Mehaidan. Unfruchtbare Gegend.

Zaiba (13° 12' nördl. Br., 44° 50' östl. L.), Grenzstadt im Norden, gehört zur Hälfte dem Sultan von Laheg und zur Hälfte den

Hauwaschib. War während langer Zeit die südliche Grenzfestung des Imamats der Zaidi, von denen sie auch ihren Namen bekommen hat. Castell des Sultans von Laheg, der hier eine Garnison unterhält. Fruchtbare Gegend.

'Omab, Dörfchen im Tieflauf des W. esseeghir, unweit des Meeres.

Kleine Ortschaften in Mehaiban, nur aus Brunnen und einigen Hütten bestehend, sind: Bir Nasse, Bir Omr, Bir Gemm und Bir Schater.

## IX. Sultan, Dynastie und Hof.

Seit Laheg sich vom Imamat der Fürsten von Yemen unabhängig gemacht hat, ein Ereigniß, welches etwa mit der Verlegung der Hauptstadt nach dem Norden zusammenfällt, ist es immer unter demselben Herrschergeschlecht geblieben, welches den Familiennamen 'Abdeli, der noch heute auf den Münzen figurirt, führt. Seine zum Throne gelangten Mitglieder sind folgende*):

1. Sultan Fadl ben Ali, ben Salah ben Salim, regiert von 1728 bis 1742, ermordet.

2. Sultan 'Abd el Kerim, ben Fadl, Sohn des vorigen, regiert von 1742 bis 1753.

3. Sultan 'Abd el Hadi, ben 'Abd el Kerim, Sohn des vorigen, regiert von 1753 bis 1777.

4. Sultan Fadl, ben 'Abd el Kerim, Bruder des vorigen, regiert von 1777 bis 1792.

5. Sultan Ahmed, ben 'Abd el Kerim, Bruder des vorigen, regiert von 1792 bis 1827.

6. Sultan Mohsin, ben Fadl, Neffe des vorigen, regiert von 1827 bis 1847.

7. Sultan Ahmed, ben Mohsin, Sohn des vorigen, regiert von 1847 bis 1849.

8. Sultan 'Ali, ben Mohsin, Bruder des vorigen, regiert von 1849 bis 1866.

9. Sultan Fadl, ben Mohsin, Bruder des vorigen, der regierende Sultan seit 1866.

---

*) Bis 1810 ist diese Sultanenliste aus Playfair's Werk über Yemen entnommen.

Die Thronfolge scheint nicht so absolut nach dem Senioratsrecht geregelt, wie in anderen moslimischen Staaten, sondern viel von jedesmaliger Familienübereinkunft, oft auch durch bloße Willkür und das Recht des Stärkeren, d. h. desjenigen, dessen nächste Verwandtschaft mächtiger ist, als die seines mehr berechtigten Nebenbuhlers, bedingt zu sein. So besitzt der jetzige Sultan einen von einer anderen Mutter geborenen älteren Halbbruder, 'Abd Allah ben Mohsin, den man, trotz seiner Rechte, von der Thronfolge auszuschließen wußte. Sultan Fadl ist aber der rechte Bruder des verstorbenen Sultans 'Ali, und seine obgleich unrechtmäßige Nachfolge war schon von letzterem vorbereitet worden, so daß nach 'Ali's Tode Fadl's Anhang zu mächtig war, um 'Abd Allah Aussicht auf die ihm von Recht zustehende Thronfolge zu lassen.

'Abd Allah hatte zwar auch seinen Anhang und ließ sich von diesem als regierender Sultan proclamiren. Während drei Jahren lebte er in offener Fehde mit seinem Halbbruder, und zwar in der Hauptstadt Haula selbst, wo er ein festes Castell besitzt. Die Stadt war dadurch in zwei feindliche Lager getheilt, die sich täglich Scharmützel lieferten. Keiner konnte ohne Lebensgefahr aus dem einen Stadttheil in den anderen gehen. Erst seit 1869 ist diese Familienfehde beigelegt. 'Abd Allah wurde von seinem Halbbruder, wie es heißt, durch bedeutende Geldgeschenke zu einer stillschweigenden Resignirung bewogen. Aber die Stiefbrüder sollen sich nach wie vor nicht sehen.

Eigentlich hatte der verstorbene Sultan 'Ali die Thronfolge nicht seinem Bruder Fadl, sondern seinem Sohne, der gleichfalls Fadl heißt, sichern wollen, und da er sich großer Beliebtheit erfreute, so wäre ihm dies auch wahrscheinlich gelungen, hätte nicht sein zu früher Tod diesen Plan vernichtet. Der jüngere Fadl war bei 'Ali's Tode noch ein Knabe, und da sein Oheim Fadl von 'Ali zum Vormund desselben bestimmt worden war, so ließ man ihn auch die Regierung übernehmen. Aber unter allen Mitgliedern des mächtigeren Theiles der Familie besteht die Uebereinkunft, dem jungen Fadl ben 'Ali die von seinem Vater ihm zugedachte Thronfolge nach seines Oheims Tode zu sichern, obgleich er keineswegs Aussicht hat, dann der Senior der Familie zu sein, denn nicht nur hat der Sultan mehrere theils rechte, theils Halbbrüder, die alle älter sind als der junge Fadl, sondern auch vier Söhne und eine Menge erwachsener Neffen, von denen viele gleichfalls dem muthmaßlichen Thronfolger an Jahren überlegen sind.

Der im Alter dem Sultan am nächsten stehende rechte Bruder, Mohammed, ist sogar der fähigste Kopf der Familie, ohne dessen Gutheißen der Sultan nichts unternimmt, und würde sich gewiß gut zum Regenten eignen. Aber auch er scheint dazu resignirt, seine Rechte an den jungen Fadl abzutreten. Diesem gestattet man sogar jetzt schon, seinen Einfluß geltend zu machen. Wenn der Sultan in 'Aden oder sonst auf Reisen ist, führt der junge Fadl die Regierung. Er soll sogar die Schlüssel zum Staatsschatz haben, der nicht dem Sultan allein, sondern der ganzen zahlreichen Herrscherfamilie gehört, aus welchem jedoch der Sultan berechtigt ist, größere Summen als die anderen, zu beziehen.

Alle Prinzen, einige fünfundzwanzig an der Zahl (ohne die kleinen Knaben zu rechnen), führen übrigens gleichfalls den Titel „Sultan", und es ist gar kein Unterschied zwischen ihrer Titulatur und der des regierenden Fürsten. Will man ihn unterscheiden, so kann man es nicht anders, als durch seinen Namen Fadl ben Mohsin, oder man sagt auch wohl einfach „der Sultan".

Ich habe die hervorragenderen Mitglieder dieser Herrscherfamilie alle persönlich kennen gelernt. Den regierenden Sultan und seinen Bruder Mohammed, von dem er sich nie trennt, sah ich in 'Aden, wo sie sich im Frühjahr 1871 einen Monat lang aufhielten. Beide gleichen sich im Aeußern dergestalt, daß man sie für Zwillinge halten könnte. Ihre Hautfarbe ist sehr hell, ihre Züge fein geschnitten, edel und regelmäßig, ihre Augen von einer außerordentlichen Lebhaftigkeit und sehr ausdrucksvoll. Sie sind von mittlerer Größe, wohlgebaut, nur etwas zu corpulent, wie alle älteren Mitglieder dieser Familie. Im Alter dürften sie den Fünfzigen nahe stehen. Das Haar des Sultans ist weiß, das seines Bruders noch etwas mit Grau gemischt. Beide sind fast bartlos. Der schwache Schnurbart ist direct über dem Munde abrasirt, nur an den beiden Enden stehen ein paar weiße Härchen, die nicht mehr mit den Speisen in Berührung kommen können, welche Berührung „makruh" (verunreinigend) sein würde. Trotz ihrer Jahre haben beide noch ein sehr jugendliches Wesen, lachen gern, ja sie zeigen sich, nach unseren europäischen Begriffen, zuweilen etwas kindisch. So sah ich einst beim Gebet, das sie immer einhalten, wie Sultan

Mohammed hinter dem Vorbeter allerlei Schnippchen ſchlug, Grimaſſen
ſchnitt und ſich dann, obgleich er eben kniete, vor Lachen faſt wälzen
wollte. Trotzdem iſt er ſehr orthodox, aber die Orthodoxie befiehlt mehr
in der Form im Allgemeinen; durch ſolche Kleinigkeiten ſcheint ſie
nicht geſtört zu werden.

Die Kleidung des Sultans und der Prinzen war vor einigen
Jahren noch dieſelbe, wie die ihrer Unterthanen und wie die aller ſüd-
arabiſchen Fürſten, d. h. Lendentuch und Dismal (Turban der Sultane). Seit aber der Sultan in Bombay war, wohin er auf Bereden
des politiſchen Agenten von Aden zur Begrüßung des engliſchen Prinzen
Alfred gereiſt war, hat er eine prächtige Kleidungsart in ſeinem Hauſe
eingeführt. Den Oberleib ſchmückt eine rothe Jacke, über und über
mit dicken Goldſtickereien bedeckt. Ein Hemd wird darunter nicht getragen. Das Haupt ziert ein reicher Dismal, gleichfalls mit Goldſtickereien. Die Bedeckung der Lenden iſt aber doch beduiniſch geblieben, nur wird ein Lendentuch von koſtbarem Stoff getragen. Hoſen
gelten nämlich im Süden von Arabien als eines Mannes für unwürdig. In Yemen werden ſie nur von den Frauen getragen. Es
gilt für den größten Schimpf, wenn man von einem Manne ſagt, er
trage Hoſen. Die Beine von den Knieen abwärts und die Füße ſind
im Hauſe nackt; beim Ausgehen werden Sandalen angezogen.

Die Waffen der Prinzen ſind von großer Schönheit und ſehr
reich. Ein krummer Säbel mit goldenem Griff und mit Edelſteinen
beſetzt, eine gleichfalls mit kunſtvollem Goldgriff verſehene Gembiye,
die aber bei den Vornehmen in Laheg nicht die Hufeiſenform der
Scheide zeigt, da dieſe den 'Amud (die Säule) nicht tragen, welche bei
dem Volke der 'Abdel und ſonſt überall in Südarabien als Gegen-
ſtück zum Griff figurirt. Die Gembiye der Prinzen gleicht mehr einem
türkiſchen Yataghan.

Die Coſtümreform wurde nicht von dem ſchmollenden Theil der
Familie, dem Prinzen 'Abd Allah und ſeinem Anhang, angenommen.
Dieſe kleiden ſich vielmehr nach wie vor ganz wie die Beduinen. 'Abd
Allah zeigt übrigens auch in ſeinen Zügen nicht die Familienähnlichkeit.
Er iſt ſehr dunkelhäutig, faſt ſo ſchwarz wie die Beduinen und die
Mehrzahl der 'Abdel, was wohl darauf hindeutet, daß ſeine Mutter
von himyariſcher Abſtammung (wie das Volk) war.

Den jungen Fadl ben 'Ali lernte ich in Lahez kennen, wo er zur Zeit die Regentschaft führte. Er empfing mich im Palast in Hauta, im Staatszimmer des regierenden Sultans. Er ist ein junger Mann von etwa 20 Jahren, etwas dunkelhäutiger als seine Oheime, aber immer noch sehr hell im Vergleich mit dem Volk, neigt bereits zur Corpulenz, zeigt übrigens lange nicht den aufgeweckten Gesichtsausdruck, wie jene; auch war er weit entfernt von ihrer Natürlichkeit, sondern schien eine gewisse steife Würde mehr zu affectiren, als zu besitzen.

Unter den anderen jungen Prinzen bemerkte ich einen Sohn des regierenden Sultans. Ich hatte sein in Bombay aufgenommenes Lichtbild in Aden gesehen und auf diesem schien er die Verkörperung jugendlichen Heldenthums. Seine Augen sprühten Feuer; martialisch hielt er seinen krummen Säbel in der Rechten und die andere Hand am Griff der Gembije, als wollte er sie ziehen und dem Blutfeind ins Herz stoßen: dabei jene feinen arabischen Züge, alle Theile des Gesichts von merkwürdiger Zierlichkeit und doch charakteristisch ausgeprägt und kraftvoll; übrigens das ganze Gesicht so klein, daß man es in die Hand nehmen zu können glaubte. Aber wie hatte er sich verändert seit den paar Jahren, welche das Bild zählte! Die Neigung zur Corpulenz, die seiner Familie ausnahmsweise eigenthümlich ist, hatte auch seine Züge entstellt, so daß ich in ihm nur mit Mühe das Urbild jener Photographie erkannte.

Bei einem anderen älteren Prinzen, einem Bruder des regierenden Sultans, war gar jene Corpulenz bis zur Monstruosität entwickelt, und dennoch gefiel er sich, sie der Bewunderung der Welt Preis zu geben, denn er hatte nicht die neue Kleiderreform angenommen und ging bis auf das Lendentuch nackt, eine wandelnde Fettmasse, deren einzelne Theile wie die Säcke herunterhingen. Alle anderen Prinzen trugen die goldgestickte neue Tracht.

Bei Hof herrscht eine gewisse Etiquette. Im Diwansaale des Sultans, einem länglichen schmucklosen Raum, mit Teppichen bedeckt, auf denen man sitzt, sind alle Plätze wie durch stillschweigendes Uebereinkommen markirt, in der linken Ecke (von der Thür aus) der vornehmste, und so fortschreitend bis zur rechten Ecke, wo der Kaffeetopf mit dem Gischr, von dem hier, wie in Bir Ahmed, massenhaft herumgereicht wird, inmitten des Dienerkreises steht. Auch die gemeinen Soldaten, selbst Bettler werden in den Saal gelassen und nehmen ihre

Plätze im rechten Flügel ein. Alle werden mit Gischt tractirt und dürfen aus den umherstehenden Wasserpfeifen rauchen.

Der Gruß der Unterthanen den Prinzen gegenüber besteht im Kniekuß. Während ich beim jungen Fadl Audienz hatte, wurde sein Knie wenigstens hundertmal geküßt. Er aber machte nicht die geringste Miene des Gegengrußes oder des Dankes. Auch hier wird dem regierenden Sultan keine höhere Ehrenbezeugung erwiesen, als allen Mitgliedern seiner Familie.

## X. Regierung.

Alle Bewohner des engeren Sultanats Laheg stehen im Rayeverhältniß zum Sultan, d. h. sie sind despolisch beherrschte Unterthanen. Dobahel (freie Stämme) scheint es in diesem Gebiet gar nicht zu geben. Die Regierung des Sultans kennt keine anderen Beschränkungen, als die durch die Mitglieder der Dynastie, von denen einige, wie der junge Fadl, einen nicht geringen Einfluß ausüben, oder solche, welche durch die äußere Politik herbeigeführt werden.

## XI. Finanzen.

Der Sultan bezieht von der englischen Regierung eine monatliche Rente von 541 Maria-Theresien-Thalern. Der Zoll von 2 Proc. vom Werthe aller durch sein Gebiet beförderten Waaren wurde mir von Sachverständigen auf etwa 1500 derselben Thaler monatlich geschätzt. Die Marktsteuer von Hauta soll täglich acht, also monatlich 240 M. Th. Thaler betragen. Kleinere Steuern, wie die von den Juden für das Recht, aus den Dompalm-Früchten ein gegohrnes Getränk zu bereiten gezahlte, und einige andere, dürften monatlich noch etwa 50 M. Th. Thaler einbringen. Dies würde die Gesammteinnahme auf monatlich 2331, jährlich 27972 M. Th. Thaler (etwa 40,000 preuß. Thlr.) stellen. Außerdem hat der Sultan noch viele Einkünfte von seinen Ländereien, die aber in Naturalien bezogen und auch so verausgabt werden, denn mit ihnen zahlt er Truppen und Beamte. Die Ausgaben sind, insofern sie in Waaren stattfinden, sehr unbedeutend. Der Luxus des Hofes, d. h. die prachtvollen Kleider, die aber selten erneuert werden, sowie der Verbrauch an Kaat (s. unten Sitten und Gebräuche), für den täglich 10 Thaler anzusetzen sollen, endlich die Besoldung des europäischen Artillerieinstructors (20 Pfd. Sterling monatlich) bilden die einzigen regelmäßigen Geldausgaben des Sultans. Zu seinem Leibwesen hat er freilich manchmal unregelmäßige und zwar sehr beträchtliche, indem er die kriegslustigen zwei Stämme der Dhu Mohammed und Dhu Hosain, welche in Ober-Yemen wohnen, aber schon einen großen Theil von Süd-Yemen erobert haben, und alljährlich drohen, auch Laheg ihren Besitzungen einzuverleiben, durch oft sehr bedeutende Geldgeschenke zum Frieden bewegen muß. Aber trotz dieser wahren Tributzahlung bleibt doch noch immer eine schöne Summe im Staatsschatz von Laheg.

## XII. Münze.

Laheg ist der einzige der kleinen südarabischen Staaten, der eine eigene Münze besitzt, da sonst überall nur die Marie-Theresien-Thaler, die ostindischen Rupien (20 Silbergroschen), Anna's (15 Pfennige) und Pies (1¼ Pfennig), die in Arabien „Arbi" heißen, gelten, dasselbe Geld, welches in Aden cursirt. In Laheg gehen gleichfalls alle diese Münzen, aber es giebt auch eine inländische, „Manssuri" genannt, obwohl sie nur den vierten Theil des Werthes des ehemaligen Manssuri's von Ssan'a repräsentirt. Diese einzige Münze des Sultanats ist ein ganz kleines Kupferstück, von dem 110 auf eine Rupie gehen, also etwa 2 Pfennige im Werth. Es trägt auf einer Seite die Inschrift: 'Ali ben Mohsin el Abdeli" (Name des verstorbenen Sultans), auf der anderen: „Doribat fi Hauta Laheg" (geprägt zu Hauta in Laheg), ohne Jahreszahl. Das „geprägt zu Hauta" ist übrigens eine unwahre Selbstschmeichelei, denn Sultan 'Ali hat diese Münzen in Bombay bestellt. Sie stammen alle von einer einzigen Lieferung. Weder vor noch nach 'Ali wurden wieder welche geprägt. Sie haben nur in Laheg Geltung; schon an der Grenze des kleinen Staates nimmt man sie nicht mehr, und in 'Aden will sie kein Mensch.

Die Araber, die das Bedürfniß nach einer sehr kleinen Münze haben, ziehen die englisch-ostindischen Pies (1½ Anna), die noch kleiner als die Manssuri's von Laheg, da sie nur 1¼ Pfennig werth sind, bei weitem diesen vor. Ihrem Bedürfniß nach einer etwas größeren Kupfermünze wird auch wieder durch die Viertel-Anna's, vulgo Pezza, in Arabien Beza genannt; die 3 Pies, also 3¾ Pfennige werth sind, abgeholfen.

### XIII. Militär.

Der Sultan von Laheg hat die Prätention, drei Truppengattun-
gen, Cavallerie, Infanterie und Artillerie zu besitzen. Erstere hat etwa
30 Pferde und 100 Reitkameele. Einige 60 Reiter bilden eine Art
von Garde des Sultans, und sind zugleich seine Couriere. Die anderen sind auf die Dörfer vertheilt und versehen den Botendienst zwischen
den verschiedenen Punkten des Landes, dienen auch wohl als Escorte,
wenn eine solche nöthig wird. Eine regelmäßige Infanterie giebt es
nicht. Im Kriegsfall wird eine solche aus allen denen zusammen-
gesetzt, die keine Reitthiere haben. Der Sultan soll dann über 2000
streitbare Männer verfügen können. Die Artillerie ist eine ganz neue
Schöpfung. Der Sultan bekam nämlich vor etwa 3 Jahren fünf
kleine Kanonen von der englischen Regierung geschenkt, sogenannte Ra-
keten-Kanonen, die kein Mensch im Lande zu laden verstand. Zum Glück
machte er in Bombay die Bekanntschaft eines jungen Polen, der dort
bei der Eisenbahn angestellt war und früher bei der Artillerie gedient
hatte. Diesen gewann er für seinen Dienst und übertrug ihm die
Schulung der Artilleristen. Etwa 24 Araber wurden ihm untergeord-
net, denen er aber, wie er mir klagte, nicht die Kenntniß des Ladens
beibringen könne, da Geschütze sowie Kanonen mit europäischen Zeichen
versehen seien, die diese Leute bis jetzt noch nicht begriffen hätten, und
dies habe zur Folge, daß sie immer versuchten, die falschen Kugeln in
die Kanonen zu laden. Die Kanonen sind nämlich von dreierlei
Kaliber.

Herr Landsberg, so heißt der Pole, ist der einzige Europäer in
Laheg. Er bewohnt ein großes Castell, die sogenannte Artilleriekaserne,
welche aber trotz ihrer Größe nur ein einziges bewohnbares Zimmer,
und zwar das Thurmgemach im höchsten Stockwerk, hat; dort bivoua-
kirt er, so zu sagen, inmitten seiner fast nackten Artilleristen. Der
Sultan hält große Stücke auf ihn, besonders seit einer Revue, die
Herr Landsberg veranstalten mußte und bei der mit sämmtlichen Ka-
nonen ein eigens zu diesem Zwecke errichteter Schuppen zusammen-
geschossen wurde. Der Instructor mußte freilich alle Kanonen in
Person laden; aber trotzdem machte dies Ereigniß einen gewaltigen
Eindruck auf alle Araber, namentlich auf die Mitglieder fremder
Stämme, die zum Beschauen der Revue gekommen waren, und das

Präftigium des Sultans von Lahez wuchs in nicht geringem Maße dadurch.

An alten unbrauchbaren Kanonen besitzt der Sultan Ueberfluß. Im Palasthofe allein liegt ein Dutzend derselben auf dem Sande. Ich sah auch eine türkische darunter mit dem Namen Sultan Suleiman des Prächtigen.

## XIV. Justiz.

Als Raye sind die 'Abadel alle der unmittelbaren Justiz des Sultans unterworfen, die streng nach dem Koran gehandhabt wird. Der Mörder wird vom Scharfrichter auf dem Grab des Ermordeten erstochen. Jedem, selbst dem kleinsten Diebe wird die Hand abge- schlagen; die abgeschnittene Hand dann von einem Soldaten auf den Friedhof getragen und begraben. Dies gründet sich auf die etwas sehr sinnlich aufgefaßte Auferstehungslehre, da man den Dieb am jüngsten Tage nicht eines seiner Glieder beraubt sein lassen will. Der Stumpf wird zur Blutstillung in gekochten Theer getaucht und der Delinquent nachher entlassen. Stiehlt er noch einmal, so verliert er die andere Hand, und nach dem dritten Male, das Leben. Die Hinrichtungen werden von einem gewissen Sa'd el Bagola, der jetzt das Nachrichter- amt bekleidet, vollzogen, die Hände der Diebe jedoch von gewöhnlichen Soldaten abgeschnitten. Freiheitsstrafen werden niemals auf eine be- stimmte Zeit zuerkannt, sondern die kleinen Verbrecher oder solche, die blos Polizeivergehen begangen haben, bleiben je nach dem Gutdünken des Sultans kurz oder lange gefangen. Haben sie keine Fürsprecher, so können sie manchmal Jahre lang auf ihre Befreiung warten. Zu- weilen werden sie, so zu sagen, im Gefängniß vergessen. Die Gefangenen erhalten vom Sultan keine Kost. Haben sie Verwandte, so dürfen diese ihnen das Essen schicken, sonst sind sie auf's Mitleid der Barm- herzigen angewiesen. Besuche dürfen sie, so viel sie wollen, empfangen. Die Freiheitsstrafe ist überhaupt hier nicht eine Kerkerstrafe. Das Ge- fesseltsein, nicht die Einsperrung bildet die eigentliche Strafe. Alle haben nämlich schwere Ringe an beiden Beinen, die in der Mitte aneinander- gelöthet sind, so daß sie nicht frei gehen können. Aber sie sind nicht in einem Kerker eingeschlossen, sondern haben einen großen, nicht einmal auf allen Seiten ummauerten Hof zur Verfügung, in dem sie sich frei bewegen können, insofern man ihr gezwungenes Hinken so nennen kann.

Nur die schwereren Verbrecher, namentlich solche, die grobe Keuschheits-vergehen begangen haben, schleppen eine Kugel nach, und zwar an einer durch einen Ring am Halse befestigten Kette.

Die Justiz des Sultans ist keineswegs fehlerfrei und oft allzu summarisch. So ward vor Kurzem eine alte Dienerin der Sultanin von dieser beschuldigt, ihr einen Gegenstand, den, wie sich später heraus-stellte, die Herrin verlegt hatte, gestohlen zu haben, und sogleich, ohne jede Untersuchung, mit Handabhauen bestraft. Die Arme kam später nach Aden und mußte sich dort noch den Vorderarm amputiren lassen, denn die Hand war so ungeschickt abgehauen oder vielmehr abgesägt worden, daß der Stumpf nicht zuheilen wollte. Dieser Fall erregte in Aden Entrüstung gegen den Sultan von Lahez.

### XV. Auswärtige Politik.

Der Sultan von Lahez ist, wenn auch nicht officiell, so doch in Wirklichkeit, ein Vasall Englands. „Er ist vollkommen unabhängig, aber er muß thun, was man ihm vorschreibt", diese Worte eines englischen Beamten in Aden charakterisiren recht gut seine scheinbar freie, in der That abhängige Stellung. Ein Schriftstück, welches dieses Vasallenverhältniß festtstellte, giebt es allerdings nicht. Es besteht eben, wie so Vieles in der Politik, nur de facto und nicht auch zugleich de jure. Das einzige Schriftstück, welches das officielle Verhältniß Englands zu Lahez regelt, ist der Vertrag von 1849, dessen wichtigste Artikel folgende sind:

1) Sicherheit des Lebens und Eigenthums ist den beiderseitigen Unterthanen in den beiderseitigen Territorien gewährleistet

2) Engländer können Lahez ungehindert besuchen.

3) Englische Verbrecher werden vom Sultan ausgeliefert (d. h auch einheimische englische Unterthanen).

4) Engländer können in Lahez, 'Abadel in 'Aden Eigenthum er-werben.

5) Der Sultan tritt das Fort von Kor Maksar*) (1 Stunde von 'Aden entfernt) an England ab.

6) Der Sultan verpflichtet sich, die Karawanenstraßen frei von Räubern zu halten.

---

*) Kor Maksar als Brücke von den Persern erbaut: Ibn Mogawli bei Sprenger a. a. O.

7) Regierungsgut ist steuerfrei in beiderlei Staaten

8) Der Sultan hat das Recht, eine Steuer von 2% vom Werthe aller durch sein Gebiet beförderten Waaren zu erheben, mit Ausnahme von Gemüsen, Holz, Gras und Heu.

9) Der Sultan beschützt die Gemüsezucht in Laheg für den Markt von 'Aden.

10) Der Sultan nimmt in allen politischen Fragen das Interesse Englands vor Allem wahr.

11) Der Sultan liefert alle Verschwörer gegen die englische Regierung von Aden an diese aus.

12) England zahlt dem Sultan eine monatliche Subsidie von 541 Maria-Theresien-Thalern.

Dieser noch heute zu Kraft bestehende Vertrag ist unterzeichnet von Haines (damals politischer Agent in Aden) und 'Ali ben Mohsin, Sultan von Laheg.

Der Artikel 10 dieses Vertrags ist, wie man sieht, von großer Dehnbarkeit. Er wird jetzt so gedeutet, daß der Sultan keine Bündnisse schließen, keine Verträge machen kann, ohne Englands Einwilligung zu haben. Der Sultan wird von Zeit zu Zeit nach 'Aden eingeladen oder beschieden, wie man will, um dort Erklärungen über sein politisches Thun und Treiben zu geben. Man munkelt auch schon seit einigen Jahren davon, daß England ihm sein ganzes Ländchen für die Summe von 40,000 Pfund Sterling abkaufen wolle, und daß er auch bereit gewesen sei, darauf einzugehen, hätten nicht seine Verwandten sich widersetzt. England gewönne dadurch ein fruchtbares Hinterland für das nichts hervorbringende 'Aden, und wäre dann weniger genöthigt, auf die anderen Stämme des Innern jene oft sehr weitgehenden Rücksichten zu nehmen, zu welchen es jetzt im Interesse der Verproviantirung Adens gezwungen ist.

Die Beziehungen zu den einheimischen Nachbarn des Sultanats sind jetzt durchaus friedlich, mit einziger Ausnahme der Dhu Mohammed, jenes mächtigen Stammes des Innern, der Laheg alljährlich bedroht. Um sich gegen sie zu schützen, hat der Sultan mit Erlaubniß Englands ein Bündniß mit einem anderen gleichmächtigen Stamme des Innern, den Dhu Hosain, geschlossen, und zahlt diesem eine Subsidie, um ihm bei Gelegenheit zu Hülfe zu kommen. Man hält jedoch das Ganze für ein abgekartetes Spiel zwischen Dhu Hosain und Dhu Mohammed, welche

innig befreundet, nahe verwandt und so zu sagen ein einziges Volk
sind. Die Dhu Mohammed müssen den Sultan schrecken, die Dhu
Hosain seine Erretter spielen, und das ihm abgepreßte Geld theilen beide.
Wahrscheinlich hält nur die Furcht vor England die Dhu Mohammed
zurück, Laheg ihren Besitzungen einzuverleiben, was sie sonst mit Leichtigkeit könnten.

### XVI. Oberhoheit über fremde Stämme.

Endlich hat noch der Sultan in neuester Zeit angefangen, eine
Art von Schutzherrschaft über einen Theil der im Westen an sein Land
grenzenden Sjobehi-Stämme auszuüben. Was diese Stämme dazu bewogen haben kann, sich freiwillig, wie sie es thaten, in eine Art von
Vasallenverhältniß zu Laheg zu stellen, ist, aller Wahrscheinlichkeit nach,
auch wieder die Furcht vor den Dhu Mohammed gewesen. Seltsam
freilich, daß sie bei Laheg Schutz suchten vor einer Macht, vor welcher
dieses selbst zittert. Aber, ist Laheg schwach, so sind diese Stämme,
welche keine politische Einheit bilden, sondern aus lauter unabhängigen
Bruchtheilen bestehen, doch noch viel schwächer. So finden sich denn
die Schwachen zusammen, um vereint eher dem Starken widerstehen zu
können. Auch wissen diese Stämme, daß England so leicht nicht gestatten wird, daß die Dhu Mohammed Laheg erobern; und wähnen, an
der Sicherheit dieses Schutzverhältnisses dadurch Theil zu nehmen, daß
sie sich unter Laheg stellen; obwohl sie sich hierin irren dürften, denn
das englische Protectoral möchte nur dem eigentlichen Sultanat Laheg
und nicht seinen Schutzstämmen gelten, um so mehr, als man in Aden
diese platonischen Annexionen nicht besonders gern zu sehen scheint.

Man hat in der That auch Grund dazu, dem Sultan von Laheg
zu mißtrauen, und zwar gerade in Bezug auf seine in den Schutzstaaten
betriebene Politik. Durch einen Zufall bekam ich eine Einsicht in ein
Verhältniß, von dem vielleicht die politische Agentur in Aden nicht
einmal unterrichtet ist. Eines Tages kam nämlich ein Agent des Sultans
zu mir und fragte mich, ob ich behülflich sein wolle, ein vortheilhaftes
politisches Geschäft abzuschließen. Ueberrascht fragte ich, um was es sich
handle? Nun erfuhr ich, daß von einem jener Seehafen- oder vielmehr
Rheden-Verkäufe an irgend eine europäische Macht die Rede sei, von
denen, seit dem Verkauf von Schech Sa'id an Frankreich und dem von
Ahsab an Italien, alle kleinen Sultane und Stammeshäupter dieser

Küstenlandschaften träumen. Ich wußte gar nicht, daß der Sultan von Laheg einen Seehafen besaß und noch weniger, daß er einen solchen verkaufen durfte, und erkundigte mich erstaunt nach der Lage dieses Handelsgegenstandes. Diese Lage machte mir allerdings gleich das Unsinnige des ganzen Projects klar. Der zum Verkauf angebotene Hafen war nichts anderes, als Kor Amran mit den Vorgebirgen von Ras Amran und Gebel Da'u, weit weg von Laheg und schon nahe an Bab el Mandeb gelegen.

Diese Küstenstrecke liegt im Gebiet eines jener Ssobehi-Stämme, welche zu Laheg in ein Schutzverhältniß getreten sind. Dies Schutzverhältniß giebt freilich nicht dem Sultan das Eigenthumsrecht über das Land. Möglich jedoch, daß er sich mit dem besitzenden Stamme verständigte und mit ihm übereinkam, das Geschäft gemeinschaftlich zu machen. Da blieb aber immer noch England, welches den Verkauf eines so nahe bei Aden gelegenen Hafens nie zugeben würde. Ich frug deßhalb, ob man die englische Einwilligung hierzu habe? „Bewahre," war die Antwort, „die ganze Sache muß eben geheim betrieben werden, England darf erst davon erfahren, wenn das Geld gezahlt ist."

Ich konnte nach den Worten des Agenten, eines sehr angesehenen Mannes, nicht zweifeln, daß der Sultan die Absicht habe, hier den Engländern, des lieben Geldes wegen, einen sehr unangenehmen Streich zu spielen. Diese Absicht wird natürlich nie zur Ausführung kommen, denn keine europäische Macht wird sich eines so schlechten Hafens wegen, dessen Seichtigkeit alle Sondirungen bezeugen, mit England überwerfen wollen. Ueberdies ist der Rechtstitel des Verkäufers auch im höchsten Grade faul, denn außer dem besagten Stamme erheben noch andere hier Eigenthumsansprüche, die mit Laheg und seinem Sultan nichts zu thun haben.

Die zu letzterem in Schutzverhältniß getretenen Ssobehi-Stämme sind: die Beni Menacer, die Mechadim, die Debaina, die 'Anterihe, die Rega'i und die 'Alfi, in der Collectiv-Form 'Auwalif genannt. Von ihren Wohnorten soll bei Beschreibung des Ssobehi-Landes die Rede sein.

## XVII. Geschichtliches.

Laheg scheint zu Anfang des Jahrtausends hauptsächlich von Ssobehi-Stämmen bewohnt gewesen zu sein. (Hamdani nennt sie Assbahin). Von dem Reiche der Imame von Yemen trennte es sich wahrscheinlich um 1720, denn sein erster Sultan wird 1728 erwähnt. Der Haß gegen die ketzerischen Zaidi, denen die Imame angehörten, und deren Joch fast um dieselbe Zeitepoche die meisten Fürsten der Küstenlandschaft ab-geschüttelt hatten, war damals noch so lebhaft und wirkte so einigend, daß sich manche Stämme, die seitdem abgefallen sind, unter Laheg stellten und es eine Zeitlang ein mächtiger Staat war. Mit dem Abfall der 'Aqareb (man sehe die Beschreibung dieses Stammgebiets), dem Wachsen der Fodli-Macht und der Zersplitterung der Sfobehi-Stämme, sank auch die Macht von Laheg, so daß wir es zu Anfang dieses Jahr-hunderts als ein sehr herabgekommenes, kleines Sultanat sehen, von übermächtigen Feinden umgeben, und so zu sagen nur von ihrer Gnade sein Leben fristend.

Noch besaß es Aden und dieser Besitz verschaffte ihm durch den Zoll, den der zwar gesunkene, aber nie ganz erloschene Handel dieses wichtigsten Hafens von Arabien abwarf, die Mittel, seine Bundesgenossen zu bezahlen, namentlich die kriegerischen 'Auwaliq, denen es in den letzten 70 Jahren eigentlich die Erhaltung seiner Existenz verdankte.

Die 'Auwaliq unterstützten Laheg immer in den Kriegen gegen den Erbfeind, die Fodli, und in den Annexionsversuchen, welche es gegen die 'Aqareb unternahm, die aber nie gelingen sollten, wie schon bei Erwähnung der letzteren gesagt wurde.

Bis zu welcher Tiefe der Ohnmacht das Sultanat im Jahre 1830 gesunken war, beweist der Umstand, daß der Sultan, unfähig, sein kost-barstes Besitzthum gegen die Räubereien der Fodli zu schützen, mit diesen gewissermaßen gemeinsame Sache machte und ihnen gestattete, Aden zu plündern, wofür er ein Entgelb von 30,000 Thalern erhielt.

Die bald darauf (1837) mit England begonnenen Verhandlungen wegen der Abtretung Adens und ihre Resultate sind bekannt: wie der Sultan Anfangs einwilligte, Aden zu verkaufen, bei der englischen Be-sitznahme aber diesen Schritt bereute, die Engländer erst zur See und zu Lande belästigte und dann (1839) offen bekriegte, indem er versuchte, Aden mit Waffengewalt wiederzunehmen. In jenem Jahre mußte er sich mit einem Verluste von 200 Mann zurückziehen.

1840 kam er wieder, diesmal mit 5000 Arabern, jedoch ohne bessere Erfolge zu erzielen. 1841 verbündete er sich sogar vorübergehend mit den Fodli. Der Religionshaß machte die Erbfeindschaft momentan verstummen. Mit einem Verlust von 300 Mann zurückgeschlagen, ent-

schloß er sich endlich zum Frieden. Erst 1842 erhielt er jedoch die im
ersten Vertrag von 1837 stipulirte Subsidie von monatlich 541 Thalern,
den Kaufpreis für Aden, mit allen Rückständen wieder ausgezahlt.

Vier Jahre darauf (1846) brach von Neuem der Krieg aus. Ein
Fanatiker predigte in Laheg und dem Fodli-Lande den heiligen Krieg
gegen die Engländer und sammelte zahlreichen Anhang, Anfangs ohne
directe Mitwirkung von Seiten des Sultans. Als dieser aber von
England aufgefordert wurde, die sich auf seinem Gebiet sammelnden
Schaaren von Fanatikern zu zerstreuen, zog er es vor, um nicht für
einen schlechten Moslem zu gelten, mit diesen gemeinsame Sache zu
machen. In der Nähe von Ker Maksar wurde das Heer der Glaubens-
kämpfer gänzlich geschlagen, und Waffenstillstand trat ein, aber kein
Friede, bis dieser Sultan starb (1849) und Ali ben Mohßin zur Regierung kam.

Unterdessen hatte man in Laheg bittere Erfahrungen gemacht, welche
den englischen Schutz im Licht einer Erlösung erscheinen ließen. Die
alten Bundesgenossen, die Amwaliq, ergrimmt über das temporäre Bündniß
mit den Fodli, ihres und Laheg's Erbfeind, überfielen Haula, die Hauptstadt, plünderten sie und erpreßten dem Sultan 3500 Thaler. So war
denn der neue Sultan froh, den Vertrag von 1849 (den oben gegebenen)
abzuschließen, durch den er Ker Maksar abtrat und sich gleichsam unter
englischen Schutz stellte.

1855 fand der oben geschilderte Krieg gegen die Aqareb statt, der,
wie man sah, zu keinen Resultaten führte. Als zwei Jahre darauf
(1857) England einen Vertrag mit den Aqareb schloß, mißfiel dies
deren Feinde, dem Sultan von Laheg, und er begann, die Engländer
auf's Neue zu belästigen. So besteuerte er den Brunnen von Schech
'Oman, dessen Wasser durch eine 2 Stunden lange Leitung Aden
versorgt. Karawanen wurden geplündert, Engländer auf der Jagd miß-
handelt. Der Stamm der Azeibih, stets freundlich gegen die Engländer
gesinnt, wurde wegen dieser Gesinnung von seinem Oberherrn, dem
Sultan, hart gestraft. Der Krieg kam jedoch erst 1858 zum Ausbruch,
zuerst gegen die Fodli, deren Dörfer geplündert wurden, und, nachdem
hier Friede geschlossen war, gegen die Engländer. Diesmal nahmen
letztere Schech Oman, das zum Theil in die Luft gesprengt ward, und
schlugen die Abadel mit Verlust von 300 Mann zurück.

Bald darauf trat Friede ein. Der Vertrag von 1849 wurde erneuert und seitdem nicht mehr gebrochen. Aber Sultan Ali blieb stets den Engländern übelgesinnt. Erst unter Sultan Fadl (seit 1866) stellten sich wahrhaft freundschaftliche Beziehungen her.

## XVIII. Religion.

Alle Ababel sind Anhänger der orthodoxen Secte der Schafeʿi, außer welchen es im Lande gar keine giebt. Es ist unbegreiflich, wie Wellsted behaupten kann, die Bewohner von Laheʒ gehörten zur Secte der Zaidi (Ritters Erdkunde XII, 706). Diese Secte ist ihnen sogar dergestalt verhaßt, daß sie den fremden Arabern aus dem Norden, welche Zaidi sind, nur höchst ungern gestatten, in ihren Moscheen zu beten, was man sonst doch ohne Anstand überall thut, z. B. in ʿAden, dessen Bewohner zwar auch Schafeʿi sind, sich aber an die Zaidi, die in großer Anzahl als Arbeiter dort hinkommen, gewöhnt haben.

Auch hier findet die Beschneidung bei Mädchen und Knaben am siebenten Lebenstage statt.

In dem jetzigen Sultan hat die Orthodoxie eine feste Stütze gewonnen. Alle geistigen Getränke sind streng untersagt. Alle Nicht-Moslems werden ungern gesehen. Sind sie nicht Europäer, so sehen sie sich gewöhnlich genöthigt, den Islam anzunehmen. Ich kannte mehrere frühere Heiden von der indischen Banianen-Kaste, die sich bekehren mußten, um in Laheʒ bleiben zu können.

## XIX. Sitten und Gebräuche.

Die Männertracht ist die gewöhnliche südarabische: Lendentuch und Kopfbund. Die Frauen tragen Hosen von buntem Cattun, von mützerer Weite, bis an die Knöchel reichend und unten zugebunden. Das Gesicht wird verschleiert oder blos verhängt. Viele Kinder laufen nackt herum und tragen nur ein Gehänge von kleinen Riemchen an einem größeren um die Weichen.

Das beliebteste Getränk ist der Gischr (schon oben erwähnt). Kaffee wird nie getrunken.

Man raucht nur Wasserpfeifen, deren Gestelle sehr groß, fast mannshoch sind, und deren Mitte eine enorme Kokosnuß einnimmt, durch die der Dampf geleitet wird.

Das Volksgericht ist der Heris (in ganz Südarabien üblich), aus

Fleiſch, Oel oder Butter und Durra-Mehl beſtehend, eine Art Polenta.
Das Gericht der Vornehmen iſt die Daciſſa aus Honig, Butter, Mehl,
zuweilen mit Fleiſch vermiſcht. Außerdem wird das Fleiſch auch als ſogen.
„Braten" verzehrt. Ich ſage „ſogenannt", denn die eine Seite iſt gewöhnlich noch roh, die andere halb verbrannt, wenn es gegeſſen wird.

Das Kauen der Blätter des Kaat (Caata edulis, Forskal), der
auf dem Berge Ssabr bei Ta'izz wächſt, bildet das Vergnügen des Hofes
und der Reichen. Er iſt in Laheg ſehr theuer und ein Mann ver-
braucht leicht für 2 Thaler täglich. Der Effect des Kauens dieſer
Blätter iſt nicht betäubend, ſondern nur angenehm aufregend, die
Schläfrigkeit verſcheuchend; es macht geſprächig, liebenswürdig, geſellig.
Bei Hof wird der ganze Nachmittag dem Kaatkauen gewidmet. Kommt
kein Kaat vom Gebirge, ſo ſind die Leute wie in Trauer verſenkt,
ſchlafen viel und haben ſehr üble Laune. Uebrigens wird der Kaat
auch von den Strengſten niemals dem Haſchiſch (Cannabis indica)
oder dem Opium (dem Mohnproduct) gleichgeſtellt. Der einzige Uebel-
ſtand iſt, daß man, an ihn gewöhnt, nicht ohne ihn ſein kann.

## XX. Gaſtfreundſchaft.

Dieſe wird ſehr liberal ausgeübt. Kommt ein Europäer nach
Laheg, ſo giebt man ihm ein Haus, das freilich leer iſt. Die Sitte
beſteht eben, daß der Reiſende ſeinen Bedarf an Bettzeug, Reiſemöbeln
u. ſ. w. mitbringt. Der Sultan ſchickt ihm rohe Lebensmittel. Als
ich in Laheg war, wohnte ich bei Herrn Landsberg, hatte alſo nicht
für eigene Küche zu ſorgen. Da ich während meines Aufenthalts nichts
annahm, ſo entſchädigte man ſich bei meiner Abreiſe dadurch, indem
man meinem Diener eine ganze Colonie von Hühnern mitgab. Alles
Sträuben half nichts. Ich mußte die Hühner mit nach Aden nehmen.
Sie hatten übrigens eine eigenthümlich wilde, gleichſam beduiniſche
Natur. Sie blieben nie ruhig, wie die Stadthühner, wollten auch bei
der beſten Koſt nicht fett werden.

## XXI. Europäer in Laheg.

Außer Herrn Landsberg lebte hier kein Europäer. Vor einem Jahre
hatte aber der ſchon bei Aden genannte junge 19jährige Franzoſe ſich
hier lange aufgehalten. Dieſem Jüngling fiel es ein, dem Sultan im

Frack die Aufwartung zu machen. Dem Frack widerfuhr jedoch hier wenig Ehre. Der Sultan schien sogar zu glauben, der Fremde komme in einem zerrissenen Kleide zur Audienz und sagte ihm ganz offen: „Dir fehlen ja zwei Stücke an deinen Rockschößen."

Sonst kommen manchmal Engländer zur Jagd her. Diese leben aber gewöhnlich ganz für sich in Zelten, bringen Alles mit sich und besuchen nicht einmal den Sultan.

## XXII. Verrückte Heilige.

Wie in allen moslemischen Städten, so fehlt es auch in Haula nicht an verrückten Heiligen, denen man Alles hingehen läßt. Ich sah einen solchen beim Prinzen Fadl ben 'Ali. Er litt außer einem Schnupftuch um die Lenden nichts auf seinem Körper und suchte auch dies stets abzureißen, woran man ihn aber hinderte, denn das Schamgefühl ist bei den echten Arabern*) sehr lebhaft. Er trug auch das Haupt bloß, obgleich er ganz kahlköpfig war. Er setzte sich ganz ungeniert neben, ja fast auf den Prinzen, nahm ihm die Gischrtasse aus der Hand, trank sie aus, entriß ihm das Rohr der Wasserpfeife und rauchte ruhig weiter. Dies fiel nur mir auf. Er war übrigens nicht vom Süden und hatte helle Haut. Unter den schwarzhäutigen, ächt himyarischen Eingeborenen habe ich keinen einzigen Verrückten gesehen. Es sind hier lauter fremde Derwische.

## XXIII. Juden und Parias.

In Laheg leben wenig Juden, da eben 'Aden zu nahe ist und sie dort alle bürgerlichen Rechte genießen, also mit Vorliebe dahin ziehen. Sie sind übrigens jetzt nicht bedrückt. Früher, als der Sultan noch Krieg mit England führte, verfolgte er sie, weil er die Juden für Freunde Englands hielt. Er glaubte auch, England habe eine Vorliebe für sie. Er begriff nicht, daß die Rechte, welche die Juden in 'Aden genießen, eben nur ein Ausfluß des Civilisationsprincips sind, und keineswegs auf parteiischer Bevorzugung beruhen.

---

*) Nie wird in Arabien das Auge durch solche unkeusche Entblößungen beleidigt, wie man sie z. B. in Aegypten nur zu oft sieht. Selbst beim Baden ist die Scham stets bedeckt.

Von Parias giebt es hier beide Classen, sowohl die Schumr, die
verachtetste Kaste, als die Achdam. Letztere kommen in Moscheen, nicht
aber in die Häuser der Araber. Sie haben dieselbe Stellung, wie die
Merasai im Jahdiland, die Doschan bei den Rezah, die Ahl Hahet bei
den 'Auwalik und Wahidi. Die Schumr stehen sehr tief und dürfen nicht
in Moscheen kommen; man beschuldigt sie, Aas zu genießen und hält
ihre Berührung für höchst verunreinigend. Sie wohnen auswärts der
Stadt in abgesonderten Hütten. Beide Kasten haben weder connubium
noch consortium mit den übrigen Arabern.

# Dreizehntes Capitel.

## Hauschebi-Land.

I. Name. — II. Geographische Lage. — III. Grenzen. — IV. Bodenerhebung. — V. Wadis — VI. Klima und Bodenerzeugnisse. — VII. Bewohner. — VIII. Ortschaften. — IX. Politisches.

### I. Name.

Hauschebi, im Collectiv Hauwaschib, ist der uralte Stammesname dieses Volkes, der sich schon bei Yaqut[*) erwähnt findet.

### II. Geographische Lage.

Ungefähr zwischen 44° 45′ und 45° 5′ östl. L. v. Gr. und zwischen 13° 11′ und 13° 30′ nördl. Br.

### III. Grenzen.

Im Süden Lahez. Im Westen Eschehi und Hogriya. Im Norden Amir. Im Osten Unter-Yafi'a.

### IV. Bodenerhebung.

Im Süden Berge, nach Lahez zu abfallend; dann ein ziemlich hoch gelegenes Plateau, das sich durch die Mitte des Landes hinzieht, während im Osten und Westen längs der beiden Wadis Senkungen sind. Im Osten Gebel Manif, im Westen G. Schl'ab etwa 6000 Fuß hoch.

---

*) Bei Yaqut III. 347, nur im Collectiv „Hauwaschib", erwähnt. Sonst kommt dieser Stamm (außer bei Hamdani) kaum vor.

### V. Wadis.

Der W. Nura begrenzt das Land im Westen, der W. Bonna im Osten. Ersterer vereint sich oberhalb Jaiba mit dem W. Warezan.

Oestlich von der Hauptstadt ein breites, sandiges Strombett, Saibeah genannt, das nur zur Regenzeit Wasser hat, nördlich davon zwei kleinere ähnliche Strombette, Sailet el millah und Sailet et thaimera, die das Regenwasser in die Saibeah führen, von wo es nach Mehaiban fließt.

### VI. Klima und Bodenerzeugnisse.

Das Land ist durch die Sommerregen begünstigt und fast in allen seinen Theilen fruchtbar. In der Gegend von Raha, in der östlichen Hälfte, ein ausgedehntes Plateau mit trefflicher Weizencultur. Ein Theil des Landes, der mittelste, scheint Wüste zu sein, wie auch der Name Ramle (Sand) andeutet. Die Senkungen am W. Bonna erzeugen Kaffee, die am W. Nura Baumwolle. Das Land könnte viel mehr hervorbringen, wäre es nicht sehr dünn und meist nur von Viehzüchtern bewohnt. So ist der größte Theil Merta'a (Weideland).

### VII. Bewohner.

Die Hauwaschib scheinen einen einzigen, compacten, großen Stamm zu bilden. Von Unterstämmen wurde mir gar nichts bekannt. Sie sind alle Dobayel, unter denen vielleicht ein Drittel wirkliche Bedulnen. Aber auch diese wohnen nicht in Zelten, sondern verlegen nur ihre Weideplätze und Strohhütten auf beschränktem Raume von Zeit zu Zeit. Die anderen Dobayel sind seßhaft, meist in Hüttendörfern.

Die Hauwaschib sind unzweifelhafte Himyaren, als welche sie schon Jaqal (s. a. O.) anführt. Der ganze Stamm soll höchstens 12- bis 15,000 Seelen zählen.

### VIII. Ortschaften.

Raha*) (13° 18' nördl. Br., 44° 58' östl. L.), Hauptort, Sitz des Schechs, liegt unweit der Ostgrenze in fruchtbarer Hochebene, be-

____

*) Bei Ritter (XII, 707) ist als nächste Station nordwärts Lahez, „Ramla" genannt (dort Rama geschrieben). Dies ist die Wüstenstation unseres XVIII. Itinerars. Da R. aber dort ein Kornland angiebt, so deutet Rama auf Verwechslung mit „Raha".

steht nur aus einigen Schlössern, die aus einem Gewirr von Hütten von Stein oder Reisern emporragen.

Dar Scha'iban (13° 24' nördl. Br., 44° 49' östl. L.), Hüttendorf mit Schloß, 4 Stunden von Raha entfernt und dicht dabei:

Nemara, kleine Ortschaft, ½ Tagereise von Raha entfernt, beide am Sailel el Millah.

Megba, kleine Ortschaft, dicht bei Raha.

Zaida, Grenzstadt der 'Abadel, gehört zur Hälfte Laheg, zur Hälfte den Hauwaschib, welche hier ein Schloß und Hüttendorf haben.

Bir 'Abd-Allah und Ramle, Karawanenstationen mit Brunnen zwischen Zaida und Raha.

Millah, nördlichster Ort, 13° 25' nördl. Br.

## IX. Politisches.

Sultan 'Ali, ben Manah el Hauschebi, gewöhnlich nur 'Akel (Schech) genannt, ist blos Kriegsführer, da alle Bewohner Dohabel sind. Hat einen Vertrag mit England, wodurch er sich verpflichtet, die Karawanenstraßen zu schützen. Erhält ein Jahrgeld von 360 M. Th. Thalern.

Die Hauwaschib leben beständig in Fehde mit den Nachbarn. Im Jahre 1870 hatten sie Krieg mit den Jafi'i und 1871 mit den Esebehi. Der Sultan soll 1500 Männer ins Feld führen. Das Land ist als unsicher verschrieen, was es zu Seetzen's*) Zeit auch schon war.

Alle Hauwaschib sind Schafe'i.

Früher, wenn man Jaqut glauben will, wohnten sie auf dem Gebel Sfabr, doch ist dies vielleicht nur eine hyperbolische Ausdehnung der Grenzen jenes Gebirges.

*) Ritter XII. S. 746.

# Vierzehntes Capitel.

## Amir-Land.

---

I. Name. — II. Geographische Lage. — III. Grenzen. — IV. Beschaffenheit des Landes. — V. Wadis. — VI. Berge. — VII. Stämme. — VIII. Städte und Ortschaften. — IX. Politisches. — X. Alterthümer. — XI. Hamdani's Angaben über dieses Land.

### I. Name.

Der Name 'Amir ist jedenfalls dynastisch und neueren, wenn nicht neuesten Datums. Das Volk selbst heißt seit den ältesten Zeiten Ga'da, doch gilt diese Bezeichnung jetzt nie für den Staat, da er nicht von einheimischen Fürsten regiert wird. Neben Amir hört man auch den Namen Schafel sowohl für's Land, als für die Hauptstadt. Dieser ist jedenfalls schon ziemlich alt, denn bereits Niebuhr erwähnt einen Ort Schafel. Und dennoch hat es nie einen solchen Ort gegeben. Schafel ist auch ein dynastischer Name, den der jetzige Fürst noch führt und nach dem man oft den Staat „Land des Schafel" und die Stadt „Stadt des Schafel" nennt. Daraus sehen wir, daß schon zu Niebuhr's Zeit hier „Schafel" regierten. Vorzugsweise ist es die Hauptstadt Dhala', welche vulgo „beled Schafel" heißt, was Niebuhr nicht wußte, denn er nennt Schafel und Dhala' als verschiedene Orte.

### II. Geographische Lage.

Das Amirland dehnt sich zwischen 44° 45′ und 45° 2′ östl. L. v. Gr. und von 13° 28′ bis 14° 10′ nördl. Br. Es hat übrigens nicht überall diese Ausdehnung, sondern eine sehr unregelmäßige Gestalt, außerdem noch zahlreiche Enclaven des Schaherigebiets, welches ganz von ihm, aber nicht als compacte Masse, sondern als Sprengstücke, eingeschlossen wird. Obiger Umriß umfaßt nicht das nur lose verbundene Land der Ga'ud, welches etwa unter 45° östl. L. weit nach Norden, fast bis zu 14½° nördl. Br. vorgeschoben ist. Die Enclaven des Schaherilandes trennen es fast vom Hauptkörper des Amirlandes.

## III. Grenzen.

Im Süden Hauwaschib. Im Westen eine Menge kleiner unabhängiger Gebiete, wie Fegra, Auwas, Hascha. Im Norden andere kleine Gebiete, wie Da'laba, ein Theil des Schaherilandes, Gehaf, Sayadi, Haqi. Im Osten, da, wo nicht das Schaherigebiet dazwischen tritt, was enclavenweise der Fall ist, Yaff'a.

## IV. Beschaffenheit des Landes.

Fast durchweg Bergland, doch nicht eigentliches Hochgebirge. Die nördlichen Gegenden fruchtbar, bringen alle Cerealien hervor, Sesam, Tabak, wenig Datteln, in den an Yaff'a grenzenden Districten etwas Kaffee. Der Süden zum Theil steppenartiges Hochland, theils Merta'a (Weidegrund), theils angebaut. Viel Felsengebirge mit steilen, abschüssigen Formen. Hat durchweg tropische Sommerregen.

## V. Wadis.

Der große Hauptwadi dieser Gegend, W. Nura, berührt das Land nur im Westen, aber fast alle dasselbe durchziehende Gießbäche sind ihm tributär.

Wadi Ma'aber, kommt von Merrais, nimmt einen Seitenarm auf, der sich vom Gebel Gehaf hinabzieht, geht nach Fegra in den W. Nura, der nach Lahez fließt.

W. Dabab, entspringt im Gebel Harir, geht nach Süden in den W. Nura. (Bei Hamdani, im Lande der Ga'da, als ein Wadi des Stammes Adwab erwähnt.)

W. Dhi Regem, entspringt im Gebel Scha'ib, geht nach Süden in den W. Nura.

W. Scher'a, an der Grenze von Jafi'a, mündet unweit der Stadt Scher'a in den W. Bonna, der nach Abian geht. (Bei Hambani, im Lande der Ga'ba, als ein Wadi der Beni A'hab erwähnt.)

## VI. Berge.

Gebel Aharrem, hoher Berg bei Dhala', auf dem ein altes himyarisches Schloß steht, soll sehr schwer zugänglich sein.

Gebel Harir, Gebel Scha'ib sollen gegen die Jafi'grenze zu liegen.

Gebel Areba oder Athanba, beherrscht den W. Dabab; steiler, abschüssiger Berg. (Bei Hambani wird ein Wadi Toba genannt, im Lande der Ga'ba, Stammesgebiet der Aswab, gelegen. Die Aswab sind jetzt ein Schaheristamm, im Gebiet der Amir enclavirt.)

## VII. Stämme.

Die Stämme, welche jetzt unter dem eintheitlichen Namen der Amir begriffen werden, bilden einen Theil der großen, schon von Hambani erwähnten Stammesgruppe der Ga'ba. Die anderen Theile dieser Gruppe heißen jetzt Schaheri (zu denen die Aswab gehören) und Hagi, beide politisch getrennte Völker, die wir in besonderen Abschnitten behandeln. Zu Hambani's Zeit waren die Ga'ba noch in Jafi'a enclavirt, was wohl nur heißen will, daß der Begriff Jafi'a damals ein ausgedehnterer war und unter anderen auch das westliche Grenzgebiet mit umfaßte. Verändert haben diese Stämme ihre Wohnsitze nicht, denn die von Hambani genannten Orte gehören noch heute zu ihrem Gebiete. Der Name Ga'ba hat sich nur noch in dem einer der größeren Abtheilungen der Amir erhalten, im Namen der Ga'bi (in der Collectivform jetzt immer Ga'ub*) genannt), die den Nordwesten an der Jafi'grenze bewohnen. Wir beginnen in der Aufzählung der Stämme mit ihnen.

1. Die Ga'ub im Nordwest, sollen 500 streitbare Männer stellen können.

---

*) Im Dialect hört man oft Lega'ub sprechen. Diese sind nicht zu verwechseln mit den Ga'beni, von denen bei den Fodli die Rede war.

2. Die Halemi, wohnen in Scher'a an der Jasi'grenze' nahe den Ga'ud.

3. Sobeidi, wohnen in Soheb und Dascha, im Süden an der Hauschebigrenze.

4. 'Alluwi, ursprünglich Ahl 'Ali, woraus Alluwi entstand, bilden den herrschenden Stamm im Süden zwischen Soheb und Dhala', haben einen sehr einflußreichen, mächtigen Häuptling, Schech Scha'if genannt.

5. Hogeil oder Ahl Hogel, wohnen in der gleichnamigen Ortschaft.

6. Ahl 'Abd Allah, wohnen bei 'Aisai im Gebiet der Ga'ud, zu denen sie Einige rechnen.

### VIII. Städte und Ortschaften.

Dhala', Hauptstadt der Amir, Sitz des Sultans. Einige fünfzig Häuser, worunter mehrere Schlösser; viele Strohhütten. Etwa 800 Einwohner, alle Raye, worunter ungefähr 100 Juden. Kleiner Basar, großer Markt, viele Oelmühlen. Wird auch Blad Schafel genannt.

Soheb[*]) (13° 28′ nördl. Br., 44° 50′ östl. L.), kleine Stadt an der Südgrenze. Einige Schlösser, sonst Reiserhütten. Etwa 100 Einwohner.

Dascha, Ort der Sobeidi, sehr nahe bei Soheb gelegen und oft zu diesem gerechnet. Strohhütten. Ein Schloß. Etwa 60 Einwohner.

Hola oder Dhanab, Hüttendorf mit einigen Steinhäusern, eine Stunde von Dascha nördlich, den Alluwi gehörig.

Soba, Gemul, Tomeir, kleine Ortschaften mit einigen Schlössern und Strohhütten, nordwärts von Dascha und Soheb, den Alluwi gehörig.

Scher'a, Ort der Halemi, im Nordwesten. Etwa 20 Steinhäuser. Strohhütten. Etwa 100 Einwohner.

'Aisai, Hüttendorf mit Schloß, Hauptort der Ga'ud, nahe bei den Ahl 'Abd Allah, im äußersten Norden.

Soheib-th-bewan; dar Mobeile, Thanaib, kleine Orte bei Gemul.

---

[*]) Ritter giebt nach den Indian Papers (Exped. XII, 700) genau an dieser Stelle einen Ort „Seyeb" an, soll vielleicht für Soheb stehen. Die neueste englische Karte schreibt Saib.

### IX. Politisches.

Schafel*), Sultan der Amir, zuweilen auch Amir Schafel genannt, was darauf hinzudeuten scheint, daß dieses zum Volksnamen gewordene „Amir" ursprünglich Titel war, dann Bezeichnung der Dynastie und endlich auch auf den Staat und das Volk angewandt wurde. Der Sultan stammt nicht aus dem Lande, sondern von einem Mamluken (Sklaven) der Imame Zaidi von Jemen, der zum Gouverneur von Dhala' ernannt worden war, sich beim Verfall des Reiches unabhängig machte und eine Dynastie gründete. Die Vorfahren des jetzigen Sultans scheinen noch zur Secte der Zaidi gehört zu haben. Da aber alle Stämme hier Schafe'i und die Zaidi sehr verhaßt sind, so fand die Dynastie es politisch, das Bekenntniß zu wechseln. Das Land der Amir ist in ganz Südarabien berühmt wegen seiner wohlgeordneten Zustände. Alle Dobayel sind unterworfen, so daß der Sultan sie fast wie Raye behandeln kann. Die Oberhäupter der größeren Stämme, wie der Ga'ub, der 'Aluwi, sind zwar mächtig, aber durchaus vom Sultan abhängig, welcher sie indessen, so lange sie zu seiner Zufriedenheit handeln, eine gewisse Selbstständigkeit (in inneren Angelegenheiten) ausüben läßt. Nur der Sultan richtet in letzter Instanz.

Die Justiz ist dieselbe wie in Lahej. Der Blutrache wird fast immer gesteuert, und wenn Fälle vorkommen, daß Einer sich selbst Recht verschafft, so gilt dies als eine Uebertretung und der Betreffende muß sich durch Flucht retten.

Der Sultan bezieht eine Kopfsteuer von den Juden (5 M. Th. Thaler per Kopf). Die Bürger der Städte, die eigentlichen Raye, werden je nach den Bedürfnissen der Staatscasse besteuert, doch wurde mir versichert, daß sie selten unter 12 M. Th. Thaler per Kopf jährlich wegkommen. Der Sultan bezieht 2 Proc. Karawanensteuer. Auch er soll einen Vertrag mit England haben, obwohl er kein regelmäßiges Jahrgeld, sondern nur gelegentliche Geschenke erhält.

Der Sultan hat eine Garde von 300 Mann und soll im Kriegsfall 3000 streitbare Männer aufbieten können.

---

*) Auf der Karte von Arabien v. Colonel Chesney und bereits bei Niebuhr (s. oben) ist Schafel als eine Ortschaft angegeben.

### X. Alterthümer.

In Arfh Aloba*) oder Athauba, unweit des W. Debab, befinden sich auf hoher Bergesspitze drei himyarische Schlösser dicht neben einander. Der Eingang soll unbekannt sein. Sie gelten für den Sitz der Geister und werden aus abergläubischer Furcht nie besucht. Eines dieser Schlösser wird Hail Debab (die Mauer von Debab) genannt. Ein anderes himyarisches Schloß liegt auf dem Gebel Aharrem und wird gleichfalls nie besucht.

### XI. Hamdani's Angaben über dieses Land.

Hamdani, der einzige uns bekannte arabische Geograph, der von Südarabien Genaueres weiß, beschäftigt sich ziemlich ausführlich mit dieser speciellen Gegend, die er das Land der Ga'da nennt. Es ist Interessant, seine Angaben mit den neuesten Berichten über das Land, die ich sammelte, zu vergleichen. Er giebt eine Reihe von Wadis an und erwähnt bei jedem den dort wohnenden Stamm. Wir wollen seine Angaben Namen für Namen verfolgen und bei jedem eine kurze Bemerkung hinzufügen. Man erinnere sich jedoch des Obengesagten, daß nicht nur die heutigen Amir, sondern auch Schaheri und Haqi zu der Völkergruppe gehören, welche Hamdani beschreibt. Er beginnt mit:

1. Wadi Scher'a, gehörte den Beni A'hab. Scher'a ist noch jetzt der Name eines Wadi und einer Stadt, bewohnt von den Haleini.

2. W. Hanka, gehörte den Aswad. Von einem W. Hanka verlautete nichts. Ein Stamm Hanki, in der Collectivform Honuk, soll noch existiren, doch konnte ich über seinen Wohnsitz nichts Genaueres erfahren. (Es giebt einen Ort Hanka in Datina, dies gehört aber nicht hierher.)

3. W. Ga'diya der Beni Mohager. Die heutigen Ga'bi oder Ga'ub bewohnen verschiedene Wadis, deren Namen ich nicht alle erfahren konnte. Nichts ist indeß wahrscheinlicher, als daß einer derselben speciell nach ihnen benannt wurde. Mohager kennt man jetzt in Süd-

---

*) Dieses Arb Aloba ist möglicherweise das Urbaba in dem von Ritter aufgenommenen Itinerar (Erdk. XII, 707). Ein Name Urbaba ist sonst hier ganz unbekannt.

arabien hauptsächlich im Lande der oberen 'Aumaliq, aber auch im
Schaherigebiet scheint noch ein Stamm dieses Namens zu leben, da
einer ihrer Orte Hobeil el Mohagera heißt.  (Siehe unter 13 bei
Schaherl.)

4. W. Toba der Aswab.  Toba dürfte das oft erwähnte Aloba
sein, das jetzt Name eines Berges und einer Landschaft „Arth Aloba".
Die Aswab sind jetzt ein Schaheristamm.

5. W. 'Ameq der Ahrur oder Agrur.  Beide Namen waren den
von mir befragten Amir-Arabern unbekannt.  (Ein 'Ameq existirt im
Jobliland bei den Nachal.)

6. W. Samah der Aswab.  Samah war meinen Amir-Infor-
manten unbekannt.  (Im Joblilande zwischen Ma'r und Schughra soll
ein Samah existiren.)

7. W. 'Auana oder Alaya (die diakritischen Punkte undeutlich).
Jetzt unbekannt.

8. W. Wahba.  Wahba ist jetzt eine Ortschaft der Schaheri.

9. W. Cer'a.  Ein solcher Name schien meinen Informanten bekannt, nicht aber seine specielle Lage.

10. W. Dehab der Aswab.  Beide Namen noch jetzt bekannt und
oben mehrfach erwähnt.

11. W. Hacen der Aswab.  Ersterer ist wahrscheinlich der W. Hocein
im Lande der Haqi.

12. W. Saka' oder Schaka' der Aswab und Mohager.  Wenn
die Lesart Schaka' richtig ist, so wäre dieser Wadi gefunden.  Im
Lande der Haqi existirt ein Ort Schaka'.

13. W. Ahla oder Agela der Aswab und Mohager.  Im Lande
der Schaheri liegt ein Ort Gelela, dessen Namen jeder Arabist auf
Agela (das wohl Agella gelesen werden dürfte, da das Teschdid im Manuscript fast immer wegfällt) zurückführen kann.

14. W. Tomri der Aswab.  Tomri erinnert an das oben (Ortschaften) erwähnte Tomeir.

15. W. Dhu Chorebe (alle diakritischen Punkte fehlen im Manuscript) der Aswab.  Im Gebiet der Schaheri, deren einer Stamm noch
jetzt Aswab heißt, liegt ein Dorf Chorebe.

16. u. 17. Folgen zwei, in dem mir zugänglichen Manuscript unleserliche Namen.  Der einzige Name, den ich hier entziffern kann, ist
der eines Stammes Sabif oder Sabiq.  Ist letztere Lesart richtig, so

dürfte dieser Name in dem jetzigen Schaherlort Cedeq wiedergefunden werden.

18. W. Seheb der (folgen unleserliche Stammesnamen). Soheb ist die wohlbekannte Stadt. Von einem Wadi hörte ich nichts.

19. Du . . . . . (unleserlich) der Meraneb. Meraneb schienen Niemandem bekannt.

20. W. Bena der 'Assan'a und Abirun. W. Bena ist vielleicht der östliche Grenzfluß dieses Landes, der aber jetzt immer Benna gesprochen wird. 'Assan'a und Abirun kannte keiner der von mir befragten Amir.

21. Atham oder Algam der Sakaseka von den Ga'da. Beide Namen waren den von mir befragten Amir unbekannt.

# Fünfzehntes Capitel.

## Schaheri-Land.

———

### I. Name.

Schaheri ist wohl der Name einer Unterabtheilung der Aswad (Ga'da), vielleicht auch dynastisch, aber dann ist die Dynastie einheimisch und führt einen eingebornen Namen. Der Stammesname ist Aswad L. Ga'da.

### II. Lage.

Im Amirlande enclavirt. Das Land ist klein, hat höchstens 8 Quadratmeilen Umfang. Der Haupttheil liegt in der nördlichen Hälfte des Amirlandes eingeschlossen und reicht etwas über dessen Nordgrenze hinaus. Einige kleinere Sprengstücke liegen an der Hasi'grenze, zwischen Hasi'a und dem Amirlande.

### III. Beschaffenheit des Landes.

Sehr ähnlich dem Amirlande. Scheint durchweg gut bewachsen. Cerealien, etwas Kaffee. Der W. Thi Regem, von dem schon beim Amirlande die Rede war, durchzieht einen großen Theil des Schaheri-landes.

## IV. Stämme.

1. Aswad, der historische Name der Schaheri, Hauptstamm.
2. Mohagera, gleichfalls ein historischer Name, jetzt ein kleinerer Stamm in Gelelei el Mohagera.
3. Baferi, Stamm im Norden.
4. Gaschani, bewohnt die Gegend am Hagfer.

## V. Ortschaften.

Hagfer, auch Agemi el Hagfer genannt, Hauptort, nahe an Dhala, auf dem Wege nach Soheb. Residenz des Schechs. Etwa 10 gemauerte Häuser, zwei Schlösser, sonst Strohhütten. Etwa 200 Einwohner. Wenig Juden. Stamm: el Gaschani.

Chorebe, Hüttendorf mit Schloß. Keine Juden.

Wahba, Hüttendorf mit einigen gemauerten Häusern. Markt. Einige Juden.

Nezem, Hüttendorf.

Gelelei, kleine Ortschaft, nahe an Dhala. Markt. Juden sollen hier wohnen.

Hobeil el Mohagera, zerfällt in das eigentliche

Hobeil und Hobeil el Gebr, zwei kleine Ortschaften, durch den Wadi Dhi Nezem von einander getrennt. Jede hat ein Schloß, ein Paar gemauerte Häuser, sonst Hütten.

Sadeig, kleiner Ort im Süden, soll schon außerhalb des eigentlichen Schaherigebiets und nahe an Soheb liegen, obgleich politisch sich zu den Schaheri haltend. Uebrigens sehr unbedeutend. Schloß; Strohhütten. Höchstens 80 bis 100 Einwohner. Einige Juden. Markt.

## VI. Religion.

Alle Schaheri sind Schafeï.

## VII. Politisches.

Die Schaheri haben keinen Sultan, sondern nur einen Schech, Mletenet el Gaschani eïch Schaheri, der in Hagfer residirt. Er führt ein streng orthodoxes Regiment, kann aber die Stämme nicht als Raye

behandeln, wie es Amir Schaßel in Thala' thut, sondern muß ihnen
viele Freiheiten gestatten. Auch herrscht hier lange nicht dieselbe Sicherheit und Ordnung, wie bei den Amir.  Die Städter sind alle Raye.
Die Schaßeri sind troß ihrer Kleinheit eine respectable Macht, die selbst
den Amir imponirt.  Oft haben diese es versucht, das Schaßeriland,
das im Amirgebiet eingeschlossen ist, auch politisch einzuverleiben, was
ihnen aber nie gelang.  Die Feindschaft zwischen Schaßeri und Amir
besteht hauptsächlich, seit das leßtere Land unter der jeßigen Dynastie
steht (vielleicht 80 Jahre), da diese Dynastie fremd ist, in dieser Eigenschaft keine Verwandtschaftsrücksichten auf die Stämme zu nehmen
brauchte und mit eiserner Hand geregelte Zustände, die allen Arabern
immer mehr oder weniger widerwärtig sind, einführte, während die
Schaßeriherrscher einheimisch sind, auf die Dobayel Rücksicht nehmen
und mehr ein patriarchalisches Regiment nach dem alten Schlendrian
führen.  Die nächste Nähe eines solchen Staates, wie der der
Amir, ist ihnen daher ein Dorn im Auge.  Die Völker selbst haben
jedoch keine tiefgehenden Antipathien, sie sind stammverwandt, beide
G'dasstämme, bildeten vor der Zaidiherrschaft eine politische Einheit, und
gehören beide zu derselben Seele, was hier sehr viel heißen will, denn
Zaidi und Schase'i sind geschworene Feinde, zwei Schase'i-Völker dagegen
verbindet der Haß gegen die Zaidi immer mehr oder weniger, besonders wenn sie, wie es hier der Fall ist, die leßteren in der Nähe
haben.  Gegen die immer mehr in dieser Richtung fortschreitende Macht
der Dhu Mohammed sind Schaßeri und Amir immer zum Bündniß
bereit.

# Kleine Stammesgebiete zwischen Dhala' und Yerim und Dhala' und Reda'.

---

## I. Allgemeines.

Das Amir-Land ist in der Richtung von 'Aden nach Ssan'a das nördlichste, welches eine compactere Stammesgruppe, einen eigentlichen Staat darstellt. Im Norden von ihm stoßen wir auf eine Menge kleiner, zersplitterter Gebiete, die sich seit dem Verfall des Reiches des Imame Zaidi noch nicht wieder zu einer staatlichen Vereinigung zusammengefunden haben. Etwas der Art ist freilich im Werden, aber es hat, wenigstens in dem von uns hier behandelten Gebiet, erst begonnen. Eines nach dem andern dieser kleinen Gebiete geräth nämlich unter die Zuchtruthe der Dhu Mohammed. Diese dringen von Norden erobernd vor. Doch folgen sie bei ihren Eroberungen durchaus nicht einem topographisch niedergelegten Plane. Die schwachen Gebiete üben vor anderen Anziehungskraft auf fie. Die ftarken umgehen fie, wenigftens Anfangs. Daher kommt es, daß die Gefammtheit ihrer Eroberungen ein buntes Flickwerk darftellt. Zahlreiche freie Enclaven liegen noch mitten in dem befetzten Gebiet.

So ift auch merkwürdig, daß fich die Eroberungen der Dhu Mohammed im Weften der Efan a-Route viel weiter nach Süden erftrecken, als auf diefer, und dennoch find die auf letzterer gelegenen Stättlein ihnen topographifch näher. Noch bunter wird das Flickwerk dadurch, daß die Dhu Mohammed vorzugsweife nur die Schafe'i-Länder einverleiben. Ein von ihren Glaubensgenoffen, den Zaidi, bewohntes Gebiet, das fie auf ihren Eroberungszügen treffen, laffen fie meift unbehelligt. Die Bewohner find ihre Freunde und werden ihre Bundesgenoffen.

Wir können alfo die Eroberungen der Dhu Mohammed, wie fie auf der Karte keine Einheit bilden, auch in der Befchreibung nicht als Einheit behandeln. Da außerdem jedes eroberte Gebiet noch feine abgefonderte politifche Begrenzung behält, fo ziehen wir es vor, jedes für fich zu befchreiben.

Hier find wir auch am Nordende der Religionseinheit angekommen. Von den Gebieten, die fich jetzt folgen, gehört bald das eine den Schafe'i, das andere den Zaidi, aber nie ift ein Gebiet gemifcht. Diefe beiden Secten haffen fich tödtlich und diefer Haß wirkt auf alle politifchen und focialen Verhältniffe dergeftalt ein, daß man eigentlich ein Volk fchon halb befchrieben hat, wenn man fagt, zu welcher Secte es gehört.

## II. Haqi (unter Dhu Mohammed).

Ein kleines Stammesgebiet zwifchen Dhala' und Da'leba. ¼ Tagereife von letzterem.

Die Haqi gehörten urfprünglich zu derfelben großen Stammeseinheit, wie Amir und Schaheri, d. h. den Ga'da, welche wahrfcheinlich Yafi'[*) waren und jedenfalls Himyaren find. Sie find, nach Hamdani's Angaben zu fchließen, eine Abtheilung der Aswab, der heutigen Schaheri.

Hauptort: Hocein im Wadi gleichen Namens. Schloß der Dhu Mohammed.

---

*) Hamdani fagt zwar: die Ga'da gelten für Yafi'i und wohnen in Yafi'a (welches früher mehr weftwärts reichte), aber fie find nicht von ihnen. Phyfiognomifch gleichen fie ihnen jedoch durchaus. Jedenfalls find fie Himyaren.

Schata, kleines Hüttendorf mit Schloß.

Bis noch vor Kurzem waren die Haqi unabhängig unter ihren eigenen Schechs. Aber im Jahre 1870 schickten die Dhu Mohammed ihren Reqib (Statthalter) von Schä'if (1 Tagereise nordwestlich von Dhala'), welches schon länger unter ihre Herrschaft gerathen war, nach Horein, um das Haqi-Land zu erobern.

So groß war die Furcht vor den Dhu Mohammed, daß weder Amir, noch Schaheri es wagten, als Bundesgenossen ihrer Stammes-verwandten, der Haqi, aufzutreten, und das kleine Land ohne Wider-stand in die Hände der Dhu Mohammed fiel. Seitdem stehen die Haqi unter letzteren, welche ihr Land durch ihren Reqib, 'Abd-Allah ben Mehsin, den Gouverneur von beled Schä'if (den Eroberer) verwalten lassen.

Die Haqi zahlen eine jährliche Abgabe von 1200 M. Th. Thaler an die Dhu Mohammed, eine sehr drückende Last für einen so kleinen Stamm in dem geldarmen Arabien.

Jedoch das drückendste dieses Unterthanen-Verhältnisses besteht für sie darin, daß sie unn Raye eines andersgläubigen Volkes geworden sind, denn alle Haqi gehören zur orthodoxen Secte der Schafe'i, während die Dhu Mohammed Zaidi sind. Unter den Zaidi zu stehen, wird bei allen Orthodoxen immer als die größte Calamität angesehen, obgleich jene sie in Ausübung ihres Bekenntnisses durchaus nicht behindern und überhaupt viel toleranter sind, als die Schafe'i.

### III. Fegra (freies Stammesgebiet).

Ein unabhängiges Stammesgebiet im Südwesten von Dhala', an der Grenze des Amir-Landes, etwa unter 14° 40' nördlicher Breite ge-legen, besteht fast nur aus dem Hauptort, Fegra, und der nächsten Umgebung.

Zwei Stämme: Habur und Deqam. Schech: 'Abd Allah Salah el Deqmi. In Fegra, kleinem Ort am Wadi Rura in fruchtbarer Gegend gelegen, sind mehrere Schlösser der beiden Stämme, sonst Stroh-hütten. Das ganze Volk zählt vielleicht 2000 Seelen. Die Bewohner sind Schafe'i und haben sich bis jetzt noch von den Dhu Mohammed unabhängig erhalten können.

**IV. Gehaf** (freies Stammesgebiet).

Gleichfalls ein unabhängiges Gebiet im Nordwesten von Dhala', zwischen diesem und Da'taba auf der einen, und dem Lande der Haqi auf der anderen Seite. Gleichnamiger Stamm und Berg.

Städtchen Gehaf, Hauptort mit einem Schloß. Das ganze Volk zählt vielleicht 1000 Seelen. Alle Bewohner Schäfe'i.

**V. Da'taba** (freies Stammesgebiet).

## A. Ausdehnung des Landes.

Das Gebiet von Da'taba besteht eigentlich nur aus der gleich-namigen Stadt und einem etwas ausgedehnteren Umkreise, mit einem Flächeninhalt von anderthalb bis zwei deutschen Quadratmeilen. Es liegt ungefähr unter 44" 52' öftl. Länge und etwas über dem 14. nördl. Breitegrade. Seine Grenzen sind im Süden und Osten das Amir-Land, im Westen Gehaf und Haqi, im Norden Merrais.

## B. Beschaffenheit des Landes.

Diese scheint vortrefflich zu sein, nach den Producten zu schließen. Dieselben sind: Kaffee, Kaat (auf den Höhen), eine Tabaksart, die ganz schwarz sein soll, alle Cerealien, darunter vortrefflicher Weizen, ausge-zeichnetes Obst, Pfirsiche, Aprikosen, Weintrauben; keine Datteln.

## C. Wadis.

W. Reschan kommt von Merrais, fließt nach Da'taba und Haqi.

W. el Chobr fließt nach Fegra in den W. Nura. (Dieser scheint identisch mit dem Wadi Ma'aberim Amir-Lande.)

W. el Abehor, kleiner Gießbach bei Da'taba.

Topographisch begrenzt wird das Land von dem Gebel Gehaf im Südwest und dem Gebel Merrais im Nordost. Es scheint also im Verhältniß zu seiner Umgebung ein Tiefland zu sein, welcher Umstand auch die Kaffeecultur erklärt.

## D. Stämme.

Deren sind nur zwei:

1) Bei Abu Hobal, stehen unter dem Schech Mesa'd Salah.

2) el Aḥnum, stehen unter dem Schech 'Abd er Raḥman 'Aidwa.
. Beide Stämme wohnen in Da'taba und theilen sich in das umliegende Gebiet.

### E.　Stadt.

Da'taba, eine der größten Städte dieser Gegend mit drei bis viertausend Einwohnern, etwa 100 gemauerten Häusern, einer großen Menge gut gebauter Hütten und mehreren Schlössern. Residenz der beiden Schechs. Zwei große Moscheen der Schafe'i. Es giebt hier keine Zaidi. Etwa 200 Juden, die einzigen Leute, welche hier Industrie betreiben, nämlich Baumwolle aus Aden verschreiben, die sie zu Stoffen verarbeiten. Ein kleiner Basar, auf dem viel Tabak verkauft wird. Zwei große Wochenmärkte. In der Nähe von Da'taba sind 5 große Schlösser der Abu Hobal, nämlich Hamr, Dans, eb Darr, Rabe und Scheghab. Es soll auch ein Dorf Hamr geben, wo die Araber noch sehr viel vom Himyarischen im Dialect bewahrt hätten. Der Name Hamr könnte allerdings auf Himyar deuten.

### F.　Regierung.

Diese wird von jedem der beiden Schechs in seinem Stamme und dessen Stadttheil unabhängig ausgeübt. Ihre Macht ist jedoch sehr beschränkt, da fast alle Bewohner Dobayel sind, mit Ausnahme einiger hundert Raye, zugewanderter Fremden, der Juden und der Parla's. Diese 3 Classen werden je nach dem Quartier, in dem sie wohnen, von dem dort gebietenden Schech ausgebeutet, die Juden zahlen Kopfsteuer (2¼ Thaler jährlich); die Raye werden nach Willkür taxirt; die Parla's zahlen nichts, müssen aber zuweilen frohnden.

### G.　Stellung der Juden.

Sie sind sehr unterdrückt und allerhand Demüthigungen ausgesetzt. Sie dürfen keine Pferde reiten (was freilich nicht schwer zu vermeiden, da es fast keine im Lande giebt), sondern nur Esel. Begegnen sie zu Esel einem Araber, so müssen sie absteigen und links ausweichen, da die linke Seite für den, der sie einschlägt, für unehrenhaft gilt. Will ein Araber einem Juden eine besondere Gnade erweisen, so erlaubt er ihm, seine Hand zu küssen, jedoch thut er dies mit weitausgestrecktem

Arm, damit jener ihm ja nicht nahe komme. Araber aus Da'faba erzählten mir allerlei Seltsamkeiten vom Gottesdienst der dortigen Juden.
Sie sollen sich die Hände verhüllen, eine Art Horn auf die Stirn
binden und damit wie besessen in der Synagoge herumrennen. Die
Jüdinnen sollen sehr schön sein, aber es kommt nie vor, daß ein Araber
eine solche auch nur zur Concubine nimmt, was doch in anderen moslimischen Ländern geschieht. Hier würde der, welcher so etwas thäte,
vom Stamme ausgeschlossen werden und verloren sein.

## H. Paria's.

Wir sind nun in das Gebiet gekommen, wo die zweite, verachtetste
Classe der Paria's, die Schumr (Singular: Schimrl), sich häufiger
findet. Diese allein sind vom Besuch der Moscheen ausgeschlossen, betreiben die ekelhaftesten Gewerbe, wie das der Abdecker, dürfen nicht
einmal an die Thüren der Häuser kommen und wohnen im abgelegensten
Stadttheile. Die andere weniger verachtete Classe hat dieselbe Stellung,
wie in allen bis jetzt beschriebenen Ländern. Sie besteht hier aus den
eigentlichen Achdam (Dienern), den Schaheb (so nennt man hier die
Tamburin-Trommler) und den Doschan (hier fahrende Sänger). Dagegen wird das Gewerbe der Merasai (in Da'faba die Schläger kupferner
Trommeln) nicht von Paria's, sondern von Dobayel ausgeübt. Merasai
ist also hier kein mißachteter Name, wie in anderen Ländern.

## I. Sitten und Gebräuche.

Die Männertracht ist die allgemein südarabische: blaues oder weißes
Lendentuch und Kopfbund. Die Frauen tragen keine Hosen, wie sonst
fast in allen Städten, sondern ein dunkles Hemd, darüber die reicheren
Seidenstoffe. Alle haben ein Umhängetuch, hier Schelber genannt (in
Aden Chonne), und in der Stadt außerdem noch die Rem'a, ein über
das ganze Gesicht gezogenes Tuch, glatt angespannt und ohne Lücken für
die Augen (wie in Aden). Sie machen großen Gebrauch von Schön-
heitsmitteln und Schminken verschiedener Farben: Hösn heißt eine rothe
Schminke für die Wangen, Wars eine orangefarbene und Horub eine
gelbe (von der Coloquinta cucumis). Mit der letzteren, welche die
beliebteste ist, wird der ganze Körper gelb*) gefärbt, was für besonders

---

*) Ich sah auch in Aden solche gelbgefärbte Frauen, Jüdinnen, die sich frei
sehen ließen.

schön gilt. Zum Schwarzfärben der Nägel soll eine Mixtur von Scheider,
Atrun und anderen Ingredienzen dienen.

Die Beschneidung der Mädchen, sonst in ganz Südarabien (dem
Küstenlande) üblich, findet hier niemals statt, die der Knaben am
siebenten Lebenstage.

Das Kaatkauen ist hier eine allgemeine Sitte, von der selbst die
Aermsten nicht lassen können. Da der Kaat im Lande wächst, so ist
er zwar weniger theuer, als in Laheg, aber immerhin noch theuer genug.
Mancher soll seine Familie damit ruiniren. Ein armer Mann, der
seine Familie mit 2 Anna's*) (2½ Silbergroschen) täglich ernährt,
braucht oft für 4 Anna's Kaat und ist unglücklich, wenn er ihn nicht hat.

Der Gischr wird nur in der Stadt getrunken. Die Beduinen dagegen trinken Kaffee und zwar, wie in Baßa, mit Milch. Sie sollen
sogar den schwarzen Kaffee für ungesund und fiebererregend halten, genießen also Milchkaffee aus demselben Grunde, aus dem die Städter
Gischr trinken**).

### VI. Merrais (freies Stammesgebiet).

Dieses im Nordosten von Da'taba, im Nordwesten der Gaud gelegene unabhängige Stammesgebiet besteht aus einem Bergdistrict, dessen
Mitte der Gebel Merrais einnimmt. Der Hauptwadi ist der schon
erwähnte W. Reschan.

Es wird von 5 Stämmen bewohnt, jeder unter einem unabhängigen
Schech:

1) Bent Schafel.
2) Beni Mohammed.
3) Ahl Reidan.
4) Ahl Ahmed.
5) Ahl Schaqran.

---

*) Die Anna's verlieren sich selbst bis nach Da'taba, da es im Innern an
kleiner Münze fehlt. Im Lande wird keine geprägt.

**) Alle Europäer glauben, daß im Orient nur schwarzer Kaffee getrunken wird.
Araber dagegen versicherten mir, daß die Sitte des Milchkaffee's in Yemen allgemein
sei. Der Araber liebt nämlich nicht starken Kaffee. Diesen zu trinken, ist eigentlich
eine türkische Sitte. Wo es an guter Milch fehlt, wie in den meisten Städten,
ist Wasser das Verdünnungsmittel. Wer aber Milch hat, braucht diese. Auch in
Aden sah ich Araber Milchkaffee trinken.

Im ganzen Gebiet ist keine Stadt, nicht einmal eine größere Ortschaft, sondern die Bewohner leben in zerstreut liegenden kleinen Steinhäusern. Jeder Stamm hat ein befestigtes Schloß. Die wichtigsten
Schlösser sind: H. Schaqran und H. Reidan. Bei diesen werden
Märkte abgehalten. Es soll einige hundert Juden im Lande geben.
Alle Bewohner gehören zur Secte der Schafe'i. Die 5 Stämme sind
eng verbündet und oft im Kriege mit den Nachbarn. Ihre Gesammtheit wird schlechtweg „Merrais" genannt

### VII.  Ahmedi oder 'Auwas (freies Sammetgebiet).

Dieses unabhängige Stammesgebiet dürfte nach den Berichten der
Eingeborenen etwa unter 44° 33' östl. Länge v. Gr. und 13° 45' nördl.
Breite zu suchen sein. Es grenzt im Westen an Chabra, im Norden
an Hascha, im Osten an Fegra und das Amir-Land. Es wird von
einem Arm des W. Nura durchzogen, der von Gible bei Ibb kommt.

Hauptort el 'Auwas, Sitz der beiden Schechs der Ahmedi, welche
sich in die Regierung theilen, Ahmed Salah el 'Auwasi und Hadi ben
Nagi.

Der Name Ahmedi wird vulgo immer Hamedi gesprochen.

### VIII.  Hascha (unter den Dhu Hosain).

Früher unabhängiges, jetzt von den Dhu Hosain erobertes kleines
Gebiet mit dem gleichnamigen Stamm und der Ortschaft Hascha. Nach
den Berichten der Araber glaube ich seine ungefähre Lage 44° 33' östl.
Länge v. Gr. und 13° 49' nördlicher Breite ansetzen zu können. Hascha
liegt auf dem directen Wege von Dhala' nach Ibb (Itinerar XXIX).
Die Bewohner sollen zur Secte der Zaidi gehören. Wenn dies der
Fall ist, so sind sie mehr Verbündete, als Unterthanen der Eroberer,
ebenso wie die folgenden.

### IX.  Ahl Abahela oder Mauya (unter den Dhu Hosain).

Die Ahl Abahela mit dem Hauptort Mauya (zwischen Hascha und
Ibb) haben gleichfalls in neuester Zeit ihre Unabhängigkeit eingebüßt
und leben unter den Dhu Hosain, zu deren Secte (Zaidi) sie übrigens
gehören sollen. Ihr Gebiet scheint ungefähr unter 44° 25' östl. Länge
v. Gr. und 13° 53' nördl. Breite zu liegen.

### X. 'Abareb (freies Stammesgebiet).

Dieses noch unabhängige Gebiet besteht fast nur aus der Ortschaft 'Abareb, die gewöhnlich Beled el Dabi genannt wird, weil von einem Dabi (Richter), der souverän ist, regiert. Die Bewohner gehören zur Secte der Zaidi, stehen aber nicht unter Dhu Mohammed oder Dhu Hosain, welche ihre Seelengenossen meist respectiren. Die ungefähre Lage des Beled el Dabi glaube ich unter 44° 35' östl. Länge v. Gr. und 14° nördl. Breite ansetzen zu können. 'Abareb liegt dicht beim folgenden.

### XI. 'Amar (freies Stammesgebiet).

Auch dies ist ein unabhängiges Gebiet, mit dem Hauptort 'Amar, vom Stamme der Habbi bewohnt, weshalb 'Amar auch schlechtweg Beled el Habbi heißt. Es giebt jedoch auch eine Unterabtheilung der Habbi, welche ausschließlich die Bezeichnung 'Amar führt, und eine kleine Ortschaft, Namens Sodheb el 'Amar, bewohnen soll. Die Bewohner gehören alle zur Secte der Zaidi.

Ungefähre Lage 44° 37' östl. Länge v. Gr. und 14° 3'' nördl. Breite. Oberhaupt: Schech Hasan el Habbi.

### XII. Saŋabi (Verbündete der Dhu Mohammed).

Dieser unabhängige Stamm scheint ein etwas ausgedehnteres Gebiet, zwischen etwa 44° 41' und 44° 43' östl. Länge v. Gr., und 14° 3' und 14° 5' nördl. Breite zu bewohnen. Das Land wird vom W. Nura durchzogen, der von hier nach Haqi, dann zu den Ahmedi (Auwas) Fegra und Lahez geht.

Hauptort el Do'la, Sitz des Schechs, Methen Ahmed es Saŋabi. Im Osten von Do'la die Landschaft el 'Aub, zwischen Da'taba und 'Amar. Alle Bewohner gehören zur Secte der Zaidi, stehen aber weder unter Dhu Mohammed, noch unter Dhu Hosain.

El 'Aub liegt ¼ Tag von Da'taba, 1 Tag von Dhala', 2½ Tage von Reba'.

### XIII. Scha'If (unter den Dhu Mohammed).

Lage ungefähr zwischen 44° 45' und 44° 47' östl. Länge v. Gr. und 14° bis 14° 13' nördl. Breite. Etwas ausgedehnteres Gebiet.

Grenzt südlich an Haqi, Gehaf, westlich an Sayabi, östlich an Jazibi, Da'laba.

Der Stamm Scha'if (Collectivform: Scha'if) ist nicht unabhängig, sondern steht unter den Dhu Mohammed. Da er aber, wie diese, zur Secte der Zaidi gehört, so wird er nicht bedrückt und mit Abgaben belastet, wie die Haqi. Er hat sogar einen eingebornen Schech (zuweilen auch Sultan genannt) 'Abb Allah ben Mohsin esch Scha'ifi, welcher zugleich der Neqib (Statthalter) der Dhu Mohammed ist und als solcher das Land der Haqi, das er eroberte, mitverwaltet.

Hauptort Natari, Sitz des Neqib, gewöhnlich nur beled Scha'if genannt. Hier sollen Juden wohnen.

### XIV. Hobal (unter den Dhu Mohammed).

Lage ungefähr unter 44° 36' östl. Länge v. Gr. und 14° 13' nördl. Breite. Stamm: Chobban. Die Einwohner alle Zaidi, den Dhu Mohammed unterworfen, aber in derselben milden Weise, wie die Scha'if. Schech Hasan ben Yahya 'Obbad vom eingebornen Stamme der Chobban. Soll sehr nahe bei Nerim liegen.

### XV. Jazibi (Verbündete der Dhu Mohammed).

Lage ungefähr unter 44° 52' östl. Länge v. Gr. und 14° 12' nördl. Breite. Kleines unabhängiges Stammesgebiet. Keine größeren Ortschaften. Zerstreute kleine Steinhäuser. Die Bewohner sind alle Zaidi, aber nicht den Dhu Mohammed unterworfen.

Sind sehr oft im Kriege mit den Schafe'i-Orten, Da'laba, Merrais, Gehaf, Dhala'. Zwischen Zaidi und Schafe'i ist stets Feindschaft.

### XVI. Talab (Verbündete der Dhu Mohammed).

Lage ungefähr 44° 55' östl. Länge v. Gr. und 14° 20' nördl. Breite. Unabhängiger Stamm, Zaidi.

### XVII. Hobeschi (unter den Dhu Mohammed).

Lage ungefähr 45° 3' östl. Länge v. Gr. und 14° 20' nördl. Breite. Stehen in gleichem abhängigen Verhältniß zu den Dhu Mohammed wie Scha'if und Chobban (Hobal), gehören zur Secte der Zaidi. Landschaft Hagai, fruchtbarer Boden, Hauptort Demed zwischen

Merrais und Reda'. Die Hobeschi haben Anfang 1871 Krieg mit Da'laba angefangen, wahrscheinlich im Auftrag der Dhu Mohammed.

## XVIII. Reda' (freie Stadt)

Wir kommen nun in das Gebiet von Sfan'a (im weiteren Sinne), in denjenigen Theil des alten Jaumais, welcher noch im ersten Drittel dieses Jahrhunderts zu demselben gehörte, nachdem die bis jetzt beschriebenen Landschaften schon längst abgefallen waren. Zugleich betreten wir auch einen den Europäern etwas mehr bekannten Boden, die Nähe von Dhamar, Jerim und anderen von Niebuhr, Seetzen, der englischen Mission, der französischen Gesandtschaft besuchten Städte. Wir beschränken uns deßhalb darauf, die beiden von jenen Europäern nicht besuchten östlichen Städte dieser Gegend, Reda und Gefe, zu erwähnen.

Vor Seetzen war man nicht darüber im Klaren, wo ungefähr Reda' zu suchen sei, da Niebuhr diesen Namen mit Roda (ohne '), einer Stadt dicht bei Sfan'a, verwechselt hatte. Dasselbe scheint noch Cruttenden begegnet zu sein (Ritter, Erdkunde XII, 726). Seitdem finden wir es aber manchmal auf den Karten und zwar ziemlich richtig angesetzt, so auf der Kiepert'schen (Berlin, Reimer 1864), wo die Lage jedoch etwas zu südlich, fast bis an den 14. Breitegrad gerückt ist. Daß die Lage Reda's nicht diese sein kann, geht einestheils aus unserm Itinerar XVI. hervor, anderntheils aus der mir einstimmig von den Arabern gemachten Angabe, daß Reda' etwa gleichweit von Jerim und Dhamar entfernt sei, ungefähr 1½ starke Tagereisen von jedem dieser Orte. Demnach glaube ich Reda' ungefähr unter 45° 3" östl. Länge v. Gr. und 14° 28" nördl. Breite ansetzen zu können. Sein Gebiet liegt (ganz wie schon Seetzen erwähnt) im Nordwesten v. Jaff'a und grenzt südlich an Hobeschi und Talab, westlich und nördlich an unabhängige oder den Dhu Mohammed unterworfene Sprengstücke des einstigen Zaidi-Reiches, östlich an Gefe.

Reda' ist die erste Stadt in Arabien, wo der von Süden Kommende einigermaßen städtisches Wesen, Bauten und die bürgerlichen Gewohnheiten der ansässigen Araber findet. Die Stadt ist gut gebaut (freilich an Ruinen reich), hat 6 Moscheen, einen großen Palast, Festungsschlösser, einen gemauerten Basar, Bäder. Zum erstenmale findet der aus dem Süden Kommende, welcher nur das oceanische Arabien kennt, hier den ganzen orientalischen Bade-Apparat, kalte und heiße Wannenbäder,

Schwitzstube, Abreiben mit Roßhaarhandschuhen, Kneten der Glieder
u. s. w. (von Aden bis Oman Alles unbekannt).

Die Einwohnerzahl wird auf etwa 3000 Seelen geschätzt.

Die Regierung ist in Händen eines einheimischen Oberhauptes, das
völlig unabhängig. Die Bewohner gehören zur Secte der Zaidi und
sind mit den Dhu Mohammed befreundet. Hier wohnen einige hundert
Inden, Baumwollweber, Schmiede, Silberschmiede. Paria's giebt es
von beiden Classen, jedoch wenig Schumr.

Die Umgegend von Reba' ist berühmt wegen ihrer vortrefflichen
Weintrauben, ganz denen von S'an'a ähnlich, welche namentlich als
Rosinen verkauft und versandt werden. Ein Jude, den ich in Aden
kannte, zeigte mir von denselben. Sie waren weiß, sehr süß, weich-
häutig und hatten so winzige Kernchen, daß man sie beim Kauen nicht
fühlte. Dieser Umstand hat zur Fabel von den „kernlosen Rosinen
von S'an'a" Anlaß gegeben. Leider herrscht in Reba' schon seit 1865
die Traubenkrankheit, so daß die jährliche Lese vielleicht auf ein Zehntheil
ihres früheren Verhältnisses herabgekommen ist. Es werden nur noch
selten Rosinen ausgeführt.

Die ganze Gegend um Reba', Gese ist vom Stamme der Hamaida
(Zaidi) bewohnt, die zur großen Familie der 'Ans' gehören sollen.

### XIX. Gese oder Dschaise (freie Stadt).

Lage ungefähr 45° 13" östl. Länge und 14° 35" nördl. Breite.
Kleine unabhängige Stadt zwischen Reba' und der Rezaz-Grenze im
Norden von Jafi'a, steht unter einem eigenen Oberhaupt, hat durchaus
städtischen Charakter, lebhaften Handel, etwa 1000 Einwohner, wenig
Juden. Die Bewohner sind Zaidi und im Frieden mit den Dhu Moham-
med, in Feindschaft jedoch mit den Jafi'i und Rezaz, die sie aber in
Ruhe lassen müssen, aus Furcht vor den Dhu Mohammed.

### XX. Schlußbemerkung.

Hiemit sind wir auf dieser Seite (Richtung von Aden nach S'an'a)
am nördlichen Ende unseres Forschungsgebiets angelangt und kehren
nun zum Ausgangspunkt unserer Itinerare, Aden, zurück, um von dort
aus die im Westen und Nordwesten gelegenen Gebiete beschreibungs-
weise zu durchgehen, auch hier wieder mit dem Küstenlande beginnend
und dann nach Norden bis Taiz und Ibb fortschreitend.

# Siebenzehntes Capitel.

## Sobeḥi-Land.

---

### I. Name.

Sobeḥi (schriftgemäß Ssobaiḥi, Aussprache: Ssobeḥi) ist der uralte Name eines Stammes, welcher sich früher noch viel weiter nach Osten ausdehnte, der von Hamdani erwähnten Assabeḥ oder Assbaḥin, von denen die heutigen Sobeḥi nur die westliche Fraction bilden. Sie sind eine Abtheilung der Himyaren *).

### II. Geographische Lage.

Zwischen 43° 39′ und 44° 43′ östl. Länge v. Gr. und zwischen der Südküste von Jemen (im Mittel circa 12° 40′ nördl. Breite) bis zu 13° 7′ im Nordost und 12° 55′ im Nordwest. Im Durchschnitt ein etwa 20 Seemeilen breiter Küstengürtel.

---

*) Nach Jaqut stammen sie von Assbaḥ b. Amru, b. el Harith, b. Assbaḥ, b. Malik, b. Zaid (dieser war Bruder des dritten Himyar) b. el Ghaut, b. Sa'd, b. Auf, b. 'Adi, b. Malik, b. Zaid, b. Sahab, b. Himyar (der zweite Himyar), b. Saba el Assghar, b. Kohl'a b. Himyar (der erste Himyar). Sie wären somit Himyaren der ersten und zweiten, nicht der dritten Kategorie.

### III. Grenzen.

Im Süden der Golf von Aden. Im Westen das Hakmigebiet (dicht bei Bab el Mandeb). Im Norden das Land der Moqatera. Im Osten Lahez und der kleine 'Aqareb-Staat.

### IV. Bodenerhebung.

Fast durchweg Tiefland, an einzelnen Stellen der Küste unterbrochen durch vulkanische Felsmassen, die aber isolirt und nicht mit den Gebirgen des Innern durch Hügelketten verbunden sind. Die größte dieser Felsmassen ist der Gebel Charraz zwischen Ras 'Ara und Ras Da'u, ein trostloses ödes Gebirge mit geraden, oft wie Burgen aussehenden Felswänden, nur auf den Gipfeln gezackt, etwa 2000 Fuß hoch. Vom sattelförmigen Gebel Da'u fast bis 'Aden (den G. Hasan, der wie eine Insel ist, ausgenommen) zieht sich Flachland dem Meere entlang und dieses herrscht auch im Innern, selbst hinter dem G. Charraz vor. Erst im Norden beginnt sich das Terrain zu Hügeln zu erheben, die mit den festländischen Bergen zusammenhängen.

Gebel Charraz (bei Ritter nach Haines ausführlich beschrieben, Erdk. XII. 673). Ich war auf einer Küstenfahrt (Januar 1871) während 3 Tagen in Sicht dieses Gebirges durch Windstillen festgebannt, kam ihm oft sehr nahe und konnte genau seine Formen unterscheiden. Es ist eine imposante Masse, eher grau, als schwarz, gezackt, aber mit sehr geraden Linien. Ein Theil sieht aus, wie ein kolossales Schloß. Haines spricht von einer wirklichen Ruinengruppe. Eine solche sah ich nicht, wohl aber einen Felsen, der täuschend diese Form annahm. Das Gestein scheint mir trachytisch, nicht wie die meisten anderen Berge dieser Küste basaltisch.

Gebel Da'u, ein sattelförmiger Berg, den ich gleichfalls von Augenschein kennen lernte. Er scheint durchweg basaltisch, ist aber fast bis zu seinem Gipfel mit hinaufgewehtem Sand bedeckt, so daß er jetzt nicht schwarz zu nennen ist, wie Haines ihn beschreibt. Nur die Spitze ist schwarz. Zwischen Da'u und Charraz befindet sich, mitten aus der Küstenebene aufragend, ein kleiner Bergkegel, den die Araber G. Mechanit nennen sollen, ein nicht sehr anständiger Name.

Gebel Amran, eigentlich nur ein Vorgebirge, in der Nähe vom Gebel Hasan, vulkanische, wildgezackte Felsmasse.

Ueber die Berge im Innern habe ich keine genaueren Berichte.

### V. Wadis.

Kein einziger Wadi, der zur Bewässerung Dienst leistet. Meist kleine Gießbäche, die fast nie Wasser haben und deren Bett man nur mit Mühe entdeckt:

W. Mo'aden, kommt vom Gebiet der Hakum im Hogrijaland, durchfließt eine Ebene, Chabt geheißen und mündet in den Golf von 'Aden. Hat nur Wasser nach den starken tropischen Niederschlägen im Innern.

W. 'Alessan, im Gebiet der Monacera, kleiner Regenbach, geht dem W. Tobban zu.

W. el Dobla, kommt vom Gebiet der Dobati im Hogrijaland, fließt durch das Gebiet der Haqqat.

W. Abim*), kommt vom Lande der Beni Hammad, durchfließt das Gebiet gegen Westen. Soll im Halmiland in's rothe Meer münden?

### VI. Klima und Bodenerzeugnisse.

Fast durchweg trockenes, regenloses Küstenland. Am Meere eine Sandwüste, etwas mehr im Innern Steppe. Einzelne oasenartige Stellen, die wahrscheinlich Brunnen ihre Fruchtbarkeit verdanken. Im Innern, im nördlichen Hügelland fällt schon etwas tropischer Regen und hier gedeiht Kaffee. Producte des Tieflandes Durra, Dochn, Mais, Weizen, Sesam und Datteln in Oasen. Ueberall Dompalmen und die bekannten Steppengewächse (Mimosen, Nebek, Oschr, Arak u. s. w.).

In den Steppen ist viel Kameelzucht. Diese Thiere sind hier von vorzüglicher Race und Schönheit. In ganz Südarabien rühmt man die hiesigen Kameele.

### VII. Stämme.

Die Sobehi**) zerfallen in eine Menge ganz kleiner Stammes-bruchtheile, arabisch Fachda (Familie) genannt, die durchaus keine namhafteren Einheiten bilden und unter sich keinen oder nur sehr losen

---

*) Bei Hamdani an dieser Stelle auch erwähnt.
**) Seetzen schreibt Szobbeh, Niebuhr Beni Zubey, Haines Zubeihl. Ich hörte immer Sobeehl mit Esad, langem e (für ai) und starkem h.

politischen Zusammenhang haben. Die gewöhnliche Gruppeneintheilung der Araberstämme des tiefen Südens ist: 1) die Qabila, die Stammesmasse, gewissermaßen der Staat; 2) die 'Aschira, der große Stamm, Unterabtheilung der Qabila; 3) die Fachiba, der Unterstamm. Hier fällt nun so zu sagen die zweite Abtheilung weg und die Qabila ist gleich direct in Fachiba's eingetheilt. Die Namen folgender Fachiba's konnte ich erfahren:

1. Manjsuri, in der Collectivform Menacera, wohnen nahe bei Laheg an der Ostgrenze.

2. Machbumi, in der Collectivform Mechabiin, wohnen zwischen Laheg und Rega'.

3. 'Anteriye, wohnen zwischen Laheg und Ferscha, werden von Einigen zu den Menacera gerechnet.

4. Debeine, wohnen bei Ferscha.

5 Rega'i, wohnen um Rega'.

6. 'Alfi, in der Collectivform 'Auwalif, wohnen nahe am Gebel Da'u an der Küste.

Diese sechs Stämme haben sich in eine Art von Vasallenverhältniß zum Sultan von Laheg gestellt, wie oben (bei Laheg) erwähnt wurde. Die völlig freien Stämme sind:

7. Somali, wohnen 2 Tage westlich von Aden.

8. Ma'mai, wohnen nahe bei den Somali zwischen Ma'beg und Gharriye.

9. Geleibi, 2 Stunden nördlich von den Somali.

10. Gerabi, einen halben Tag nördlich von den Somali.

11. 'Arai, nahe am Meere beim Ras 'Ara.

12. Haqqal, wohnen 4 Stunden westlich von Ferscha.

13. Meshaqi, wohnen 3 Stunden nordwestlich von Ferscha.

14. Tafeib, wohnen 1 Stunde nördlich der Selim.

15. Selim, wohnen 2 Stunden westlich der Haqqal.

16. 'Amuri, wohnen in und bei Hegaz, nördlich von Alfi, nicht weit vom Meere.

17. Zoreiqi, wohnen nördlich von Turan, nicht weit vom Meere.

18. Hameiba, wohnen in Ma'beg mit Moqatera vermischt. Die Moqatera sollen ursprünglich eine Abtheilung der Hameiba gewesen

sein. Jetzt aber bilden sie eine große Stammeseinheit und werden nicht mehr zu den Sobeḥi gezählt. Die Hameida stehen unter dem Schech Ḥasan Salaḥ Abetul in Ma'beq.

19. **Bereimi**, wohnen zwischen Fegerra und dem Meere.

Aehnlich wie die Moqatera, so rechnen auch Viele die Ḥalmi und Meschalcha, die von Bab el Mandeb bis nach Mocha zu wohnen, zu den Sobeḥi. Wahrscheinlich sind sie mit diesen stammverwandt, aber sie bilden jetzt ansehnliche Stammeseinheilen, ganz für sich gegliederte Gruppen, so daß sie von den Arabern, die unter Sobeḥi immer nur die vielen, von uns oben angeführten kleinen zersplitterten Stämme begreifen, nicht mehr mit diesem Namen bezeichnet werden. Nur Europäer rechnen sie heut' zu Tage noch zu den Sobeḥi; aber selbst die politische Agentur von Aden hat bereits diese Benennung aufgegeben*).

### III.　Ortschaften.

Eine eigentliche Stadt giebt es im ganzen Sobeḥigebiet nicht, sondern nur ganz kleine Ortschaften aus Schilf-, Stroh- oder Reiserhütten gebildet, hier und da mit einem Hoṣṣn (Schloß) oder ein Paar gemauerten Häusern. Jeder Stamm hat eine aus Stein gebaute Moschee und einen Wochenmarkt. Die mir bekannt gewordenen Ortschaften sind:

Mohanneq, 5 Stunden von Bir Aḥmed westlich, ebensoviel nördlich von Meghar. Brunnen mit einigen Hütten. (Dieser Ort bei Hamdani genau erwähnt.)

Rega', zwischen Mohanneq und Ḥegaz, steht unter Salem Abb Allah, Schech der Rega'i. Dieser Ort wird oft auch Emerga genannt, ich hörte sogar Emera' und Emeran aussprechen. Die Umgegend führt den Namen Beled es Siala nach einem früher hier lebenden Stamm Siala, der verschwunden oder vielleicht in den Rega'i aufgegangen ist.

Ḥegaz, kleiner Ort der 'Amuri, 2 Stunden von Gharriṭe, 3 Stunden von Fegerra, 8 Stunden von Mohanneq westlich. (Hamdani giebt das Itinerar: von Aden nach Mohanneq und von Mohanneq

---

*) Die Aufzählung der Sobeḥistämme ist hiermit noch keineswegs erschöpft. Aber meine Informanten waren alle aus der östlichen Gegend des Landes und wußten mir nur ein Paar von den im Westen, nahe bei den Ḥalmi wohnenden Stämmen zu nennen.

nach Hegaz, was vollkommen zutrifft, die Tagereiſe auf 8 Stunden berechnet.)

Fegerra, zwiſchen Mohanneq und Gharriye, 5 Stunden von Mohanneq weſtlich, im Norden der Bereimi.

Meghar, auch Goher genannt, 4 Stunden ſüdlich von Fegerra, am Meere, kleines Fiſcherdorf der Bereimi.

Sche'be, fl. Ort der Debeine im Norden bei Ferſcha.

'Alfl, kleiner Ort unweit des Meeres, einige Stunden weſtlich von Meghar. Hauptort der 'Anwatif, mächtiger Stamm unter Laheg.

Gharriye, 2 Stunden von Hegaz, weſtlich von Fegerra. Be⸗ deutendſte Ortſchaft der Gegend, gewöhnlich beled el Dabi genannt, weil hier das Grabmal eines längſt verſtorbenen Dabi, der nun als Heiliger verehrt wird und deſſen Grab ein berühmter Wallfahrtsort geworden iſt. Zu der Siara (Wallfahrt) ſollen an 10,000 Bedu:nen pilgern, alle gleichzeitig. Der Schech der Halmi von Schech Sa'id bei Bab el Mandeb ſoll alle Jahre mit 1000 Beduinen hierher kommen. Großer Markt, Luſtbarkeiten ꝛc. Gharriye wird von einem Nachkommen des heiligen Dabi, dem Schech 'Abd el Kerim Ahl el Dabi, regiert, der ſehr viele Geſchenke von den Pilgern empfängt und für dieſes Land reich iſt.

Turan, kleiner Ort mit einigen gemauerten Häuſern und einem Hoſſn (Schloß) in ſehr fruchtbarer Gegend, nahe beim Gebel Charraz gelegen. Die Bewohner ſind Meſchaich und werden von der vornehm⸗ ſten Familie regiert. Da dieſe zur Zeit ohne erwachſene Männer iſt, ſo führt eine junge Frau, eine Scherifa, Tochter des letzten Schech's, die Verwaltung. Die Scherifa ſoll ſich einige Soldaten, meiſt Neger, halten und dieſe treffliche Ordnung wahren. Ihr Mann ſoll keinen Einfluß haben. Gutes Kornland, einige Palmen. (Hamdani erwähnt Turan genau.)

Ibharan, Hüttendorf im Gebiet der Selim unweit der Nord⸗ grenze.

Kedeira, Dorf im Gebiet der Zoreiqi, zwiſchen Turan und 'Ara, oft auch ſchlechtweg blad ez Zorreiqi genannt. 3 Familien von Meſchaich wohnen hier.

'Ara, am Ras A'ra, zwei Stunden vom Meere. Fruchtbare Gegend.

Negeſcha, Dorf der Zerriqi nahe bei Turan.

Hoſſn Ahmed Daghem, feſtes Schloß im Gebiet der Gerabi.

Die hauptſächlichen Märkte ſind: Suq el Chamis (Donners-
tagsmarkt) in Ferſcha, kleine Ortſchaft und Karawanenſtation auf
dem Wege von 'Aden nach Ta'izz.

Suq el Gom'a (Freitagsmarkt) bei den Somali.

Suq es Sebt (Samstagsmarkt) bei den Gerabi.

Wallfahrtsort, außer Gharraxe, noch das Grab des Heiligen „es
Senauwi" bei den Gerabi.

## IX. Politiſches.

Die Sobeḥi haben keinen Sultan. Außer den 6 unter Laḥeg
ſtehenden Stämmen ſind alle unabhängig, ſowohl von einander, als
von irgend einem Oberhaupt. Jeder Stamm hat ſeinen Scheḥ, der
jedoch wenig Macht beſitzt. Die Vaſallenſtämme von Laḥeg ſind übrigens dieſem keineswegs wirklich unterthänig. Der Sultan übt mehr
ein Schiedsrichteramt, kann aber weder Juſtiz noch Polizei energiſch
handhaben. So ſind z. B. die Monacera, der Laḥeg zunächſt wohnende und alſo ſeinem Einfluß zugänglichſte Stamm, berüchtigte Räuber
und der Sultan wäre durch ſeinen Vertrag mit England genöthigt,
ihnen das Handwerk zu legen, vermag es aber nicht. Mit England
ſtehen die Sobeḥi auf freundlichem Fuß. Alle ihre Scheḥs, die nach
Aden kommen, erhalten Geſchenke, aber kein Jahrgeld, da deren zu
viele und ſie alle machtlos ſind. Sie erweiſen ſich bei Gelegenheit
auch dankbar. Ende 1870 deſertirte ein engliſcher Matroſe in's Innere
und kam faſt bis Bab el Mandeb, aber die Sobeḥi führten ihn aus
freien Stücken zurück nach 'Aden, ohne ihn jedoch ſchlecht zu behandeln.
Die Sobeḥi führen die Kaffeekarawanen von Yemen durch ihr Land
nach 'Aden und nehmen ¼ M. Th. Thaler (5½ Sgr.) Steuern für
die Kameellaſt, jeder Stamm in ſeinem Gebiet, weßhalb man den
Transport zur See vorzieht.

## X. Geſchichtliches.

Die Sobeḥi ſollen nach ihrer Tradition mit den Hogriya und den
Moraqeſcha der Fubli ſtammverwandt ſein. Erſteres macht der Um-

stand wahrscheinlich, daß noch jetzt einer der größten Hegrizaslämme Assabeh heißt.

## XI. Religion.

Alle Sobehi gehören zur Secte der Schafe'i. Beschneidung am siebenten Lebenstage, nur bei Knaben, nicht bei Mädchen.

## XII. Kleidung.

Indigogefärbte Lendentücher und Kopfbund für die Männer. Die Frauen tragen alle Hosen und ein Umhängetuch.

# Achtzehntes Capitel.

## Hakmi und Meschalcha.

Lage dieser beiden Küstengebiete. — Hafen von Schech Sa'id. — Verkauf an eine französische Compagnie. — Schlechte Beschaffenheit des Hafens. — Faulheit des Rechtstitels. — Ansprüche der Pforte. — Veration des Handels.

Zwei Stammesgebiete, die einen Küstengürtel von Bab el Mandeb bis in die Gegend von Mocha bilden. Im Gebiet der Hakmi am kleinen Canal von Bab el Mandeb und gegenüber der Insel Perim liegt die vielbesprochene Oertlichkeit von Schech Sa'id, mit ihren gepriesenen Naturhäfen.

Der Schech der Hakmi, Ali Tabal, genannt Dreen (das Füchschen), ging im Jahre 1869 auf einen Vorschlag der Compagnie Bazin von Marseille ein, ihr die Localität von Schech Sa'id zu verkaufen, von deren Hafen man Wunderdinge fabelte und sogar behauptete, es befände sich hier eine leicht in einem Binnenhafen verwandelbare Lagune. In der That ist Schech Sa'id ein sogenannter Monsunhafen, in welchem sich die Schiffe, im Schutz einer vorspringenden Landzunge, je nach dem Winde bald nördlich, bald südlich von derselben, fast immer sicher befinden. Tritt aber die „Verkehrung des Mousuns" (les revers de Mousson)' ein, d. h. schlägt der Wind in der Saison der Nordwinde plötzlich in Süd über (hier an der Meerenge sind die Monsuns fast direct Nord- und Südwinde), so bietet der Ankerplatz die größte Gefahr, wie der stürmische Umschlag im Februar 1871 bewies, welcher alle Schiffe im sogenannten Hafen scheitern machte.

Das Kaufgeschäft kam zwischen der Compagnie (hinter welcher natürlich die französische Regierung steckte) und 'Ali Tabal, wie man sagt,
für die Summe von 80,000 M. Th. Thalern zu Stande, von welcher
jedoch kaum ein Zehntel gezahlt wurde. Ali Tabal behauptet sogar,
nur 3000 Thaler erhalten zu haben. Bald wurde nämlich der Rechtstitel Ali Tabal's in Zweifel gestellt und zwar durch die Pforte, welche,
wie man sagt, auf Antrieb Englands, die Souveränität über die ganze
rothe Meeresküste von Yemen, die sie ehemals besessen, wieder in Anspruch nahm und sogar eine kleine Garnison nach Schech Saïb schickte,
die sich unweit der französischen Niederlassung bei einem Brunnen fest-
setzte und noch heute dort ist. Die französische Niederlassung besteht
bis jetzt nur aus einigen Steinhäusern und einer Anzahl Holzbaracken.
Als Magazine dienten 3 große Schiffe (barks). im Hafen, die ich Anfang 1871 dort sah, dieselben, die bald darauf scheitern sollten. Schech
Saïb selbst soll kein gutes Wasser haben, dagegen befindet sich eine
Stunde im Innern eine treffliche Quelle, deren Ausbeutung jedoch
seit der Verfeindung mit 'Ali Tabal auf große Schwierigkeiten stößt.
Nach der Einstellung der Weiterzahlung der stipulirten Summe ist
nämlich Ali Tabal der erklärte Feind der Niederlassung geworden, der
er oft die Lebensmittel abschneiden soll. Dieser Niederlassung scheint,
wenigstens in nächster Zukunft, kein bedeutender Aufschwung bevorzu-
stehen, besonders da der mächtige Zuwachs des Handels, den die Oeffnung des Suezcanals zur Folge haben sollte, sich bis jetzt nicht ein-
stellte, und allem Anschein nach in den nächsten Jahren auch nicht stattfinden wird.

Uebrigens werden die beiden Küstenstämme, Halmi und Meschalcha,
jetzt, d. h. seit jener Auffrischung der türkischen Souveränitäts-Ansprüche,
als der hohen Pforte unterthan angesehen. Einstweilen übt letztere
jedoch diese Souveränität nicht factisch aus. Ihre thatsächliche Macht-
ergreifung beschränkt sich bis jetzt noch auf das Unterhalten einer kleinen
Garnison bei Schech Saïb.

# Neunzehntes Capitel.

## Moqteri-Land.

---

I. Name. — II. Ausdehnung des Landes. — III. Beschaffenheit des Landes. — IV. Wahle. — V. Stämme. — VI. Ortschaften und Schlösser. — VII. Politisches. — VIII. Sitten und Gebräuche.

### I. Name.

Moqteri; häufiger hört man den Collectiv Meqalera. Der Name ist jedenfalls nicht dynastisch. Ob er aber sehr alt ist, möchte ich bezweifeln. Ich fand ihn bei keinem alten Autor erwähnt.

### II. Ausdehnung des Landes.

Das Gebiet der Meqalera zieht sich zwischen etwa 43° 52" und 44° 23" östl. Länge v. Gr. und zwischen 12° 55" und 13° 7" nördl. Breite hin. Letzteres ist das Maximum der Breitenausdehnung, welche an manchen Stellen kaum die Hälfte desselben erreicht. Es grenzt im Süden und Osten an die Esobehi, im Norden und Westen an die Hogriya, in der westlichen Ecke auch an Halmi und Mechalcha.

### III. Beschaffenheit des Landes.

Das Land besteht theils aus Gebirgen von etwa 2000 bis 3000 Fuß Höhe, theils aus ziemlich ausgedehnten Senkungen zwischen diesen Bergen, in welchen Niederungen die Kaffeecultur mit einigem Erfolg, obgleich lange nicht dem in Nord-Yemen oder Yafi'a erzielten vergleichbar,

betrieben wird. Ein Theil des Südens scheint eine steppenartige Hochebene, auf welcher meist nur wildes Buschwerk, an einzelnen Stellen
jedoch auch Durra, Dochn, Korn wachsen.

## IV. Wadis.

Die meisten derselben haben haben keinen Ausfluß, sondern sind
Gebirgsbäche, die nur nach dem Regen Wasser führen, und dieses wird
durch die Bewässerung aufgebraucht.

W. Mirssad, bei der gleichnamigen Ortschaft, westlich von
Jerischa, nördlich von Ma'beq, eine Fortsetzung des W. Mesalis
(Hogrīya).

W. Aten, bei Doqqa im Norden an der Schergebi (Hogrīya)
Grenze. Nach ihm heißt eine Landschaft Tarf el 'Atena.

W. L'eschruch, bei Kebbera im Norden, nahe bei Doqqa.

## V. Stämme.

Die Meqatera, ursprünglich aus den Hameida der Sjobehi hervorgegangen, bilden jetzt eine besondere Stammesgruppe, zu der folgende
Unterabtheilungen gehören.

1. Kahell, in der Collectivform Akahela, der mächtigste
Stamm, wohnt bei Hossn Kahela und in Doqqa, im Nordwesten an
der Grenze der Schergebi.

2. Za'za't, in der Collectivform Aza'iz wohnen in Moharrega,
2 Stunden südlich von Hossn Kahela. (Hambani kennt diesen Stamm,
der zu seiner Zeit nahe bei Aden, etwa in der Gegend von Mehaiban,
gewohnt zu haben scheint.

3. Medegera.

4. Moqabera.

5. Sud.

6. Megeischa.

7. Be'alma.

8. Haneischa, wohnen nördlich von Ma'beq.

9. Anabl, in der Collectivform Ambu.

Die Medabi, welche in Kebbera wohnen, werden manchmal noch
zu den Meqatera gerechnet, gehören aber zu den Hogrīya.

25*

### VI. Ortschaften und Schlösser.

Ma'beq, an der Südgrenze, Mittelpunkt aller Karawanenstraßen, theils von Moqatera, theils von Hamelba (Eschechi) bewohnt.

Mirsab, kleiner Ort zwischen Fercha und Ma'beq an der Karawanenstraße nach Aden.

Doqqa, Hauptort der Alahela, 3 Stunden von Dobhan, 2 Stunden von Moharrega.

Moharrega, Hauptort des Stammes Za'za'l zwischen Ma'beq und Doqqa.

Andere kleine Ortschaften, deren genauere Lage ich nicht erfahren konnte, sind: Kebba, Mebware, Zaqeiha, 'Abi.

Dal'el Moqteri, Hauptschloß und Festung der Moqatera, liegt bei Doqqa.

Hossn Kahela, Hauptschloß der Alahela, 2 Stunden von Za'za'l, 4 Stunden von Beni Hammad, 2 Stunden von Dobhan. Soll ein altes himjarisches Schloß sein, aus schwarzen Steinen (Basalt?) errichtet, weshalb es vulgo auch Hagar sud (der schwarze Fels) genannt wird. (Hamdani kennt Kahela, das er Kehala schreibt und als dritte Station von 'Aden nach Westen angiebt. Er nennt zwischen Hegaz und Kahela keine Station und in der That beträgt die directe Entfernung nur 9 bis 10 Stunden, was ganz einer von seinen Tagereisen entspricht. Merkwürdig ist, daß er auch der schwarzen Steinfarbe gedenkt. Die Stelle ist im Manuscript von 'Aden nicht durchweg leserlich (es scheint auch von einem Brunnen die Rede), aber die Worte „ein schwarzes Gestein von dem Fuß bis zum Gipfel" sind wenigstens deutlich zu unterscheiden. Die Gegend um Kahela wird tarf el Aiena genannt.

### VII. Politisches.

Die Moqatera bilden keine zu einem Staat gegliederte politische Einheit; jeder Stamm steht unter seinem Schech, der von den anderen Oberhäuptern unabhängig ist, übrigens wenig Macht hat, da die Moqatera alle Dobayel sind, keinerlei Justiz als die ihrer Traditionen und der Blutrache anerkennend. Nur im Kriege stehen die Moqatera einig zusammen, namentlich in ihren Kämpfen gegen die von Norden vorschreitenden Dhu Mohammed, welche bereits fast alle die nördlich an dies Land grenzenden Hegritzstämme unterjocht haben und fast alljährlich den Versuch erneuern, auch die Moqatera zu unterwerfen. In dieser Einheit im Kriegsfall unterscheiden sie sich vortheilhaft von der Zersplitterung der Sjebehi und der Hegrityra.

Religion: Alle Moqatera gehören zur Secte der Schafe'i.

### VIII. Sitten und Gebräuche.

Die Sitte des Gischrtrinkens ist gleichfalls hier verbreitet, besteht aber gleichzeitig mit der des Kaffeegenusses. Der Kaffee wird immer mit Milch getrunken. Zuweilen mischt man auch Kaffee und Gischr zusammen und mengt dieses Gemisch dann noch mit Milch. Einige Moqatera versicherten mir, dies gebe eine köstliche Mischung und sei bei weitem jedem der beiden einzelnen Getränke vorzuziehen.

# Zwanzigstes Capitel.

## Hogrîje.

### I. Name.

Auch kein dynastischer, sondern ein Stammesname von Hagr abgeleitet. Ursprung unbekannt.

### II. Geographische Lage.

Zwischen 43° 40' und 44° 42' östl. Länge v. Gr. und zwischen 13° 5' und 13° 15' nördl. Breite, an einzelnen Stellen bis 13° 30' nördl. Breite hinausreichend.

### III. Grenzen.

Im Süden Ssobêḥi und Meqalera, im Westen und Norden die vielen kleinen Gebiete und Städte, die man unter dem Gesammtnamen der Ta'izzîja begreift, gegen Mocha, Ta'izz und Da'ika zu gelegen, im Osten Ḥauwaschib, Amir und andere kleinere unabhängige Gebiete.

### IV. Eintheilung.

Obgleich das Gebiet eines einzigen Stammes, so ist doch das Land politisch jetzt in eine Menge kleiner Bruchtheile zersplittert, von

denen einige ihre Unabhängigkeit bewahrt haben, während andere unter
die Herrschaft der Dhu Mohammed gerathen sind.   Im Allgemeinen
kann man die nördlichen und östlichen Stammesgebiete jetzt eine Provinz der Dhu Mohammed nennen.   Da letztere aber jedes Gebiet getrennt administriren und ihm somit den Schein einer gewissen Autonomie wahren, so scheint es mir auch vorzuziehen, jeden District in
der Stellung anzuführen, welche er früher als unabhängiges Hegriha-
land einnahm.  Natürlich wird immer hinzugesetzt werden, ob und in
welcher Weise er den Dhu Mohammed unterworfen ist.  Topographisch
und genealogisch sind diese Vasallenstämme mit den frei gebliebenen
so eng verbunden, daß wir auch letzteren nicht einen getrennten Ab-
schnitt anweisen können, sondern sie in der Reihe der anderen aufführen
mit Hinzusetzung jedesmal der Eigenschaft ihrer Unabhängigkeit.

### V. Beschaffenheit des Landes.

Durchweg Bergland, mitunter (beim G. Sjabr, dessen südlicher
Theil hierher gehört) Hochgebirge. Reich an Producten.  Fast in allen
Thälern Kaffee, weniger jedoch als in Mittel-Yemen und Jafi'a.  Im
höheren Gebirge viel Kaat, der von hier massenhaft in andere Ge-
genden Arabiens ausgeführt und theuer bezahlt wird.  Sonst noch
Cerealien: Durra, hier Rest (in Aden Ta'm) genannt, rother Dochn,
hier Rharib oder Gharib genannt. Wenig Datteln. Dompalmen.
Fällt ganz in die Zone der tropischen Sommerregen.

### VI. Wadis.

Viele haben keinen Ausfluß, ihr Wasser wird entweder durch die
Bewässerung aufgebraucht oder es verliert sich im Sande.

Wadi Mesalis, Seitenarm des bei den Moqatera erwähnten
W. Mirssab, kommt von Abus, wo er den W. Da'an aufnimmt.

Wadi Hagum (mit dschim und schwachem h) kommt von
Hagum und fließt in den W. Hakum (mit kef und starkem h);
letzterer auch W. Chuale genannt, fließt gleichfalls in den W. Mesalis.
Im W. Hakum viel Kaffee.

W. el Dobba, im Gebiet der Dobati, fließt in den W. Haqsal
im Gebiet der Ssobehi.

W. el Melthur, fließt vom Gebiet der Beni Hammad gegen das Meer bei Mocha zu. Viel Kaffee.

W. Heruwa, bei der gleichnamigen Stadt, verliert sich im Sand.

W. el Menara bei eff Celu nahe bei Heruwa, gleichfalls ohne Ausfluß.

W. Mo'qa kommt vom G. Sfabr, fließt östlich durch's Gebiet der Beni Ansif und dann in den

Wadi Warezan, größter Wadi dieser Gegend, durchfließt den ganzen Osten, vereinigt sich nördlich von Zaida mit dem W. Nura, mit dem zusammen er den W. Tobban oder Fluß von Laheg bildet. (Bei Hamdani ist der Verlauf dieses W. genau angegeben. Er nennt auch eine Ortschaft Warezan.)

W. Abim, kommt von den Schergebi und B. Hammad, fließt gegen Bab el Mandeb zu.

### VII. Mineralquelle.

Im Gebiete der Beni Hammad, 3 Stunden vom G. Sfabr, befindet sich ein warmes Mineral= (wahrscheinlich Schwefel=) Bad, viel von Arabern besucht, Birket Hammam genannt. Einige Meschaich, die in der Nähe wohnen, hüten das Bad und erhalten Almosen von den Gästen. Zwei Tage der Woche sind für die Frauen reservirt. Die Männer sollen sich nie zusammen baden, sondern nur einem auf einmal es gestattet sein, das Bad zu benutzen. Juden werden nicht zugelassen.

### VIII. Gebirge.

Der G. Sfabr*), von Passama und Botta besucht, gehört schon in's Bereich des Bekannteren. Die gewöhnlichen Berge führen immer den Namen nach dem nahe wohnenden Stamme: Gebel Mesalis, G. eff Celu, G. el Efu u. s. w.

### IX. Stämme, deren Wohnort und politische Stellung.

1. Schergebi, in der Collectivform Schergab, mit der Hauptstadt Dobhan, wohnen etwa unter dem 44° östl. Länge v. Gr., an

---

*) Man sehe die eingehende Beschreibung Ritter XII., S. 783 u. ff.

der Grenze der Meqatera, 6 Stunden füdlich von G. Sjahr. Einst ein mächtiger Stamm, welcher seinen eigenen Sultan besaß, der zur Zeit der Einnahme von Aden durch die Engländer mit diesen einen Vertrag (einen der ersten englischen in Arabien) schloß, jetzt den Dhu Mohammed unterworfen, denen die Schergab Tribut zahlten, doch nunmehr nicht mehr in Geld entrichten, sondern statt dessen Kriegsbeistand zur Unterjochung der noch unabhängigen Hogriya-Stämme leisten müssen. Sie lieferten auch diesen die einzige Kanone, welche die Dhu Mohammed im letzten Kriege (1871) gegen die Beni Hammad besaßen. Werden von einem Statthalter der Dhu Mohammed regiert. Ihr letzter unabhängiger Sultan war Kazim Sa'id esch Schergebi.

2. Aturi, nahe bei Mesalis und Mirssab. Der zuletzt unterworfene Stamm. Die Dhu Mohammed eroberten sein Land erst 1870. (Bei Hambani el Ater erwähnt.)

3. Jusefi, nördlich von der Grenze der Esobehl oberhalb Jerscha und Mirssab. Stehen unter den Dhu Mohammed.

4. Deball, nördlich von Aturi und Jusefi. Sind Unterthanen oder Raye der Dhu Mohammed.

5. ess Celu, nördlich von Heruwa, nahe am W. Marezan. Raye der Dhu Mohammed. (Bei Hambani Celu, Dorf beim W. Warezan.)

6. 'Arlqi, in der Collectivform Aruq, südlich von Ta'izz, westlich von Abus. Raye der Dhu Mohammed.

7. 'Abesi, in der Collectivform 'Abus, bilden so zu sagen den Mittelpunkt des ganzen Hogriyalandes (topographisch). Lage etwa unter 44° 21′ östl. Länge v. Gr. und 13° 14′ nördl. Breite. Sind Raye der Dhu Mohammed.

8. Jebeiri, nordwestlich von Abus und 'Aruq. Raye der Dhu Mohammed.

9. Halam oder Halimi, 2 Stunden westlich von 'Abus. Raye der Dhu Mohammed.

10. Hagum (Hadjum) oder Hagimi, 2 bis 3 Stunden westlich, bergauf von den Halum. Raye der Dhu Mohammed. (Bei Hambani ist ein Ort Mehagem etwa an dieser Stelle erwähnt.)

11. Anserat, im Osten gegen Laheg zu, sollen unabhängig sein. Von diesem Stamm konnte ich nichts erfahren.

12. Beni Hammad, große und mächtige Stammesgruppe, im Westen der Schergebi, am südlichen Fuß des G. Sjahr ungefähr halb-wegs zwischen Hegaz und Mocha. Nach jedem dieser Orte rechnet man zwei Tage, nach 'Aden 4 Tage. Zerfällt in eine Menge Unterstämme. Ist noch unabhängig, aber jedes Jahr versuchen die Dhu Mohammed, ihn zu unterjochen. Erst im Frühjahr 1871 machte Said Hesein, der Statthalter der Dhu Mohammed in dieser Gegend, einen solchen Ver-such und belagerte Dar Schauwar, Hauptort und Festung der B. Ham-mad. Da jedoch seine einzige Kanone dabei platzte und mehrere der Seinigen erschlug, so ließ er sich entmuthigen, gab die Belagerung auf und zog sich zurück. Bald darauf starb er. Einstweilen ist nun Frieden eingetreten. Die Dhu Mohammed sollen in dieser Gegend jetzt keinen guten General mehr haben. Die B. Hammad stehen unter einem Oberhaupt, das den Titel 'Akel führt, Namens Kazim Hacem (mit m).

13. Beni Scheiba, wohnen an der Westgrenze zwischen B. Ham-mad und Mocha, 1½ Tagereisen von letzterer Stadt. Verdanken ihre Unabhängigkeit ihrer entfernten Lage vom Sitz der Dhu Mohammed.

14. Mebabi, kriegerischer kleiner Stamm, nördlich von den Me-qatera zwischen Dobhan und Kabela. Hauptort Kebbera. Ist unab-hängig, macht bei Gelegenheit mit den Meqatera gemeinsame Sache gegen die Dhu Mohammed.

15. Beni Jusef, Stamm im Norden, am östlichen Abhang des G. Sjahr. Raye der Dhu Mohammed. Nicht mit Jusefi zu verwechseln.

16. Doba'i, soll ein den Dhu Mohammed unterworfener Stamm 5 Stunden von B. Hammad sein, in welcher Richtung erhellt nicht.

17. Ahl Doraisch, städtische Bevölkerung der Stadt Dimena, soll von dem Doraisch in Hegaz stammen. Raye der Dhu Mohammed.

18. el 'Efu, Stamm von Raye der Dhu Mohammed, 2 Stunden von den Beni Hammad, wie es scheint, in westlicher Richtung.

19. Assabeh, wohnen 3 Stunden von Kebbera, nur 1 Stunde von Dobhan der Schergebi. (Der Name dieses Stammes ist ganz derselbe, wie der von Hamdani in der Gegend von Lahez angegebene; er deutet auf Verwandtschaft mit den Ssobehi, die Hamdani Assbahin nennt. Aber Assabeh und Assbahin sind wohl nur andere Formen eines und desselben Namens. Die Tradition der Ssobehi sagt auch, daß die Hegriya und sie einst ein Volk waren.) Die Assabeh sind Raye der Dhu Mohammed.

Diese Verwandtschaft mit den Sjobehi, die Physiognomien und die sehr dunkle Hautfarbe der Hegriya, alles läßt auf einen himyarischen Ursprung schließen, wenn auch die arabischen Genealogen, die sich ja mit diesem südlichsten Theil der Halbinsel so wenig beschäftigen, uns nichts Verlässiges darüber bewahrt haben.

## X. Städte und Ortschaften.

Im Hegriyaland giebt es einige wirkliche, von städtischer Bevölkerung bewohnte Orte, die nicht den umwohnenden Stämmen gehören, gleichsam ehemalige Freistädte (vor der Zeit der Dhu Mohammed und Zaidi), sowie andere sogenannte Städte, die nur Mittelpunkte der Stammesbevölkerung sind, aus einem Schloß mit Strohhütten und Markt bestehen und nichts eigentlich Städtisches haben. Die Städte der ersteren Art sind:

Heruwa, kleine Stadt zwischen 'Abus und ess Celm. Suq el thelulh, d. h. Dienstagsmarkt. Etwa 500 Einwohner. Kleiner Basar. Einige Juden.

Dimena, nördlichster Ort, nahe bei Ta'izz. Etwa 600 Einwohner, darunter 60 Juden.

Dobhan, zwar einem Stamme, den Schergebi, gehörig, doch eine wirkliche Stadt. Suq es sebt (Samstagsmarkt). Basar. Etwa 500 Einwohner, worunter 100 Juden. Ueber der Stadt liegt ein altes himyarisches Schloß, Dal'et Coraisch genannt, welches die Dhu Mohammed zu einer Festung restaurirt haben und das ihnen zur Citadelle dient. (Hamdani erwähnt Dobhan genau. Das Pariser Manuscript schreibt Dihan.)

Ortschaften der anderen Art sind:

Schueiwa, 2 Stunden von Dimena.

Chasegga, kleiner Ort der 'Aturi mit einem Schloß, genannt Hossu Gasche auf dem Berge oberhalb Chasegga.

Zafiye, Ortschaft der Doba'i nahe bei Esu.

Medinet Suq Doba, Ort der Dobali. Der Schech heißt Hamed ben Hamed. Ein Suq el arba' (Mittwochsmarkt). Einige Juden.

Dar Schauwar, Hauptort der Beni Hammad, mehrere feste Schlösser, 20 Steinhäuser, sonst Hütten. Etwa 300 Einwohner. Einige Juden. Ein Suq el gema' (Freitagsmarkt).

Andere Orte desselben Stammes: Debn eb dachel und Debn el charig.

Kebbera, Stadt der Medabt. Schloß. Markt. Einige Juden.

## XI. Märkte.

'Abus, Suq el tholuth (Dienstagsmarkt); Busesi, zwei Märkte an verschiedenen Orten: ein Suq el tsinen (Montagsmarkt), ein Suq el arba' (Mittwochsmarkt); Hafimi, ein Suq el tholuth (Dienstagsmarkt). Beni Busef, Suq el arba' (Mittwochsmarkt).

## XII. Schlösser.

Hoffn Mefalis, altes himyarisches Schloß, im W. gleichen Namens, Gebiet der Aturi. (Mefalis bei Hamdani als Ortschaft erwähnt. Lage genau.)

H. el Mimschah, altes himyarisches Schloß im W. Da'an, 1 Stunde von 'Abus.

H. el Dure, altes himyarisches Schloß in 'Abus selbst.

H. Releb, Schloß der Busefi, 2 Stunden von ihrem Markt.

H. Scherman, im Norden von Dimena, 1 Tag von Ta'izz.

H. Hauban, ½ Tag von Ta'izz.

H. Gendije, zwischen Scherman und Hauban.

Reqil el Hamza, 2 Stunden von Abus auf dem Weg nach Heruwa.

el Aqrub, ½ Tag von Ta'izz.

## XIII. Religion.

Alle Hogrija gehören zur Secte der Schafe'i. Nur ihre Unterdrücker, die Dhu Mohammed, sind Zaidi. Beschneidung am siebenten Tage. Die der Mädchen soll unbekannt sein.

## XIV. Politisches.

Die Dhu Mohammed lassen fast überall die einheimischen Schechs ihre Stämme verwalten, geben ihnen aber oft einen Reqib (Statthalter) zur Seite. Ihr oberster Statthalter führt den Titel Daid. Sie unterhalten Garnisonen zum Zweck des Steuereintreibens; diese sind jedoch nur selten fest an einem Orte, sondern durchziehen das Land, um den Tribut zu erheben. Die Justiz ist in Händen der Dhu Mohammed, welche die Hogriha als Raye behandeln.

Die Invasion der Dhu Mohammed begann erst vor 23 Jahren. Früher waren die Hogriha unabhängig, d. h. seit dem Sinken des Imamats von Sian'a, zu dem sie noch zu Anfang dieses Jahrhunderts gehörten. Einen eigenen gemeinsamen Sultan scheinen sie nie gehabt zu haben, wenigstens in den letzten 3 Jahrhunderten.

## XV. Sitten und Gebräuche.

Die Männer tragen Lendentuch und Meschedda (ein Umschlagtuch) das nur lose und auf einer Seite strickartig zusammengerollt getragen wird. Schwarzblauer Kopfbund. Die Frauen tragen indigofarbene Hosen, Hemd und Kopftuch (hier Schail genannt).

Bei den Hogriha giebt es keine Schumr oder Schimri, wohl aber viele Achdam, welche dieselbe Stellung haben, wie anderswo.

In Aden finden sich immer viele Hogriha, die vor der Tyrannei der Dhu Mohammed entfliehen. Sie bezeichnen diese ihre Zwingherren jedoch nie mit deren Namen, sondern stets nur nach ihrer Seelenbezeich- nung, d. h. Zaidi. Dieser Gebrauch ist in ganz Südarabien allgemein. Der Gegensatz zwischen Schafe'i und Zaidi wird viel lebhafter empfun- den, als irgend ein genealogischer, auf Stammesverschiedenheit ge- gründeter.

# Einundzwanzigstes Capitel.

## Kleine städtische Gebiete bei Ta'izz oder Ta'izziya.

---

### I. Name.

Der Name Ta'izziya begreift weder eine genealogisch noch jetzt ab-
geschlossene, noch auch eine politische Einheit. Die Bewohner von Süd-
Yemen verstehen unter diesem Namen alle jene kleinen, meist städtischen
Gebiete, welche ehemals, als Ta'izz noch Hauptstadt war, von ihm direct
abhingen, und zwar nur die, welche in der speciellen Provinz Ta'izz
lagen. Das vorwiegend ländliche Gebiet der Hogriya ist hier nicht
mehr mit inbegriffen.

### II. Geographische Lage.

Die Lage dieses Gebietes dürfte zwischen 43° 25' und 44° 15 östl.
Länge v. Gr. und zwischen 13° 30' und 14° 35 nördl. Breite zu
firiren sein.

### III. Grenzen.

Im Süden Hogriya. Im Westen das türkische Küstenland von
Mocha gegen Zebid zu. Im Norden die einstige Provinz Esan'a, jetzt

gleichfalls lauter zersplitterte kleine Gebiete. Im Westen Thala', Da'laba und die in unserem 16. Capitel erwähnten kleinen Stammesgebiete.

#### IV. Zweck der Mittheilungen über die Ta'izziya.

Da wir hier schon etwas bekannteres Gebiet betreten, so ist es unser Zweck nicht, die von anderen Reisenden, wie Niebuhr, Botta, Cruttenden, Seetzen u. s. w. genauer beschriebenen größeren Städte zu besprechen. Diese Städte sind Ta'izz, Jbb (Oebb), Thamar und Nerim. Nur das sei erwähnt, daß jene Städte jetzt nicht mehr der mitunter äußerst günstigen Beschreibung jener Reisenden entsprechen. Seit dem schon lange eingetretenen Verfall und dem jetzt gänzlich vollendeten Ruin des Reiches der Imame Zaidi von Ssan'a *) hat in diesen Gebieten die Verwilderung zugenommen; die Städte sind theils verödet, ruinenhaft; theils fristen sie noch dürftig ihr Leben, wie Jbb, Thamar und Nerim. Ta'izz selbst ist fast nur noch ein Haufen von Ruinen, nicht viel besser als das zu einem Hüttendorf hinabgesunkene Mocha.

Dieser Verfall hat hauptsächlich die Orte von ehemaliger gouvernementaler Bedeutung betroffen. Etwas besser haben sich die kleineren Städte erhalten, deren Bedeutung in den Ressourcen ihres unmittelbaren Umkreises und in dessen Bevölkerung und nicht in officiellen Gründen lag. Dies sind gerade diejenigen Städte, welche die früheren Reisenden entweder gar nicht kannten, oder doch nur sehr oberflächlich erwähnten, weil sie ihnen keine Wichtigkeit beilegten. Diese Lücke auszufüllen, ist also der Zweck des gegenwärtigen Capitels.

#### V. Beschaffenheit des Landes.

Der größte Theil dieses Gebietes besteht aus Hochebenen, von einzelnen höheren Bergen unterbrochen. Es ist die südliche Fortsetzung des Hochlandes von Mittel-Yemen. Das Klima ist das binnenländisch tropische, reich an sommerlichen Niederschlägen, das Land deshalb bei gutem Boden von ausgezeichneter Fruchtbarkeit. Der Kaffee gedeiht fast

---

*) Ssan'a selbst erkennt nicht mehr die Herrschaft der Imame an, sondern wird von einem Wegles, einem Rath aus den ersten Bürgern gebildet, verwaltet, lediglich städtisch, denn über das Land hat es jede Autorität verloren. Die Familie der Imame existirt zwar noch, aber es sind jetzt machtlose unbemittelte Privatleute.

überall. Der Saat kommt noch hier und da auf den Höhen vor. An
Cerealien ist kein Mangel.

### VI. Charakter dieses Gebiets in socialer Beziehung.

In allen früheren Abschnitten (mit Ausnahme von Neba' und
Gefe) hatten wir es mit ländlichen, von Cobayel und Beduinen, oder
von Raye auf tiefer Culturstufe, bewohnten Gebieten zu thun. Fast
überall trat das städtische, bürgerliche Element zurück. Die Cobayel
herrschten; die Städter nahmen die tiefste sociale Stelle ein. In dem
Gebiet der Ta'izziya ändert sich dies. Dies Gebiet gehörte eben seit
dem Jahrtausend zu einem social, bürgerlich und politisch geordneten
Staatswesen, einem Culturstaat, im Sinne moslemischer Cultur, wie es
Syrien und Aegypten sind. Das Element der Cobayel tritt hier zurück.
Hier kommen wir in ein dicht mit Städten besätes Land, in welchem
diese Städte die Hauptsache sind, kurz, wir nähern uns mehr civilisirten
Zuständen.

Damit schwinden denn auch die Stammes=Vorurtheile. Die Ge=
schlechts=Traditionen sind in den meisten Städten mehr oder weniger
verwischt. Eine größere Vermischung des Blutes findet statt. Selbst
die Vermischung mit Negerblut, in den reinen Stämmen so ängstlich
vermieden, führt hier nicht mehr jene sociale Verachtung mit sich, die
sie bei den Cobayel trifft.

Der Kaufmanns=, selbst der Kräuterstand, die Handwerker sind nicht
mehr verachtet, sondern nehmen eine ähnliche Stellung, wie in Europa,
ein. Neben dieser vornehmeren bürgerlichen Schicht der Bevölkerung giebt
es aber gerade hier zahlreich jene Auswürflinge, Paria's, die Schumr
und Achdam, die aus uralten Absonderungen hervorgegangen, vom
nivellirenden Einfluß der Cultur unberücksichtigt blieben. Ebenso giebt
es viele Juden, deren sociale Stellung kaum eine bessere ist, als
anderswo.

### VII. Bewohner.

Die Ta'izziya sind wahrscheinlich in ihrem größeren Theil auch
Himyaren. In dieser Gegend, wo ja auch (unweit Dhamar) die alte
himyarische Hauptstadt Tsofar (das bekanntere westliche) lag, muß wohl
der Kernpunkt der einstigen himyarischen Macht gesucht werden. Während
aber die südlichen Himyaren meistentheils zum Leben der Cobayel zurück=

kehrten (manche mochten es nie verlassen haben) und aus Bürgern eines
ehemaligen Culturstaates verwilderte Landbewohner wurden, blieben die
Ta'izzija den mehr civilisirten Traditionen treu. Sie verloren freilich
in Folge davon ihre Stämmeseinheit. Aber im Allgemeinen dürften
wir nicht irren, wenn wir ihren Haupttheil als Reste jener städtischen
Himyaren bezeichnen, welche einst zum Glanz des himyarischen Reichs
so viel beitrugen.

Von den einzelnen Unterstämmen wird, insofern solche noch traditionell verbürgt sind, bei den von ihnen bewohnten Städten die
Rede sein.

### VIII. Politische Eintheilung der Ta'izzija.

Seit dem Verfall des Imam-Reiches hat sich an dessen Stelle eine
andere Macht gesetzt, nämlich die der oft schon erwähnten Dhu Mohammed. Diese, obzleich sie an und für sich betrachtet ganz als Dobahel angesehen werden müssen, unterscheiden sich jedoch insofern vortheilhaft von
den bisher erwähnten freien Stämmen, als sie einer städtischen, bürgerlichen Existenz nicht feindlich sind. Sie haben den größten Theil der
Städte der Ta'izzija erobert, aber weit entfernt, sie tyrannisch allzusehr
zu bedrücken, üben sie vielmehr eine zwar strenge, aber nicht willkürliche,
sondern geregelte und Zutrauen einflößende Autorität aus, wie einst die
Imame, unter denen diese Städte blühten, ja sogar in manchen Beziehungen eine mildere. Die meisten Ta'izzija sind ihre Raye, zahlen
Steuern, werden aber sonst nicht belästigt. Die Justiz bleibt meist in
Händen des einheimischen Qadi.

Es ist das Unglück der Ta'izzija, daß die Dhu Mohammed nicht
früher kamen, daß unmittelbar nach dem Fall des Imam-Reichs hier
eine Periode der Anarchie eintrat. Aus dieser Periode rührt der namen-
lose Verfall der Städte, besonders der größeren her. Seit jedoch die
Dhu Mohammed herrschen, haben sich die Städte, namentlich die kleineren,
schon vielfach erholt. Die größeren erholen sich schwerer. Das System
der Dhu Mohammed ist eben kein centralisirendes. Sie lassen jede ihrer
Eroberungen getrennt, mit einer gewissen Autonomie bestehen, die dem
Aufschwung der Volkswirthschaft jedenfalls vortheilhafter ist, als die ehemalige Centralisation. Daher kommt es auch, daß sich einzelne kleinere
Städte gehoben haben und nun größer sind, als die früheren politischen
Mittelpunkte.

Wegen dieses Mangels an Centralisation können wir denn auch hier nicht von einem Reiche der Dhu Mohammed reden, um so mehr, als zwischen jenen unterjochten Gebieten noch einzelne unabhängige Enclaven gelassen wurden, deren Bewohner nicht Raye, sondern Verbündete der Dhu Mohammed wurden.

### IX. Städte und städtische Gebiete.

Da'ïba [*]), kleine Stadt, ½ Stunde nördlich von Dimena (Hogriya) gegen Ibb zu. Etwa 1000 Einwohner. Die Bewohner sind Schafe'i und Raye der Dhu Mohammed (Zaidi). Markt. Kleiner Basar. Etwa 50 Juden.

Hoqaiba, 3 Stunden nordwestlich von Dimena, gegen Ta'izz zu. Soll nur ein Schloß mit umherliegenden Hütten sein. Steht unter den Dhu Mohammed.

Sahcban, kleine Stadt, nördlich von Dimena, nahe bei Scherman (Hogriya). Schloß. Etwa 400 Einwohner. Keine Juden.

Nachlan, Schloß und Hüttendorf nahe bei Da'ïba. Bewohner Schafe'i, Raye der Dhu Mohammed.

Medinet el Asfal [**]), zwischen Da'ïba und Ibb, ½ Tag südlich von Ibb, eine kleine Tagereise nordöstlich von Ta'izz. Blühende Handelsstadt, wohin sich seit dem Herabkommen von Ta'izz fast aller Verkehr dieser Gegend gezogen hat. Etwa 4000 Einwohner, worunter 400 Juden. Basar. Zwei Wochenmärkte. Mittelpunkt der Karawanenstraßen zwischen Ibb, Ta'izz, Scher'ab, 'Aden und Mocha.

Haime, zwischen Da'ïba und M. el Asfal, kleine Stadt mit 200 Einwohnern. Bewohner Schafe'i, Raye der Dhu Mohammed.

Gible, kleine Stadt südlich von Ibb, schon durch Niebuhr, der Dschobla schreibt, bekannt.

Chadra, nahe bei Ibb, südöstlich von Gible an einem Seitenfluß des W. Nura.

Negb el Ahmar, Meschura, Rebat. Diese drei Orte sollen westlich von der Straße von Ibb nach Jerim liegen.

Reqil Semara [***]), auf einem hohen Berge zwischen Ibb und Jerim. Die Bewohner sind Zaidi und unabhängig.

---

[*]) Niebuhr nennt ein Dorf Ghaiba am S. Esabr, Ritter XII, 725.
[**]) Wahrscheinlich der Ort, der auf Niebuhr's Karte als Dafoßal figurirt.
[***]) Bei Niebuhr nur als Berg erwähnt.

Mochader, Schloß im gleichnamigen Stammesgebiete, zwischen Jbb und Nerim. Schon vor Niebuhr erwähnt. Bewohner Zaidi, Bundesgenossen der Dhu Mohammed.

Le'aud beni Nazi, kleiner Ort nördlich von Jbb. Bewohner Zaidi, unabhängig.

Scher'ab*, ½ Tag nordwestlich von Ta'izz. Von den Ahl Beggasch bewohnt. Etwa 1200 Seelen, worunter 200 Juden. Viel Handel. Bewohner Schafe'i und unabhängig. Die Eroberungen der Dhu Mohammed reichen nicht so weit westlich.

Deribet, kleine Stadt zwischen Ta'izz und Scher'ab, bei Niebuhr erwähnt. Bewohner Zaidi, Bundesgenossen der Dhu Mohammed.

'Arisch**), westlich von Ta'izz auf dem Wege nach Mocha. Bewohner Schafe'i, unabhängig.

Mebeiha, zwischen den Beni Hammad und Mocha, ganz im Südwesten von Ta'izz. Bewohner Schafe'i, unabhängig.

Zwischen 'Arisch und Ta'izz liegen dann noch Pefrus, Gomar, Mena'im, Scha'ube, meist Schlösser mit kleinen Hüttendörfern, unter den Dhu Mohammed stehend.

In Ta'izz selbst haben die Dhu Mohammed das alte Schloß Hiſn Ghorab wiederhergestellt und beherrschen von da aus die Stadt. Die Moscheen sollen alle bis auf die Gam'a Modhaffer mit ihren 70 Heiligengräbern zerfallen sein.

---

*) Hamdani erwähnt einen Ort Scherab und setzt einen Beinamen hinzu, der wie Kabla (?) aussieht.

**) Bei Hamdani wird 'Arisch gleich nach den Schergebi und vor den 'Aluri erwähnt.

# Zweiundzwanzigstes Capitel.

## Dhu Mohammed und Dhu Hosain.

———

Räthselhaftes über diese Völker. — Bekanntschaften mit Dhu Mohammed. — Ein Schech der Dhu Hosain. — Eroberung der Umgegend von Marib. — Wichtigkeit der Dhu Mohammed. — Ihre ausgedehnten Eroberungen. — Stellung der beiden Stämme. — Ihre Wehrkraft. — Ursprung der Dhu Mohammed. — Die Haschid und Bekil. — Zöllnerstämme der Imame von Ssan'a. — Vorfahren der beiden Stämme.

Wie Jemand, der den Regen fühlt, ohne die Wolke gesehen zu haben, so haben wir bis jetzt so oft von den Thaten und Eroberungen der Dhu Mohammed gehört, ohne recht zu wissen, wo wir sie hin versetzen sollen. Aufrichtig gestanden, ist es mir nicht gelungen, dies mit völliger Bestimmtheit zu ermitteln. Das Folgende soll das Wenige wiedergeben, was es mir gelang über dies räthselhafte Volk zu erfahren.

Obgleich der Hauptsitz der Macht und eigentliche Wohnort dieser beiden Stämme fern von unserem, auf den tiefen Süden beschränkten Forschungsgebiet liegt, so greifen sie doch so mächtig in alle politischen und religiösen Existenzfragen dieser Ländertheile ein, daß unsere Aufgabe höchst lückenhaft bleiben würde, wollten wir nicht von ihnen sagen, was wir darüber erkunden konnten. Dies ist freilich wenig genug. Von ihren Eroberungen wurde viel gesprochen, aber vom eigentlichen Sitz ihrer Macht wußte Niemand etwas zu sagen. Ich lernte sogar mehrere der Dhu Mohammed und einen von den Dhu Hosain persönlich kennen, aber diese waren schon in den eroberten Gebieten geboren und konnten die eigentliche Heimath ihres Volkes nur von Hörensagen. Mein Be-

kannter von den Dhu Hosain war ein Schech, der in der Gegend von
Marib wohnte, welche, wie er sagte, sein Stamm vor etwa 30 Jahren
erobert hätte. Die Dhu Hosain besitzen, nach ihm, nicht Marib selbst,
sondern die umliegenden höher gelegenen Landstriche, sowie auch einige
Bezirke des Tieflandes el Gof, welche sie noch später erobert hätten.
Dort sei ihre Macht sehr ansehnlich, sie besäßen sogar etwa 1000 Pferde
(was sonst in Jemen, das kein Pferdeland, unerhört ist).

Wenn sich die Dhu Hosain wirklich so weit im Osten und Norden
ausgedehnt haben, wie dieser Schech, übrigens ein höchst ehrenwerther
Mann, aussagte, so erklärt mir dies, warum im Westen und Süden
so wenig von ihnen die Rede ist, denn hier hört man eben fast immer
nur von Dhu Mohammed und die Dhu Hosain sind nur bekannt, weil
sie deren Schwesterstamm bilden. Die Dhu Hosain, seinen eigenen
Stamm, schätzte mein Informant auf 5000 Männer (vom 13. Jahre
bis zum Greisenalter gerechnet). Die Dhu Mohammed dagegen, von
denen er auch aussagte, daß sie nur 100 bis 200 Pferde, dagegen
2000 gute Reitkamele hätten, schlug er nur auf 3000 Männer an.
Auch behauptete er, die Dhu Mohammed hätten bis jetzt immer nur
schlechte, gebirgige, nicht sehr fruchtbare Landschaften erobert.

Mag dem so sein, jedenfalls aber erstrecken sich die Eroberungen
der Dhu Mohammed auf ein fünfmal, ja vielleicht zehnmal so großes
Gebiet, als die des andern Stammes. Ueberhaupt habe ich nach meinen
anderweitig eingezogenen Erkundigungen allen Grund anzunehmen, daß
das Verhältniß der Wehrkraft der beiden Stämme eher das Umgekehrte
von dem ist, welches der Schech darstellte, indem letzterer als Gesandter
seines Stammes beim Sultan von Laheg, von diesem Subsidien für
militärische Beistandversprechungen unterhandelte (er erhielt sie auch)
und ein Interesse dabei hatte, seinen Stamm mächtiger darzustellen. Daß
aber die Gesammtmacht der beiden Stämme sicher über nicht viel mehr
verfügen kann, als 8000 Mann, scheint so ziemlich festzustehen.

Dennoch haben die Dhu Mohammed allein mit, sagen wir also,
etwa 5000 Mann ein Land erobert, das fast dem 4. Theil von Jemen
gleichkommt. Diese Eroberungen sind, wie schon oft erwähnt, nicht
zusammenhängend, sondern über dem ganzen Süden und Westen von
Jemen mehr oder weniger zersplittert, sie bilden zwar oft compactere
Gruppen, aber es fehlt ihnen doch die topographische Einheit. So kann
man auf der Karte kaum ein Reich der Dhu Mohammed mit topographisch

richtigen Grenzen bezeichnen. Wir kennen ja gar nicht alle ihre Eroberungen und wissen noch weniger, wo denn eigentlich der Hauptherd ihrer Macht, ob er noch in der Wiege ihres Stammes und wo diese Wiege gelegen ist?

Ich habe mir viel Mühe gegeben, etwas über ihren Ursprung zu erfahren und bin theils durch Nachfragen bei Arabern, theils durch folgende Combination zu einem gewissen Resultate gelangt. Schon Niebuhr nennt die Haschib und Bekil, eine Art von Conföderation (Ritter XII, 714) freier Stämme im Norden von Sjan'a, deren Mitglieder die Soldtruppen der Imame bildeten; so lange letztere mächtig waren, gehorchten aber bei jeder Schwächung des Reiches in Rebellion ausbrachen, ganze Districte räuberisch durchzogen oder auch wohl einnahmen und so lange im Besitz behielten, als die wieder erstarkende Macht der Imame ihnen dies gestattete.

Nun bestätigen alle Araber, daß die Dhu Mohammed und Dhu Hosain aus den Söldnerstämmen von Sjan'a hervorgegangen sind. Seit das Reich fiel, haben diese Söldner sich zu Eroberern und Landesherren aufgeschwungen. Die Heimath der beiden Stämme wurde mir von den Arabern als im Norden von Sjan'a, in einer Gegend, welche man mit „Berab" nannte, bezeichnet. Nichts ist deshalb wahrscheinlicher, als daß sie aus den Haschib und Bekil hervorgegangen sind.

Auch die Confession trifft zu, denn Niebuhr nennt jene Zaidi. Ihre speciellen Namen kannte Niebuhr nicht, da sie unter dem allgemeinen der Conföderation verschwanden. Dennoch müssen diese Namen, wie alle arabischen Stammesnamen, eine gewisse genealogische Wichtigkeit haben. Wie ich hörte, sollen sie zu einem Stamme der großen Familie der Beni 'Ans gehören. Ihr specieller Vorfahr soll Schaker Ibn Hamdan gewesen sein, der 2 Söhne, Mohammed und Hosain, hatte, nach denen die Stammestheile genannt wurden. Wann dieser Schaker *) gelebt hat, darüber wußte mir Niemand Auskunft zu geben. Der letzige Schech der Dhu Mohammed nennt sich gerade umgekehrt wie er, nämlich Hamdan Ibn Schaker.

---

*) Ich hege übrigens die Ansicht, daß dieser Schaker nur der Stammvater der Dynastie war und daß die Völker, die sich aus den Haschid und Bekil unter seinen Söhnen zusammenschaarten, diese dynastischen Namen angenommen haben, wie wir dies so oft in Südarabien sehen.

Die Dhu Mohammed scheinen jedenfalls ein ganz außerordentlich kriegerisches Volk zu sein. Man sagte mir, daß in ihren Kriegen sogar oft die Frauen mitkämpften, aus den Häusern schössen, Steine auf den Feind schleuderten. Auch scheinen sie durch das Glück bis jetzt noch nicht verweichlicht, sondern ein abgehärtetes Gebirgsvolk geblieben zu sein, während ich ersteres eher von den Dhu Hosain glauben möchte.

Von ihren Eroberungen war schon an Ort und Stelle bei Erwähnung aller der Localitäten, welche diesen zum Opfer fielen, ausführlich die Rede. Auch die Art und Weise, wie sie ihre Eroberungen verwalten, wurde besprochen. Unser Forschungsgebiet umfaßt freilich nur einen Theil ihres Eroberungsfeldes. Doch von dem, was außerhalb desselben liegt, war schlechterdings nichts zu erfahren.

# Register.

## J.

www.ingramcontent.com/pod-product-compliance
Lightning Source LLC
Chambersburg PA
CBHW021345210326
41599CB00011B/757